구두 스토리텔링과 수학 교수법

- 교육적 · 다문화적 전망 -

Oral Storytelling & Teaching Mathematics:
Pedagogical and Multicultural Perspectives

마이클 스테판 시로 지음
박문환 · 고정화 · 김진호 · 서동엽 · 손교용 옮김

KM 경문사

역자 서문

최근 수학과 교육과정에서는 창의적 사고 능력, 문제해결 능력, 정보처리 능력, 의사소통 능력을 미래 사회의 사회 구성원에게 필요한 핵심역량으로 규정하고 있으며, 핵심역량을 달성하기 위해 스토리텔링을 통한 교수·학습 방법이 모색되었다. 그러나 교과서에 구현된 스토리텔링이 핵심 역량의 달성에 도움이 되었는지 그리고 수학과 유기적으로 연계되었다고 할 수 있는지에 대해 검토할 필요가 있으며, 스토리가 수학에 대한 흥미 유발을 위한 소재에 불과한 것은 아닌지에 대해 다시 생각해 볼 필요가 있다.

전통적으로 교사는 교과서, 익힘책, 활동지를 활용하여 설명식으로 수업을 진행한다. 그 결과 탈맥락화되고 객관적인 방식으로 수학을 제시하기 때문에 학생들은 수학적인 과제나 문제를 자신의 문제로 생각하지 않는다. 스토리텔링 수업에서는 탈맥락화되고 객관화된 과정을 탈피하여 수학을 개인화하고 맥락화할 수 있다는 장점이 있다. 그러나 스토리가 단순히 흥미 유발을 위한 소재에 불과하다면, 학생들의 기억 속에는 스토리만 남고 수학은 사라질 위험에 놓이기 때문에 교육적으로 심각한 문제점을 유발할 수 있다.

스토리텔링을 수학 수업에 적용하기 위해서는 기본적으로 스토리라는 매체를 통해 수학이 제시되어야 하며, 아이들은 스토리를 통해 수학에 대해 맥락적으로 재미를 느끼면서 수학에 몰두할 수 있어야 한다. 수학적 스토리가 효과를 얻고 아이들에게 강력한 경험이 되기 위해서는 아이들의 삶에 중요하면서 또한 아이들의 삶과 밀접한 스토리가 활용되어야 한다. 특히 스토리는 단편적이어서는 안 되며 수학과 유기적으로 관련되어야 한다.

이러한 목적을 달성하기 위한 한 가지 방안으로 이 책에서는 '스토리텔링'이 아닌 '구두 스토리텔링'을 제안하고 있다. '스토리텔링'은 이미 누군가에 의해 만들어진 스토리를 교사가 아이들에게 들려주는 것이기 때문에 아이들의 상황에 맞게 변형될 여지가 거의 없으며 아이들의 삶과 직접적으로 연관되지 않는다. 또한 수학과 유기적으로 결합된 스토리를 찾는 것도 쉽지 않다. 그래서 처음에 아이들은 스토리 자체에 흥미를 느끼기는 하지만 스토리를 통한 수학 학습이 이루어지기 어렵다. 스토리가 교육적으로 의미를 갖기 위해서 스토리는 아동의 삶을 반영하여야 한다. 아이들은 자신에게 맞는 스토리를 재구성할 수 있어야 하고, 수학적 절차를 수행하면서 자신만의 수학적인 의미를 구성할 수 있어야 한다. 교사에 의해 부과된 과제이기 때문에 아이들이 수동적으로 수학적 과제를 수행하는 것이 아니라 자발적으로 수학적 과제를 수행할 수 있어야 한다. 이를 위해 '구두 스토리텔링'이 필요하다. '구두 스토리텔링'은 교실 상황에 맞게 스토리를 각색할 수 있으며, 그 스토리는 아이들 자신의 삶과 밀접하게 연관되기 때문에 지속적으로 흥미를 갖고 자발적으로 참여할 수 있다. '구두 스토리텔링'을 통해 아이들은 스토리 속의 누군가의 역할을 하고, 그 과정을 재현하면서 수학을 하는 것에 대한 즐거움을 맛보고, 수학적 과제를 완수하면서 자신의 능력에 대한 자신감을 가질 수 있다. 또한 스토리 상황 속에서 아이들은 구체적이고 분명한 행동을 하면서 문제가 어떻게 해결되는지를 이해하게 된다. 이러한 과정은 1부의 '마법사 스토리'에 고스란히 담겨져 있다.

'구두 스토리텔링'을 통해 아이들이 흥미를 느끼면서 동시에 수학을 학습하도록 하기 위해서는 스토리에 판타지적 요소가 있어야 한다. 판타지는 아이들의 상상력을 자극할 수 있어야 하고, 아이들의 주관적인 현실이면서 동시에 객관적인 현실이 될 수도 있다. 또한 수학은 스토리의 의미 있는 맥락 속에 배치되어야 한다. 의미 있는 맥락이란 객관적인 현실만을 의미하는 것이 아니며 또한 수학을 단순히 아이들의 물리적 환경에 배치하는 것이 아니다. 기존의 교과서 도입부에 제시되는 상황이나 문장제에 제시되는 상황은 지나치게 현실적이고 객관적인 면만을 강조하며 판타지적인 면은 배제하려고 한다. 그러나 아이들에게 의미 있는 맥락이란 실제적이거나 판타지적인 사건이 모두 포함될 수 있으며, 아이들의 흥미를 일으키고 상상력을 자극할 수 있는 것이라면 모두 의미 있는 맥락이 될 수 있다. '마법사 스토리'는 판타지적인 스토리를 통해 아이들을 수업에 어떻게 참여시키는지를 잘 보여주고 있다.

또한 '구두 스토리텔링'은 다문화적이면서 문제해결적 요소를 담을 수 있다. 전통적인 수업은 서구에서 발생한 수학을 기초로 전개되고 있다. 흔히 수학은 어떤 문화적 제약과는 무관한 보편적 진리와 추론 체계를 다룬다고 생각한다. 또한 모든 문화, 모든 시대, 모든 상황에 적합한 유일한 수학 체계가 존재한다고 생각한다. 연역적이며 탈맥락화된 수학만이 진정한 수학이기에 학교에서는 그러한 수학이 강조되어야 하며, 비논리적이고 맥락화된 수학은 가치가 떨어진다고 생각한다. 그러나 어떠한 문화적·종교적·정치적·경제적·기술적 제약으로부터 자유로운 수학적 진리와 추론 체계는 존재하지 않으며, 오히려 특정 문화와 밀접하게 관련되어 있다고 할 수 있다. 수학의 역사는 이집트, 인도, 바빌로니아, 중국, 그리스, 아랍 등 다양한 문화적 배경에서 발생하였고, 문화적 여건에 따라 다양한 수 체계 및 수의 기록 방법, 계산 방법이 개발되었으며, 유럽의 수학자들이 공리와 엄밀한 증명에 의해 수학을 체계적으로 구축한 것은 18세기 이후로 몇 백 년에 불과하다. 그럼에도 불구하고 학교 수학에서는 이러한 연역적 수학만을 강조하게 되었다. 예를 들어 역사적으로 자연수의 덧셈이나 뺄셈에 대한 다양한 계산 방법이 개발되었다. 그 중에는 유용하면서도 학생들에게 의미 있는 방법이 존재했음에도 불구하고, 학교 수학에서 자연수의 덧셈이나 뺄셈을 일의 자리부터 계산하는 방식이 채택된 데에는 연역적이고 탈맥락화된 수학적 논리를 강조한 결과로 생각된다. 그 결과 아이들은 일상에서 발생하는 덧셈이나 뺄셈 문제를 해결할 수 있음에도 불구하고 수학 수업에서 제시되는 문제를 해결하지 못한다. 이는 교과서의 맥락이 아이들의 현실과 동떨어져 있기 때문에 나타난 현상으로 분석된다. '구두 스토리텔링'은 아이들의 현실과 교과서의 맥락을 잇는 가교 역할을 할 수 있으며, 이러한 과정은 '이집트 스토리'에 잘 나타나 있다.

'이집트 스토리'를 통해 아이들은 고대 이집트 학생들이 경험했을 것으로 생각되는 유사한 경험과 유사한 활동을 하면서 과거의 수학과 현재의 수학의 장단점을 비교하게 되고, 문화적 배경 및 학생들의 학습 양식이나 사고 양식을 고려하였을 때 어떤 수학이 더 나은지를 판단하게 된다. 그 결과 객관적이고 형식적인 수학뿐만 아니라 다양한 수학이 존재할 수 있다는 것을 이해하게 되고 다문화적 관점에서 수학을 바라볼 수 있게 되며 다양한 관점에서 문제해결을 시도하게 된다.

최근 수학 교과서에 스토리텔링을 도입하면서 아이들의 정의적 영역에 대한 개선을 도모하고 있지만 현재의 학교 수학에 대한 접근 방식이 아이들의 문화적 배경에 맞게 설계되었는지 검토할 필요가 있다. 아이들이 수학을 어려워하는 이유가 아이들의 문화적 배경에 맞지 않는 형식적이고 연역적인 수학을 강조한 결과가 아닌지 생각해보아야 한다. 무엇보다 근본적으로는 스토리텔링의 도입이 단순한 흥미 유발의 소재를 넘어 수학 학습의 향상을 목표로 하여야 할 것이다. 현재 교과서에 제시된 스토리텔링 전반에 대한 평가가 필요한 시점이다. 수학 교육과정을 비판적으로 평가하는 데 있어서 그리고 새로운 대안으로 구두 스토리텔링을 활용하는 데 있어서 이 책에서 제안하는 것들을 고려할 필요가 있다고 판단된다.

이 책이 앞으로의 교육과정 개정에 밑거름이 되길 바라며, 이 책의 번역에서 출간까지 도움을 주신 경문사에 감사의 마음을 전한다.

2015년 12월

역자 일동

서문
preface

구두 스토리텔링의 시작은 고대로까지 거슬러 올라간다. 그와 관련하여 최초로 남아 있는 기록은 이집트의 웨스트카 파피루스에서 볼 수 있는데, 이는 기원전 2000년에서 1300년 사이에 쓰인 것이다(Baker & Green, 1987).

초기 구두 스토리텔러들은 역사학자, 예능인, 소식 전달자, 종교 및 도덕 교사, 그리고 교육자들이었다. 광범위한 의미에서 보자면 초기의 스토리텔러들은 한 사회에서 그 문화를 전달하는 매개자였다. '상주하던' 그리고 '돌아다니던' 전문적인 스토리텔러뿐만 아니라, 교사, 성직자, 장인, 부모들도 그들의 전통을 전수하기 위해 구두 스토리를 사용했다(Baker & Green, 1987). 전문적인 구두 스토리텔러들은 아메리카, 유럽, 아프리카, 아시아 전역에서 발견된다. 기록문학으로서 서구 문화에 잘 알려진 구두 스토리 중에는 중동의 길가메시(Gilgamesh)[1], 유럽의 일리아스(Iliad)[2]와 오디세이(Odyssey)[3], 인도의 라마야나(Ramayana)[4] 등이 있다. 영국 제도의 음유시인[5]들은 러시아, 아시아, 북아메리카, 아프리카의 시인들이 그랬던 것처럼, 자신들의 스토리를 노래로 부르거나 시로 표현하였다. 인도, 중국, 중동의 종교와 관련된 일에 종사하는 스토리텔러들은 종종 자신의 노력에 대한 보조물로서 물리적인 조작물이나 그림을 사용하였다. 중국, 일본, 러시아, 북아메리카의 극장 스토리텔러들

---

1) 길가메시(Gilgamesh)는 기원전 2700년 메소포타미아의 한 도시를 다스리던 왕 길가메시의 업적에 대한 서사시이다. 현재 전해진 기록은 기원전 18세기경에 기록된 것으로 추정되고 있고, 기원전 1300년경에 신레케운니니(Sin-leqe-unnini)라는 시인이 그때까지 전해지던 전설을 하나의 서사시로 편집했다고 한다.
2) 일리아스(Iliad)는 호머(Homer, 기원전 8세기경)의 작품이며, 그리스의 전설적인 전쟁인 트로이 전쟁을 배경으로 원한과 복수에서 파생되는 인간의 비극을 다루고 있으며, 현존하는 고대 그리스 문학 중 가장 오래된 서사시이다.
3) 오디세이(Odyssey)는 그리스 원정군이 트로이를 공략한 후에 이다케의 왕 오디세우스의 귀국담을 노래한 것으로 현존하는 형태는 총 24권으로 이루어져 있다.
4) 라마야나(Ramayana)는 기원전 3-4세기경 발미키(Vālmīki)가 쓴 것으로 추정되며, 코살라국의 왕자 라마(Rama)의 무용담, 왕비 시타(Sita)의 정절, 하누만(Hanuman)의 충성, 라바나(Ravana)의 포악무도함을 서술한 고대 인도의 산스크리트어로 된 서사시이다. 63쪽 본문의 'Valmiki 역, 1927'은 오류로 추정된다.
5) 중세 유럽에서 여기저기 떠돌아다니면서 시를 읊고 풍류를 즐기던 시인

은 종종 관객의 참여를 이끌어내며 이야기를 공연하곤 하였다(Pellowski, 1990).

기록 방법(writing)이 발명된 후, 교육받은 사람들은 문화를 전달하는 새로운 수단을 가지게 되었다. 15세기에 인쇄비용이 줄어들면서, 문화 전달을 위한 수단으로서 구두 스토리텔링은 그 영향력이 줄어들기 시작했다.

프리드리히 프뢰벨이 1837년에 유치원 운동을 시작했을 때, 그는 젊은이들에게 문화를 전달하기 위한 결정적 요소로서 구두 스토리텔링을 도입했다. 1900년까지 구두 스토리텔링을 통해 미국 도서관에서 도서관 열람 시간의 형태를 알려주었고, 1905년에 구두 스토리를 교수학적으로 사용한 첫 번째 책이 미국에서 출간되었다(Bryant, 1905). 구두 스토리의 위력이 교양 언어 교사들에 의해 점차 재발견되었다. 지금이야말로 수학 교수에 관심을 가진 우리가 구두 스토리의 교수학적 위력에 대해 탐색해야 할 시점이다.

이 책에서는 주로 수학과 구두 스토리텔링을 함께 엮어서 흥미로운 수학 교수 방법을 어떻게 제공할지에 대해 다루었다. 이러한 교수 방법은 수학 교수를 풍부하게 하기 위해 아동문학을 사용하는 것을 지지하는 운동에서 비롯된 것이다. 수학적인 구두 스토리텔링은 기록된 글과 그림책을 버리고 구두 언어로 대신하는 굉장히 큰 변화를 보여준다. 그렇게 함으로써, 학교 수학의 본질 및 수학 교수 과정에서의 교사와 학생의 역할과 관련하여, 우리가 가지고 있는 고상한 문자 문화[6]에 대한 근본적인 가정들을 상당히 바꾸게 된다. 구두 스토리텔링은 우리 모두가 학교에서 경험한 추상적이고, 객관적이고, 연역적인 수학을 상상, 신화, 그리고 주관적인 의미와 느낌으로 가득 찬 과목으로 바꾸게 된다. 구두 스토리텔링을 통해 교사는 수학을 개인화(personalize)할 수 있으며, 교사 자신의 창조적인 힘과 판타지의 세계를 수학과 연결할 수 있다. 그리고 아이들은 그들 자신에게 의미 있는 수학을 만드는 데 있어서 자신의 창의성과 상상력을 발휘하게 된다.

공상과학 소설, 역사 소설, 동화, 탐정 소설, 모험 이야기, 그리고 자서전을 포함하여, 수학을 둘러싼 다양한 형태의 구두 스토리들이 있을 수 있다. 마찬가지로, 산술, 기하, 측정, 통계학 및 대수학을 포함하여, 구두 스토리로 바꿀 수 있는 다양한 형태의 수학이 있을 수 있다. 구두 스토리는 알고리즘, 개념, 문제해결, 연결성, 의사소통을 가르치는 데 사용할 수 있다. 게다가, 서사적[7] 구두 스토리는 수학이 아닌 내용 영역을 가르치는 데 사용될 수 있다.

---

6) 'oral culture'와 대비되는 개념인 'literate culture'는 일반적으로 '문자 문화'로 번역되기에 'highly literate culture'를 '고상한 문자 문화'로 번역하였다. 수학은 연역적인 방식으로 전개되어야 하며, 또한 수학의 전개 과정에서 스토리는 보조적으로 사용될 수 있는데, 이때 사용되는 스토리는 반드시 실제적이어야 한다는 것이 전통적인 인식이다. 'highly literate culture'는 이러한 인식과 관련된 것이다.

7) '서사'란 시간의 경과에 따라 사건의 추이를 서술하는 양식으로, 사건의 앞뒤 관계나 연관성이 구체적으로 제시된 형태를 말한다.

이 책에서는 또한 수학과 문화에 대해 다룬다. 이 책에서는 고상한 문자 문화로 구성된 학교 수학을 탐구하고, 도시나 시골의 가정과 공동체에서 수학적인 개념 체계를 좀 더 구두적인 문화 형태로 어떻게 표현하였는지를 탐구하며, 보다 구두적인 가족의 아이들이 고상한 문자 문화로 구성된 학교 수학을 학습하는 데 어려움을 겪는 이유를 탐구할 것이다. 또한 다문화 수학교육의 수업 실제와 이론을 탐구하고, 구두 스토리텔링이 이 분야에 기여할 수 있는 바를 탐구할 것이다.

이 책은 수학 문제해결 영역에도 기여한다. 이 책은 다문화 수학의 관점에서 수학 문제해결을 살펴본다. 그렇게 함으로써, 현재 보편적으로 알려진 수학 문제해결 모델을 확장하여, 새로운 단계, 학습자의 문화적 배경, 학습자들 사이의 상호작용이 문제해결 능력 향상에 기여하는 방식 등을 통합한 차원을 추가하였다.

이 책의 구성

이 책은 2개 부분으로 구성되어 있다. 이론적인 논의에 구체적인 의미를 부여하기 위해, 이 책의 각 부분에서는 실제 교사가 구두 스토리를 어떻게 들려주는지에 대한 사례 연구와 그 스토리를 지속적으로 참고한 이론적 논의로 이루어져 있다.

이 책의 1부는 4학년 교사가 학생들에게 '마법사 스토리'를 들려주는 방법에 대해 설명하는 것으로 시작한다. 이 스토리는 2학년, 3학년, 그리고 4학년 학생들이 여러 자릿수의 덧셈을 배우는 데 도움을 주기 위하여 만들어졌다. 이 스토리는 아이들이 말할 수 없는 불도저, 말하는 앵무새, 그리고 기록하는 고릴라의 역할을 하면서 이해력과 기능을 개발하고, 해법을 탐색하고 동료를 구출하는 것에 관한 스토리이다. 이 스토리는 5차시가 소요된다. 교사는 보스턴에서 멀지 않은 도시지역 학생들을 가르치는 도리스 로슨(Doris Lawson)이다.

이 책의 1부는 구두 스토리텔링의 본질적인 요소들을 설명하고, 그것이 수학을 가르치는 새로운 교수학적 방법론의 기초로 어떻게 사용될 수 있는지를 보여준다. 그리고 서사적 구두 스토리텔링의 본질적 특성, 구두 스토리텔링이 이루어지는 동안 교사, 학생, 내용이 서로 작용하는 방식, 구두 스토리텔링의 교육적 가정과 테크닉을 분석한다. 1부는 1993년부터 1997년까지 수업 시간에 '마법사 이야기'를 들려주었던 도리스 자신의 경험을 논의하는 장으로 끝맺는다.

이 책의 2부는 한 6학년 선생님이 '이집트 스토리'를 들려주는 방식에 대해 설명하는 것으로 시작한다. 이 스토리에서는 3500년 전으로 시간 여행을 떠나는 두 아이들을 따라간다. 이 스토리는 수학과 사회를 통합한 단원을 지도하는 동안에 5학년, 6학년, 그리고 7학년 학생들이 문제해결과 다문화 수학을 학습하는 것을 돕기 위해 고안되었다. 이 스토리는 산술, 기하, 수학사의 주제를 탐구하는 11차시로 구성되었다. 이 스토리도 도리스가 들려주었다(도리스는 4학년의 모든 과목을 가르치다가 1997년에 6, 7, 8학년의 수학 및 사회 과목을 가르치게 되었다).

2부에서는 다양한 주제를 탐색한다. 학교 수학의 문화, 아이들의 가정 문화와 학교 수학 문화 사이의 관계, 초기에 가정과 공동체 상호작용을 통해 획득한 기초 지식으로 인해 종종 수학 학습에 어려움을 갖는 학생들에게 구두 스토리텔링으로 어떻게 도움을 줄 수 있는지, 다문화 수학에서 강조되는 전제조건과 다문화 수학에서 사용되는 실제, 구두 스토리텔링 속에서의 수학적 문제해결의 본질, 다문화 수학 교육의 목적과 방법에 대해 현재까지도 계속되는 이념적 논쟁들이 그것이다. 또한 2부에서는 '이집트 스토리'를 가르친 경험에 대한 도리스와의 인터뷰 내용도 포함하고 있다.

수학적인 서사적 구두 스토리텔링이 수학 교육의 구원자로 제시된 것이 아니라는 점을 말해둘 필요가 있다. 그것은 단지 교육자들이 교수 목록으로서 사용할 수 있는 많은 강력한 매체 중 하나일 뿐이다. 구두 스토리는 현재의 교수 실제에 대한 흥미로운 대안이며, 기존의 방법들을 보완하는 대안을 제공한다.

개인적인 메모

많은 수학적인 서사적 구두 스토리를 만들고 난 후, 교사들은 그 스토리의 출처가 어디인지 물어보기 시작했다. 처음에는 내가 아이들에게 6년간 거의 매일 밤 잠잘 때 들려주던 것이라고 대답하였다. 점점 시간이 지남에 따라, 아이들이 특정한 영웅들을 좋아하게 되어, 나는 그 캐릭터들에 대해 더 많은 스토리를 들려줬다. 내 기억에 간달프는 《반지의 제왕(*The Lord of the Ring*)》(Tolkien, 1954, 1981)에 있던 것이다. 팅커벨은 《피터팬(*Peter Pan*)》(Barrie, 1904, 1982)의 요정과 《어스시의 마법사(*A Wizard of Earthsea*)》(Le Guin, 1968, 1975)의 게드를 결합하여 만든 것이다. 시간이 지나면서 별도의 모험으로 시작했던 스토리들이 서사로 발전하기 시작했다. 약 20회 정도 되는 이야기 중에서 내가 기억하는 것은 팅커벨이 마법을 어떻게 배우게 되었는가에 관한 이야기이다.

최근 교사들은 내 스토리의 출처가 어디였는지 생각해보라고 나를 압박했다. 그들은 나의 어린 시절에 대해 생각해보라고도 했고, 누가 나에게 스토리들을 들려주었는지, 언제 내가 처음 스토리를 들려주게 되었는지 기억하도록 했다. 나는 누가 내게 스토리를 들려주었는지 기억할 수가 없다. 다만 나는 약 3년 이상에 걸쳐 보통 잠자기 전에 내 동생과 친구에게 도널드 덕과 스크루지 맥덕에 관한 스토리를 들려주곤 했다. 나는 도널드와 스크루지의 모험을 읽고 꿈에 잠기곤 했다.

또 어릴 때 읽었던 스토리와 어릴 때 보았던 영화들을 매우 사실적으로 받아들였던 것으로 기억한다. 나는 괴물들이 나를 무섭게 할까 봐 괴물 영화를 볼 수 없었다. 심지어 요즘에도 공포 영화를 잘 보지 못하기 때문에 우리 아이들이 나를 비웃는다. 내가 들려주는 수학 서사적 구두 스토리도 마찬가지이다.

내가 스토리를 말할 때면, 그 스토리는 판타지와 수학이 결합된 나의 잠재의식 속의 신비한 곳에서 발생한 것처럼 느껴지고, 스토리는 마치 나에게 아주 실제적인 것처럼 생각되며, 나는 모험 속에 나오는 영웅들과 함께 있는 것처럼 느낀다. 이러한 맥락에서 내 스토리의 청자와 이 책의 독자들이 현실 세계에서 잠시 빠져나와 나의 모험에 함께 동참하자고 초대하는 것이다.

감사
thanks

서사적 구두 스토리텔링을 처음 시작할 때부터 나와 함께 작업한 여러 교육자들에게 특별히 감사한다. 자신의 필요에 맞는 스토리를 만들어 달라고 요구하고, 내가 부탁한 실험을 해주었으며, 자신의 교실에서 발생한 모든 것들에 대해 말해준 도리스의 용기에 감사한다. 전체 3학년 수학 교육과정을 반영하여 '마법사 스토리'를 만들고, 그들의 교실에서 일어난 모든 흥미로운 것들을 나에게 말해준 레이니 코티와 로라 맥브라이드에게 감사한다. 학생들과 함께 이야기를 만들고 실행한 후 자신들의 생각을 나와 앞에서 언급한 교사들과 함께 공유해준 조안 그린우드, 파멜라 하펀, 테레사 후퍼츠, 메리 마호니, 크리스틴 모니한, 그리고 쉴라 리날디에게 감사한다. 또한 맥그로우힐 출판사에서 어린 아동의 문제해결에 대한 6권의 스토리 책을 만드는 여정에 나와 함께 한 베스 캐시, 앤 굿로우, 캐런 앤더슨 그리고 팻 퍼그에게 감사한다. 원고를 읽어 주고, 개선안을 제공해 준 레이니 코티, 나탈리 디푸스코, 나오미 고틀리브, 엘리자베스 그린우드에게 감사한다.

차례

:: contents

제1부 마법사 스토리

Part 01

마법사 스토리

수학에서 서사적 구두 스토리텔링의 기초

Chapter 01

'마법사 스토리'

도리스 선생님이 초등학교 4학년 학생들에게 들려준 구두 스토리

이 장에서는 초등학교 4학년 교사인 도리스가 구두 스토리텔링을 사용하여 서사적 수학 이야기를 제시한 방법의 예를 다룬다.

도리스는 자신이 수학을 가르치는 방법을 바꾸기 전까지는 평범한 교사였다고 설명한다. 도리스는 수학 교과서에 따라 수업을 했다. 즉 4학년 학생들에게 교과서에 있는 내용으로 수업을 했고, 문제를 연습시키고, 과제를 부과했다. 과제는 수업 초반에 검사했고, 시험은 매주 주말에 실시하였다.

이러한 방법으로 10년 동안 가르친 후 1990년경에, 도리스는 학생들과 자신에게 더 의미 풍부한 지도를 위하여 지도방법을 바꾸기로 결정하였다. 첫째, 도리스는 조작물(manipulative)을 사용하기 시작했다. 즉 수업에서 의미 부여에 도움이 되는 십진블록, 기하판, 패턴블록, 분수막대를 사용했다. 나중에는 덧셈 전쟁, 나눗셈 빙고, 곱셈 도미노와 같은 이름이 붙은 수학 게임을 발견했다. 도리스는 계란 용기, 포스터 게시판, 설압자(tongue depressor)[1], 나무 큐브와 같은 재료를 사용하여, 교과서 각 단원에 제시된 아이디어를 보강하고 확장시킬 수 있는 수학 게임을 20~30개 만들었다.

1992년에 도리스는 아동 문학을 접하게 되었으며, 수업에서 수학적 스토리를 사용하기 시작했다. 아동을 위한 이야기 책을 사용하였을 때 학습시키려고 한 수학적 기능이 개발되었다는 것을 느끼기도 했으나, 어떤 책은 학생들이 다른 사람의 세계를 방관하고 있는 외부인이라고 느끼게 했다. 도리스는 자신의 수업에 수학적 스토리를 더 많이 포함시키기를

1) 이비인후과 등에서 진료를 위해 사용하는 것으로, 혀를 누르는 기구를 의미한다.

원하였으며, 그럼으로써 학생들의 상상력을 자극하고 학습시키려고 한 수학적 기능이 보다 완전하게 개발될 수 있는 방법이 되기를 원했다.

결과적으로, 나는 도리스를 위해 구두 스토리를 쓰기 시작했고 도리스는 그러한 스토리를 들려주는 능력을 개발하기 시작했다. 도리스의 학생들이 스토리를 들으면서 스토리에 나오는 등장인물의 수학적 사고에 빠지도록 하고, 등장인물을 돕기 위해 스토리에 참여함으로써 수학적 장애와 도전을 극복하도록 하는, 수학적 주제와 관련된 판타지[2] 이야기를 만들어내는 법을 배우기 시작했다. 스토리는 점차로 서사적이 되었고, 여러 날 동안 지속되었으며, 여러 단계의 학습을 통해 수학적 기능을 개발하도록 학생들을 안내했다.

도리스를 위해 내가 썼던 스토리 중 하나는 '마법사 스토리'이다. 그것은 아동에게 여러 자리의 덧셈 알고리즘을 이해시키고, 여러 자리의 덧셈에 필요한 기능을 습득시키기 위하여 설계되었다. 도리스는 1993년부터 1997년 사이에 4개의 학급에서 그 스토리를 네 번 사용한 후, 4학년뿐만 아니라 6, 7, 8학년 수학 과목으로 확대하였다. 또 다른 교사는 2, 3, 4학년 학생들에게 '마법사 스토리'를 사용하였다.

이 장에서는 도리스가 '마법사 스토리'를 어떻게 사용하였는지에 대하여 다룰 것이다. 도리스는 이 스토리를 5일에 걸쳐 사용하였다. 다음에 서술한 부분에서, 들여쓰기된 문단은 도리스가 스토리를 사용하면서 실제로 말한 것이다. 고딕체 문장은 도리스가 말하거나 행동한 것에 대한 설명이다. 들여쓰기가 되지 않은 문단은 도리스의 학급에서 발생한 일을 기술한 것이다.

1일째

'마법사 스토리'의 첫째 활동을 도리스가 말하는 데 1시간 반이 걸렸다. 수업 시간표에서 수학과 국어에 해당하는 2시간 동안 그것을 사용하였다. 도리스는 보다 사실적으로 말하면서 스토리를 시작한다. "좋아요, 여러분. 조용히 해요. 여러분에게 스토리를 말해주고 싶어요." 교실이 조용해질 때까지 기다렸다가 시작한다. 그리고 자신이 말하는 것을 강조하기 위해 팔로 제스처를 취하며, 목소리의 톤을 바꾼다.

---

2) 판타지 소설은 공상, 마술 등을 주 소재로 삼으며, 자연과학을 소재로 한 과학 소설과는 약간의 차이가 있다. 일반적으로 판타지 요소(예를 들어, 말을 할 수 없는 물건이 말을 하는 경우 혹은 불가능한 일이 일어나는 경우)가 포함되어 있으면 판타지 소설로 분류할 수 있다.

옛날 옛날에 간달프와 팅커벨이라는 이름의 마법사 두 명이 살았는데, 그들은 끊임없이 흥미로운 모험을 계속했어요. 사실, 그들은 아직도 살아 있고, 아직도 친구이며, 아직도 최고의 모험을 즐기고 있어요.

간달프는 오랜 세월 마법사로 지냈던 노인이에요. 어떤 사람은 그의 나이가 수천 살이라고 말해요. 어떤 사람은 톨킨(Tolkien)이라는 사람이 《반지의 제왕》에서 그에 관한 이야기를 처음 했다고 해요. 팅커벨은 11살의 요정이며, 마법사로는 5년밖에 되지 않았어요. 어떤 사람은 《피터팬》에서 그녀의 어머니에 대한 이야기를 했다고 해요. 간달프와 팅커벨 모두 마법을 할 수 있는 마법사예요. 간달프는 키가 6피트(약 183cm) 정도이고, 길고 하얀 수염이 있으며, 눈은 회색이고, 낡고 헐렁한 회색 옷을 입고 있으며, 원뿔 모양의 마법사 모자를 쓰고 있어요. [도리스는 굵고 낮은 남자 목소리로 말한다.] 팅커벨은 키가 4인치(약 10.16cm)이고, 긴 생머리를 가지고 있으며, 머리 위로는 별 모양의 반지가 후광처럼 빛을 내며 떠 있고, 별과 레이스와 반짝이와 무지개로 치장된 눈부신 옷을 입고 있어요. [도리스는 고음의 여자 목소리로 말한다.] 간달프와 팅커벨 모두 모습을 바꿀 수 있는 능력을 가지고 있어요. 팅커벨은 자신을 거인만큼 크게 만들 수 있어요. 간달프는 자신을 개미로 만들어서 작은 공간을 기어 다닐 수도 있어요. [도리스는 크게 또는 작게 묘사하는 몸짓을 한다.]

하루는 팅커벨이 집 옆에 있는 크고 오래된 떡갈나무 사이의 해먹[3]에서 공상에 잠겨 있었는데, 갑자기 팅커벨 머리 위로 커다란 벼락 소리가 들렸어요. 소리가 너무 커서 팅커벨은 해먹에서 뛰어 올라 나뭇잎 뒤에 숨었어요. 그때 빨갛고 파랗고 노란 색깔의 커다란 꽃 모양과 분수 모양의 불꽃이 일어나더니 팅커벨의 머리 위에서 사라지기 시작했어요. 팅커벨은 그제서야 무슨 일이 있어났는지 알았어요. 왜냐하면 이것은 간달프에게 문제가 생겼을 때 그녀와 의사소통하는 방법이기 때문이에요. 갑자기 불꽃 사이로 밝고 붉은 글자가 나타났어요. “도와줘, 나는 ‘생각 많은 산’에 갇혀 있어. 얼른 와줘.” 그러고는 불꽃과 메시지가 갑자기 사라졌어요.

팅커벨은 생각 많은 산에 대해 들어본 적이 있어요. 그곳은 마법사와 마녀가 가끔 그들의 마법 능력을 시험해보기 위해 가는 장소예요. 그 산은 살아 있고, 마법도 부리며, 산을 찾는 사람에게 문제, 수수께끼, 퍼즐을 내기도 해요. 많은 마법사와 마녀가 생각 많은 산에 들어갔다가 영원히 사라지기도 해요. 팅커벨은 그곳에 가본 적은 없지만,

3) 기둥이나 나무 그늘 같은 곳에 매어 침상으로 쓰는 그물

가고 싶은 생각도 없어요. 그렇지만 간달프가 생각 많은 산에서 어려움에 빠져 있어요.

그래서 팅커벨은 나무 집으로 들어가고 다시 방으로 들어가서, 마법 가루와 마법 장비를 모두 집었어요. 황급히 수정 구슬을 꺼내어 탁자 위에 올려놓고, 손뼉을 세 번 치고, 수정 구슬에 주문을 외우고, 손뼉을 세 번 더 치니, 간달프에게 무슨 일이 생겼는지 볼 수 있었어요.

팅커벨은 마법의 주문을 외우기 전과 후에 항상 손뼉을 세 번 쳐요. 여러분, 지금 이 교실에서 팅커벨이 주문을 외우기 전과 후에 여러분이 합심해서 손뼉을 세 번 쳐준다면 팅커벨의 마법이 더 강력해지도록 도울 수 있어요. 선생님이 여러분에게 이렇게 조용한 박수를 치는 것처럼 신호를 하면, 여러분은 제 앞에서 제 손을 따라 손뼉을 쳐야 해요.

도리스는 몸짓으로 조용히 박수를 보여준 후에 반 전체가 합심해서 손뼉을 세 번 치는 연습을 하였다. 두 번의 연습 후에 반 전체가 합심해서 큰 소리로 손뼉을 세 번 칠 수 있었다. 그리고 그녀는 팅커벨을 도와서 수정 구슬이 반응하도록 하기 위해, "갬블, 그럼블, 그룸블 간달프"라는 주문을 외우기 전과 후에 학생들에게 일제히 박수를 치도록 하였다.

주문을 외우고 박수를 치면, 수정 구슬은 간달프에게 무슨 일이 생겼는지를 보여줘요. 간달프가 어두운 동굴 안에서 서서히 돌로 변하는 모습이 보였어요. 그리고 갑자기 수정 구슬에 비친 모습이 사라졌어요. 이것은 마법을 가진 누군가가 혹은 무엇인가가, 아마도 생각 많은 산일 텐데, 수정 구슬의 보여주는 힘을 사라지게 했다는 것을 의미해요.

팅커벨은 걱정하며 빨리 작은 주머니에 마법 도구를 챙기고, 집 밖으로 나갔어요. 그리고 마법을 부릴 준비를 하였어요. [도리스는 마법 박수를 치도록 신호를 보내고, 학생들이 반응한다.] "티바, 디바, 리바" [도리스가 신호를 보내자 학생들은 마법 박수를 더 친다.] 그러자 팅커벨이 세상에서 가장 빨리 날아가는 새의 일종인 커다란 붉은 매로 변했어요. 그리고 팅커벨은 공중으로 뛰어올라서, 생각 많은 산을 향해 날아갔어요. [도리스는 말을 하면서 마치 날개를 퍼덕이듯이 두 손을 아래위로 움직인다.]

팅커벨은 5시간 동안 날아서 생각 많은 산에 도착했어요. 팅커벨은 날아가는 동안 산에 대해서 무엇을 알고 있는지 생각해 보았는데, 알고 있는 것이 많지 않았어요. 그렇지만 팅커벨은 산에 들어가는 입구가 어디에 있는지, 그리고 산에 들어가기 위해 필요한 마법 주문이 무엇인지는 알고 있었어요. 또한 산에는 역사 동굴, 수학 동굴, 과학 동굴과 같은 많은 동굴이 있다는 것도 알고 있었어요.

팅커벨은 산에 도착하자, 입구로 날아가서 붉은 매에서 팅커벨 자신의 모습으로 변하기 위한 준비를 했어요. [도리스가 신호를 보내고 마법 박수를 친다.] "티바, 디바, 리바" [마법 박수를 더 친다.] 순식간에 팅커벨은 원래 자신의 모습으로 변했어요.

이제 팅커벨은 생각 많은 산에 들어갈 수 있는 마법을 준비했어요. [도리스가 신호를 보내고, 마법 박수를 친다.] "더블, 퍼플, 거플, 트러플" [도리스가 신호를 보내고, 마법 박수를 더 친다.]

산에서 삐걱거리는 소리가 크게 들리고, 팅커벨 크기만 한 작은 문이 나타나면서 열렸어요. 문 위에는 "만약 질문에 답할 수 없다면 들어가지 마시오. 틀린 답을 대면 당신은 돌로 변할 겁니다."라는 매우 작은 글자가 적혀 있었어요.

팅커벨은 조심스럽게 산으로 올라가서 작은 문을 통해 들어갔고 뒤에서 문이 쾅하고 닫히자 완전히 어두워졌어요.

팅커벨이 깊게 숨을 쉬고 마법을 부릴 준비를 해요. [도리스가 신호를 보내자 마법 박수를 친다.] "트윙클, 트웽클, 트윙클" [마법 박수를 더 친다.] 팅커벨의 머리 위에 별들로 이루어진 후광이 매우 밝게 빛나기 시작하면서 팅커벨은 자신의 주위를 잘 볼 수 있게 되었어요. 앞에 커다란 동굴이 보였고, 동굴 밖으로 나갈 수 있는 여러 갈래의 터널이 있었어요. 이것은 평범한 동굴이 아니었어요. 동굴의 한쪽 벽은 폴란드 풍의 대리석으로 만든 것 같았으며, 벽에는 꽃이 만발한 아름다운 정원 그림이 그려져 있었어요. 정원은 작은 조각의 금, 다이아몬드, 사파이어, 에메랄드로 만들어졌으며, 보석들은 벽에서 자라고 있는 것처럼 보였어요. 특히 여러 마리의 은빛 나비들이 벽을 가로질러 날아다니는 것을 보았을 때, 팅커벨은 자신의 눈을 믿을 수가 없었어요.

그렇지만 팅커벨은 아름다운 돌들을 구경하기 위해 생각 많은 산에 온 것은 아니에요. 친구인 간달프를 구하려고 온 거예요. 동굴 밖으로 나갈 수 있는 여러 터널을 살펴보고는 "간달프는 어느 터널로 내려간 거지?"라고 큰 소리로 외쳤어요. 그러고는 자신의 주머니에서 마법의 나침반을 꺼내서 간달프가 어디로 걸어갔는지 찾으라고 나침반에게 말했어요. 마법의 나침반은 블러드하운드 종의 사냥개와 같아요. 나침반 바늘은 간달프의 발자국 냄새를 찾을 때까지 계속해서 돌았어요. 그리고 간달프가 걸어간 방향을 알려줬어요. 팅커벨은 마법의 나침반이 가리키는 한 터널로 걸어갔어요. 한 시간 동안 터널을 따라 걸어서 내려가 터널 끝에 도착했어요.

팅커벨 앞에는 벽 외에는 아무것도 없었어요. 그러나 마법의 나침반은 간달프가 벽을 통과해서 걸어갔다고 말했어요. 팅커벨이 벽을 살펴보았는데 벽에는 몇 개의 표식이 있었어요. 그 그림은 다음과 같았어요. [도리스는 칠판에 그 그림을 그린다.]

그림 1.1

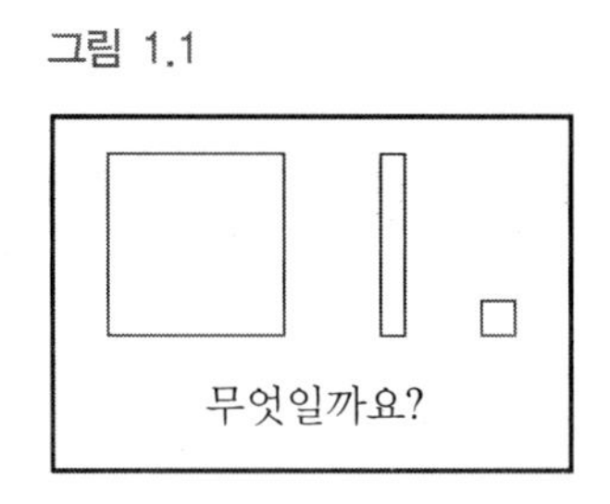

"이 표식은 무엇을 의미하지?" 팅커벨은 궁금해하며 생각하고 또 생각했지만 아무것도 떠오르지 않았어요.

도리스는 학생들에게 팅커벨이 그 표식의 의미를 이해하는 데 여러분의 도움이 필요하다고 말한다. 학생들을 두 모둠으로 나누고 그 표식이 무엇을 의미하는지 생각하여 모둠별로 토론하도록 요구했다. 도리스는 예전에 수업에서 십진 블록을 소개하였기 때문에, 학생들은 여러 아이디어를 말하였다. 몇 분의 전체 토론 후에 도리스는 스토리를 계속 진행하였다.

한참 동안 생각했지만 어떤 생각도 떠오르지 않자, 팅커벨은 마법의 석판을 꺼냈어요. 마법의 석판은 종종 팅커벨의 질문에 답변을 해주었어요. 그것은 일종의 마법의 백과사전과 같은 것이에요. 팅커벨은 벽에 있는 표식을 마법의 석판 위에 그린 후 마법을 부릴 준비를 했어요. **[도리스는 신호를 보내고 마법 박수를 친다.]** "세들, 세들리, 시. 이것은 무엇입니까?" **[마법 박수를 더 친다.]** 석판이 답변을 찾는 동안 팅커벨은 석판을 주시했어요.

스토리 진행에서 학생들의 도움이 필요하다고 하면서, 도리스는 학생들이 찾은 답을 팅커벨에게 텔레파시로 보내라고 요구했고 학생들에게 박수를 세 번 치라고 신호를 보냈다. 학생들은 팅커벨에게 주의를 집중하면서 텔레파시로 답을 보냈다. 다음에 도리스는 학생들에게 마법 전송을 완료하기 위해서 박수를 세 번 더 치라고 신호를 보냈다.

마법의 석판이 우리의 텔레파시를 받자마자, 삐걱거리는 소리로 대답했어요. **[도리스가 석판 흉내를 내며]** "이것은 십진 블록입니다. 그리고 수학에서 사용됩니다. 그 이름은 백 모형, 십 모형, 낱개 모형입니다. 낱개 모형 10개는 십 모형 1개와 같고, 십 모형 10개는 백 모형 1개와 같습니다."

드디어 팅커벨은 알게 되었어요. 그래서 벽에 대고 이렇게 말했어요. "이것은 백 모형, 십 모형, 낱개 모형입니다. 낱개 모형 10개를 모으면 십 모형 1개가 됩니다. 십 모형 10개를 모으면 백 모형 1개가 됩니다."

터널의 끝에 있는 벽이 점차 녹아서 사라지는 동안 커다란 신음과 같은 소리가 동굴에 메아리쳤어요. 그리고 벽이 있었던 곳에 또 다른 동굴이 나타났어요.

팅커벨은 새로 생긴 동굴로 천천히 걸어갔어요. 그 안쪽에서 팅커벨은 어떤 것을 보게 되었어요. 그곳에는 간달프와 또 다른 마법사 3명, 마녀가 있었는데, 그들은 모두 돌로 변해서 언 채로 동굴 벽 안에 있었어요. 팅커벨은 가만히 서서 조용히 주위를 둘러보았어요.

멀리 떨어지지 않은 바닥에는 마법의 자릿값 도표가 있었는데, 그것은 다음과 같은 것이에요. [도리스는 자릿값 도표가 그려져 있는 2~3피트(0.6~0.9m) 크기의 마분지를 들어올린다.]

그림 1.2

백의 자리	십의 자리	일의 자리

갑자기 굵고 우렁찬 목소리가 들렸어요. [도리스는 이것을 굵고 우렁찬 목소리로 말한다.] "안녕하세요! 당신은 생각 많은 산인 나에게 맞서서 당신의 사고력을 시험하기 위해 왔습니다. 자, 그럼 준비하고 다음 문제를 푸세요. 문제를 풀지 못하면 당신은 돌로 변할 것입니다. '말하는 불도저가 덧셈을 한다.' 이것이 힌트입니다."

갑자기 공간이 분홍빛으로 변하기 시작하고, 바닥에 그려진 모양이 붉은 색으로 변하기 시작하더니, 천장의 서로 다른 두 부분에서 주황색 돌 조각이 바닥에 떨어졌어요. 이것은 다음 그림과 같은 두 세트의 주황색 돌 조각이었어요. [도리스는 탁자 위에 십진 블록을 그림과 같이 배치한 후, 모든 학생이 그것을 볼 수 있도록 하였다.]

그림 1.3

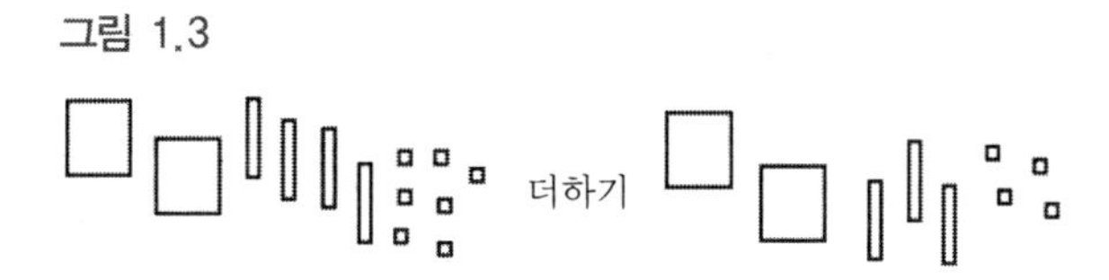

그 후에 아무 소리도 들리지 않고, …… 아주 조용해졌어요. 조용한 공간 속에서 팅커벨은 생각하기 시작했어요.

팅커벨이 생각한 것들은 다음과 같은 것이에요. **[도리스는 꿈속에서 보는 것처럼 두 눈을 감은 채로 설명한다.]** "돌 조각들은 바닥에 있는 마법의 자릿값 도표와 함께 사용되어야 해. '말하는 불도저가 덧셈을 한다.'라는 힌트에서 불도저가 돌 조각을 움직인다는 것을 의미하는 것임에 틀림없어. 그리고 내 생각에 불도저는 일어난 모든 것을 말하고 설명할 거야. 왜냐하면 이곳은 생각 많은 산이기 때문이지. 불도저는 주황색 돌 조각을 함께 더해야 해. 마법의 자릿값 도표에는 칸이 3개 있고 돌 조각은 세 가지 형태가 있어. 각 형태의 돌 조각은 적절한 칸에 들어가야 해. 어떤 것도 잘못된 칸에 들어가서는 안 돼. 백 모형은 백의 자리 칸에 들어가야 하고, 십 모형은 십의 자리 칸에 들어가야 하고, 낱개 모형은 일의 자리 칸에 들어가야 해. 작은 정육면체 조각 10개는 기다란 돌 조각 1개의 크기와 같고, 기다란 돌 조각 10개는 평평한 돌 조각 1개의 크기와 같아. 말하는 불도저가 돌 조각을 더하는 특별한 방법이 있는지 궁금해."

[도리스는 꿈에서 깨어난 듯이, 두 눈을 뜨고 계속해서 말한다.] 갑자기 팅커벨의 마음속에 짤랑거리는 음악이 울렸는데, 예전에 아이들이 그 노래를 부르는 것을 들었던 적이 있었어요. 음악은 다음과 같은 거예요. **[이제 도리스는 벽에 있는 커다란 차트의 종이 위에 노래 가사를 걸고 나서 '팅커벨의 덧셈 노래'를 부른다.]**

팅커벨은 오랫동안 생각한 후에 무엇을 해야 할지를 결정했어요. 그녀는 간달프처럼 실수를 해서 돌로 변하는 것을 원치 않았어요. 팅커벨이 한 것은 다음과 같은 것이에요.

도리스는 학생들에게 시범을 보여주었으며, 나중에 학생들에게 그것을 모방하도록 하였다. 먼저 앞에서 보여주었던 자릿값 도표를 탁자 위에 올려놓고, 그 옆에는 십진 블록을 올려놓았다. 그것을 모든 사람이 볼 수 있도록 배치한 다음 자릿값 도표 위에서 다음과 같은 활동을 실행하였다. 즉, 십진 블록을 자릿값 도표 위에 옮기는 행동과 그 행동을 말로 표현하는 것이 일치한다는 사실을 학생들이 잘 알 수 있도록 말하였다.

팅커벨은 마법을 부릴 준비를 했어요. [도리스는 신호를 보내고 마법 박수를 친다.] "블럼프, 플럼프, 클럼프." [마법 박수를 더 친다.] 갑자기 팅커벨은 불도저로 변했어요.

팅커벨의 덧셈 노래

1개짜리는 일의 자리에
10개짜리는 십의 자리에
100개짜리는 백의 자리에
오른쪽에서 왼쪽으로
  각 칸 아래로 움직이고
  각 칸 아래로 움직이고
  줄을 맞춰서
  줄을 맞춰서
돌들을 아래로 밀고
돌들을 서로 더하고
교환을 하고
각 칸에서 더하고
  각 칸 아래로 움직이고
  각 칸 아래로 움직이고
  줄을 맞춰서
  줄을 맞춰서
어떤 것은 뒤에 남겨두고
어떤 것은 위로 올리고
모두 제 자리에 들어가게 하고
항상 규칙대로
  각 칸 아래로 움직이고
  각 칸 아래로 움직이고
  줄을 맞춰서
  줄을 맞춰서

이제 도리스는 책가방에서 플라스틱 불도저를 꺼내서 학생들이 볼 수 있도록 올려놓았다. 불도저 주변 장난감 가게에서 산 것으로, 불도저 밀대의 크기는 자릿값 도표 칸의 크기와 거의 비슷했다. ('마법사 스토리'로 수업을 했던 3학년 선생님인 로라는 불도저를 저렴한 가격으로 만들었다. 그녀는 신발 상자를 반으로 잘라서 2개의 불도저 밀대를 만들고, 스프레이를 뿌려 색칠하였다. 각 불도저는 가로, 세로, 높이가 각각 약 4인치, 즉 10cm 정도이다.)

그림 1.4

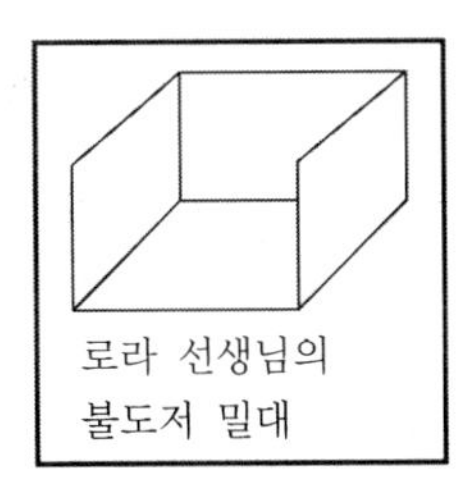

커다란 엔진의 굉음을 내며 불도저가 된 팅커벨은 한 무더기의 돌이 있는 곳으로 가서 돌을 집어 올린 후 동굴에 있는 마법의 자릿값 도표 위에 줄을 맞춰 날라 놓았어요. 이때 돌들이 잘못된 칸에 떨어지지 않도록 주의를 기울였어요. [도리스는 불도저가 앞으로 움직일 때마다 "부릉" 하는 큰 소리를 내며, 탁자 위에 있는 불도저와 십진 블록을 가지고 실행한다.] 불도저가 된 팅커벨은 나머지 무더기의 주황색 돌 조각들도 같은 방식으로 옮겼어요. [도리스는 다시 불도저와 십진 블록을 가지고 소리를 내면서 실행한다.] 자릿값 도표 위에 주황색 돌들은 다음과 같이 배열되었어요.

그림 1.5

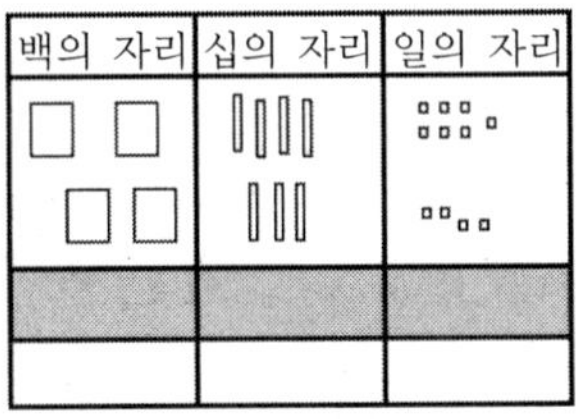

백의 자리	십의 자리	일의 자리

팅커벨은 모터의 굉음을 내며 뒤로 물러서서 불도저의 밀대 부분이 일의 자리 칸을 향하도록 일의 자리 칸 위에 놓았어요. 그리고 주문을 외워서 밀대 부분의 크기를 조정하여 일의 자리 칸의 폭과 같아지도록 했어요. [도리스가 불도저(이것은 팅커벨이기도 함)를 일의 자리 칸에 어떻게 놓았는지는 아래 그림에서 볼 수 있다.]

그림 1.6

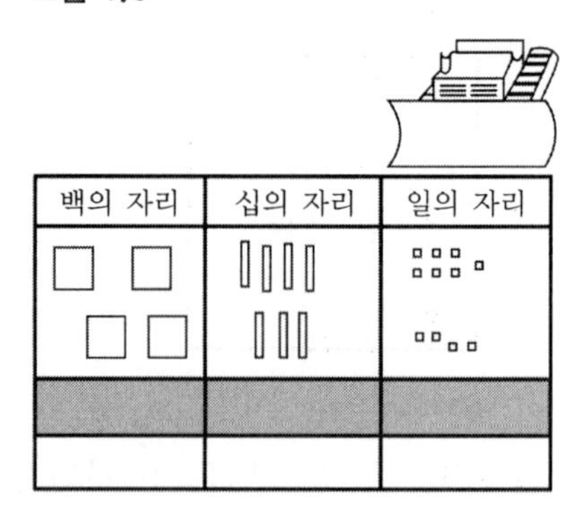

그런 다음 말하는 불도저인 팅커벨은 "일의 자리"라고 크게 외치고는, 자신의 앞에 있는 주황색 정육면체 돌 모두를 천천히 앞으로 밀면서 움직여서 돌들이 일의 자리 칸 아래에 있는 음영 부분으로 옮겼어요. [도리스는 불도저와 십진 블록을 가지고 자릿값 도표 위에서 시연해 보였으며, 불도저를 앞으로 움직일 때마다 "부릉" 하고 큰 소리를 낸다.] 팅커벨의 밀대에는 이제 정육면체 돌 11개가 들어 있어요. [그림 1.7은 자릿값 도표 위에 돌들이 어떻게 놓여 있는지를 보여주는 것이다. 화살표는 팅커벨이 이동한 것을 나타낸다.]

그림 1.7

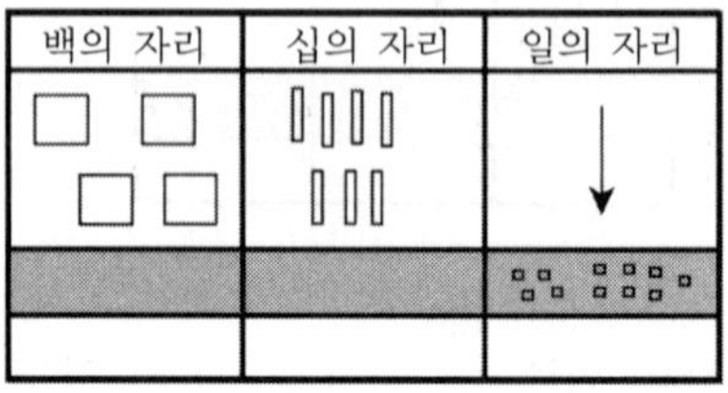

백의 자리	십의 자리	일의 자리

팅커벨은 "7개의 정육면체 돌 더하기 4개의 정육면체 돌은 11개의 정육면체 돌과 같아."라고 외쳤어요. 그리고 "10개의 일 블록은 1개의 십 블록으로 교환해."라고 소리쳤어요. 주황색의 일 블록 돌 10개가 연기와 함께 사라지고, 주황색의 기다란 돌이 천장에서 떨어져서 불도저의 밀대 안으로 들어오자, 팅커벨은 기뻐했어요. [도리스는 교환과정을 보여준다.]

그림 1.8

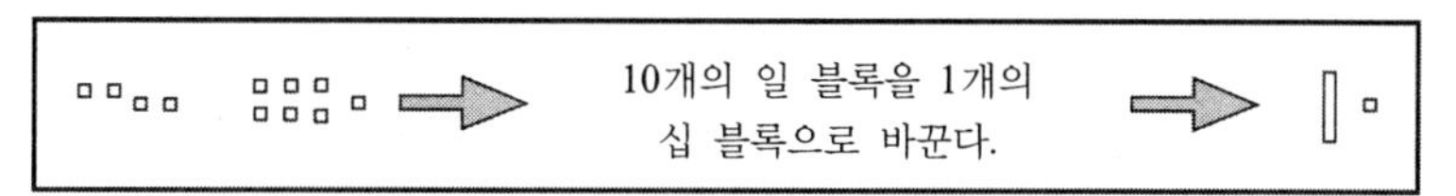

"아!" 팅커벨이 큰 소리로 외쳤어요. "11개의 정육면체 돌은 1개의 기다란 돌과 1개의 정육면체 돌을 합친 것과 같아." [그림 1.9는 돌(십진 블록)들이 자릿값 도표 위에 어떻게 놓여 있는지를 보여주고 있다.]

그림 1.9

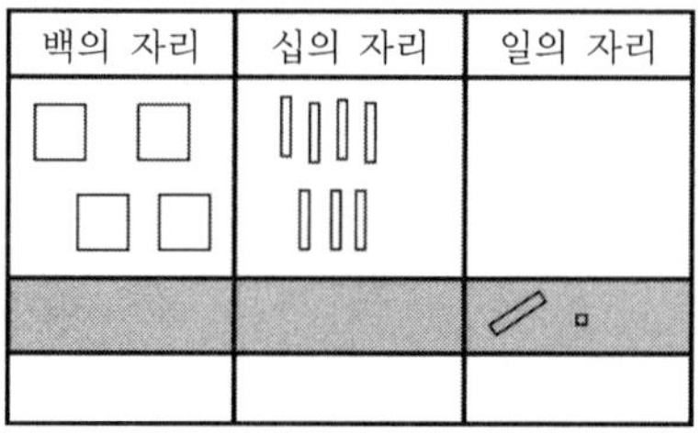

백의 자리	십의 자리	일의 자리

조심스럽게 팅커벨은 약간 앞으로 운전하였고, 기다란 돌이 일의 자리 칸에 떨어지지 않도록 하면서, 밀대에 있는 정육면체 돌을 마법의 자릿값 도표 아래 부분의 작은 직사각형 부분에 떨어뜨렸어요. 그러고는 "정육면체 돌 1개"라고 외쳤어요. [이제 돌들이 어떻게 배치되었는지를 그림 1.10에서 볼 수 있다. 화살표는 팅커벨이 움직인 것을 나타낸다.]

그림 1.10

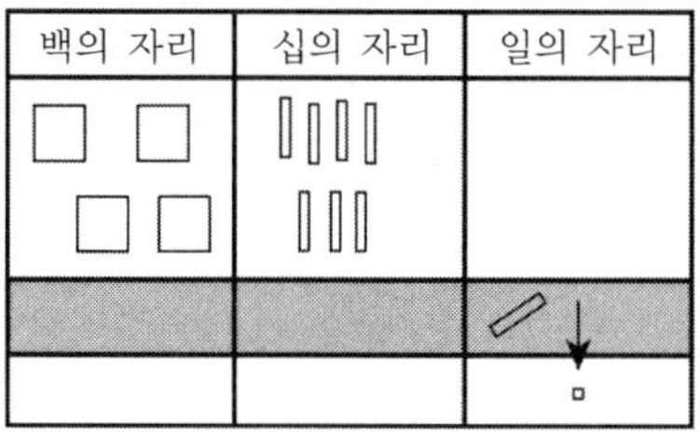

백의 자리	십의 자리	일의 자리

그런 다음 팅커벨은 일의 자리 칸 위로 후진하여, '일의 자리'라는 글자가 있는 꼭대기에 도달했을 때, 시계 방향으로 90도 회전하고 '십의 자리'라는 단어가 적힌 십의 자리 칸에 기다란 돌을 떨어뜨렸어요. 즉, '십의 자리'라는 단어를 둘러싼 작은 직사각형

부분에 완전히 들어갔다는 것을 의미해요. [도리스는 이것을 자릿값 도표 위에서 불도저와 십진 블록을 가지고 실행했다. 자릿값 도표와 돌들이 어떻게 배치되었는지를 그림 1.11에서 볼 수 있다. 화살표는 팅커벨이 움직인 경로를 나타낸다.]

그림 1.11

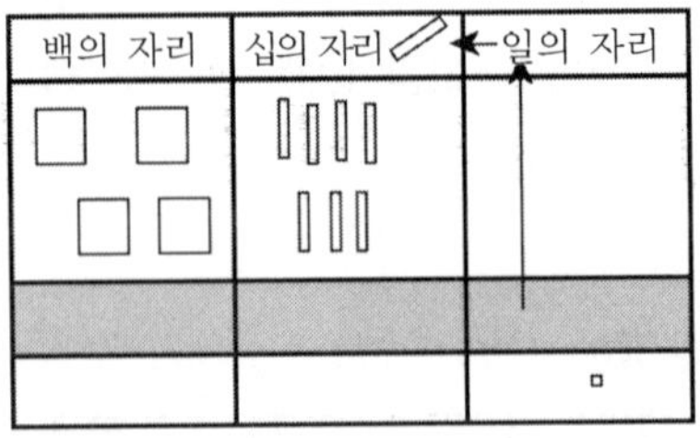

백의 자리	십의 자리	일의 자리

십의 자리 칸 위로 옮겨진 기다란 돌 1개가 마법의 자릿값 도표에 들어갔을 때, 팅커벨은 말했어요. “기다란 돌 1개가 십의 자리 칸으로 옮겨졌어.” [이제 자릿값 도표에 돌들이 어떻게 배치되었는지를 그림 1.12에서 볼 수 있다.]

그림 1.12

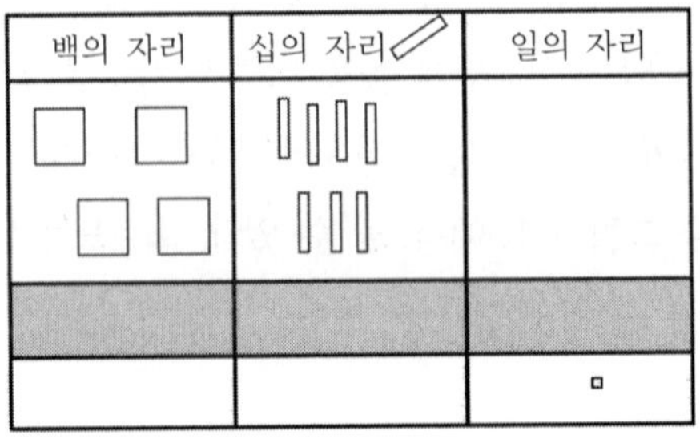

백의 자리	십의 자리	일의 자리

팅커벨은 뒤로 돌아가서 십의 자리 칸을 향하도록 했어요. [도리스가 불도저를 어떻게 놓았는지를 그림 1.13에서 볼 수 있다.]

그림 1.13

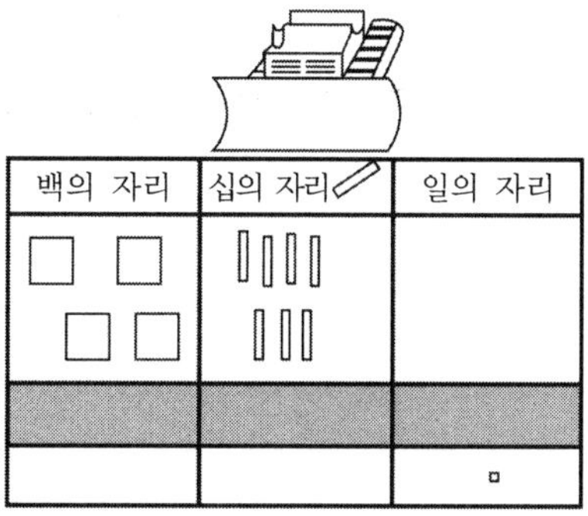

백의 자리	십의 자리	일의 자리

팅커벨은 "십의 자리"라고 외치고, "우우우웅" 하는 엔진의 굉음을 내며 기다란 돌들을 십의 자리 칸 아래에 있는 음영 부분의 직사각형까지 밀었어요.

그림 1.14

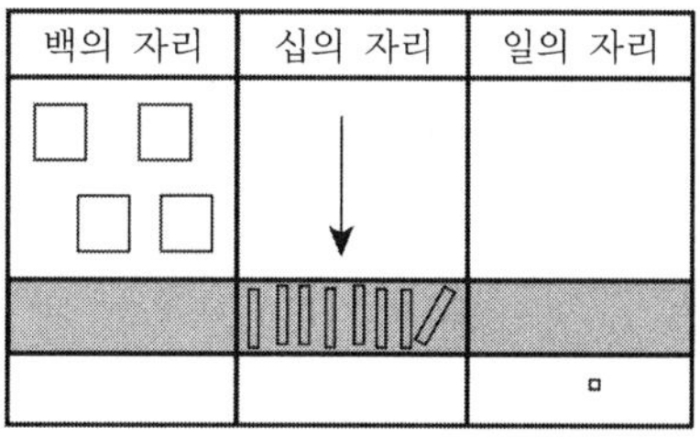

백의 자리	십의 자리	일의 자리

그리고 팅커벨은 외쳤어요. "기다란 돌이 8개니까 교환은 필요 없어." 그러고는 앞으로 약간 더 움직여서 밀대 속에 있는 8개의 기다란 돌들을 마법의 자릿값 도표의 아래에 있는 작은 직사각형 부분으로 밀어버리고 큰 소리로 말했어요. "기다란 돌 8개."

그림 1.15

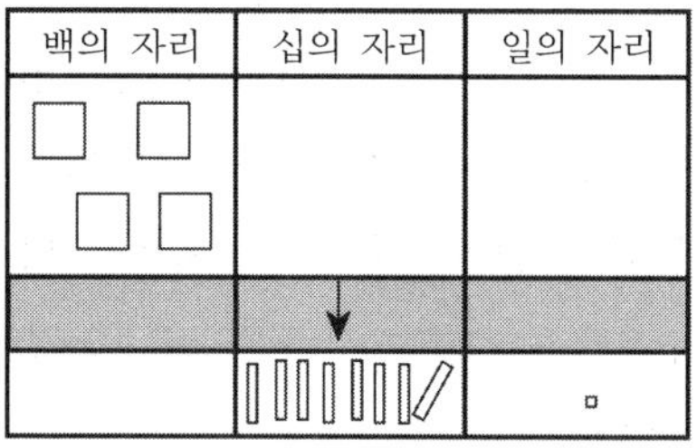

백의 자리	십의 자리	일의 자리

그리고 팅커벨은 십의 자리 칸 위로 후진해서 백의 자리 칸이 아래로 향하도록 움직였어요. 그러고는 "백의 자리!"라고 외치고, "우우우웅" 하는 커다란 엔진 소리를 내며 평평한 돌들을 백의 자리 칸 아래에 있는 음영 부분까지 밀었어요. 그리고 외쳤어요. "평평한 돌들이 4개니까, 교환은 필요 없어!"

그림 1.16

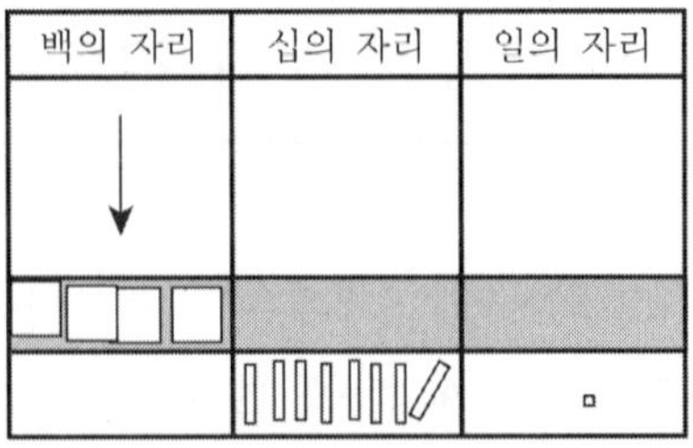

백의 자리	십의 자리	일의 자리

다음에 앞으로 약간 더 움직여서 밀대에 있는 4개의 돌들을 자릿값 도표 아래 부분의 작은 직사각형 지점에 떨어뜨리고, "평평한 돌 4개!"라고 외쳤어요. [도리스는 큰 소리로 "부릉" 하는 소리를 내며 이러한 것을 시연한다.]

그림 1.17

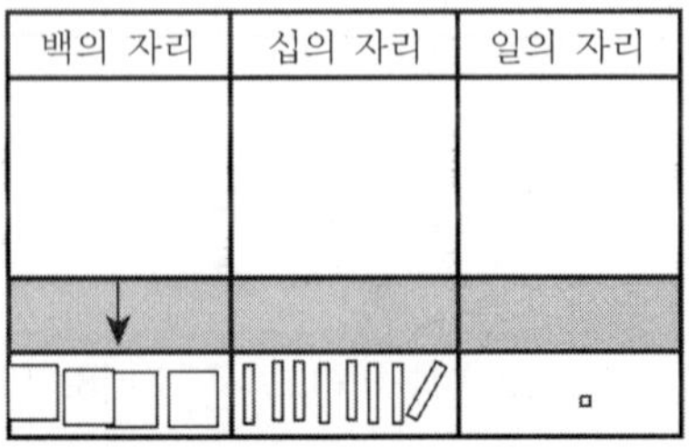

백의 자리	십의 자리	일의 자리

팅커벨은 주위를 돌아서 마법의 자릿값 도표를 빠져나와 평범한 요정인 팅커벨의 모습으로 되돌아와서, "평평한 돌 4개, 기다란 돌 8개, 정육면체 돌 1개!"라고 외쳤어요.

그녀가 말을 마치자마자, 1분 동안 주변 공간이 분홍색과 보라색으로 번쩍이더니 바닥에 있던 자릿값 도표 위의 돌들이 공중으로 떠올라서 빨강, 초록, 파랑의 불꽃으로 폭발하면서 화려한 물보라 속으로 조용히 사라졌어요. [이렇게 말하는 동안 도리스는 자릿값 도표와 십진 블록을 치운다.]

팅커벨은 자신이 매우 자랑스럽다고 생각했어요. 그렇지만 번쩍이는 불꽃이 멈추었을 때, 천장에서 두 세트의 돌들이 떨어졌는데, 그것은 467과 355를 나타내는 것이었어요.

도리스는 467과 355를 칠판에 적고, 이 수를 나타내기 위해서 십진 블록을 어떻게 배치해야 할지에 대해 학생들에게 물었다. 그리고 적절한 블록을 골라서 자릿값 도표 위에 두 줄로 놓도록 학생들을 지도하였다.

이제 팅커벨은 마법을 부릴 준비를 했어요. [도리스는 신호를 보내고 마법 박수를 친다.] "블럼프, 플럼프, 클럼프." [마법 박수를 더 친다.] 팅커벨은 다시 불도저로 변하였고, '덧셈 노래'를 부르고 엔진의 굉음을 내면서 문제를 풀기 위해 움직였어요.

도리스는 학생들에게 '팅커벨의 덧셈 노래'의 복사본을 나누어주었으며, 학생들은 큰 소리로 노래를 불렀다. 그 노래에 맞춰 도리스는 벽에 걸린 커다란 복사본에 적힌 단어를 가리켰다.

노래가 끝나자 도리스는 노래 속의 단어가 무엇을 의미하는지에 대해 학생들에게 물었는데, 왜냐하면 단어들은 팅커벨의 행동을 안내하기 때문이다. 도리스는 노래 속의 단어에 대해서 정확한 답변을 하면 칭찬해주었고, 틀린 답변을 하면 바르게 고쳐서 말하도록 하였다.

다음에 팅커벨이 자릿값 도표 위에 십진 블록을 어떻게 위치시켰고, 문제를 칸별로 어떻게 풀었으며, 각각의 행동 결과를 어떻게 소리 내어 말하였고, 최종적인 답을 어떻게 알려주었는지에 대한 스토리를 말한 다음, 십진 블록을 사용하여 467 + 355의 문제를 어떻게 푸는지를 시연하였다. 시연이 이루어지는 동안 도리스는 학생들에게 다음과 같은 핵심적인 질문을 하였으며, 여기에 대해 학생들은 대답하였고, 도리스는 그것을 좀 더 분명하게 설명하였다.

- 정육면체 돌은 일의 자리 이외의 다른 칸에 넣을 수 있는가? 기다란 돌은 십의 자리 이외의 다른 칸에 넣을 수 있는가? 평평한 돌은 백의 자리 이외의 칸에 넣을 수 있는가?
- 두 수를 나타내는 십진 블록이 자릿값 도표의 윗부분에 두 줄로 놓여 있는가? 즉, 두 수가 구별되어 보이도록 놓여 있는가?
- 불도저는 여러 칸에 있는 십진 블록을 한 번에 밀어 내릴 수 있는가? (이것을 명확히 하는 것은 중요하다. 왜냐하면 많은 학생들은 모든 블록을 도표의 바닥까지 한 번에

밀고 나서 교환하려고 하기 때문이다. 그러나 이것은 수업시간에 알려준 덧셈 알고리즘과 일치하지 않는다.)

- 불도저는 각 칸의 맨 아래 부분까지 블록을 밀기 전에, 교환할지를 결정하기 위해, 생각하고 교환하는 영역인 음영 부분의 직사각형에 반드시 멈추어야만 하는가? (도리스는 이러한 사고 단계가 중요하다고 강조하였다.)
- 정육면체 돌이 기다란 돌로, 그리고 기다란 돌이 평평한 돌로 교환되었을 때, 교환된 돌은 단어가 들어 있는 각각의 위쪽 칸 이외의 다른 장소에 놓을 수 있는가? (실행된 행동이 지필 계산과 일치하도록 하기 위해 이것은 중요하다.)

이 문제를 해결한 후, 383 + 278을 나타내는 두 세트의 블록이 천장에서 떨어졌다고 말하였다. 도리스는 팅커벨을 돕기 위해서는 이 문제를 학생들 스스로 풀어야 한다고 말하고 나서, 학생들을 안내하였다.

도리스는 두 명씩 짝을 지어 모둠을 만들고, 모둠별로 십진 블록, 자릿값 도표, 플라스틱 불도저를 나누어주었다. 그리고 학생들이 불도저, 십진 블록, 자릿값 도표를 사용하여 문제를 해결하는 동안, 그녀는 학생들이 문제해결 과정에 따라 진행하도록 조심스럽게 안내하였다. 도리스가 진행한 방법은 예전에 학생들에게 가르쳤던 덧셈 절차의 방법과 일치하는 것이다. 학생들이 문제를 해결하는 동안, 도리스는 다음과 같이 진행하였다.

- 먼저 '팅커벨의 덧셈 노래'를 부르게 하였다. 다음에는 덧셈 과정이 이루어지는 동안 노래의 적절한 부분을 부르게 하였다.
- 문제의 각 단계에서 무엇을 하고 있는지를 설명하라고 학생들에게 요구하였다.
- 그녀의 질문에 대해 학생들이 답변한 것을 좀더 명확하게 설명하였다.
- 학생들이 불도저를 칸의 아래로 움직이는 동안 학생들에게 "부릉, 부릉"과 같은 소리를 내도록 격려하였다.
- 잘못된 행동을 교정하기 위해 학생들의 행동을 모니터링하였다.

팅커벨을 돕기 위해서는 서로 도우면서 문제를 풀어야 한다고 학생들에게 말하면서, 학생들이 서로 협동하여 문제를 풀도록 격려했다. 수학 문제를 한 사람만 풀어서는 안 되며, 두 사람 모두 문제를 풀 수 있어야 팅커벨을 도울 수 있기 때문에, 가능하면 동료를 도우면서 동료와 협동하여 문제를 풀어야 한다고 학생들에게 말하였다. 그리고 서로를 돕기 위해서는 자신이 수학적으로 생각하는 것을 조용히 말로 설명하는 것도 중요하다고 하였다.

이것은 학생들이 자신의 행동이나 행동의 이유를 말로 설명하고 표현한다는 것을 의미한다. 도리스는 다른 사람이 말하는 것을 주의 깊게 들어야 하고, 다른 사람이 블록을 제대로 다루는지를 점검해야 한다고 학생들에게 말하였다. 동료가 실수하고 있다고 생각되면 혹은 동료가 하는 행동이나 말하는 것의 이유가 이해되지 않는다면, 동료에게 정중하고 공손하게 질문을 하는 것이 그들의 임무이며, 그렇게 함으로써 서로 확실하게 이해하게 되고, 때로는 서로 가르치기도 하고 때로는 선생님에게 도움을 얻어야 한다고 강조하였다.

질문에 답하여라, '팅커벨의 덧셈 노래'를 불러라, 불도저와 십진 블록을 움직여라, "부릉" 하고 큰 소리로 내어라, 다른 사람의 행동에 대해 토론하여라 등과 같은 도리스의 지시에 따라 학생들이 소모둠별로 문제를 해결하는 동안, 도리스는 학생들 사이를 돌아다니면서 각 모둠에서 문제를 해결하는 법을 도와주고, 학생들의 질문에 답하고, 수학에 대해 도움을 주었다. 어느 시점에 학생들이 칸의 위로 불도저를 후진하면서 "삐, 삐, 삐, 삐" 소리를 내기도 했다. 얼마 지나지 않아 다른 학생들도 불도저를 후진시킬 때마다 "삐, 삐, 삐, 삐" 소리를 내기 시작했다. (이틀 정도 지나자, 불도저를 후진시킬 때마다 모든 학생들이 "삐, 삐, 삐, 삐" 소리를 내기 시작했고, 만약 "삐, 삐, 삐, 삐" 소리를 내지 않는다면, 생각 많은 산이 그들을 돌로 변하게 할 것이라고 서로에게 말하였다.)

문제가 해결되자 도리스는 스토리를 계속했다.

> 세 번째 문제가 해결되자 공간은 1분 동안 분홍빛에서 보랏빛으로, 그리고 붉은빛으로 반복해서 빛나기 시작했고, 동굴 속의 마법의 자릿값 도표 위에 있던 돌들이 사라졌어요. 그러자 공간은 완전히 어두워졌고, 산은 팅커벨에게 말했어요. "작은 요정아, 아주 잘했어. 이제 너는 평화를 찾아 나에게서 떠날 수도 있고, 내 능력으로 들어줄 수 있는 소원을 말할 수도 있어."
>
> 팅커벨이 소리쳤어요. "내 소원은 당신이 나의 친구인 간달프를 풀어주는 거예요!"
>
> 돌이 깨지는 것 같은 커다란 소리가 들리고 간달프는 돌로 된 벽에서 떨어져 나와서, 다시 완전한 인간이 되었어요. 팅커벨은 간달프의 본래 성격이 어떤 식으로든 변했는지 확인하기 위해 간달프를 자세히 조사했어요. 여전히 현명한가, 그래서 텔레비전 프로그램보다는 야구장에 있는 소년과 지혜를 나누기를 좋아하는가? 여전히 점잖은가, 그래서 여전히 개미를 밟지 않으려고 조심하는가? 여전히 정직한가, 그래서 누군가 잃어버린 돈을 자신이 갖기보다는 주인에게 찾아주기 위해 마법을 부릴 것인가? 여전히 도움이 필요한 동물을 구하려고 하는 영웅인가, 그래서 왕의 향연을 즐기기보다는 도움이 필요한 쥐를 구해줄 것인가?

팅커벨은 벽에서 떨어져 나온 사람이 그녀가 오랫동안 사랑했고 존경했던 간달프라는 것을 확인하자 그에게 날아가서 턱수염을 당기며 외쳤어요. "간달프, 간달프, 어떻게 이런 곤경에 빠지게 되었어요?"

간달프는 팅커벨이 산의 문제를 해결하는 법을 참으로 현명하게 찾았다고 말하고, 자신은 좋은 친구 중 하나인 하블을 구하기 위해 왔다고 말했어요. 하블은 동굴의 벽에 얼어버린 채로 돌이 된 마법사 중의 한 사람이에요.

둘이 이야기를 더 하려고 하는데, 산에서 우르릉하는 소리가 울리고, 팅커벨과 간달프 앞에 지구가 산산이 부수어지는 것과 같은 모습이 펼쳐졌어요.

도리스는 이제 스토리를 마치고 학생들에게 내일 계속하겠다고 말했다. 그리고 소모둠별로 다음과 같은 질문에 대해 짝끼리 토론하고 답을 종이에 기록하라고 요구했다.

- 이 스토리를 듣고 무엇을 느꼈나요? (이유는?)
- 이 스토리를 듣고 여러분 자신의 삶에서 무엇을 생각하게 되었나요?
- 이 스토리를 좋아하나요? (이유는?)
- 친구에게 이 스토리를 들려주었다면, 그 친구가 알아야 할 가장 중요한 것 두 가지는 무엇인가요? (이유는?)
- 이 스토리의 마지막에 무슨 일이 일어나게 될지 알고 있나요? (만약 그렇다면, 그것은 무엇인가요?)

토론이 시작되기 전에 도리스는 이러한 질문에 대해 협동해서 토론하고, 다른 사람이 말하는 것을 듣고, 서로에게서 배우고, 서로를 가르치는 것이 중요하다고 강조하였다. 도리스는 각 모둠이 성공하기 위해서는 한 사람만 독점적으로 말하기보다는 모둠별로 두 사람이 함께 토론에 참여해야 한다고 강조했다.

토론이 이루어지는 동안 도리스는 학생들 주위를 돌아다니면서 협동해서 활동하도록 하고, 토론이 활발하게 이루어지도록 하였다. 그 후에 학생들 모두를 전체 학급 토론으로 이끌었는데, 선정된 소모둠 학생들에게 자신이 기록한 결과를 읽고 설명하면서 발표하도록 하였다.

2일째

이 부분에 대한 '마법사 스토리'는 도리스가 세 번째 해에 실시했던 것이며, 기억에 의존해서 그리고 때로는 노트를 참고하여 스토리를 진술했다. 이 부분의 스토리 전개는 지난 2년 동안 했던 것과는 다르다고 말했다. 도리스는 학생들과의 구체적인 상호작용을 자극하기 위해서 그리고 수업에서 발생하는 사건들을 정교화하기 위해서, 스토리를 바꾸고, 정교화하고, 재미있게 할 필요를 느꼈다. (구두 스토리텔링의 오랜 전통 중 하나는 청중과의 상호작용과 참여를 촉진하기 위해 스토리를 바꾸는 것이다.)

여러 자릿수의 덧셈은 도리스의 학교에서 2학년과 3학년 교육과정 내용이다. 그러나 도리스는 4학년 학생들이 여러 자릿수의 덧셈에 대한 절차를 알고는 있었지만, 덧셈을 하는 동안에 자릿수를 맞춰야 하는 이유를 제대로 이해하지 못하고 있다는 것을 발견했다. 즉, 그들은 절차적 기능은 갖고 있었지만 개념적인 이해는 충분하지 못했다. 그래서 덧셈을 다시 가르치기로 했다.

도리스가 '마법사 스토리'를 계속하려고 한다고 말하자, 학생들은 기뻐서 소리쳤다. 도리스는 학생들에게 짝을 정하라고 말하고, 창고에서 십진 블록, 불도저, 자릿값 도표가 들어 있는 통을 가져오라고 말했다. 학생들이 이 일을 완결하고 조용히 앉아 있자, 도리스는 스토리를 시작했다.

> 어제 '마법사 스토리'는 생각 많은 산에서 팅커벨이 간달프의 턱수염에 앉아 있었다는 부분에서 끝났어요. 그들이 서로 더 많은 이야기를 하려고 할 때, 산에서 우르릉하는 소리가 들렸어요.
>
> 두려움에 떨며, 간달프는 바닥으로 몸을 던져 납작 엎드리고 두 손을 머리에 올린 후, 어떤 것도 자신을 해치지 못하도록 자신을 보호하는 마법 주문을 외우기 시작했어요. 팅커벨은 헝클어진 턱수염과 동굴의 딱딱한 바닥 사이에 갇힌 채 간달프에게 소리치기 시작했어요. "일어나요, 산이 우리에게 말하고 있잖아요!" 간달프가 천천히 일어나자 팅커벨은 헝클어진 턱수염에서 빠져나올 수 있었어요.
>
> 우르릉하는 소리가 들리는 동안, 동굴의 벽이 붉게 빛나기 시작했고, 굵은 목소리로 산이 말하기 시작했어요. "말할 수 없는 불도저, 말할 수 있는 커다란 앵무새!" 그러자 동굴의 천장이 갈라지기 시작했어요. 천장의 두 부분에서 주황색의 돌 조각들이 바닥에 떨어졌어요. 그것은 두 세트의 돌들이었는데, 다음과 같은 것이에요.

그림 1.18

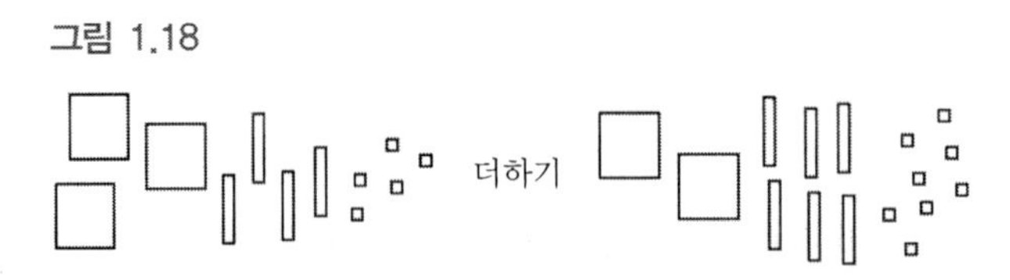

[도리스는 모든 학생들이 잘 볼 수 있도록 교실 탁자 위에 십진 블록을 놓았다. 그녀는 각 세트에 있는 블록들이 무엇을 의미하는지 말해보라고 학생들에게 요구했다.]

다음에 동굴의 바닥이 분홍빛으로 빛나기 시작하더니, 십진 블록 도표가 바닥 위에 나타나 바닥의 돌에 새겨졌어요. [도리스는 자릿값 도표를 들어서 십진 블록과 함께 탁자 위에 놓았다.]

그림 1.19

백의 자리	십의 자리	일의 자리

그러자 생각 많은 산에서 울리는 우르릉하는 소리가 멈추고 빛들이 사라졌어요. 팅커벨과 간달프는 어둠 속에 남겨졌어요. 팅커벨은 마법의 별빛 후광에 불을 붙여서 밝게 빛나도록 했어요. 간달프는 마법의 주문을 외울 준비를 했어요. [도리스가 신호를 보내고 마법의 박수를 친다.] "리트, 플리트, 라트, 플라이트." [박수를 더 친다.] 갑자기 간달프의 머리 위에서 작은 달이 빛나기 시작했어요. 희미한 별빛과 달빛 속에 마법사 둘이 서서 무엇을 해야 할지 고민했어요.

간달프가 말했어요. "내 생각에 산이 말한 것의 의미가 무엇인지 이해할 필요가 있어."

팅커벨도 동의하면서 그 말을 반복했어요. "말할 수 없는 불도저, 말할 수 있는 커다란 앵무새!" 그녀가 말했어요. "내 생각에 말을 할 수 없는 불도저와 말을 할 수 있는 앵무새가 필요한 것 같아요. 나는 이미 불도저가 된 적이 있었기 때문에, 내가 불도저가 되고 당신이 앵무새가 되는 것이 어때요?"

"그건 싫어." 하고 간달프가 말했어요. "나는 새가 되고 싶지 않아. 앵무새에는 벼룩이 있어. 깃털로 덮여 있고, 벼룩이 들끓는 앵무새는 되고 싶지 않아."

"녹이 슬고 오래된 금속으로 만들어진 불도저가 되는 건 어때요?"라고 팅커벨이 물었어요.

"어떤 것도 되고 싶지 않아."라고 간달프가 외쳤어요.

"그러면 말할 수 있는 앵무새가 되는 것이 좋겠어요."라고 팅커벨이 말했어요. "내가 당신을 이 세상에서 가장 아름다운 앵무새로 만들어 드리겠어요. 파랑, 빨강, 금색 깃털이 밝게 비치는 아름다운 옷을 드리겠어요. 벼룩이 없도록 하겠어요. 당신이 해야 할 일은 맑은 목소리로 앵무새처럼 말하는 것이에요!"

간달프는 앵무새가 되는 것에 동의했어요.

두 마법사는 산이 제시한 덧셈 문제를 해결하기 위해 동굴 바닥에 있는 돌 조각들을 어떻게 사용할지에 대해 계획을 세웠어요. 또한 그들은 팅커벨이 돌 조각들을 움직일 때 아무것도 말할 수 없는 불도저로서 어떻게 행동할 것인지에 대해서도 계획을 세웠어요. 그리고 간달프는 커다란 앵무새로서 어떻게 행동할 것인지 그리고 팅커벨이 한 행동의 모든 결과를 어떻게 말할 것인지에 대해서도 계획을 세웠어요. 계획을 세우는 동안, 팅커벨은 간달프에게 '덧셈 노래'를 불러주었어요. 간달프를 위해서 같이 노래를 불러보아요.

[도리스는 학생들에게 '팅커벨의 덧셈 노래'의 복사본을 꺼내도록 한 후, 노래를 불렀다(또는 읽었다).]

팅커벨과 간달프는 이제 노래의 단어가 뜻하는 것에 대해 토론하였고, 간달프는 팅커벨이 행동한 각각에 대해 말로 어떻게 표현해야 하는지에 대해 토론했어요. 그런 다음 팅커벨과 간달프는 실행에 옮겼어요.

팅커벨이 마법의 주문을 외웠어요. [도리스가 신호를 보내자 박수를 친다.] "크랙, 크롱크, 크루키." [박수를 더 친다.] 갑자기 간달프가 세상에서 가장 아름다운 앵무새로 변했는데, 파랑, 빨강, 금색 깃털로 이루어진 밝게 빛나는 아름다운 옷을 입었으며, 벼룩도 없었으며, 맑은 목소리로 말할 수도 있었어요.

[도리스는 책가방에서 나무못 위에 앉아 있는 여러 색깔이 칠해진 나무 앵무새를 꺼내서 학생들이 볼 수 있도록 들어 올렸다. 그녀는 관리 창고에서 이러한 앵무새를 두 다스 찾았다. 그것들은 자선 모금 행사 기간 중에 한 번 사용했던 것이다.]

팅커벨은 주문을 조금 더 외웠어요. [도리스가 신호를 하자 마법 박수를 친다.] "블럼프, 플럼프, 클럼프." [박수를 더 친다.] 갑자기 팅커벨이 밝고 노란 불도저로 변했어요. [도리스는 노란 플라스틱 불도저를 들어 올려서 학생들이 볼 수 있도록 하였다.]

도리스는 십진 블록을 가지고 팅커벨의 행동을 연기할 때에는 한 손에 노란 불도저를 잡았다. 간달프인 앵무새가 말하는 것을 연기할 때에는 나무 앵무새를 들어 올려서 맑은 목소리로 말하였다. 이로써 도리스가 교실 앞의 탁자에서 시연을 할 때, 말과 행동이 일치한다는 것을 학생들이 이해할 수 있도록 하였다.

굉음을 내며 팅커벨이 한 무더기의 주황색 돌 위로 운전을 해서 돌들을 들어 올린 후 바닥의 자릿값 도표 위에 내려놓을 때, 잘못된 칸에 떨어지지 않도록 주의했어요. 만약 돌이 잘못된 칸에 놓이면, 산은 팅커벨을 돌로 만들어버릴 테니까요. [도리스는 말하면서, 이것을 시연하기 시작했다.]

팅커벨이 주황색 돌을 옮기는 동안, 말하는 앵무새인 간달프는 맑은 목소리로 말했어요. "우리는 첫째 그룹의 주황색 돌을 집어서 마법의 자릿값 도표 위에 놓았는데, 평평한 돌 3개는 백의 자리 칸에 놓고, 기다란 돌 4개는 십의 자리 칸에 놓고, 정육면체 돌 5개는 일의 자리 칸에 놓았어. 이것은 345를 나타내는 거야." [이 말을 하는 동안 도리스는 앵무새를 들어 올려서 맑은 목소리로 말했다.]

팅커벨이 다른 무더기의 주황색 돌 조각에 대해서도 [불도저를 사용하여] 똑같은 일을 하는 동안, 말하는 앵무새인 간달프는 맑은 목소리로 말했어요. "우리는 다음 그룹의 돌들을 집어서 마법의 자릿값 도표 위에 놓았는데, 평평한 돌 2개는 백의 자리 칸에 놓고, 기다란 돌 6개는 십의 자리 칸에 놓고, 정육면체 돌 8개는 일의 자리 칸에 놓았어. 이것은 268을 나타내는 거야." [다시 도리스는 맑은 목소리로 말하면서 앵무새를 들어 올렸다. 돌들은 다음과 같이 배열되었다.]

그림 1.20

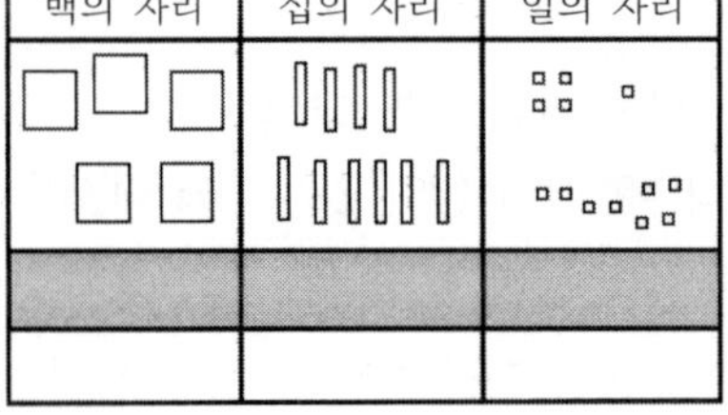

백의 자리	십의 자리	일의 자리

그리고 간달프는 말했어요. "이제 우리는 345와 268을 더할 거야. 먼저 일의 자리 칸에 있는 모든 정육면체 돌들을 더할 거야." [다시 도리스는 앵무새를 들어 올리면서, 맑은 목소리로 말했다.]

팅커벨은 이제 모터의 굉음소리를 냈어요. [도리스는 "부릉" 하는 소리를 냈다.] 그리고 후진해서 일의 자리 칸 위로 간 후, 밀대가 일의 자리 칸을 향하도록 했어요. 불도저인 팅커벨은 천천히 앞으로 움직여서 자기 앞에 있는 주황색 정육면체 돌들을 모두 밀어서 일의 자리 칸 아래의 음영 부분에 놓았어요. 음영 부분은 생각하고 교환하는 영역이라고 불러요. 팅커벨의 밀대에는 정육면체 돌이 13개 있어요. 말하는 앵무새인 간달프는 맑은 목소리로 말했어요. "정육면체 돌 5개와 정육면체 돌 8개를 더하면 정육면체 돌 13개야." 그리고 그는 말했어요. "낱개 모형 10개는 십 모형 1개와 교환해야 돼." 낱개 모형 10개는 연기와 함께 사라지고 기다란 돌이 천장에서 떨어져서 팅커벨의 불도저 밀대 속으로 들어왔어요. [도리스는 이러한 행동을 학생들 앞에서 보여주면서, 정육면체 돌 10개를 기다란 돌로 교환하였다.] 말하는 앵무새인 간달프는 재잘거렸어요. "정육면체 돌 13개는 기다란 돌 1개, 정육면체 돌 3개와 같아." 팅커벨은 조심스럽게 약간 앞으로 운전했어요. [도리스는 "부릉" 하는 소리를 냈다.] 그리고 마법의 자릿값 도표 아래에 있는 작은 직사각형 부분에, 기다란 돌이 일의 자리 칸에 떨어지지 않도록 조심하면서, 밀대에 있는 정육면체 돌 3개를 떨어뜨렸어요. 간달프가 재잘거렸어요. "정육면체 돌 3개는 일의 자리 칸에 놓고, 기다란 돌 1개는 십의 자리 칸 위쪽으로 옮겨." 그가 이렇게 말하자, 팅커벨은 일의 자리 칸 위로 후진했으며, 글자가 있는 꼭대기에 도착하자 시계 방향으로 90도 돌아서 '십의 자리'라는 단어가 적혀 있는 칸에 기다란 돌을 떨어뜨렸어요. 이때 글자가 있는 작은 직사각형 영역에 완전히 들어가도록 했어요. [도리스는 "부릉" 소리를 내며 불도저로 이것을 시연해 보였다.] 십의 자리 칸으로 옮겨진 기다란 돌 1개가 마법의 자릿값 도표에 떨어지자 간달프는 재잘거렸어요. "기다란 돌 1개는 십의 자리 칸으로 옮겨졌어."

도리스는 자릿값 도표의 십의 자리와 백의 자리 칸에 있는 돌들에 대해서도 똑같은 과정을 반복했다. 이것이 끝나자 스토리를 계속했다.

팅커벨이 마법의 자릿값 도표에서 떨어져 뒤로 물러서자, 커다란 말하는 앵무새인 간달프가 재잘거렸어요. "345 더하기 268은 613이야."

간달프가 이렇게 말하자, 주위는 분홍빛과 보랏빛으로 1분 동안 빛나더니, 동굴에 있는 마법의 자릿값 도표 위에 있던 돌들이 떠올라서 붉은색, 초록색, 파란색의 화려한 불꽃으로 폭발하면서 조용히 사라졌어요. [이렇게 말하는 동안, 도리스는 자릿값 도표 위의 십진 블록을 치웠다.]

팅커벨과 간달프는 매우 자랑스러웠어요. 그러나 빛나던 불빛이 사라지자, 두 세트의 돌들이 천장에서 떨어졌는데, 그것은 446과 378을 나타내는 돌들이었어요.

도리스는 학생들에게 이러한 수를 나타내려면 십진 블록을 어떻게 놓아야 하는지에 대해 물었다. 그리고 학생들의 대답에 맞춰서 탁자 위에 있는 자릿값 도표 옆에 블록을 놓았다.

도리스는 학생들에게 말하기를, 팅커벨과 간달프를 돕기 위해 학생들은 생각 많은 산이 제시한 두 번째 문제를 해결하여야 하며, 학생들은 둘씩 짝이 되어 두 마법사가 했던 것처럼 해야 한다고 말했다. 각 모둠에서 1명은 팅커벨이 되었다고 가정하고 불도저를 사용하여 십진 블록을 옮겨야 한다. 모둠의 또 다른 1명은 말하는 앵무새인 간달프가 되었다고 가정하고 설명하는 자(verbalizer)의 역할을 하며, 말을 할 때는 나무로 된 앵무새를 들어 올리고, 불도저가 행한 모든 행동을 말로 설명해야 한다. 도리스는 학생들에게 산이 제시하는 세 번째 문제도 있다고 말하면서, 세 번째 문제는 서로 역할을 바꾸어야 하며, 그래서 모둠에 있는 모든 학생들은 팅커벨과 간달프의 역할을 한 번씩 해야 한다고 말하였다.

도리스는 나무로 된 앵무새를 나누어줄 때, 각자 역할을 정하라고 학생들에게 말했다. 다음에 학생들에게 '팅커벨의 덧셈 노래'를 부르도록 하였고, 각 구절의 의미를 생각해보도록 했다. 또한 서로 협동해서 작업을 해야 한다는 점을 상기시켰는데, 서로 협동한다는 것의 의미는, 만약 한 사람이 도움을 필요로 할 때 팅커벨이 했던 것과 같은 방식으로 그들이 알아야 할 내용을 부드럽고 친절하게 가르쳐서 도와준다는 것을 뜻한다고 말했다. 그런 후에 학생들은 문제 446 + 378을 풀기 시작했다. 십진 블록은 플라스틱 불도저로 옮겼으며, (불도저가 앞으로 가거나 뒤로 갈 때) 학생들은 "부릉"과 "삐, 삐, 삐" 소리를 냈다. 불도저가 실행한 수학 내용을 맑은 목소리로 말할 때에는 앵무새를 공중으로 들어 올렸다. 학생들은 서로의 행동을 모니터링했고, 다음에 할 일을 토론하면서 '팅커벨의 덧셈 노래'를 참고하였다.

도리스는 학생들이 작업을 하는 동안, 주위를 돌면서 학생들을 관찰하였고, 학생들이 십진 블록을 다루는 것과 말로 설명하는 것을 바로잡아 주었으며, (필요한 경우) 협동해서 작업하는 것이 무엇을 의미하는지에 대해서도 상기시켰다. (즉, 팅커벨의 관점에서 서로를 생각해보도록 하며, 한 사람의 능력으로 정답을 얻는 것보다 두 사람 모두 성공하는 것이 중요하다는 점을 상기시켰다.)

학생들이 두 번째 문제를 해결하자, 도리스는 팅커벨과 간달프의 역할을 바꾸도록 요구했고, 모든 모둠에 문제 275 + 188을 제시했다.

모든 모둠이 세 번째 문제를 해결하자, 학생들이 했던 작업이 전에 배웠던 수학과 어떻게 관련되는지에 대해 소모둠별로 토론하도록 했다. (학생들은 덧셈에 대한 '세로셈 알고리즘'을 예전에 배웠다.) 도리스는 학생들에게 그들이 생각 많은 산에 있는 팅커벨을 돕는 중이라는 점을 상기시키면서, 그들은 신중해야 하고, 자신의 생각을 모둠에 있는 다른 짝과 공유해야 하며, 그렇게 함으로써 모둠의 모든 사람이 반성을 하면서 배울 수 있다는 점을 강조했다.

소모둠별 토론이 완료되자, 도리스는 전체 학급 토론을 실시했다. 토론이 일어나는 동안, 도리스는 학생들의 의견을 '팅커벨의 덧셈 노래' 혹은 덧셈 과정과 관련시켰다. 논의된 문제들 중에는 자릿값, 덧셈, 재배열, 칸 사이에서 교환하기, 칸별로 작업하기, 오른쪽에서 왼쪽 방향으로 작업하는 것과 왼쪽에서 오른쪽 방향으로 작업하는 것의 비교 등이 있었다. 오른쪽에서 왼쪽 방향으로 작업하는 것이 좋은가 혹은 왼쪽에서 오른쪽 방향으로 작업하는 것이 좋은가에 대한 논쟁이 일어났다. 그래서 다음과 같은 논쟁이 발생했다. 결과에 차이가 있는가? 어떤 방향으로 하는 것이 이전 작업에 대한 손질(backtracking)을 최소화하는가? 어느 방향이 가장 효율적인가? 관례적인 계산 방법은 어느 것인가? 토론이 끝나자 도리스는 스토리를 계속했다.

> 여러분의 도움으로 팅커벨과 간달프가 세 번째 문제를 해결하자, 생각 많은 산의 동굴은 2분 동안 분홍빛과 보랏빛으로 빛났으며, 동굴의 자릿값 도표 위에 있던 돌들이 공중으로 떠올라서 빨강, 초록, 파란색의 화려한 불꽃으로 폭발하면서 조용히 사라졌어요. [도리스는 이것을 말하면서, 자릿값 도표에 있는 십진 블록을 치웠다.]
>
> 그러자 동굴은 완전히 어두워지고, 산은 팅커벨과 간달프에게 굵은 목소리로 말했어요. "귀여운 마법사들아, 아주 좋아. 이제 여러분은 나에게서 풀려나서 자유롭게 갈 수도 있고, 내 능력이 허락하는 범위에서 소원을 말할 수도 있어."
>
> 간달프가 소리쳤어요. "내 친구 하블을 풀어주세요!"
>
> 돌이 깨지는 듯한 커다란 소리가 들리더니, 하블이 돌로 된 벽에서 떨어져 나와, 다시 완전한 인간이 되었어요. 간달프는 그에게 걸어가서 비밀스런 마법사의 발동작을 보여주면서 왜 생각 많은 산에 오게 되었는지 물었어요. [도리스는 발목을 서로 부딪치는 특별한 발동작을 학생들에게 보여주었다.]
>
> 팅커벨은 하블의 성격에 대해 조사했어요. 그는 신뢰할 수 있는 사람이며, 꽃을 사랑하고, 진실한 말을 하는 방법을 다른 마법사들보다도 훨씬 더 잘 알고 있으며, 친구들에게 항상 정직하다는 것을 발견했어요. 또한 그녀는 하블이 잘 잊어버린다는 것도 발견했어요. 한번은 그가 여러 날 동안 신발을 신는 것을 잊어버리기도 했고, 저녁식사를

초대한 친구에게 가는 도중에 꽃에 정신이 팔려서 꽃과 이야기하다가 저녁식사 자리에 가는 것을 잊기도 했어요. 하블은 간달프와 팅커벨에게 친구인 본도를 구하기 위해 생각 많은 산에 왔다고 말했어요. 본도는 동굴의 벽에 돌로 굳어버린 마법사 중의 한 사람이에요.

그들이 더 이야기를 하려고 하는데, 산에서 우르릉하는 소리가 울리고, 팅커벨, 간달프, 하블 앞에 지구가 산산이 부수어지는 것과 같은 모습이 펼쳐졌어요.

3일째

이 부분의 '마법사 스토리' 에피소드가 진행되는 동안, 도리스는 학생들을 3명씩 모둠으로 구성하고, 십진 블록, 플라스틱 불도저, 나무로 된 앵무새, 자릿값 도표, 연두색 사인펜, 마법의 덧셈 그림이 4개씩 있는 활동지(그림 1.21 참조)를 준비했다. 학생들이 모둠별로 필요한 교구를 받자, 도리스는 스토리를 계속했다.

그림 1.21

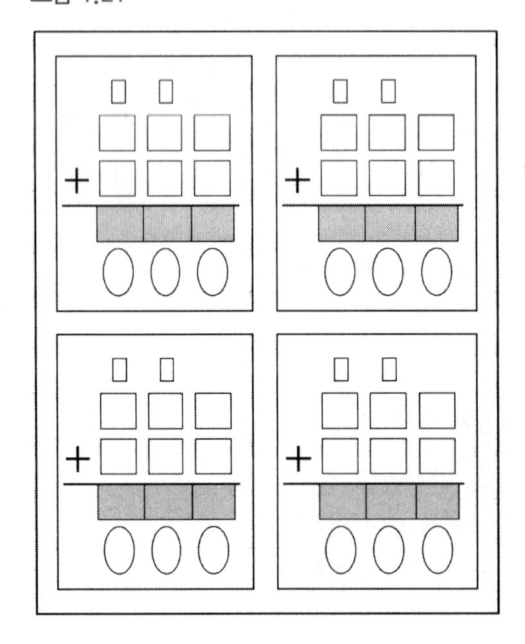

어제 '마법사 스토리'는 팅커벨, 간달프, 하블이 생각 많은 산에서 이야기하고 있었다는 부분에서 끝났어요. 그들이 더 많은 이야기를 하려고 하는데, 산에서 우르릉하는 소리가 들리기 시작했어요.

하블은 무서워서 자신의 무릎까지 내려앉아서, 머리카락을 세운 채로 "엄마! 엄마!" 하고 외치기 시작했어요. 팅커벨이 소리쳤어요. "엄마를 부르지 말고 일어나. 산이 우리에게 말하려고 하는 거야!" 하블은 진정하고 조용히 일어났어요. 산이 우르릉하는 소리를 계속 내자, 팅커벨, 간달프, 하블은 조용히 서 있었어요.

갑자기 우르릉하는 소리가 그치고, 동굴의 벽이 붉게 빛나기 시작하자 산[도리스]은 굵은 목소리로 말했어요. "말하지 못하는 불도저, 수학적으로 말하는 커다란 앵무새, 기록하는 고릴라!"

그러자 동굴의 벽이 갈라지기 시작했어요. 천장의 세 부분에서 주황색 돌 조각이 바닥에 떨어졌어요. 한 무더기에는 정육각형 돌들이, 다른 한 무더기에는 기다란 돌들이, 또 다른 한 무더기에는 평평한 돌들이 있었어요. **[도리스는 이러한 형태의 십진 블록 무더기들을 시범 탁자 위에 올려놓았다.]**

다음에 동굴의 바닥이 분홍빛으로 빛나기 시작하더니 마법의 자릿값 도표가 그 위에 나타나면서 바닥의 돌 위에 새겨졌어요. **[도리스는 자릿값 도표를 들어 올려서 십진 블록과 함께 탁자 위에 그것을 놓았다.]**

다음에 동굴의 벽 중 하나가 보랏빛으로 빛나기 시작하더니, 수백 마리의 개미가 벽을 파먹는 것과 같이 우드득하는 커다란 소리가 들렸어요. 그리고 벽 밖으로 보라색 마법의 덧셈 그림이 천천히 나타났어요. 또한 마법의 덧셈 그림 옆에는 연두색 '돌 연필'과 함께 작은 돌 선반이 나타났고, 돌 연필에는 다음과 같은 글이 적혀 있었어요. "벽에 기록하려면 돌 연필을 사용하시오." 마법의 덧셈 그림은 다음과 같은 것이에요. **[도리스는 보라색 사인펜으로 그려진 커다란 덧셈 그래프의 복사본을 들어서 탁자 뒤의 벽에 걸었다. 그것은 학생 활동지에 그려진 4개의 그림과 같은 것이다.]**

그리고 불빛이 사라졌고, 팅커벨, 간달프, 하블은 어둠 속에 남겨졌어요. 팅커벨은 마법의 별빛 후광에 불을 붙여서 밝게 빛나도록 하였고, 간달프는 그의 머리 위로 작은 달이 밝게 빛나도록 하였어요.

별빛과 달빛 속에서 3명의 마법사가 기다리는 동안 간달프가 말했어요. "내 생각에 산이 말한 의미가 무엇인지 이해할 필요가 있어."

그림 1.22

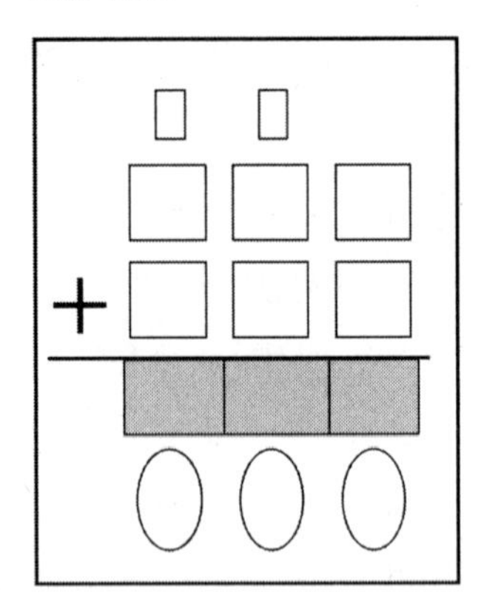

팅커벨이 동의하면서 그 말을 되풀이했어요. "말하지 못하는 불도저, 수학적으로 말하는 커다란 앵무새, 기록하는 고릴라!" 그리고 말을 이었어요. "내 생각에 말하지 못하는 불도저, 수학적으로 말하는 앵무새, 기록하는 고릴라가 필요해요. 나는 이미 불도저가 된 적이 있었고, 간달프는 이미 말하는 앵무새가 된 적이 있었기 때문에, 하블이 기록하는 고릴라가 되는 것이 좋겠어요!"

이제 3명의 마법사는 어떻게 함께 작업을 할지에 대해 계획했어요. 불도저인 팅커벨은 아무 말도 하지 않고 돌을 옮길 거예요. 수학적으로 말하는 앵무새인 간달프는 팅커벨이 한 모든 행동을 말로 표현할 거예요. 그리고 기록하는 고릴라인 하블은 연두색 돌 연필을 사용해서, 팅커벨이 실행하고 간달프가 말로 표현한 것을 덧셈 그림에 기록할 거예요. 팅커벨은 하블에게 '덧셈 노래'를 들려주면서 단어의 의미에 대해 토론하고, 팅커벨의 모든 행동에 대해 간달프는 말로 어떻게 표현할지, 그리고 하블은 연두색 돌 연필로 덧셈 그림에 그 결과를 어떻게 기록할지에 대해 토론했어요.

도리스는 학생들의 생각을 통해 마법사들이 도움을 얻게 되므로 학생들이 '팅커벨의 덧셈 노래'를 불러야 하고, 마법사들이 토론하는 것과 똑같이 토론해야 한다고 말했다. 그리고 자신의 생각을 마법사에게 텔레파시로 보낼 것이라고 말했다. 토론을 하는 동안 도리스는 수학적으로 말하는 앵무새와 말하는 앵무새가 어떻게 다른지에 대한 논점을 강조했다. 수학적인 용어를 사용한다면 '정육면체 돌'과 '낱개 모형', '기다란 돌'과 '십 모형', '평평한 돌'과 '백 모형' 중에 어떤 것을 말해야 하는지에 대해 토론하였으며, 마법의 덧셈 그림은 마법의 자릿값 도표와 어떤 점에서 유사한지(둘 다 칸으로 이루어져 있으며, 생각하고 교환하는 영역이 존재), 덧셈 그림에 기록해야 하는 것은 무엇인지에 대해 토론했다. 토론이 끝나자 박수 세 번을 치는 의식을 통해 학생들의 생각을 마법사에게 텔레파시로 보내야 한다고 말하면서, 토론의 중요한 논점에 대해 집중하도록 했으며, 그런 다음 세 번의 박수를 더 치도록 하였다.

> 더하는 방법에 대해 토론하고 나서, 우리가 우리의 생각을 마법사들에게 보내자마자 마법사들도 모두 똑같은 생각을 했어요. 그 결과 말하는 앵무새인 간달프는 적절한 수학적 용어로 말해야 하므로 '정육면체 돌' 대신에 '낱개 모형', '기다란 돌' 대신에 '십 모형', '평평한 돌' 대신에 '백 모형'이라고 말해야 한다는 결론을 내렸어요. 또한 하블은 연두색 돌 연필로 수를 기록하기만 해야 하고, 덧셈 그림에서 상자 모양, 기다란 원 모양, 생각하고 교환하는 영역에만 그 숫자를 기록해야 한다고 마법사들은 결론을 내렸어요. 그리고 또한 십진 블록에 의한 조작이 이루어지자마자, 말하고 기록하는 활동이 이루어져야 한다고 결론을 내렸어요.
>
> 마법사들은 토론을 마치고 행동으로 옮겼어요.
>
> 간달프는 마법을 부릴 준비를 했어요. **[도리스가 신호를 보내자, 마법의 박수를 친다.]** "클랙, 크롱크, 크루키." **[박수를 더 친다.]** 간달프는 맑은 목소리로 말할 수 있는 아름다운 앵무새로 변했어요. 팅커벨이 마법을 부릴 준비를 했어요. **[박수를 친다.]** "블럼프, 플럼프, 클럼프." **[박수를 더 친다.]** 그리고 팅커벨은 불도저로 변했어요. 하블은 자신의 모습을 변화시키는 마법을 어떻게 부릴지 알지 못했어요. 그래서 팅커벨이 그에게 마법을 부렸어요. **[박수를 친다.]** "하블, 고어, 고리, 고럼." **[박수를 더 친다.]** 그리고 하블은 긴 팔과 밝은 분홍색 코를 가진 털이 많은 고릴라가 되었어요.

도리스는 팅커벨이 십진 블록을 옮기는 행동을 연기할 때는 노란 플라스틱 불도저를 이용했다. 간달프의 맑은 목소리로 말을 할 때는 나무로 된 앵무새를 들어 올렸다. 하블 역할로 수를 기록할 때는 벽에 걸린 덧셈 그림 위에 연두색 사인펜을 사용했다. 이로써 도리스가 교실 앞에 있는 탁자에서 시연을 할 때, 행동과 말하는 것과 수를 적는 것이 일치한다는 것을 학생들이 잘 이해할 수 있도록 하였다.

> 마법사들의 모습이 변하자, 날카로운 소리가 벽에 있는 덧셈 그림에서 들리더니, 숫자 377과 455가 덧셈 그림 위에 다음과 같이 나타났어요. **[도리스는 이것을 말하는 동안 연두색 사인펜으로 수를 적었다.]**

그림 1.23

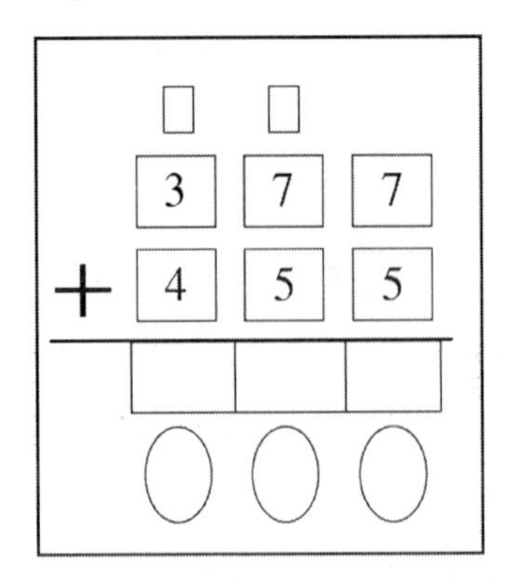

간달프는 377은 삼백 칠십 칠이고, 백 모형 3개, 십 모형 7개, 낱개 모형 7개라고 즉각적으로 말해요.

엔진의 굉음["부릉" 하고 도리스가 말한다.]과 함께 팅커벨은 백 모형 무더기로 가서 3개를 들어 올리고, 십 모형 무더기로 가서 7개를 들어 올리고, 낱개 모형 무더기로 가서 7개를 들어 올렸어요. 팅커벨이 백 모형을 집어 올릴 때 간달프[도리스]는 백 모형 3개라고 말하고, 팅커벨이 십 모형을 집어 올릴 때 간달프는 십 모형 7개라고 말하고, 팅커벨이 낱개 모형을 집어 올릴 때 간달프는 낱개 모형 7개라고 말했어요. 하블은 그들이 말할 때 [도리스가 하고 있는 것처럼] 덧셈 그림에 있는 숫자를 하나씩 가리켰어요. 불도저인 팅커벨은 [도리스는 "부릉" 하는 소리를 내면서] 동굴에 있는 마법의 자릿값 도표에 돌을 내려놓으면서 돌이 잘못된 칸에 떨어지지 않도록 조심했어요. 그녀가 이러한 일을 하는 동안, 수학적으로 말하는 앵무새인 간달프는 말했어요. "우리는 첫 번째 그룹의 돌을 집어서 자릿값 도표 위에 돌을 내려놓았으며, 백 모형 3개는 백의 자리 칸에, 십 모형 7개는 십의 자리 칸에, 낱개 모형 7개는 일의 자리 칸에 놓았어. 이것은 삼백 칠십 칠을 의미해." 이러한 일이 이루어지는 동안, 하블[도리스]은 덧셈 그림에서 대응되는 숫자를 가리켰어요.

다음에 마법사(실제로는 도리스)들은 숫자 455에 대해서도 똑같은 작업을 하였고, 시범 탁자의 자릿값 도표 위에 있는 십진 블록은 다음과 같이 배열되었다.

그림 1.24

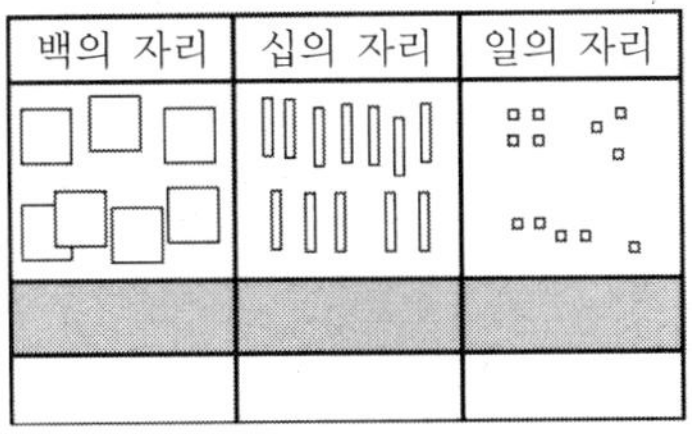

백의 자리	십의 자리	일의 자리

간달프는 말했어요. "이제 377과 455를 더해야 해. 먼저 일의 자리를 더하자."

팅커벨은 모터의 굉음을 내면서 움직여 밀대가 일의 자리 아래를 향하도록 하였고, 일의 자리에 있는 것들을 모두 모은 다음 앞으로 움직여서, 생각하고 교환하는 영역인 음영 부분 위에 밀대가 위치하도록 하였어요. 이제 팅커벨의 밀대에는 낱개 모형 12개가 있어요. 간달프가 말했어요. "낱개 모형 7개 더하기 낱개 모형 5개는 낱개 모형 12개가 돼." 간달프가 이렇게 말하자, 하블은 일의 자리 칸에 있는 생각하고 교환하는 영역에 '12'를 기록했어요. 그러자 간달프가 말했어요. "낱개 모형 10개는 십 모형 1개와 교환해야 해." 낱개 모형 10개는 한 줄기 연기 속으로 사라지고, 십 모형 1개가 천장에서 떨어져서 팅커벨의 불도저 밀대 속으로 들어갔어요. 수학적으로 말하는 앵무새인 간달프가 말했어요. "낱개 모형 12개는 십 모형 1개, 낱개 모형 2개와 같아." 팅커벨은 조심스럽게 조금 더 앞으로 운전해서 일의 자리 칸 바닥 부분에 낱개 모형 2개를 떨어뜨렸어요. 간달프가 말했어요. "낱개 모형 2개는 일의 자리 칸에 남겨두고, 십 모형 1개는 십의 자리 칸으로 옮겨." 간달프가 이렇게 말하자, 하블은 낱개 모형 2개를 표현하기 위해 일의 자리 칸에 있는 타원 부분에 '2'를 기록했어요. 다음에 팅커벨은 일의 자리 칸 위로 후진해서, [도리스의 학생들은 "삐, 삐, 삐" 소리를 낸다.] 글자가 있는 상단에 도달하자 시계 방향으로 90도 돌아서 '십의 자리'라는 글자가 있는 십의 자리 칸 위에 십 모형 돌을 떨어뜨렸어요. 돌이 마법의 자릿값 도표에 떨어지자 간달프가 말했어요. "십 모형 1개는 십의 자리 칸으로 옮겨졌어." 그리고 하블은 덧셈 그림의 십의 자리 칸 위에 있는 작은 상자에 십을 나타내는 '1'을 기록했어요. 덧셈 그림은 다음과 같아졌어요.

그림 1.25

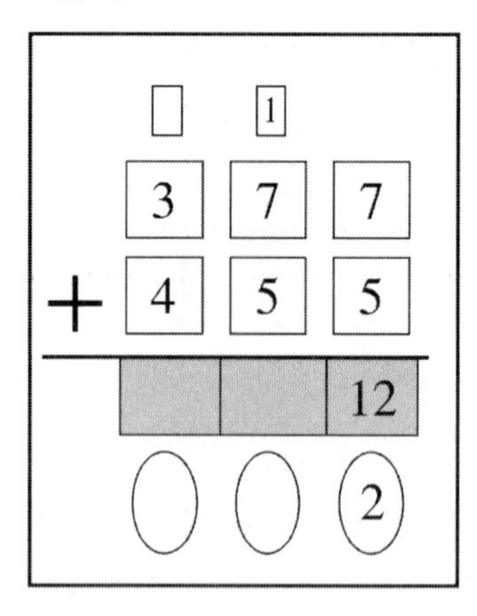

도리스는 이러한 시연을 십의 자리 칸과 백의 자리 칸에 대해서도 반복했다. 작업을 완료한 후 계속해서 말했다.

팅커벨이 바닥에 있는 마법의 자릿값 도표 뒤로 물러서자, 간달프가 말했어요. "377 더하기 455는 832와 같아." 그리고 하블은 벽에 있는 덧셈 그림에서 이것을 가리켰어요.

그림 1.26

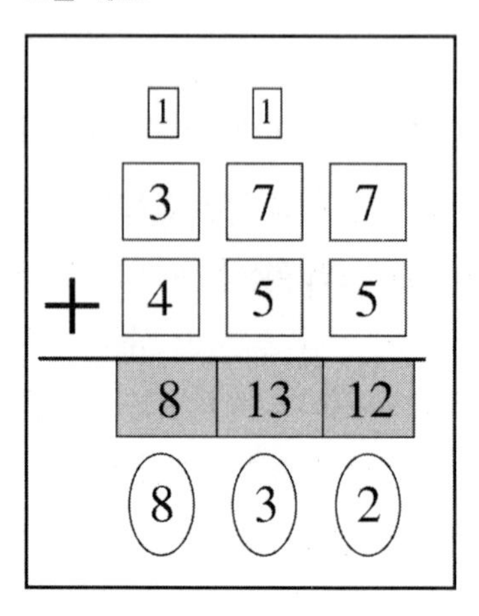

간달프의 말이 끝나자, 공간은 분홍빛과 보랏빛으로 빛났고, 자릿값 도표에 있던 돌들이 공중으로 떠올라 빨강, 초록, 파란색의 화려한 불꽃으로 폭발하면서 사라지고, 벽에 있던 덧셈 그림의 숫자들이 사라졌어요. [이것을 말하는 동안, 도리스는 자릿값 도표

에 있던 십진 블록을 치우고, 새로운 덧셈 그림을 걸었다.]

팅커벨, 간달프, 하블은 매우 자랑스러워했어요. 그렇지만 빛나던 불빛이 사라지자, 마법의 숫자 626과 295가 덧셈 그림에 나타나고, 그 옆에서는 폭죽이 폭발했어요.

도리스는 이 숫자들을 나타내기 위해 어떤 십진 블록을 놓아야 하는지에 대해 학생들에게 물었다. 그리고 각 모둠별로 덧셈 그림들 중에서 하나를 선택해서 직사각형 안에 무엇을 적어야 하는지를 연두색 사인펜으로 활동지에 기록해보도록 하였다.

도리스는 3명씩 모둠을 만들고, 마치 학생들이 마법사가 된 것처럼 활동하면서 생각 많은 산이 제시한 문제를 해결하여 마법사들을 도와야 한다고 말하였다. 각 모둠에서 1명은 팅커벨의 역할을 하며, 불도저를 사용하여 십진 블록을 옮겨야 한다. 다른 1명은 말하는 앵무새인 간달프의 역할을 하며, 설명하는 사람이 되어서 팅커벨의 행동을 말로 설명해야 하고, 말을 하면서 나무로 된 앵무새를 들어 올려야 한다. 또 다른 1명은 숫자를 기록하는 고릴라인 하블의 역할을 하며, 연두색 사인펜을 사용하여 활동지에 있는 덧셈 그림 중 하나에 숫자를 기록해야 하는데, 그 숫자는 팅커벨의 행동과 간달프의 말을 통해 기술된 것이어야 한다. 생각 많은 산은 세 번째와 네 번째 문제를 계속해서 제시할 것이라고 도리스는 학생들에게 말하고, 그때 학생들은 이러한 문제를 해결하기 위해 서로 역할을 바꾸어야 하며, 각 학생들은 팅커벨, 간달프, 하블의 역할을 한 번씩 하게 될 것이라고 말하였다.

도리스는 학생들에게 역할을 선택하도록 한 다음, 그들 역할에 맞는 도구를 가져가도록 했다. 즉, 팅커벨 역할에는 불도저를, 간달프 역할에는 나무로 된 앵무새를, 하블 역할에는 연두색 사인펜을 가져가도록 했다. 그 다음에 '팅커벨의 덧셈 노래'를 부르도록 했다. 그리고 각 구절의 의미, 서로 협동해서 작업해야 한다는 점, 그리고 협동한다는 것이 무엇을 의미하는지에 대해 학생들에게 상기시켰다.

도리스의 학생들은 문제 626 + 295를 해결하기 위해 오른쪽으로 갔다. 플라스틱 불도저로 십진 블록을 옮길 때 학생들은 "부릉" 혹은 "삐" 소리를 냈고, 앵무새를 공중으로 들어 올리면서 맑은 목소리로 설명했으며, 연두색 사인펜으로 조심스럽게 활동지에 기록했다. 학생들은 서로서로 다른 학생의 활동을 모니터링하고, 다음에 해야 할 일에 대해 토론했다. 예전에 했던 것과 마찬가지로, 도리스는 학생들 주위를 돌아다니면서 그들을 관찰하고, 도움이 필요하면 도와주고, 질문을 하고, 협동하면서 작업하는 것이 무엇을 의미하는지에 대해 상기시켰다.

두 번째 문제가 완료되자, 도리스는 팅커벨, 간달프, 하블의 역할을 서로 바꾸도록 요구하고, 각 모둠에 문제 255 + 366을 제공하였다. 세 번째 문제가 해결되자, 다시 학생들에게 역할을 바꾸도록 하고, 문제 394 + 177을 제공하였다.

예전에 했던 것과 마찬가지로, 모든 모둠이 세 번째 문제를 해결하자, 도리스는 학생들이 했던 작업이 예전에 배웠던 수학과 어떻게 관련되는지에 대해 소모둠별로 토론하고 그 결과를 기록하도록 요구했다. 소모둠별 토론이 끝나자, 도리스는 전체 학급 토론을 열어서 모든 학생들이 서로 생각을 공유하도록 하였다.

토론이 일어나는 동안 도리스는 정확한 수학적 언어에 주의를 기울이도록 강조하였다. 예를 들어, 372 + 251과 같은 문제에서 십의 자리 칸에 있는 7과 5를 더할 때, "7 더하기 5는 12와 같고, 2는 남기고 1은 옮긴다."와 같이 말을 해서는 안 되고, "십 모형 7개 더하기 십 모형 5개는 십 모형 12개와 같고, 십 모형 10개를 백 모형 1개와 교환하면, 백 모형 1개와 십 모형 2개가 된다. 십 모형 2개는 십의 자리 칸에 남기고, 백 모형 1개는 백의 자리 칸 위로 옮긴다."와 같이 말해야 한다고 지적하였다. "7 더하기 5는 12와 같고, 2는 남기고 1은 옮긴다."와 같이 단순히 말하는 것은 적절하지 않은데, 왜냐하면 그러한 표현은 수학에서의 의미를 부각시키지 못하기 때문이라고 강조하면서, 생각 많은 산이 요구하는 것은 수학적 의미를 담는 것이며, 이렇게 함으로써 돌로 변하는 것을 피할 수 있다고 설명하였다. (이 스토리의 중요한 요소는 몇 가지 수학적 언어를 주의 깊게 다시 배우도록 하고, 수학적 의미를 부각시키는 언어를 사용할 수 있도록 학생들을 도와주는 것이다.)

토론이 끝나자, 도리스는 이야기를 계속했다. 예전에 했던 것과 마찬가지로, 십진 블록이 사라지고, 생각 많은 산은 자유와 소원 중에서 택하도록 말하고, 간달프는 생각 많은 산에게 본도를 풀어달라고 선택했다. 그리고 계속했다.

돌이 깨지는 커다란 소리가 들리고 본도는 동굴 벽에서 떨어져 나와서 다시 완전한 인간이 되었어요. 하블은 그녀에게 달려가 비밀스런 마법사의 발동작을 보여주고, 그녀를 껴안고, 그녀가 생각 많은 산에 왜 오게 되었는지를 물었어요. 이러한 일이 일어나는 동안, 팅커벨은 본도의 성격을 조사했어요. 본도는 예쁜 물건을 가지고 싶어 하고, 관심의 대상이 되고 싶어 한다는 것을 발견했어요. 아마도 그러한 이유로 그녀는 손가락에 12개의 반지를 끼고, 조랑말 꼬리 모양으로 땋아 올린 머리에는 8개의 서로 다른 머리핀을 꽂았을 거예요. (머리핀 중의 하나는 벌집이며, 벌집 주위로 벌들이 날아다녔어요.) 그녀는 또한 새끼 강아지, 새끼 고양이, 쥐를 좋아해요. 본도는 믿을 수 있는 사람이지만, 때때로 버릇없고 어리석은 행동을 하기도 해요.

팅커벨이 본도에 대해 연구하는 동안, 본도는 새끼 강아지인 정크를 구하기 위해 생각 많은 산에 왔다고 마법사들에게 말했어요. 사악한 마법사는 정크가 생각에 잠겨 있는 동안 그를 괴롭히려고, 정크를 마녀로 변하게 해서 생각 많은 산으로 보냈어요. 정크는 마녀가 되어 동굴의 벽에 언 채 돌로 변해버렸어요.

그들이 더 이야기를 하려고 하는데, 산에서 우르릉하는 소리가 울리고, 팅커벨, 간달프, 하블, 본도 앞에 지구가 산산이 부서지는 것과 같은 모습이 펼쳐졌어요.

도리스는 이제 이 스토리의 에피소드를 끝냈다.

4일째

4일째 활동은 3일째 활동과 비슷하지만, 세 가지 차이점이 있다. 첫째, 십진 블록의 '돌'과 자릿값 도표가 더 이상 사용되지 않는다. 둘째, 수학적 문제는 실세계 상황과 관련되기 시작한다. 셋째, 마법사(실제로는 도리스의 학생들)는 2명씩 모둠을 만들어 '수학적 화자'와 '수학적 기록자'로서 활동한다.

도리스는 2명씩 모둠을 만들어서, 각 모둠에 나무로 만든 앵무새, 연두색 사인펜, 4개의 덧셈 그림이 있는 활동지를 나눠주고 나서 시작했다.

도리스는 팅커벨, 간달프, 하블, 본도가 이야기를 하고 있을 때, 산에서 우르릉하는 소리가 들리기 시작했다고 학생들에게 말을 하면서 스토리를 시작했다. 우르릉하는 소리에 본도는 사자로 변하면서 간달프를 잡아먹으려고 했으며, 간달프는 주문을 외워서 본도를 본래의 자신의 모습으로 돌아오도록 하여 자신의 목숨을 구하였다.

그리고 동굴의 벽이 붉은 빛으로 빛나기 시작하더니, 우르릉하는 목소리로 산이 말했어요. "마법사들은 2명씩 짝을 지어 수학적으로 말하는 커다란 앵무새와 수학적으로 기록하는 고릴라가 되어라!"

그리고 동굴의 벽 한 쪽이 폴란드풍의 대리석처럼 하얗게 빛나기 시작했어요. 1분 동안 작은 모형 악단이 악기를 연주하고 행진을 하면서 벽의 상단을 가로질러 지나갔어요. 악단의 단원들은 초록색 에메랄드와 파란 사파이어가 달린 단복을 입고 있었으며, 금으로 만든 악기를 들고 있었어요. 첫 번째 집단의 연주자들은 정사각형 모양으로 줄을 섰는데, 연주자들은 각 줄에 10명씩 10줄로 질서정연하게 줄을 맞췄어요. "연주자가 100명이야!"라고 하블이 소리쳤어요. 두 번째로 100명의 연주자들이 정사각형 모양으로 줄을 지어 뒤따라 나왔어요. 그리고 세 번째 100명의 연주자들이 정사각형 모양으로 줄을 지어 뒤따라 나왔어요. 다음에 트럼펫 연주자들이 각 줄에 10명씩 6줄로 줄을 맞춰 나왔어요. 마지막으로 커다란 금빛 드럼을 연주하는 연주자 8명이 따로따로 나왔어요. 그리고 음악이 멈추고 연주자들도 멈추었어요.

정사각형 배열이 3개, 줄 모양이 6개, 개개인이 8명이니까 작은 모형 연주자는 368명이라고 마법사들은 생각했어요.

약 2분 후에, 음악이 다시 시작되면서 두 번째 작은 모형 악단이 행진을 하며 벽의 하단을 가로질러 지나갔는데, 단원들은 하얀 유리알과 보라색 자수정이 달린 옷을 입고 있었으며, 악기는 은으로 만들어졌어요. 앞에서와 같이 연주자들은 정사각형 배열로, 10명씩 줄지어, 그리고 개개인이 행진을 했어요. 첫 번째로는 정사각형 배열 2개가 벽을 가로질러 행진했는데, 각 정사각형 배열에는 100명의 연주자들이 있었어요. 다음에 3줄의 연주자들이 뒤따라 나왔는데, 각 줄에는 10명의 트롬본 연주자들이 있었어요. 다음에 5명의 연주자들이 들어왔는데, 각각은 은으로 만든 실로폰을 연주하고 있었어요.

음악이 멈추고 연주자들도 멈추자, 벽의 하단에 있는 연주자들이 몇 명인지에 대해 마법사들은 토론했어요.

도리스는 학생들에게 벽의 하단에 있는 연주자가 몇 명인지 알면 오른손을 들라고 했다. 잠시 후에 도리스는 말했다. “셋을 센 후에 모두 함께 답을 말하세요. 하나, 둘, 셋.” 학생들은 큰 소리로 말했다. “235” 도리스가 대답했다. “알고 있었나요? 마법사들도 235명의 연주자들이 있다는 것을 알아냈어요.”

“그렇지만 그들이 왜 거기에 있지?” 하고 간달프가 물었어요.

동굴 벽의 다른 한쪽이 보라색으로 빛나기 시작했어요. 옥으로 만든 수백 마리의 작은 용이 나타나서 벽을 갉아먹기 시작했어요. 그러자 벽 위로 덧셈 그림이 서서히 나타나면서 보랏빛으로 빛나기 시작했어요. 덧셈 그림 옆에는 연두색의 ‘돌 연필’과 함께 작은 돌 선반이 나타났어요. 그리고 분필로 칠판에 글을 쓰는 것 같이 날카로운 소리가 들리면서, 다음과 같이 덧셈 그림에 숫자들이 나타났어요. [도리스는 벽에 걸린 커다란 종이의 덧셈 그림에 연두색으로 숫자를 적었다.]

그림 1.27

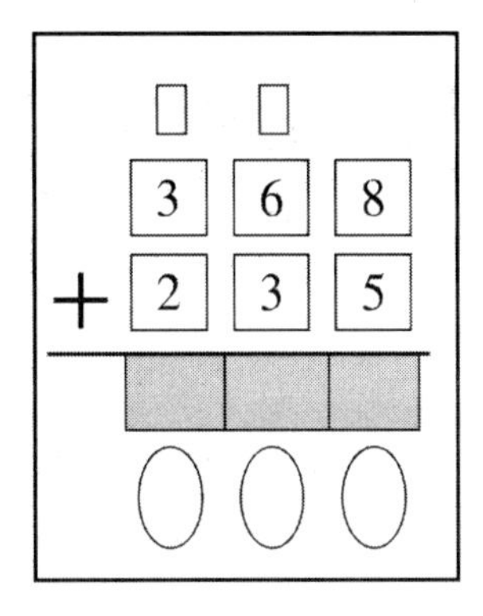

다음에 불빛이 사라지고 우르릉하는 소리도 멈추자, 팅커벨, 간달프, 하블, 본도는 어둠 속에 남겨졌어요. 팅커벨은 마법의 별빛 후광을 밝게 빛나도록 하였고, 간달프는 머리 위에 작은 달이 밝게 빛나도록 했어요. 별빛과 달빛 속에서 마법사들은 조용히 서 있었어요.

갑자기 하블이 소리쳤어요. "행진하는 악단을 가지고 무엇을 해야 할지 알았어! 각 악단의 연주자 수는 벽 위의 덧셈 문제에 나타난 숫자와 같아! 벽 위의 숫자 문제는 연주자에 대한 그림 문제를 나타내는 거야. 두 악단에 있는 연주자의 수를 더할 필요가 있어! 나 똑똑하지 않아?"

"맞는 말이에요."라고 팅커벨이 말했어요. "그리고 이제 나는 더 이상 불도저가 될 수는 없어요!"

간달프는 웃으면서 말했어요. "자, 이제 여러분은 말하는 앵무새가 되거나 기록하는 고릴라가 될 수 있어요! '마법사들은 2명씩 짝을 지어 수학적으로 말하는 커다란 앵무새와 기록하는 고릴라가 되어라!'라고 산이 말했잖아. 이제 우리는 2명씩 모둠을 만들어 문제를 풀어야 하고, 각 모둠에는 말하는 앵무새와 기록하는 고릴라가 있어야 돼."

팅커벨은 동의하면서 덧붙였어요. "간달프, 당신과 내가 먼저 하는 것이 어때요? 그러면 본도에게 무엇을 해야 하는지를 보여줄 수 있잖아요. 당신은 수학적으로 말하는 앵무새 역할을 잘 해냈잖아요. 그러니 당신이 앵무새가 되고, 내가 기록하는 고릴라가 되는 게 어때요?"

간달프는 동의했어요.

본도가 크게 말했어요. "나는 무엇을 해야 하는 것인지 모르겠어요!"

이미 문제를 해결해보았던 3명의 마법사들은 본도에게 '팅커벨의 덧셈 노래'를 불러

주고, 그것이 덧셈과 어떻게 관련되는지 설명했어요.

전에 했던 것과 마찬가지로, 학생들의 생각을 통해 마법사들이 도움을 얻을 수 있으므로 학생들은 '팅커벨의 덧셈 노래'를 불러야 하고, 마법사들이 토론한 것과 똑같은 내용에 대해 토론해야 한다고 도리스는 학생들에게 말하였다. 토론이 이루어지는 동안, 도리스는 수학적으로 말하는 앵무새와 말하는 앵무새는 어떻게 다른지에 대해 강조하고, 덧셈 그림에 무엇을 기록해야 하는지에 대해 강조하였다. 박수치기에 참여하고, 생각하고, 박수치는 의식을 통해 학생들의 생각을 텔레파시로 마법사들에게 보내면서 도리스는 토론을 끝냈다.

여러분의 생각을 마법사들에게 텔레파시로 보내자마자, 덧셈을 어떻게 할지에 대해 토론을 하던 마법사들도 똑같은 생각을 하게 되었어요. 결과적으로 각 칸에 있는 숫자를 더할 때, 칸끼리, 그리고 오른쪽에서 왼쪽 방향으로 더하는 방법에 대해 본도에게 말했어요. 처음에는 일의 자리를, 다음에는 십의 자리를, 다음에는 백의 자리를 더하는 거예요. 일의 자리 칸에는 1의 개수로, 십의 자리 칸에는 10의 개수로, 백의 자리 칸에는 100의 개수로 모든 칸을 채우는 것이 적합하다고 말했어요. 생각하고 교환하는 영역에서 작업하는 방법, 1의 개수가 10개일 때 교환하는 방법, 교환된 수를 다음 칸에 옮기는 방법에 대해 설명했어요. 34 + 52와 같은 문제에서, 십의 자리 칸에 있는 두 수를 더할 때, "3 더하기 5"와 같이 말해서는 안 되며, "10개짜리 3개 더하기 10개짜리 5개"와 같이 말해야 하는데, 왜냐하면 3과 5는 단순히 3개와 5개를 뜻하는 것이 아니라 실제로는 10개짜리 3개, 10개짜리 5개를 의미하는 것이라는 점에 대해 본도가 확실히 이해할 수 있도록 하기 위해서예요. 문제에서 숫자들이 위치해 있는 장소는 그 값이 무엇인지를 말해주는 것이고, 수학적으로 정확하게 말하는 사람은 덧셈을 할 때 그 값을 말해야 한다고 주의를 기울여서 설명했어요.

본도에게 덧셈 방법을 가르치면서, 덧셈을 더 잘 이해하게 되었다고 3명의 마법사들이 말했어요.

마법사들이 본도에게 덧셈을 가르치는 것을 끝내자 간달프가 비웃듯이 말하기 시작했어요. "산이 우리에게 속임수를 쓰고 있잖아!" 그는 27개의 폭죽에 불을 붙여서 공중에 터뜨리듯이 말했어요.

"무슨 뜻이지요?"라고 팅커벨이 말했어요.

"문제 368 + 235를 봐! 십의 자리 칸을 봐. 10개짜리 6개와 10개짜리 3개를 더하면 10개짜리 9개가 돼. 하지만 일의 자리 칸에서 10개짜리 1개가 옮겨질 거잖아. 그래서 10개짜리 9개에 이것을 더하면, 10개짜리 10개가 돼. 이제 10개짜리 10개를 100개짜리 1개로 바꾸면 10개짜리는 하나도 없어. 이것이 속임수야. 10개짜리가 하나도 없을 때, 어떻게 해야 하지?"

"아무것도 쓰지 않으면 돼."라고 하블이 말했어요.

"그건 안 돼."라고 간달프가 말했어요. "우리는 10의 자리 칸 아래에 있는 타원 부분에 무엇인가를 적어야 해. 그런데 10개짜리가 하나도 없기 때문에 아무것도 적을 수가 없어."

"아무 것도 적지 않는 것은 어때요?"라고 팅커벨이 말했어요.

"어떻게 아무것도 적지 않을 수가 있지? 어떤 것이라도 적어야 하잖아?"라고 간달프가 말했어요.

"이리 와봐요."라고 팅커벨이 말했어요. "0을 적으면 되잖아요. 그러면 10의 자리 칸에 아무것도 없다는 뜻이 돼요."

"그렇지만 0은 아무것도 없다는 건데[4] 빈칸에 무엇인가를 적어야 하잖아!"라고 간달프가 우겼어요.

도리스는 간달프가 무엇을 해야 할지 알 수 있도록 어떻게 도울지에 대해 학생들에게 물었다. 몇 가지 답변을 들은 후, 스토리를 계속했다.

"간달프, 이리 와봐! 하나도 갖지 않았다고 말할 때의 숫자 0과 아무것도 없다는 것을 나타내는 양으로서의 0은 차이가 있어."라고 하블이 말했어요. "십의 자리 칸에 0을 적는다면, 그것은 10개짜리가 하나도 없다는 것을 의미하는 거야. 0은 하나도 없다는 것을 말할 때 쓸 수 있는 숫자야. '이백 삼'이라는 수에서 0을 사용하지 않고 그 수를 적는다면, 2와 3만을 사용해야 하며 그것은 '이십 삼'을 의미해. 만약 10개짜리가 하나도 없다는 것을 말하기 위해 0을 집어넣는다면, 2, 0, 3을 사용하며 이것은 '이백 삼'을 의미해.

"알았어. 이제 이해됐어!"라고 간달프가 말했어요. "더하고 교환한 결과가 하나도 없

---

4) 원문에서는 '이산량으로서의 0'을 의미할 때는 'none' 또는 'nothing'을, '연속량으로서의 0'을 의미할 때는 'nothing'을 사용하고 있다. 이산량과 연속량을 구분하기 위해 이산량의 의미일 때는 '하나도 없다'로, 연속량의 의미일 때는 '아무것도 없다'로 번역하였다. 이 부분에서 간달프는 '0'을 연속량의 의미로 이해하고 있으며, 이후의 스토리 전개에서 다른 마법사는 '0'을 이산량의 의미로도 사용할 수 있다고 설명한다.

게 되면, 하나도 없다는 것을 나타내기 위해 0을 적기로 하자."

팅커벨이 말했어요. "이제, 문제를 풀기 위해 출발할까요? 간달프와 나는 첫째 문제를 풀기 위해 출발할 테니, 본도와 하블은 다음 문제를 푸세요." 간달프는 마법을 부릴 준비를 했어요. [도리스가 신호를 보내자 마법의 박수를 친다.] "크랙, 크롱크, 크루키." [박수를 더 친다.] 간달프는 맑은 목소리로 말할 수 있는 아름다운 앵무새로 변했어요. 팅커벨이 마법을 부릴 준비를 했어요. [박수] "블럼프, 플럼프, 클럼프." [박수를 더 친다.] 그리고 팅커벨은 긴 팔과 분홍색 코와 털이 있는 고릴라로 변해서 연두색 돌 연필을 사용하여 간달프가 말로 설명한 결과를 기록했어요.

다음 시연을 보이는 동안, 도리스는 앵무새인 간달프의 맑은 목소리로 설명하면서 말할 때는 나무로 된 앵무새를 들어 올렸다. 팅커벨의 역할로 수를 기록할 때는 벽에 걸린 덧셈 그림 위에 연두색 사인펜을 사용했다. 말로 설명하는 것과 기록하는 것이 일치한다는 사실을 강조하는 방식으로 이러한 활동을 하였다.

간달프가 말했어요. "우리는 368과 235를 더하고 있어. 그것은 삼백 육십 팔 더하기 이백 삼십 오라고 읽어. 368은 100개짜리 3개, 10개짜리 6개, 1개짜리 8개와 같아. 235는 100개짜리 2개, 10개짜리 3개, 1개짜리 5개와 같아." 수학적으로 말하는 앵무새인 간달프가 말하자, 기록하는 고릴라인 팅커벨은 마법의 덧셈 그림에 있는 각각의 숫자를 가리켰어요.

이제 수학적으로 말하는 앵무새인 간달프가 먼저 일의 자리 칸에 있는 수들을 더할 것이라고 알려줬어요. 팅커벨은 그것을 가리켰어요. 수학적으로 말하는 앵무새인 간달프가 말했어요. "1개짜리 8개 더하기 1개짜리 5개는 1개짜리 13개와 같아. 일의 자리 칸에 있는 생각하고 교환하는 영역에 13을 기록해." 간달프가 이렇게 말하자 기록하는 고릴라인 팅커벨은 일의 자리 칸에 있는 생각하고 교환하는 영역에 '13'을 기록했어요. 다음에 간달프가 말했어요. "1개짜리 10개를 10개짜리 1개로 교환해. 이제 1개짜리 13개는 10개짜리 1개, 1개짜리 3개와 같아. 일의 자리 칸에 3을 기록하고, 10개짜리 1개를 옮겨서 십의 자리 칸에 그것을 기록해." 간달프가 이렇게 말하는 동안, 기록하는 고릴라인 팅커벨은 1개짜리 3개를 나타내기 위해 일의 자리 칸 아래에 있는 타원 부분에 '3'을 기록했어요. 그리고 십의 자리 칸 위로 옮겨진 10개짜리 1개를 표현하기 위해 십의 자리 칸 위의 작은 상자에 '1'을 기록했어요.

그림 1.28

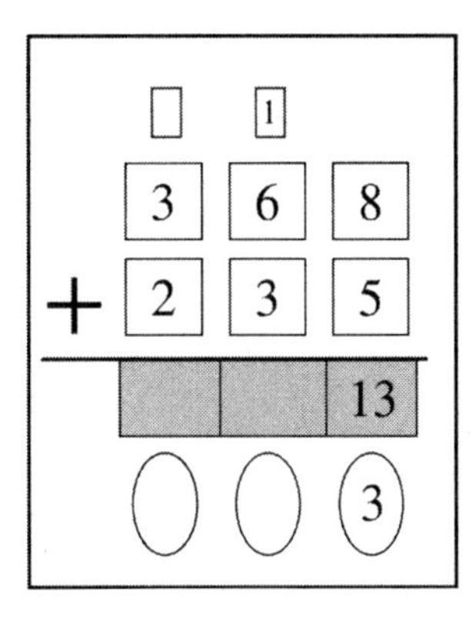

도리스는 십의 자리와 백의 자리 칸에 대해서도 이와 같은 시연을 반복했다. 이러한 일이 끝나자, 스토리를 계속했다.

마지막으로 수학적으로 말하는 앵무새인 간달프는 말했어요. "삼백 육십 팔 더하기 이백 삼십 오는 육백 삼과 같아." 그때 팅커벨은 벽에 있는 덧셈 그림을 가리켰어요.

그림 1.29

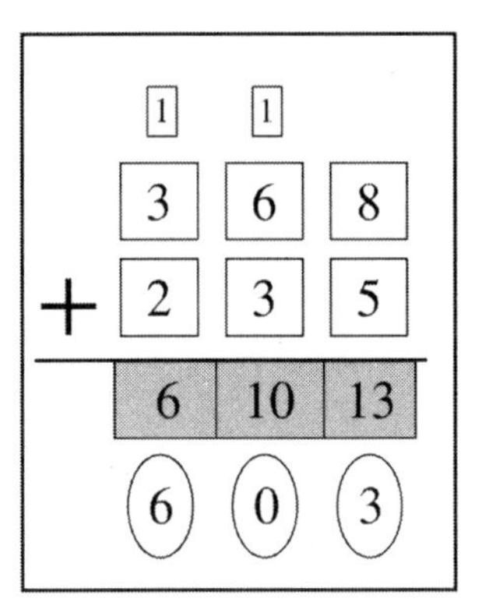

조금 더 해야 할 어떤 일이 있다는 듯이 1분 동안 모든 것이 조용해졌어요. 연주자들로 이루어진 2개의 악단이 그려진 대리석 벽을 가리키며, 하블이 위아래로 뛰어올랐어요. 그때 간달프가 덧붙였어요. "368명의 연주자로 이루어진 악단과 235명의 연주자로 이루어진 악단을 결합하면 603명의 연주자로 이루어진 1개의 악단이 될 것이다."

수학적으로 말하는 앵무새인 간달프가 그렇게 말하자, 공간은 분홍빛과 보랏빛으로

2분 동안 빛났으며, 덧셈 그림에 있던 숫자들이 타기 시작하면서 불꽃 속으로 사라지고, 행진하던 2개의 악단은 함께 행진을 하여 603명의 연주자로 이루어진 하나의 악단이 되었고, 밝고 하얀 불빛으로 이루어진 603개의 작은 점으로 불꽃을 일으키며 사라졌어요.

팅커벨과 간달프가 스스로를 매우 자랑스러워하며 마법의 주문을 외우자 본래의 모습으로 되돌아왔어요. 그들은 함께 협력해서 작업을 하였고, 서로가 조화를 이루면서 말하고 기록하였으며, 주의 깊게 서로의 이야기를 듣고 관찰했어요.

다음에 하블과 본도의 차례가 되었어요. 더 정확히 말하자면, 여러분의 차례가 되어서 그들의 역할을 해야 돼요. 그래서 하블과 본도를 위해, 문제를 해결하면서 무슨 일이 발생하는지를 주의 깊게 듣고, 수학적인 사실을 사용하면서 경로를 밟아가야 해요.

다음에 대리석 벽이 빛나기 시작하더니, 벽의 절반 위쪽으로 제빵사 1명이 맛있게 보이는 컵케이크 100개로 가득 찬 머핀 통을 옮기면서 나타났어요. 각각의 컵케이크는 값비싼 다이아몬드로 장식되어 있었으며, 다이아몬드는 동굴의 희미한 불빛 속에서 반짝반짝 빛나고 있었어요. 컵케이크는 가지런히 머핀 통에 배열되어 있었으며, 한 줄에 10개씩 10개의 줄로 이루어져 있었어요. 첫 번째 제빵사가 지나가고 나서, 100개의 컵케이크가 담긴 머핀 통을 옮기면서 3명의 제빵사가 더 지나갔어요. 그 뒤로 컵케이크가 한 줄에 10개씩 5줄만 담긴 머핀 통을 옮기면서 제빵사 1명이 지나갔어요. 그리고 그 뒤로 6개의 컵케이크가 담긴 쟁반을 옮기면서 제빵사 1명이 지나갔어요. 제빵사와 컵케이크가 모두 벽의 절반 위쪽에 있게 되자, 두 번째 집단의 제빵사들이 파란 사파이어로 장식된 컵케이크를 옮기면서 벽의 절반 아래쪽으로 걸어갔어요. 그들은 100개의 컵케이크가 담긴 머핀 통 2개를 옮겼고, 컵케이크가 한 줄에 10개씩 6줄이 담긴 머핀 통 1개를 옮겼으며, 컵케이크 4개도 옮겼어요.

제빵사들이 모두 줄을 맞춰 움직이지 않은 채로 서 있자, 벽에는 덧셈 그림이 보랏빛으로 빛나기 시작했고, 날카로운 소리가 들리면서 새로운 숫자가 나타났어요. 여러분이 생각하기에 그 숫자는 무엇인가요?

도리스는 학생들을 모둠별로 모이도록 했고, 종이 위에 그 수를 적은 다음 손을 들도록 했다. 그리고 456과 264를 기록했는지 확인했다. 한 모둠에서 실수가 있었고, 도리스는 옆에 앉은 다른 모둠에게 그들을 도와주라고 하였다.

다음에 도리스는 처음 문제에서 어떻게 간달프가 말로 설명하고 팅커벨이 기록하였는지를 조심스럽게 보여주면서, 문제를 해결하는 방법을 학생들에게 시연해 보였다. 그리고 두 번째 문제를 제시하였다.

도리스는 2명씩 모둠을 만들어 마법사들을 도와야 한다고 말했으며, 생각 많은 산이 제시한 문제를 해결할 때 학생들은 마법사가 된 것처럼 실행해야 한다고 말하였다. 각 모둠에서 1명은 커다란 말하는 앵무새가 된 것처럼 연기하면서 말로 설명하는 사람이 되어야 하며, 말을 할 때는 나무로 만든 앵무새를 들어 올려야 한다. 모둠의 다른 사람은 기록하는 고릴라가 된 것처럼 연기하면서 활동지의 덧셈 그림 중 하나에 연두색 사인펜을 사용하여 수를 기록해야 하는데, 그 수는 앵무새가 말한 것이어야 한다. 도리스는 산이 세 번째 문제를 제시할 것이라고 말하면서, 그 문제를 풀 때는 서로의 역할을 바꿀 것이며, 그래서 모둠에 있는 모든 사람이 말하는 역할과 기록하는 역할을 한 번씩 하게 될 것이라고 말하였다.

도리스는 학생들에게 역할을 선택하도록 하였으며, 역할에 맞게 나무로 만든 앵무새, 연두색 사인펜을 나누어주었다. 다음에 학생들에게 '팅커벨의 덧셈 노래'를 부르도록 했으며, 각 구절의 의미를 다시 상기시켰다. 또한 학생들에게 서로 협동해서 작업을 해야 한다는 점과 협동하는 것이 무엇을 의미하는지에 대해서도 상기시켰다.

학생들은 문제 456 + 264를 풀기 시작했다. 그들은 앵무새를 공중으로 들어 올리면서 맑은 목소리로 수학을 말로 설명했다. 또한 연두색 사인펜을 사용하여 활동지에 조심스럽게 적었다. 학생들은 다른 학생의 행동을 모니터링하고, 다음에 무엇을 해야 할지에 대해 토론했다. 전에 했던 것과 마찬가지로, 도리스는 학생들 주위를 돌아다니면서 학생들을 관찰하였고, 필요한 경우 도움을 주었다.

두 번째 문제가 완벽하게 해결되자, 도리스는 학생들에게 말하는 사람과 기록하는 사람의 역할을 서로 바꾸도록 요구하고, 각 모둠에 세 번째 문제인 358 + 328을 제시했다. 여러 해에 걸쳐서 도리스는 이 문제들을 다양한 실생활 상황으로 변형하였다. 예를 들어, 대형을 갖춰 날아가는 캐나다 거위(100마리씩으로 이루어진 정사각형 모양, 10마리씩으로 이루어진 한 줄, 그리고 각각의 새), 달걀 용기를 옮기는 농부(100개씩 들어 있는 커다란 정사각형 용기, 10개씩 들어 있는 기다란 가죽 모양의 용기, 그리고 낱개의 달걀) 등이 있다. 문제들은 종종 교실에서 우연히 접하게 되는 상황과 관련되었기 때문에 학생들은 금방 그 상황을 알 수 있었다.

전에 했던 것처럼, 모든 모둠이 세 번째 문제를 해결하자, 도리스는 소모둠별로 나누어 학생들이 했던 작업이 예전에 배웠던 수학과 어떻게 관련되는지 토론하도록 하고, 그 결과를 기록하도록 요구했다. 소모둠별 토론이 끝나자, 도리스는 전체 학급 토론을 열어서 학생들에게 자신의 생각을 기록하도록 하였다.

토론이 끝나자, 도리스는 '마법사 스토리'를 계속했다. 전에 했던 것처럼, 생각 많은 산은 자유와 소원 중에서 선택하도록 하였다. 본도는 생각 많은 산에게 정크를 풀어달라고 하였다. 그리고 스토리를 계속했다.

돌이 깨지는 소리가 들리고, 정크는 돌로 된 벽에서 떨어져 나왔어요. 정크는 사악한 마녀의 모습을 하고 있었어요. 정크의 쾌활한 모습을 싫어한 마법사가 그렇게 만들었어요. 정크는 간달프, 팅커벨, 하블, 본도를 한 번씩 쳐다보더니, 저주하는 마법의 주문을 내뱉기 시작했어요. "간달프, 검, 갬, 기블." 하고 말하자, 간달프는 꿈틀거리는 커다란 벌레로 변했어요. "하블, 검, 갬, 기블." 하고 말하자 하블은 꿈틀거리는 커다란 벌레로 변했어요. 팅커벨은 재빨리 보이지 않는 곳으로 날아올라 숨었어요. "본도, 검, 갬, 기블!" 하고 정크가 외치자 본도는 벌레로 변했어요. 정크는 벌레로 변한 본도 위로 올라가서 매우 기쁜 표정을 하며 자신의 발로 본도를 으그러뜨리려 했어요.

그렇지만 팅커벨이 먼저 행동했어요. 마법의 주문을 외울 준비를 했어요. [도리스가 신호하자 마법의 박수를 친다.] "딩, 빙, 핑, 정크를 흔들어 깨워라." [박수를 더 친다.] 팅커벨은 정크를 본래의 모습인 새끼 강아지로 변하게 했어요. 그리고 간달프, 하블, 본도를 본래의 모습으로 변하게 했어요.

정크는 본도에게 뛰어 올라가서, 꼬리를 흔들고, 낑낑하는 기쁜 소리를 내면서 자신의 옛 주인을 바라보았어요. 본도는 정크를 들어 올려 껴안았어요. 정크는 본도의 얼굴을 핥기 시작했어요. 또 다른 일이 벌어지기도 전에, 산에서 우르릉하는 소리가 들리기 시작했어요.

도리스는 이 스토리의 에피소드를 끝냈다.

5일째

이 부분은 '마법사 스토리'의 마지막 부분이며, 도리스는 학생들이 외부의 도움 없이 상징적 수준에서 여러 자릿수의 덧셈을 해결할 준비를 갖추기를 원했다. 또한 덧셈을 세 자릿수 이상으로 확장하고, 여러 자릿수의 덧셈을 금전과 관련시키기를 원했으며, 어떤 행의 합이 0이 되었을 때 학생들이 무엇을 해야 할지 확실히 아는지를 검사하고 싶었다.

5일째 되는 날 처음에는 2명씩 모둠을 만들어, 전날 학생들이 작업한 것을 복습하면서 시작했고, 새롭게 수정한 4개의 덧셈 그림이 있는 종이를 사용하였다. 덧셈 그림을 새로 수정한 목적은 학생들이 생각하고 교환하는 영역에 수를 기록하는 습관을 버리도록 하기 위한 것이다. 새로운 그림에는 생각하고 교환하는 영역이 들어 있지 않기 때문에, 생각하고 교환하는 영역에 수를 쓴다는 것이 불가능하기는 하지만, 마법사들은 눈에 보이지 않는 생각하고 교환하는 영역을 상상하면서 문제를 해결할 필요가 있다. 4일째와 마찬가지로 생각 많은 산이 말했다. "마법사들은 2명씩 짝지어서 수학적으로 말하는 앵무새와 기록하는 고릴라가 되어라!" 그리고 568 + 226이라는 문제가 나타났으며, 동굴의 벽에는 문제와 관련된 보석이 전시되어 있었다. 그 보석들 중에서 달러(이것은 100개의 페니로 이루어진 정사각형 배열로 변했다)는 투명 유리와 에메랄드로 만들어졌고, 다임(이것은 10개의 페니로 이루어진 줄로 변했다)은 은과 루비로 만들어졌고, 페니는 "다이아몬드 무늬를 박아 넣은 옥 조각들이 정교하게 새겨져 있었다".

새로 수정한 덧셈 그림은 다음과 같다.

그림 1.30

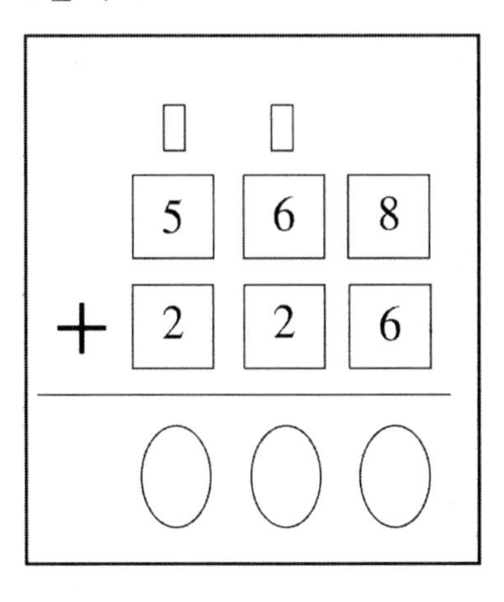

5일째는 4일째와 마찬가지로 진행되었다. 학생들은 벽 위에 돈이 얼마나 있는지에 대해 토론하고 일제히 답을 외쳤다. 동굴의 벽에 새롭게 그려진 덧셈 그림 속에 문제가 나타났다. 팅커벨과 간달프는 마법을 부려서 별과 달이 빛나게 하였다(이때 도리스의 교실에서는 마법의 박수를 침으로써 도움을 준다). 팅커벨과 간달프는 각각 말하는 앵무새와 기록하는 고릴라가 되기로 결정하였다. 학생들은 '팅커벨의 덧셈 노래'를 부른다. 덧셈을 하는 방법에 대해 토론하고, 토론을 통해 얻은 그들의 생각을 텔레파시로 마법사들에게 보냈다. 텔레파시를 통해 학생들에게 도움을 얻은 마법사들은 강아지 정크에게 덧셈을 하는 방법을 설명하였고, 덧셈하는 방법을 설명하기 위해 말을 할 때마다 자신이 덧셈 과정을 더 잘 이해하게 되었다고 말했다. 팅커벨과 간달프는 마법을 부려서 말하는 앵무새와 기록하는 고릴라가 되었다(이때 도리스의 학생들은 박수를 침으로써 도움을 준다). 도리스는 (목소리의 어조를 달리해 말함으로써 각각의 마법사들을 표현하며) 생각하고 교환하는 영역이 존재한다고 '상상하면서' 벽에 있는 문제를 해결하는 방법을 시연하였다(하지만 생각하고 교환하는 영역은 새로운 덧셈 그림에는 더 이상 존재하지 않는다).

도리스는 전날 공부했던 것을 복습하고, 화폐에 대한 덧셈을 숫자 기호로 된 덧셈과 관련시킨 후, 마법사들이 2명씩 짝을 이뤄 2개의 문제를 해결할 때, 전에 했던 것처럼 학생들이 도움을 주어야 한다고 말하였다. 첫 번째 화폐 문제인 177 + 277을 해결할 때, 학생들은 하블과 본도의 역할을 하였다. 두 번째 화폐 문제인 389 + 151을 해결할 때, 학생들은 팅커벨과 간달프의 역할을 하였다. 문제를 해결하는 동안, 학생들은 생각하고 교환하는 영역을 마음속에 상상하면서, 각 칸의 수를 더하고 교환을 하였다. 각 문제를 해결하는 동안, 한 학생은 기록자의 역할을 하면서 연두색 사인펜을 사용하여 활동지에 있는 새로운 덧셈 그림 중 하나에 수를 채웠고, 다른 한 사람은 화자의 역할을 하면서 말하는 동안 나무로 된 앵무새를 들었다. 전에 했던 것과 마찬가지로, 그 다음 문제에 대하여 역할을 바꿨다.

학생들이 문제를 해결하고, 벽의 선반에 놓여 있던 마법의 돌 연필을 제외한 모든 것이 사라졌다고 말하면서, 도리스는 스토리를 계속했다.

> 그리고 생각 많은 산은 우르릉하는 소리를 크게 세 번 울리고 말했어요. "팅커벨과 간달프, 수학적으로 말하는 커다란 앵무새와 기록하는 고릴라, 벽에 있는 345와 456을 더하라." 그리고 산은 조용해졌어요.
>
> 간달프는 말했어요. "내가 예상한 것처럼, 이제 우리는 덧셈 그림의 도움 없이 덧셈 문제를 해결해야 해. 345와 456이라는 수를 기억해둬. 너는 앵무새와 고릴라 중에서 무엇이 되기를 원하지?"
>
> 팅커벨이 말했어요. "나는 앵무새가 되고, 당신은 고릴라가 될 수 있어요. 그렇지만 우리는 무엇을 해야 하죠?"
>
> "맞아요." 하고 본도와 하블도 대화에 참여했어요. "덧셈 그림이 없는데 우리는 무엇을 해야 하죠?"
>
> "그건 쉬워." 하고 간달프가 말했어요. "눈에 보이지는 않지만, 덧셈 그림이 거기에 있다고 생각하고, 상자와 타원에 숫자를 넣는 거야! 간단해! 그냥 벽을 바라봐. 덧셈

그림이 있는 게 보이지 않니? …… 거기에 보이지? …… 작은 상자 2개가 꼭대기 위에 있고, 큰 상자 6개가 중간에 있잖아. …… 선분과 덧셈 기호가 그 아래 있고, 생각하고 교환하는 영역이 그 아래 있고, 맨 밑에는 타원 3개가 있잖아. 모든 것이 훌륭하고 가지런하게 배열되어 있어서, 우리는 노래에 있는 것처럼 더할 수 있어.

줄을 맞춰서

줄을 맞춰서

"'팅커벨의 덧셈 노래'를 기억하고, 덧셈 그림을 마음속으로 상상하기만 하면 돼."

도리스의 학생들이 친 박수의 도움을 받자, 팅커벨과 간달프는 이제 마법을 부려서 말하는 앵무새와 기록하는 고릴라로 변했으며, 도리스는 덧셈 그림 없이 새로운 문제를 해결하는 방법을 시연해 보였다. 다음과 같이, 그녀는 칠판에 덧셈 문제를 기록했다.

그때 팅커벨이 소리쳤어요. "우리는 345와 456을 더하려고 해요. 먼저 이 숫자들을 기록해야 해요. 숫자 하나는 위에 적고 다른 숫자는 아래에 적는데, 일의 자리 아래에 일의 자리, 십의 자리 아래에 십의 자리, 백의 자리 아래에 백의 자리를 적어요."

이렇게 말하자, 기록하는 고릴라인 간달프[실제로는 도리스]는 마법의 연필로 벽에 문제를 기록했어요.

그러자 수학적으로 말하는 앵무새인 팅커벨이 말했어요. "우리가 더하려는 두 수 아래에 선을 그어서 문제와 답을 분리시키고, 아래에 있는 숫자 왼쪽에 덧셈 기호를 넣어요." 간달프[도리스]가 이것을 실행하자, 마법사들은 덧셈을 시작할 준비가 되었어요.

그림 1.31

$$\begin{array}{r} 3\ 4\ 5 \\ +\ 4\ 5\ 6 \\ \hline \end{array}$$

깃털을 단 팅커벨이 말했어요. "먼저 일의 자리를 더해요. 1개짜리 5개 더하기 1개짜리 6개는 1개짜리 11개와 같아요. 다음에 눈에 보이지는 않지만, 생각하고 교환하는 상자가 있다고 생각하고, 1개짜리 11개는 10개짜리 1개와 1개짜리 1개로 교환해요. 10개짜리 1개와 1개짜리 1개는 적합한 거예요. 그래서 일의 자리 칸 아래에 1을 적고,

10개짜리는 십의 자리 칸 위까지 옮겨서 그 칸 위에 적어요." 그녀가 이렇게 말하는 동안, 간달프[도리스]는 그녀가 말하는 모든 것을 동굴의 벽에 기록하는 작업을 하였다.

그림 1.32

$$\begin{array}{r} {}^{1} \\ 3\ 4\ 5 \\ +\ 4\ 5\ 6 \\ \hline 1 \end{array}$$

도리스는 끝날 때까지 이러한 방식으로 계속하여 문제를 해결하였다. 마지막에 벽에 기록된 것은 다음과 같다.

그림 1.33

$$\begin{array}{r} {}^{1}\ {}^{1} \\ 3\ 4\ 5 \\ +\ 4\ 5\ 6 \\ \hline 8\ 0\ 1 \end{array}$$

다음에 하블과 본도의 차례가 되었어요. 더 정확하게는 여러분들의 차례가 되었어요.

이제 도리스는 생각 많은 산이 마지막으로 제시한 문제를 학생들에게 보여주면서 함께 토론하고 시연을 하였다. 기록은 어떻게 해야 하는지를 보여주고, 수학적으로 사고하는 과정을 어떻게 말로 하는지를 들려주었으며, 기록하는 것과 말로 설명하는 것이 일치한다는 사실을 학생들이 이해할 수 있도록, 덧셈 과정에 대한 인지 지도(map)를 제공하였고, 요구되는 행동의 모형을 제시하였다.

도리스는 구두로 2개의 문제를 더 제공했다. 그 문제는 484 + 217과 284 + 247이다. 학생들은 둘씩 짝지어 작업을 하였고, 전에 했던 것과 마찬가지로, 1명은 기록자의 역할을 하고 다른 1명은 화자의 역할을 했으며, 문제가 바뀌면 역할도 바꾸었다. 다음에 학생들은 빈 종이를 사용하여 작업을 하였다.

학생들이 덧셈을 마치자, 도리스는 스토리를 계속했다.

> 그러자 생각 많은 산이 우르릉하는 소리를 크게 세 번 울리고 말했어요. "작은 마법사인 여러분들에게 마지막으로 문제 하나를 주겠다. 567 + 678. 각자 혼자서 문제를 풀고, 여러분이 작업한 것을 서로 비교해서 나에게 답을 말하라." 갑자기 날카로운 소리가 들리고, 동굴의 바닥에서 돌로 된 책상 4개가 올라오더니, 각각의 마법사 앞에 책상이 1개씩 놓였어요. 책상 위에는 돌로 된 석판과 마법의 돌 연필이 놓여 있었어요. 갑자기 돌로 된 책상에서 트럼펫 소리가 들렸어요. 그리고 산은 조용해졌어요.
>
> 간달프가 말했어요. "내 생각에 우리들 각자 스스로 문제를 풀어야 해. 아마도 우리들 각자가 모두 덧셈을 할 수 있다는 것을 산에게 보여줘야 하나봐. 그 과제에 대해서, 마법사인 우리들이 각자 답을 구한 후 서로의 답을 비교해야 해! 제시된 문제는 567 + 678이라는 것을 기억해. 약간의 속임수가 있기는 하지만, 우리는 각자 모두 문제를 해결할 수 있을 것이라고 확신해. 어떤 일을 시작했다면, 끝날 때까지 같은 방식으로 계속해서 하면 된다는 것을 기억하기만 하면 돼."

도리스는 덧셈 알고리즘을 일반화하기 위해 설계된 문제를 학생들에게 제공하여, 백의 자리 이상의 덧셈으로 확장하였다. 학생들은 각자 개인적으로 문제를 풀어야 하며, 백지를 사용해야 하고, 기록할 때 스스로에게 말을 해야 한다. 작업이 끝나면, 그들이 기록한 결과와 말로 설명한 것, 그리고 답을 어제 같이 작업했던 친구와 함께 검사해야 하며, 필요한 경우 친구를 도와주어야 한다. 도리스는 학생들이 작업하는 모습을 모니터링했다.

(3학년 학생 몇몇은 백의 자리 칸에서 덧셈을 한 이후에 무엇을 해야 하는지 모르고 있다고 로라는 말했다. 그들은 일 블록, 십 블록, 백 블록, 천 블록이 있는 십진 블록으로 예전에 작업을 했었는데도 불구하고 그런 현상이 일어났다. 그런데 이러한 이유로 학급 토론이 놀라울 정도로 활발하게 되었다.)

모든 모둠이 작업을 마쳤을 때, 학생들은 생각 많은 산에 있는 마법사들에게(박수 치는 과정을 사용해서) 그들의 생각을 텔레파시로 보냈다. 먼저 학생들은 일제히 소리치며 문제의 답(1245)을 보냈다. 다음에 조용히 앉아서 자신들이 했던 일을 생각하며, 덧셈에 대한 그들의 생각을 조용히 텔레파시로 보냈다.

그리고 전날 했던 것과 같이, 도리스는 소모둠으로 토론하도록 하고, 오늘 했던 일이 전에 배웠던 수학과 어떤 관련이 있는지를 기록하도록 했다. 그리고 전체 학급 토론으로 이어졌다.

토론이 끝나자, 도리스는 스토리를 계속했다.

문제해결이 끝나고 마법사들이 구한 답에 모두 동의하자, 공간은 몇 분 동안 금색에서, 은색으로, 다시 보라색으로 반복해서 바뀌면서 빛났으며, 불꽃이 커다랗게 분출되면서 동굴에 있던 책상, 연필, 석판은 사라졌어요. 그리고 생각 많은 산은 우르릉하는 소리를 커다랗게 세 번 울리고 말했어요. "귀여운 마법사들아, 아주 잘했다. 이제 너희들은 자유를 찾아 나에게서 풀려날 수도 있고, 내 능력 범위에서 들어줄 수 있는 소원을 말할 수도 있다."

간달프가 대답했어요. "이 동굴에서 자유롭게 나갈 수 있도록 풀어줘!"

그가 이렇게 말하자마자, 생각 많은 산은 화산이 폭발하기 시작하는 것과 같은 소리를 냈어요. 마법사들은 모두 두려움에 떨며 함께 움직였고, 정크는 본도의 팔로 뛰어올랐어요. 그들 발밑에서는 마치 붉은 돌이 액체가 되어 부글부글 끓는 것처럼 동굴의 바닥이 용암으로 녹기 시작했어요. 그러나 몇 가지 마법적인 이유 때문에, 마법사들의 발을 태우거나 데게 하지는 못했어요. 갑자기 동굴의 지붕이 화산의 분화구 모양으로 열리면서 그 위로 푸른 하늘이 보였어요. 점차 발밑에서 녹은 용암은 산의 중심을 통해 위로 거품을 일게 하더니, 마법사들을 화산의 가장자리 꼭대기로 옮겼어요. 갑자기 생각 많은 산은 폭발하면서 연기, 용암과 함께 마법사들을 하늘로 뿜어내자, 대포에서 대포알을 발사하는 것처럼, 모든 마법사들은 하늘 위로 쏘아 올려졌어요.

마법사들이 하늘로 던져지자, 간달프와 팅커벨은 마법의 주문을 외워서 자신들을 커다란 독수리로 변하게 했어요. [도리스가 신호하자 마법의 박수를 친다.] "이글, 에이글, 오글, 엉글." [박수를 더 친다.] 간달프는 하블의 밑으로 날아가서 하블을 그의 등에 태웠어요. 팅커벨은 본도의 밑으로 날아가서, 정크를 안고 있는 본도를 자신의 등에 태웠어요. 그리고 동료를 태운 2명의 마법사 독수리는 생각 많은 산에서 멀리 날아갔고, 화산의 분출물은 가라앉고 화산의 분화구는 닫히면서 아무 일도 없었던 것처럼 보였어요.

간달프는 팅커벨에게 독수리의 목소리로 시끄럽게 말했어요. "우리 집으로 가자. 나를 따라와. 너희 집보다는 가까워!" 그리고 두 독수리는 간달프의 집으로 날아갔어요.

간달프의 집에 도착하자, 독수리들은 동료를 내려놓고, 원래의 모습인 간달프와 팅커벨로 변했어요. 정크는 모든 사람에게 자신이 배고프다는 것을 알리기 위해 크게 짖었어요. 다른 모든 사람도 배고프다고 했어요. 그들은 간달프의 주방으로 들어가고, 간달프는 모두를 위한 훌륭한 저녁을 만들기 위해 먼지를 변하게 해서 음식을 만들었어요.

간달프의 집에는 먼지가 많기 때문에 음식도 많이 있어요. 고기와 야채를 쌓아서 만든 식사는 매우 훌륭하지만, 가장 최고는 디저트예요. 세 가지 종류의 훌륭한 아이스크림 디저트가 있는데, 아이스크림 디저트 위로는 불꽃이 피어오르고 안에서는 음악이 흘러 나왔어요.

식사를 마치자, 3명의 마법사와 새끼 강아지는 간달프의 집을 떠나서 각자 자신의 집으로 돌아갔어요.

스토리는 여기에서 끝나요.

그러나 여러 자릿수의 덧셈에 대한 도리스의 수업이 여기서 끝난 것은 아니다. 스토리를 마치고 도리스의 학생들은 학문적인 기능을 계발할 수 있는 여러 가지 게임을 손수 만들어 해봄으로써 수학적 기능이나 덧셈에 대한 이해를 계속 유지하고 심화할 수 있었다. 도리스는 달걀 판, 나무로 된 큐브, 포스터 판, 설압자, 프린터 카드와 같은 것을 이용하여 게임을 만들었다. 또한 도리스는 여러 자릿수의 덧셈을 요구하는 컴퓨터 게임도 학생들에게 소개하였다.

다음 해에, 간달프는 도리스의 학급에 팅커벨을 수신자로 한 편지를 보냈는데, 그 편지에는 간달프가 세계 여러 나라를 여행하던 중에 새로운 방법으로 덧셈을 하는 방법을 설명하고 있었다. 도리스는 학생들에게 다른 문화권에서는 덧셈을 하는 또 다른 알고리즘이 있다는 것을 소개하였고, 학생들은 자신이 배운 연산 방법에 대한 이해를 더 명확하게 하고 더 심화할 수 있었다. 다음은 편지의 내용이다.

그림 1.34

귀여운 팅커벨에게

고대 마법사 박물관에서는 나에게 전 세계를 돌아다니면서 마법사들이 만든 특출한 그림을 찾아보라고 했어. 그래서 나는 그림을 찾기 위해 여러 나라를 여행하는 중이야. 지금은 이탈리아에 있어.

여기 있는 동안 덧셈을 하는 흥미로운 방법을 알게 됐어. 그 방법은 400년 전에 이탈리아에서 발명되었다고 들었어. 계산하는 방법은 다음과 같아.

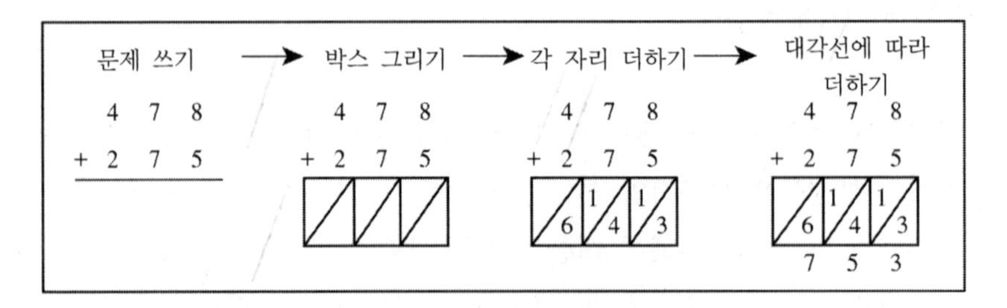

여기서 덧셈 방법이 어떻게 이루어지는지 이해할 수 있겠어?

덧셈 문제를 풀 때, 오래 전에 이탈리아에서 만든 덧셈 방법과 생각 많은 산에서 우리가 사용했던 덧셈 방법의 답이 같아질 것이라고 생각하니?

나는 이 방법이 우리의 방법과 어떤 면에서는 유사하고, 어떤 면에서는 다르다고 생각해. 어떤 면에서 유사하고, 어떤 면에서 다른지 조사해주겠니?

마법의 안부를 전하는,
간달프

Chapter 02

수학적인 서사 구두 스토리텔링

근원적인 가정

어떤 사람은 의아해할 것이다. "도리스가 시도한 스토리텔링은 진정으로 수학 수업이라고 할 수 있는가?" 수학 수업을 생각할 때, 우리는 보통 교실에서 일어나는 다른 유형의 수업을 생각하게 된다.

(아마도 매우 극단적으로) 전통적인 수학 수업 방법에서, 교사는 도리스와는 다르게 아동을 지도한다. 교사는 보통 덧셈 문제를 칠판에 적을 것이며, 문제를 해결하는 방법을 시연하면서 학생들에게 설명할 것이고, 교과서, 익힘책, 활동지에 있는 20개 정도의 문제를 학생들에게 부과하고, 종이와 연필을 사용하여 혼자서 문제를 풀도록 한 후, 다음 수업을 진행할 것이다. 교사는 수업 중에 수학 과제를 해결할 기회를 줄 것이며, 그래서 교사는 학생들이 과제에 어려움을 느끼는지를 알기 위해 질문을 던지고 학생들은 답할 것이다. 수업에서 해결되지 않은 문제는 숙제가 되고, 그 숙제는 다음 수학 수업이 시작되면서 재검토될 것이다.

수학을 가르치는 보다 현대적인 방법 중 하나로, 교사는 덧셈 문제를 칠판에 적고, 학생들을 소모둠으로 나누고, 십진 블록을 나눠주고, 십진 블록을 사용해서 칠판에 적힌 두 수의 덧셈을 하는 방법을 만들어보도록 하고, 그들이 만든 덧셈 방법에 대해 토론하라고 요구할 것이다.

수학을 가르치는 또 다른 현대적인 방법으로는, 교사가 칠판에 덧셈 문제를 적고 학생들은 문제를 풀도록 하며, 학생들은 각자 '머릿속으로' 암산을 하여 그들이 구한 문제의 정답을 교사에게 말하고, 문제에 대한 답이 옳은지 토론을 하는 것이다(Kamii, 1987).

이러한 세 가지 유형 각각의 수업에서는, 엄숙하고 객관적인 수학적 추론이 교수 과정의 핵심이고, 수업 중에 판타지, 감성, 즐거움의 여지는 거의 없다. (비록 전부는 아니라 하더라도) 대부분의 일반적인 수학 교수 방법에서는 수학에서 '스토리'를 배제하는 경향이 있고, 탈맥락화되고 객관적인 방식으로 수학을 제시하며, 단원은 작은 단위로 세분하고, 각각의 단원은 고립되어 있고 하루 분량 정도의 활동을 포함하고 있다.

그러나 이러한 일은 도리스의 교실에서는 일어날 수 없는 것이다. 도리스의 교실에서 교사는 수학적 판타지를 구두로 표현하고 있다는 것을 알 수 있으며, 상상력을 동원하여 학생들이 배워야 할 수학적 기능을 담고 있는 판타지를 만들어낸다. 학생들의 수학적 노력의 도움을 받아서 여주인공인 팅커벨이 친구들의 목숨을 구하게 되기 때문에, 판타지 속에서 학생들은 지적으로, 감성적으로, 그리고 활동적으로 참여하게 된다. 도리스의 학급에서 먼저 학생들은 마법을 부리기 위해 박수를 치고, 교사는 학생들의 상상력을 자극하기 위해 억양, 몸짓, 신체 움직임을 사용하는 것을 볼 수 있다. 도리스의 교실에서 학생들은(조용히 그리고 독립적으로 작업하기보다는) 불도저를 운전하면서 "부릉", "삐" 하는 소리를 내고, 노래를 부르고, 서로를 가르치면서 돕는다.

도리스가 하는 일이 비상식적인 것은 아니다. 그녀는 20세기 서양 교육 기관에서 대중화된 여러 자릿수의 덧셈 알고리즘을 학생들에게 가르치고 있다. 그러나 도리스의 교실에서는 심각하게 탈문맥화되고 객관화된 수학적 추론은 교수 과정의 중심에 있지 않다. 대신, 도리스는 구두적이고 서사적인 수학적 판타지를 사용하며, 학습자와 교사의 주관적인 의식을 이용하여 수학을 개인화(personalize)하고 맥락화하려는 시도를 한다. 판타지, 상상력, 직관, 감정, 즐거움이 교수 과정의 중심에 있을 뿐만 아니라 학생들이 배워야 할 수학적 과정의 중심에 있기도 하다.

도리스의 교실에서는 무슨 일이 일어난 것일까? 왜 어떤 교육학자는 구두로 전달된 서사적 판타지가 학생들이 수학을 행하고, 이해하고, 감상하는 능력을 향상시킬 잠재력을 갖는다고 믿는 것일까?

이 책은 구두 스토리텔링을 사용하여, 특히 며칠이 걸려야 끝나는 내러티브[1]) 판타지 이야기를 사용함으로써 아동이 수학을 배울 수 있도록 도우려는 것이다. 이 책에서 제시되었듯이, 수학적 서사 구두 스토리텔링은 여러 단계의 모험이 있으며, 그 속에서 영웅 또는 여걸(혹은 영웅 집단, 여걸 집단)은 주요한 탐구, 탐험, 그리고 여행을 하는 동안 다양한 모

---

1) 내러티브(narrative)란 실제 혹은 허구적인 사건을 설명하기 위해 이야기 형태로 전개되는 양식을 지칭하는 것으로, 이야기 형태로 나타내는 데 있어서의 표현 양식은 언어, 문자, 음향, 동작과 같은 각종 매체를 포함한다.

험을 하게 된다. (비록 글로 적어놓은 스토리를 보고, 스토리텔러가 스토리를 기억할 수도 있고 다른 스토리텔러와 공유할 수도 있다고 하더라도) 스토리는 기억에서 구두로 전달된다. 스토리텔러의 억양, 몸짓, 신체 움직임, 그리고 청자와의 눈 맞춤은 스토리텔링 경험에서 중요한 요소이다. 또한 기술하는 언어를 풍부하게 사용함으로써, 서사적인 특성, 모험, 방문한 장소에 대해 생생한 그림을 그려주는 것이 중요하다. 또한 이 스토리에서 스토리텔러(청중을 위해 행동으로 보여준다)와 청중(스토리텔러가 보여준 행동에 대해 소리를 내거나 변화를 보이는 것으로 반응한다)은 수학적인 조작물, 상상력, 기호, 다이어그램, 알고리즘을 사용한다. 스토리를 구두로 표현하는 데 있어서 중요한 점은 청중의 능력으로서, 청중은 스토리텔러의 수학적 사고 과정에 대해서 '경청하고', 스토리의 특성을 듣고(또한 수학적인 조작물, 다이어그램, 알고리즘을 사용함으로써 이해하고), 수학적 문제를 통해 생각해야 한다.

구두 서사적 판타지의 문맥으로 수학을 제시하는 데 있어서 중요한 점은 다음의 다섯 가지이다.

① 수학은 스토리라는 매체를 통해 제시되어야 한다.
② 스토리는 구두로 제시되어야 한다.
③ 스토리는 판타지여야 한다.
④ 스토리에서 수학은 문맥적으로 독자에게 재미있고, 독자를 몰두시키고, 독자에게 적절한 방식으로 제시되어야 한다.
⑤ 스토리가 제시되는 데 여러 날이 걸려야 한다.

이제 각 측면에서 수학적 구두 스토리텔링을 검토할 것이다.

스토리의 중요성

20세기 전반에 걸쳐, 수학교육자들은 스토리가 매우 중요하다고 믿었으며, 근본적으로 스토리는 **문장제**(word problem) 형태를 띠고 있었다. 사실, 20세기에 들어서 지난 수십 년 동안, 수학교육자들은 스토리의 위력에 대해 관심을 증대시키기 시작했으며, 아동을 위한 대중도서(또는 이야기 책) 형태는 근본적으로는 수학 탐구를 위한 출발점을 제공해 줄 수도 있고, 아동이 수학을 학습하는 데 도움을 줄 수도 있다고 생각했다. 하지만 이러한 개념으로 스토리의 사용 가능성을 보는 것은 개개인[2)]의 삶과 문화 속에서 스토리의 위력을 느낄 수 있는 것들 중에서 표면만을 훑은 것에 불과하다.

문장제로서의 스토리

20세기 전반에 걸쳐, 스토리는 수학 교수에서 중요한 부분이었다. 스토리는 수학 교과서에 있는 일련의 문제들 중에서 맨 마지막에 놓여 있었고, 문장제 또는 **스토리 문제**로 알려져 왔다. 문장제가 중요하다고 생각하게 된 것은 어떤 수학이 가장 가르칠 가치가 있는가 그리고 그것을 어떻게 가르칠 것인가에 대한 교육학자들의 개념에서 도출되었다.

일반적으로 학교 수학의 핵심은 탈맥락화되고, 추상화되고, 객관화 가능한 사실과 알고리즘이며, 그 과정은 비인간적이고 기호적이고 이론적인 형태로 기술될 수 있다고 믿어왔다. 수학을 가르칠 때는 수학에서 **스토리**를 제거하려는 경향이 있었으며, 수학의 역사적 기원을 설명한 스토리, 수학의 실용적인 업적에 대한 스토리, 그리고 사람들이 수학을 어떻게 상상하였는지에 대한 스토리는 일상생활이나 꿈과 판타지의 세계에서 사용되었다.

일반적으로 한 수업에서 제시되는 이러한 수학은 가장 중요하다고 생각되는 수학에서 시작하여 가장 덜 중요하다고 생각되는 수학의 순서로 진행되었다. 처음에는 수학적 사실, 알고리즘, 과정이 객관적이고, 비인간적이고, 기호적이고, 이론적이고, 탈맥락적으로 제시되었다. 다음에는 고려해봐야 할 유형의 보기 문제를 어떻게 해결하는지를 학생들에게 보여주었다. 그리고 연습이 필요한 **숫자** 문제를 제공하여 아동에게 풀도록 함으로써, 제시된 수학을 명확하게 **학습**할 수 있도록 하였다. 숫자 문제가 제공된 다음에 마지막으로 문장제 또는 스토리 문제가 제공되었다. 학생들이 배운 중요한 수학이 실생활 상황에서 어떻게 적용되는지 학생들에게 보여주기 위해서 그리고 그러한 수학을 실생활에 아동이 적용해보는 연습을 시키기 위해서 이러한 짧은 스토리 문제가 필요했다.

불행하게도 여러 문제들의 마지막에 제공되는 이러한 수학적 '스토리'는 몇 가지 이유로 아동에게 강력한 영향력을 미치지 못하는 경향이 있다. 그러한 문제들은 정말로 중요한 수학적 작업, 즉 이론적인 수치 작업 이후에 나타나기 때문에 덜 중요한 것으로 생각되었다.

---

2) 'individual', 'personal', 'private'은 유사하면서도 미묘한 차이를 보이는 단어들이다. 'individual'은 독립적인 객체로서의 개인을 의미하고, 'personal'은 다른 사람과의 관계 속에서의 개인을 의미하며, 'private'은 비밀스러움이 요구되는 개인을 의미한다. 본 역서에서는 이러한 단어들의 미묘한 차이를 구분하기 위해 'individual'은 '개별(의) 또는 개개인(의)'으로, 'personal'은 '개인(의) 또는 개인적인'으로, 'private'은 '사적인'으로 번역하였다.

아동은 종종 수많은 숫자 문제 때문에 지쳐버리고 지루해졌을 때 스토리를 보게 된다. 아동은 어떤 스토리도 진지하게 받아들이지 않는데, 왜냐하면 보통 학생들은 전체적으로 연결이 되지 않는 서로 다른 종류의 많은 문제들을 차례차례 풀어야 했기 때문이다. 가장 중요한 이유는 스토리가 너무 짧고, 그들의 삶과는 거의 관계가 없으며, 등장인물의 전개도 거의 없고 그것에 대해 생각해볼 수 있는 것도 거의 없어서 스토리라고 말할 수조차 없기 때문이다.

그 결과, 20세기 전반에 걸쳐서 제시된 수학적 스토리는, 강력하면서 흥미를 주는 섬광과도 같아서 인간의 노력을 보다 풍성하게 할 수 있다고 생각되기보다는, 일반적으로 무기력하고 고통이 따르는 연습문제로 생각되었다. 수학적 스토리를 통해서 그 이상의 더 많은 것이 기대될 수 있다.

수학 탐구의 발판으로서 아동을 위한 대중도서

20세기에 들어 지난 수십 년 동안, 학교 수학에 대한 새로운 개념과 수학 교수법이 대중화되었다. 교육학자들은 1989년 미국수학교사협의회(National Council of Teachers of Mathematics, NCTM)의 〈학교 수학을 위한 교육과정과 평가 규준(*Curriculum and Evaluation Standards for School Mathematics*)〉의 진술문으로 인해 고무되었는데, 읽기에 대한 총체적 언어적 접근, 언어 교양에 기반을 둔 문학, 간학문적 읽기, 발달 심리학, 구성주의 등이 그것이다.

학교 수학에서 중요한 것에 대한 관점이 변하였다. 여기에는 아동이 강력한 문제해결자가 되어야 하고, 사용자이자 수학적 의사소통자가 되어야 한다는 개념이 포함되었는데, 아동은 주제에 의해 흥미를 느끼고, 자신의 수학적 의미를 구성한다는 것이다.

학교 수학에 대한 이러한 새로운 관점에 고무되어, 교육학자들은 아동에게 흥미를 유발하고, 강력하고, 의미 있도록 하기 위한 수학 교수 방법을 찾았다. 반갑게도 수학을 내포하면서 아동을 위한 대중도서를 발견했고, 많은 도서들이 아동에게 흥미를 주었다. 아동을 위한 대중도서로는 《*The Doorbell Rang*》(Hutchins, 1986), 《*Anno's Mysterious Multiplying Jar*》(Anno & Anno, 1983), 《치약으로 백만장자되기(*The Toothpaste Millionaire*)》(진 메릴 지음, 노은정 옮김, 시공주니어, 2012), 그리고 《백만은 얼마나 클까요?(*How Much Is a Million?*》(데이비드 M. 슈워츠 지음, 여태경 옮김, 토토북, 2011) 등이 있다. 그들은 수학 교수법을 발전시키기 위하여 아동을 위한 대중도서를 사용하여 여러 가지 다른 방법으로 실험을 하였고, 수학 교수에서 아동을 위한 이야기 책을 어떻게 사용해야 할지에 대하여 책을 썼다. 그러한 책으로는 《*Read Any Good Math Lately?*》(Whitin&Wilde, 1992), 《*How to Use Children's Literature to Teach Mathematics*》(Welchman-Tischler, 1992), 《*Math and Literature*》(Burns, 1992), 《*It's the Story That Counts*》(Whitin&Wilde, 1995) 등이 있다.

아동을 위한 대중도서가 새로운 수학적 연구 주제를 다루고 아동에게 수학적 문제를 도입하는 출발점이 되었다는 것은 분명하다. 지도가 이루어지는 동안에 수학과 아동을 위한 문학이 서로 결합되어야 한다는 여러 이유가 언급되었다. 아동이 수학적 개념과 기능을 배우는 데 도움이 된다는 것, 아동에게 수학 학습을 위한 의미 있는 문맥을 제공해준다는 것, 아동의 발달을 돕고 수학적인 언어를 사용하고 의사소통이 이루어진다는 것, 아동이 수학적으로 문제를 해결하고 추론하고 사고하는 것을 배우도록 돕는다는 것, 아동에게 수학의 본질에 대한 풍부한 관점을 제공한다는 것, 아동에게 수학에 대한 개선된 태도를 제공한다는 것, 아동이 수학에 대해 동기와 흥미를 갖게 된다는 것, 아동이 수학을 생활 또는 다른 교과와 통합하도록 돕는다는 것, 그리고 교육학자들이 수학을 가르치는 데 도움을 준다는 것 등이 그러한 이유이다(Schiro, 1997).

불행하게도, 20세기에 아동을 위한 대중도서를 사용하여 수학 교수법을 풍성하게 하자는 운동에는 많은 한계가 있었다. (비록 전부는 아니더라도) 대부분의 교육학자들은 아동을 위한 이야기 책을 수학적 주제나 문제를 탐구하기 시작하는 발판 정도로 보았다(Kliman, 1993, p. 320; Welchman-Tischler, 1992, p. 1). 그들은 아동을 위한 문학을, 학습해야 할 새로운 주제를 도입하기 위한 출발점으로, 해결될 필요가 있는 문제를 도입하는 방법으로, 실제적 또는 판타지 세계에서 수학이 어떻게 문맥화될 수 있는지에 대한 예제를 제공하는 방법으로 바라보았다. 아동을 수학적 탐구로 이끌기 위하여 문학이 사용된 적도 있었는데, 그러한 탐구방법을 통해 처음에는 아동이 수학에 흥미를 느꼈지만, 문학은 곧 버려졌고, 아동은 결코 문학으로 되돌아갈 수 없었다. 이와 같이 도구적인 방법으로, 즉 수학을 위한 발판으로, 아동을 위한 문학을 사용하는 것이 잘못되었다는 것은 아니지만, 그렇게 하는 것은 수학적 스토리가 아동의 삶 속에서 효과를 보이기에는 제한이 있다는 것이다.

아동을 위한 스토리를 수학과 통합하여, 둘이 서로 분리되지 않고, 학습 경험이 이루어지는 동안 스토리와 수학 모두에 초점을 맞추도록 하고, 지도가 이루어지는 동안 아동을 위한 문학과 수학적 경험 모두에 동등하게 가치를 부여하도록 하는 것이 가능하다. 《*The Doorbell Rang*》이나 앞에서 언급된 다른 책에서와 같이, 스토리를 단순히 수학을 위한 발판으로만 사용하고 나중에 버려지는 것이 아니라, 스토리가 아동을 위한 보다 강력한 경험이 될 수 있도록 한다면, 수학적 스토리의 효과를 얻을 수 있도록 수학과 스토리를 결합하는 것이 가능하다. 수학적 스토리의 위력을 이해하기 위해서는, 사람들의 삶에 대한 스토리가 중요하다는 것을 음미해야 한다.

사람들의 삶에서 스토리의 중요성

스토리는 문화와 그 문화 속에 살고 있는 개개인 모두에게 중요하다. 문화적 관점에서 바라보면, 문화는 세계를 바라보는 방식이며, 문화적인 사건 혹은 자연적인 사건으로부터 의미를 만들어내는 방식이다. 스토리는 이러한 방식을 다음 세대로 전수하기 위한 주요한 수단 중 하나였다. 개인주의적인 관점에서 바라보면, 스토리텔링은 **근본적으로 마음의 행위**이다. 개개인이 세상에서 만나는 사람들로부터 의미를 구성하려고 할 때, 또는 그들의 삶에 의미를 주려고 할 때, 스토리텔링은 이를 위한 주요한 수단 중 하나였다.

문화적 관점

역사적으로(그리고 인쇄술이 사용되기 시작한 15세기가 될 때까지) 세계를 이해하고, 그들이 이해한 것을 다음 세대에 전수하는 데 있어서 구두 스토리 방식의 문화가 형성되었으며, 대중은 그러한 문화를 공유했다. 교사, 성직자, 숙련공, 그리고 부모들 모두 구두 스토리를 사용하여 그들의 전통을 전수하려고 한 문화적 대리인이었다. 전문적인 스토리텔러는 예능인뿐만 아니라, 역사가, 소식 전달자, 종교와 도덕 교사, 교육자로서 활동했다(Pellowski, 1990). 넓은 의미에서, 초기의 구두 스토리텔러는 매개자 역할을 하였으며, 문자가 없던 시대의 대중이나 문맹자(그리고 종종 학자)에게 사회는 매개자를 통해 문화를 전수하였다. 사회가 문화를 다음 세대에 전수하는 방식은 사람, 사건, 천체, 지리적 구조, 신, 동물, 그리고 훌륭한 사람이나 훌륭하지 않은 사람들이 이러한 것들에 어떻게 반응했는지 등에 대하여 스토리로 말하는 것이었으며, 동시에 예능도 제공하였다.(스토리가 문화를 전수하는 유일한 방법은 아니었는데, 왜냐하면 그림, 조각, 도자기, 수공예, 음악, 춤, 시, 연극과 같은 매체도 사회의 문화를 전수하는 방식이었기 때문이다.)

사회 문화적 관점에서 바라보면, 모든 사회는 구성원들에게 세계를 바라보는 방식을 제시하려고 시도했으며, 스토리는 그것이 구두이던 문자이던 관계없이, 이를 위한 주요한 수단 중 하나이다. 프랭크 스미스(Frank Smith, 1990, p. 63)는 다음과 같이 언급했다. "사실, 문화의 주된 기능은 개개인이 필요로 하는 스토리를 제공하고 지속시키는 것이며, 이를 통해 개개인은 자신이 발견한 세상에 대해 의미를 만들게 된다고 한다. ...... 문화는 우리에게 스토리를 가르치며, 우리는 스토리에 의해 살아갈 것이다.” 스미스에 따르면, 어떤 문화에서 형성된 스토리를 통해 누가 영웅이고 누가 악당인지, 그리고 ‘참과 거짓, 선과 악, 목표와 장애, 조화와 갈등, 능력과 제약, 원인과 결과’ 등에 대한 문화적 해석을 구성원들에게 가르친다.

스토리, 특히 내러티브 판타지는 강력한 문화적 의사소통의 매체였으며, 현재도 그러하다. 사회적 문맥에서 인류가 자신의 세상을 탐구하고, 그 의미를 스스로에게 분명하게 표현하기 위한 방법 중에서, 잘 알려져 있으면서 쉽게 이해할 수 있는 방법이 스토리였으며, 이뿐만 아니라 세상 속에서 그들이 느끼는 감정과 사고로부터 통일된 의미를 만드는 데 있어서 스토리는 안전하고 익숙한 방법이기도 하다(Bettelheim, 1976, p. 24).

개개인의 관점

내러티브 스토리는 개개인에게도 역시 중요하다. 내러티브 스토리에서 중요한 것은, 인용문에서와 같이 허구적 내러티브는 많은 것을 공유한다는 점이며, 스토리를 통해 불균형이 해소되고, 성장이 일어나고, 장애를 헤쳐나가고, 보물을 찾으려 애쓰고, 생각을 드러내게 된다.

> 우리가 잠들어 있을 때나 깨어 있을 때, 내적으로 그리고 외적으로 스토리텔링은 중요한 역할을 한다. 내러티브로 꿈을 꾸는 동안, 내러티브를 통해 기억하고, 예상하고, 기대하고, 절망하고, 믿고, 의심하고, 계획하고, 수정하고, 비판하고, 구성하고, 잡담하고, 배우고, 미워하고, 사랑한다. 진정한 삶을 위해서는 자신과 다른 사람에 대한 스토리, 그리고 사회뿐만 아니라 개인의 과거와 미래에 대한 스토리를 만들어야 한다(Hardy, 1977, p. 13).

심지어 스토리텔링을 근본적으로 마음의 행위라고도 말한다. 즉, 스토리텔러가 의식적이고 의도적인 행위를 할 수도 있지만, 또한 그 행위는 ‘의도적이고 의식적인 행위가 아니라, 마음 자체에서 작용하는 방식’이기도 하다(Wells, 1986, p. 197). 휘틴(Whitin)과 와일드(Wilde)가 주장했듯이, ‘스토리는 의미를 만들어내는 근본적인 방식’(1995, p. x)이며, 사람들은 그들의 삶과 세계에서 의미를 만들기 위해 노력한다. 스미스는 다음과 같이 상술했다.

> 생각은 사건에 대한 스토리, 사람에 대한 스토리, 의도와 성취에 대한 스토리와 같이 스토리 형태로 흘러간다. ...... 우리는 스토리 형태로 학습한다. 우리는 사건에 의미를 부여하기 위해 스토리를 만든다. 실제적 혹은 상상의 모든 경험을 스토리 구조로 만들려고 하는 우리의 일반적인 경향은 궁극적으로 상상에 지배된다. ...... 두뇌는 스토리를 찾고, 스토리를 만드는 기관이다.
>
> 우리가 과거를 회상하고 있는 것인지, 현재를 관찰하고 있는 것인지, 혹은 미래를 예측하고 있는 것인지에 대한 내용을 스토리 형태로 생각하도록 할 수는 없다. ...... 우리가 어떤 것에 대하여 의미를 만들 수 없다고 말한다면, 그것은 그 속에서 스토리를 찾을 수 없다거나 혹은 그것에 대하여 스토리를 만들 수 없다는 것을 의미한다. 우리는 삶을 스토리 형태로 바라보며, 심지어 어떤 스토리도 듣지 못했다고 하더라도 그러하다. 스토리를 만듦으로써 우리가 삶에 의미를 만들어내는 방식이 그것이다. 스토리 형태로 사건을 기억하는 방식이 그것이다(Smith, 1990, pp. 62-64).

여기에서 특히 중요한 것은 다음과 같다.

> 세상을 인식할 때 혹은 우리가 듣고 읽은 모든 것에 대해 의미를 만들 때, 우리가 스토리를 구성하는 것은 특별한 방식이라고 할 수 없다. 스토리는 세계에 대하여, 문학에 대하여, 예술에 대하여 의미를 만들 수 있는 **유일한** 방식이기 때문이다. 또한 스토리는 우리의 판타지가 자신에게 의미를 만들 수 있는 방식이기도 한다. 스토리는 인식하고, 느끼고, 창조하는 우리의 방식이다. 스토리는 상상력이 작용하는 방식이다. ...... 스토리 형태로 삶을 이해하라고 아무도 우리에게 말하지도 않았고, 아이들에게 가르치지도 않았지만, 모든 사람은 스토리 형태로 삶을 이해한다. ......
>
> (우리의) 스토리는 세상과 그 안에 있는 사람들을 인식하기 위한 요충지이다. 우리는 동물뿐만 아니라 장난감, 자동차, 선박, 컴퓨터 등도 의인화하며 인격을 부여한다. 우리는 그것들에게 이름과 성격과 동기를 부여하며, 그것들이 행동하는 것으로 바라본다. 세계적인 연극에서 우리는 국가를 등장인물로서 바라본다. ...... 우리 삶의 스토리 속에서 우리는 '사람들', '정부', 심지어 '신'을 소설화하고, 그들에게 역할을 부여하는데, 종종 중요한 역할을 부여한다(Smith, 1990, pp. 64-65).

아동은 최근에 본 영화의 영웅 역할을 상상 속에서 자신이 하고 있다고 생각하면서, 자신에게 스토리를 말한다. 아동은 컴퓨터 시뮬레이션에 등장하는 영웅을 볼 때, 상상 속에서, 자신이 시뮬레이션의 영웅 역할을 한다고 생각하면서 자신에게 스토리를 말한다. (아이들이 '골든아이 007'이라는 컴퓨터 시뮬레이션 게임을 하는 것을 본다면, 어떻게 자신을 스토리 속의 인물로 생각하는지, 그리고 그 인물의 역할을 하면서 어떻게 살아가는지를 알게 된다. 그리고 컴퓨터 시뮬레이션에서 아동이 통과해야 할 미로를 만나고, 그 수수께끼가 수학적 알고리즘 또는 문제해결 전략과 관련이 있으며, 우리는 아동이 그것을 통과할 수 있도록 학교에서 가르치게 된다면, 어떤 일이 발생할지에 대하여 호기심을 갖게 된다.)

스토리와 스토리텔링은 단순히 이론적 수학을 맥락화한 수학적 성과나 실례를 아동에게 제공해주기 위한 발판으로서 혹은 예능으로서 기능하기보다는 개개인의 삶 속에서 그리고 문화 속에서 더욱더 중요한 기능을 한다. '문화의 본질적인 전달자'라는 관점에서, **외적 스토리텔링**은 세계를 바라보는 방식과 그 세계의 문화적인 그리고 자연적인 사건으로부터 의미를 만드는 방식을 문화에 의해 다음 세대에 전수하도록 하는 주요한 수단 중 하나이다. 근본적인 마음의 행위라는 관점에서, **내적 스토리텔링**은 개개인이 그들의 세계에서 만나게 되는 것으로부터 의미를 구성하고 그들의 삶에 의미를 제시하게 하는 주요한 수단 중 하나이다.

수학적 적용

사람들의 삶 속에서의 스토리의 중요성에 대해 지금까지 제시한 견해는 수학적 구두 스토리텔링과 어떻게 관련지을 수 있을까? 아동들이 '마법사 스토리'에 대해 어떻게 반응했는지를 돌아보면서 이 문제에 대해 생각해보자.

스토리를 듣는 동안, 아이들은 자신이 팅커벨이 되었다고 상상함으로써, 자신이 팅커벨이라는 인물의 역할을 하고, 스토리에서 팅커벨이 경험했던 것을 (그들의 상상 속에서) 경험하게 된다. 팅커벨의 질문은 아이들의 질문이 되었고, 팅커벨의 문제는 아이들의 문제가 되었으며, 팅커벨의 노래는 아이들의 노래가 되었고, 팅커벨의 수학적 행위는 아이들의 행위로서 나타나게 되었다.

스토리가 끝난 후에는, 아이들은 집으로 가는 버스를 타면서, 저녁 식사를 기다리며, 목욕을 하면서, 잠을 자면서 스토리를 상상 속에서 재생하게 된다. 아이들은 스토리를 재생할 때, 공상에 빠지게 되면서 문제를 해결하고, 불도저처럼 여기저기서 소리를 지르고, '덧셈 노래'를 부르게 된다. 아이들은 스스로에게 스토리를 다시 말하면서, 중요한 의사결정 시점에 직면하게 되고, 개인적으로 독특한 방식으로 다음에 무엇을 해야 할지를 결정하고,

팅커벨이 했던 모든 희망, 의문, 예상, 계획을 공유하게 된다.

그렇게 하면서 아이들은 자신에게 맞는 스토리의 흐름을 구성하고 반복적으로 재구성하면서, 자신을 수학자(또는 수학적 마법사)로 또는 문제를 해결하기 위해 일련의 수학적 절차들을 수행하는 불도저로 바라보게 된다. 그렇게 하면서 아동은 스스로 자신의 스토리(그 스토리는 그들에게 들려주었던 것과 매우 유사하면서, 이야기의 다음 에피소드를 고려하게 된다.)를 만드는 스토리텔러가 되며, 스스로 학습자가 되어서 팅커벨의 수학적 행위와 유사한 자신만의 수학적인 의미를 개인적으로 구성하고 재구성한다. 아이들은 자신에게 부과되었기 때문에 이러한 일을 하는 것이 아니라, 근본적으로 마음의 행위이기 때문에 이러한 일을 하는 것이며, 근본적인 마음의 행위에 의해 그들은 스토리 제작자로서 팅커벨의 경험을 재현하면서 그러한 경험을 스스로에게 다시 말하게 된다. 즉 경험의 의미를 이해하려고 노력하면서 반복적으로 자신에게 다시 말하게 되며, 자신이 팅커벨이라는 인물의 역할을 한다고 생각하면서 그 경험을 재현하는 것이다.

'마법사 스토리'를 들려주고 있는 로라의 3학년 교실을 찾는 사람이라면 누구나 이러한 것을 볼 수 있었다. 로라의 수학 수업은 아침에 있었으며, 그때 그녀는 스토리를 들려주었다. 오후마다 로라의 학생들은 글을 쓰고, 그림을 그리고, 읽고, 그저 생각하면서 조용한 시간을 가졌다. 아침에 스토리를 듣고 나서 조용한 오후 시간 동안, 많은 아이들은 스토리에 대해 독창적으로 그림을 그리고 색칠했으며, 그림도 아이들 자신이 선택한 것이었다. 첫째 시간의 스토리가 끝나고, 해먹에 있는 팅커벨, 매가 되어 생각 많은 산으로 날아가는 팅커벨, 얼어서 돌이 된 마법사를 바라보는 팅커벨, 덧셈 문제에서 칸의 위와 아래로 움직이는 불도저가 된 팅커벨의 그림을 아이들은 그렸다. 그림을 보면서 아이들이 스토리텔러가 되었다는 것을 알 수 있었는데, 왜냐하면 아이들은 그림을 통해서 일부 스토리를 자신에게 다시 말하였기 때문이다. 아이들은 각 그림에 대한 스토리를 말했으며, 아이들은 친구와 선생님과 그 스토리를 공유하였다. 아이들이 그림을 그리는 것을 관찰한 사람이 하게 되는 가장 자연스러운 질문 중 하나는 "이 그림은 누구를 그린 그림이지? 팅커벨이야 아니면 그림을 그리고 있는 아이야?"이다.

약간 다른 관점에서 스토리의 위력은 단순히 이해를 제공하는 것 이상인데, 왜냐하면 내러티브 스토리의 매력 중 하나는 감정을 자극하는 방식에 있기 때문이다. 아이들은 누군가의 역할을 하게 되고, 수학을 하는 것에 대한 즐거움을 맛볼 수 있고, 수학을 성공적으로 완수한 후에는 자신감이나 자신의 능력에 대한 느낌을 맛볼 수 있다. 우선 수학적 노력을 발생시키는 인간의 감정, 호기심, 그리고 희망을 수학적 성과와 묶어준다(Egan, 1986; Griffiths & Clyne, 1991). 그래서 '마법사 스토리'를 들려준 도리스나 로라의 교실을 관찰한 사람은 아이들(혹은 팅커벨?)이 문제를 정확하게 해결하였을 때 승리의 표시를 하며 즐겁게 손을 드는 것을 보면서 놀라워하지 않는다.

문화적 관점에서 '마법사 스토리'의 효과는 문화적으로 인정된 덧셈 알고리즘을 아이들에게 전수하기 위하여 교육적인 매개체로 사용하는 것 이상이다. '마법사 스토리'는 또한 보다 미묘한 문화적 메시지를 전수하기 위해 설계되었다. '마법사 스토리'를 동화 '빨간 모자'와 비교해보라. '빨간 모자'는 단순히 한 소녀가 자신의 할머니를 만나기 위해 여행하는 동안 부딪히게 되는 사건만을 다룬 것이 아니다. 그것은 예쁜 옷을 입은 소녀, 연장자를 돌보는 소녀, 나쁜 늑대들, 사나운 행동을 하는 늑대를 죽이는 것에 대한 이야기이기도 하다. 이와 유사하게, '마법사 스토리'는 (팅커벨처럼) 자신의 삶에서 수학을 이해하며 사용할 수 있는 매우 유능한 (팅커벨과 같은) 수학 실행자로서 아동의 능력에 대한 것이며, 우정과 다른 사람을 돌보는 것에 대한 이야기이며, 다른 사람으로부터 배우고 가르치는 것에 대한 이야기이며, 옳은 일을 하는 것(심지어 생각 많은 산과 같은 위험에 직면하더라도)에 대한 이야기이다. 친구들과 부모들은 그들 자신의 수학에 대한 반감, 수학자로서의 무력감, 수학을 이해할 수도 없으며 그들의 삶과는 무관하다는 신념에 대해 대부분의 미국 아이들에게 말하였는데, 여기서 중요한 점은 '마법사 스토리'가 예전의 이러한 말들을 중화시킬 수 있다는 점이다.

또 다른 문화적 관점에서, 스토리를 활용한다면, (문화적 정보, 태도, 가치를 전수하는 동안) 아이들이 의미를 만들어내는 방식과 수준에 맞춰서 스토리텔러가 아이들에게 말하는 것이 가능하다. 많은 발달 심리학자들은 아이들이 성인과는 다른 방식으로 이해한다고 말한다. 예를 들어, 피아제(Piaget) 학파는 초등학교 나이의 아동을 인지 발달에서 구체적 조작기에 해당한다고 설명한다. 간단히 말해서, 구체적 조작기의 아동은 **구체적인** 예제가 주어졌을 때 수학을 가장 잘 이해하며, 그러한 예제는 구체적인 상황, 행동 혹은 물리적 대상을 포함하며, 그러한 예제를 통해 학생들은 직접적으로 행동을 하거나 자신이나 다른 사람의 행동(또는 **조작**)을 상상할 수 있다. 이러한 것의 의미는 아동은 구체적인 내러티브 상황(또는 스토리)의 문맥에서 가장 잘 이해한다는 것이며, 배워야 할 수학은 그들이 알고 있는 누군가의 구체적인 행동 또는 그 행동에 대한 설명과 관련이 있어야 한다는 것이다. 그래서 아이들이 가장 잘 이해하는 것은(피아제의 발달단계에서 마지막 단계의 특성을 갖는) 일반화되고, 논리적이고, 연역적이고, 추상적인 어른의 수학이 아니라, 이미 알고 있는 사람(혹은 다른 의인화된 창조물)이 일련의 구체적이고 분명한 행위 형태로 어떻게 행동하거나 이해하는지에 대해 설명한 내러티브 스토리이다. '마법사 스토리'는 그러한 구체적이고 행동 중심적인 내러티브에 대한 예제이다. 이를 통해 아동은 구체적인 실세계 모형의 문맥에서 그들이 배우는 수학을 이해하고, 불도저와 같이 행동하기, 앵무새처럼 말하기, 고릴라처럼 기록하기와 같은 구체적인 행동을 개별적으로 실행함으로써 수학을 **실행하며**, 십진 블록을 사용(혹은 조작)함으로써 수학적으로 **사고하게** 된다.

오늘날 아이들에게 제시되는 대부분의 수학적 설명에서 부족한 것 중 하나가 훌륭한 스토리이다. 스토리를 통해 아이들은 자신에게 문제해결을 위해 노력하는 스토리의 인물들의 역할을 부여하며, 문제해결 시나리오를 재현(또는 스스로에게 다시 말하기)할 수 있다. 스토리는 수학을 배우는 동안 아이들의 감정, 지능, 상상력, 호기심을 크게 자극하며, 실제적 혹은 판타지 세계에서 구체적이고 분명한 행동을 통해 문제가 어떻게 해결되는지를 아이들에게 보여준다. 아이들에게 그러한 스토리를 제공하는 것이 수학적이고 서사적인 구두 스토리텔링의 목적 중 하나이다.

구두로 제시된 스토리

20세기 동안에, 교수 목적으로 수학 교실에서 사용되었던, 스토리텔링을 위한 주요한 문학 작품은 아동을 위한 대중도서이다. 도리스는 구두 스토리텔링을 사용하기 전에 자신의 교실에서 아동을 위한 대중도서를 사용했으며, 지금도 계속해서 사용하고 있다. 또한 다른 스토리텔링 작품도 사용했다. 도리스는 《*Journey to the Other Side*》(Sherrill, 1994)라는 책을 사용했는데, 이 책은 문제해결에 대한 챕터북(chapter book)[3]으로서 교사가 책을 읽어주는 동안 아이들은 노래를 불렀다. 또한 〈*The Wonderful Problems of Fizz and Martina*〉(Snyder, 1991)를 사용했는데, 이것은 의인화된 두 창조물의 모험에 대한 비디오로 학생들은 비디오를 시청하면서 수학적으로 사고하도록 하는 데 목표를 두고 있다. 도리스는 수학적인 컴퓨터 시뮬레이션도 계속해서 사용하고 있다. 그러나 그녀가 선호하는 교육 매체 두 가지는 이야기 책과 구두 스토리텔링이다. 두 매체를 비교해보면 차이점을 알 수 있다.

아동을 위한 대중도서는 구두 스토리텔링과 많은 점에서 공통점이 있지만, 스토리텔러가 자신의 의식에 있는 스토리를 구두로 전달하는 방식은 교사가 학생에게 이야기 책을 읽

---

3) 아동 문학작품은 'picturebook', 'picture storybook', 'storybook', 'chapter book' 등으로 구분된다. 'picturebook'은 그림이 큰 비중을 차지하는 그림책이고, 'picture storybook'은 그림과 스토리가 비슷한 비중을 차지하는 책이며, 'storybook'은 그림은 보조적인 역할을 하는 책이라고 할 수 있다. 'chapter book'은 그림보다는 글 위주의 이야기책으로 보통 5~8개의 장으로 구성되며, 모험, 판타지, 추리, 과학 등 흥미를 자극하는 내용을 다룬다.

어 주거나 학생 스스로 이야기 책을 읽는 방식과는 본질적으로 상당히 많은 차이가 있다.

사라 콘 브라이언트(Sarah Cone Bryant)는 1905년에 미국에서 발간된 최초의 스토리텔링에 관한 책에서 이러한 차이점에 대해 언급했다. "거의 예외 없이, 아이들 자신이 스토리를 읽는 것보다는 누군가가 말해주는 스토리를 듣는 것을 두 배로 더 좋아한다. ...... 아이들이 그것을 선호하는 데는 충분한 이유가 있다."(p. xvi) 중요한 이유로 다음 네 가지를 들 수 있다.

첫째, 구두로 전달된 스토리는 책을 읽어주는 것과는 다르다. 왜냐하면 스토리텔러는 어떠한 문맥으로부터도 자유로울 수 있기 때문이다. 반대로 책을 읽는 사람은 지적으로, 시각적으로, 그리고 육체적으로 읽고 있는 책에 구속된다. 브라이언트는 다음과 같이 말하였다.

> 말하기와 읽기의 큰 차이점은 ...... 말하는 사람은 자유롭다는 것이며, 읽는 사람은 구속된다는 것이다. 손에 책을 들고, 그것을 마음속에서 말로 표현하는 것은 독자를 구속한다. 스토리텔러는 어떤 것에도 구속되지 않는다. 표현에 도움이 된다면, 그는 서 있을 수도 있고 앉아 있을 수도 있으며, 청중을 보는 데도 자유롭고, 변화하는 분위기에 따르거나 이끄는 데서도 자유로우며, 신체, 눈, 목소리를 사용하는 데서도 자유롭다. 심지어 그의 마음은 구속되어 있지 않으며, 스토리는 순간적인 표현으로 나타나기 때문에, 자신이 말해야 할 것을 충분히 표현한다. 이러한 이유로, 말해주는 스토리는 읽어주는 것보다도 더 자연스러우며, 보다 더 잘 읽힌다. 결과적으로 청중과의 관계가 더 가까워지고, 책을 읽거나 또는 책을 읽어주는 것보다도 더 감동적이다.(Bryant, 1905, p. xvi)

둘째, 구두로 전달된 스토리는 스토리를 읽는 것과는 다르다. 왜냐하면 스토리텔레와 독자의 역할이 다르기 때문이다. 어린이 책의 독자는 책에 적힌 글을 말의 형태로 바꾸기는 하지만, 책의 독자가 아무리 자신의 목소리를 통해 글에 감정을 넣으려고 해도 책 속의 단어에 충실해야 하며, 그러한 단어는 책의 내용에서 생겨나는 것이지 독자의 마음속에서 생기는 것은 아니다. 대조적으로, 구두 스토리는 스토리텔러 개인의 의식으로부터 생기며, (대부분의 전통적인 스토리텔링에서) 모든 청중과의 독특한 상호작용에 기초하여 자신의 스토리를 바꿀 수 있는 자유가 있다. (종종 구두 스토리텔러는 특정 부분의 이야기를 다듬어서 청중들과 같이 즐기면서 말하기도 하고, 이야기의 다른 부분에서는 청중과의 독특한 관계에 기초하여 청중들을 참여시키기도 한다.) 다르게 말하면, 구두 스토리는 스토리텔러의 마음속에서 생기고, 스토리텔러의 개인적 표현과 즉각적으로 연결되지만, 어린이 책을 읽는 것은 독자의 마음과 분리되고 구분된다.

이러한 차이점에서 중요한 점은 구두 스토리텔러는 스토리를 통해 자신의 일부를 독자와 공유한다는 점이다. 구두 스토리텔러는 생각과 감정을 깊이 있게 공유하면서 듣는 사람을 개인적 공간으로 끌어들인다. 이러한 일은 어린이 책을 어린이에게 크게 읽어준다고 발생하는 것이 아니고, 심지어 그들이 읽고 있는 단어에 감정을 싣는다고 발생하는 것도 아니며, 그 자리에 없는 또 다른 사람인 작가의 메시지를 공유하고 있다고 해서 발생하는 것도 아니다. 브라이언트는 스토리를 말하는 것이 읽는 것과 어떻게 다른지를 말하려고 하면서, 이러한 차이점을 밝히려고 노력하였다.

> 스토리텔링에는 개인적인 요소(personal element)라는 매력이 더해진다. ...... 모든 사람은 자신의 이웃과 관련된 사람의 본질에 어떤 호기심을 갖는다. 누군가가 몸소 느끼고 행한 일들은 우리들 각각에게 특별한 영향력이 있다. 대부분의 교양 있는 청중들은 탐험가의 개인적인 추억을 들으면서, 탐구 결과에 대하여 과학적으로 강의하는 데서 느껴지는 것과는 다른 종류의 흥분과 흥미를 갖게 된다. 경험적으로 개인에 대한 열망은 바로 인간적인 열망이다. 이런 본능 또는 열망은 특히 아이들이 더 강하다. 부모가 어렸을 적에 했던 일, 할머니가 여행을 떠났을 때 일어났던 일 등을 아이들이 이야기로 기쁘게 말하는 것을 보면 알 수 있으며, 개인적이지 않은 스토리로 확장되기도 한다. 입에서 무의식적이고 세련되지 않은 문장으로 흘러나온 사실에 개인적인 취향을 약간 가미하게 되는데, 이것은 즐겁고 기쁘게 참여하고 있다는 것을 암시한다.(1905, pp. xvi-xvii)

셋째, 스토리를 들려주는 것과 스토리를 읽어주는 것은 다르다. 왜냐하면 스토리텔러는 스토리 속에 청중을 포함시키고, 스토리텔러와 청중 사이에 일어나는 독특한 상호작용에 맞게 스토리를 손질하는 능력이 있기 때문이다. 스토리텔러가 스토리 속으로 청중을 어떻게 포함시키는지에 대한 예제는 '마법사 스토리'에서 찾을 수 있으며, 도리스의 학생들은 박수를 침으로써 마법을 부리도록 돕고, 중요한 생각을 텔레파시로 마법사에게 보내는 일을 함으로써 차별화된 방식으로 스토리 내에서 능동적인 역할을 하고 있다. 청중의 이름, 의복, 몸짓, 말씨를 이용하여 자신과 청중 사이에 일어나는 독특한 상호작용에 맞게 스토리텔러가 스토리를 손질한 예제는, 학생들이 불도저를 후진하면서 "삐, 삐, 삐" 소리를 만들어낸 것을 도리스가 '마법사 스토리'에 포함시키고 있는 방식에서 찾을 수 있다. 이렇게 청중을 이야기 속에 포함시키는 능력은 아동 도서를 읽어주는 사람에게서는 가능하지 않은데, 왜냐하면 아동 도서를 읽어주는 사람은 본문에 적힌 단어에 충실해야 하며, 본문을 쓴 작가는 청중과 개인적인 상호작용을 할 수 없을 뿐만 아니라 본문 내용을 바꿀 수도 없기 때문이다.

넷째, 위에서 열거한 이유와 관련하여, 스토리를 자신의 독특한 필요에 맞게 만드는 것은 스토리텔러의 능력이다. 이는 도리스가 이야기 책을 읽어주는 것보다 구두 스토리텔링을 더 좋아한 중요한 이유 중 하나이다. 자신이 원하는 방식으로 주제를 다루고 있는 아동 도서를 찾는 것보다는, 종종 자신만의 스토리를 만들어서 자신이 원하는 방식으로 주제를 가르치는 것이 훨씬 쉬웠다. 이미 만들어진 내용에 얽매이지 않게 되자, 도리스는 자신이 원하는 바로 그 방식으로 교육적 목적에 맞춰서 스토리를 만들게 되었다. 이미 만들어진 내용에 얽매이지 않게 되자, 도리스는 학생들을 수업에 포함시킬 수 있었고, 스토리 속에 자신의 가족들을 포함시킬 수 있었으며, 이렇게 하면서 학생들에게 흥미를 더해주었다. (학생들은 도리스의 아들과 딸에 대한 스토리를 좋아했다.) 그리고 이미 만들어진 내용에 얽매이지 않게 되자, 어떤 주제에 대하여 학생들에게 도움이 필요하다는 것을 알았을 때, 도리스는 그 주제와 관련된 스토리를 자연스럽고 즉각적으로 만들어서 말해줄 수 있었다. 학생들에게 들려준 스토리에서 도리스가 예상하지 못했던 일도 일어났으며, 스토리를 자연스럽게 만들고 그것을 즉각적으로 말할 수 있다는 점에서 스토리텔링이 아동을 위한 대중 도서를 읽어주는 것 이상의 장점이 있었다. 도리스가 상당히 능숙하고 자신만만한 구두 스토리텔러가 되어서 학문적 요구에 잘 들어맞는 스토리를 자연스럽게 만들고 말하기까지 시간이 걸리기는 했지만, 이미 만들어진 내용에 얽매이지 않게 되면서 가르치는 일이 쉬워졌다.

아이들 집단에 전해준 구두 스토리와 아이들이 스스로 읽은 문자로 된 스토리 사이에는 두 가지 차이점이 있다. 첫째, 사회적 집단에 구두 스토리를 들려주면 사회적 집단은 적절한 상황에서 공동의 이해(상호 주관적인 공동의 인식)를 공유하게 되는 반면, 개별적으로 읽게 되는 아동 도서는 개개인을 다른 사람과 분리하게 한다는 점에서, 구두 스토리는 문자로 된 스토리와는 다르다. 둘째, 인간의 목소리는 문자로 된 단어와는 매우 다른 매체이기 때문에 구두로 전달된 스토리는 문자로 된 스토리와는 다르다. 마샬 맥루한(Marshall McLuhan)이 강하게 주장한 것처럼, "매체는 메시지이다." 그리고 인간 목소리라는 매체는 보다 개인적이고 개별적이며 즉각적이다.

스토리를 읽는 것의 장점을 빠뜨리기는 했지만, 브라이언트는 스토리를 들려주는 것이 스토리를 읽어주는 것 이상의 장점이 있다는 것을 다음과 같이 요약했다.

스토리를 읽어주는 것보다 스토리를 들려주는 것이 더 좋다는 것에 대한 상당히 실제적인 이유는 교사에게 있어서, 아이들의 주의를 집중시키는 가장 쉬운 방법이기 때문이다. '사람의 마음을 사로잡는 힘(magnetism)' 혹은 그것을 어떻게 부르든지 간에 그것을 갖는 데 필요한 노력은 비교할 수 없을 만큼 쉬운 일이며, 그렇게 되었을 때 어떤 것도 주의를 흩뜨리지 못한다. 자연스럽게 그리고 지속적으로 아동과 시선을 맞추고, 표정은 아동에게 자연스럽게 반응하고 가르치며, 관계는 즉각적이어야 한다. 아동의 즐거움 못지않게 교사가 편하기 위해서는, 읽는 기법 이상으로 탁월한 스토리텔링 기법이 요구될 수 있다.(Bryant, 1905, pp. xvii-xviii)

판타지 스토리

로맨스, 비극, 코미디, 풍자와 같이 종류가 다른 여러 가지 스토리가 존재한다. 또한 사람, 물건, 동물, 신에 대한 스토리, 실제 삶에 대한 스토리와 상상의 사건에 대한 판타지, 세속적인 스토리와 종교적인 스토리 등도 있다. 수학적 메시지를 전달하는 데 어떤 유형의 스토리를 사용하는지는 그리 중요하지 않다. 오히려 스토리는 아동의 흥미를 붙잡을 수 있는 힘이 있어야 하고, 적절한 방식으로 수학을 아동의 삶에 문맥화시키는 힘이 있어야 하며, 아동이 등장인물의 역할을 하면서 그러한 인물의 수학적인 노력에 관심을 갖도록 하는 힘이 있어야 한다.

'마법사 스토리'는 자연의 신비한 힘에 맞서는 가공의 마법사 2명에 대한 상상의 이야기이다. 다른 종류의 많은 스토리가 수학적 구두 스토리텔링에서 성공적으로 사용되었다. 레이니는 자신의 아들과 딸에 대한 공상과학 스토리를 사용하여 학생들이 뺄셈을 배우는 데 도움이 되었다고 말했다. 로라는 그리스의 비극[4]을 사용하여 3학년 학생들이 곱셈구구를 배우는 데 도움이 되었다고 말했다. 실라와 테리사는 작은 포유동물에 대한 모험 스토리를 사용하여 유치원생들이 기하를 배우는 데 도움이 되었다고 말했다. 메리는 지도 작성 방법을 사용하여 친구를 구한 작은 아이(real children)의 가상적인 이야기를 8학년 학생들에게 들려주었다.

---

4) 고대 그리스의 비극은 기원전 6세기 말에 태동하여 기원전 5세기에 절정에 도달한 문학양식을 말하며, 서사시 형태로 구전되어 내려오던 영웅들과 신들의 이야기를 기원전 8세기경에 호메로스가 일관된 하나의 작품으로 집대성하였다.

이러한 판타지를 듣는 사람은 모두, 자신의 일상적인 세계에서 일어나는 일들과는 약간 (때로는 매우) 다른 상상의 세계에 들어가기 위해서, 객관적인 세계에서 실제로 어떤 일이 발생할지에 대한 자신의 믿음을 버려야 한다. 판타지는 청자의 상상력을 자극하고 그들을 판타지의 세계로 끌어들이며, 스토리와 그것이 접목된 수학은 그들의 주관적인 현실이면서 객관적인 현실의 일부가 된다. 그렇게 함으로써, 청자는 스토리를 일상의 사건과 같이 실제적인 것으로 받아들이며, 지적으로 도전하고자 하는 열정을 갖는다. 스토리 속의 수학은 청자의 일상 세계에서 발생하는 수학과 같이 흥미롭고, 열정적이게 하고, 적절한 것이다. 이것은 청자가 공상의 스토리와 자신이 살고 있는 객관적인 세계를 구분할 수 없게 된다는 것은 아니며, 공상의 스토리와 객관적인 세계 각각에서 아동은 자신의 방식으로 흥미롭고, 열정적이고, 적절한 느낌을 갖게 된다는 것을 의미한다.

수학을 가르치기 위해 판타지를 사용하는 것은 새로운 일이 아니다. 우리가 사용하는 교과서에도 요정 부리츠의 일상(Coombs, Harcourt, Travis & Wannamaker, 1987), 아동들을 《걸리버 여행기》 세계에 입문하도록 하는 단원(Kleiman & Bjork, 1991), 아동에게 익살스럽게 생긴 다른 세계의 생물을 믿도록 하는 비디오(Snyder, 1991), 문제해결을 가르치기 위해 녹음된 음악과 함께 큰 소리로 읽도록 한 공상 과학 소설(Sherrill,1994) 등이 있다. 그러나 수학을 가르치기 위해 판타지를 사용하는 것은 일상적이라기보다는 이례적이다.

사실, 대부분의 사람은 수학적인 활동이 판타지와 거의 관련이 없다고 생각한다. 학교 수학이 아동에게 제시한 모습, 서양 수학의 학문 분야가 사회에 제시한 모습은 한 가지인데, 수학적 활동은 직관, 느낌, 상상, 감정이 전혀 없는 모습으로 표현되며, 판타지나 인간의 '비논리적' 지능과 관련 있는 인간 지능의 모든 측면이 배제된 채로 표현된다는 것이다. 대부분의 사람들은 수학이 근원적으로 분석적인 증명을 포함한 순수한 논리적 학문이라고 생각한다. 얼마나 잘못된 일인가!

수학적 활동에는 적어도 세 가지 다른 측면이 존재한다. 문제와 해법을 찾으려는 활동, 자신이 발견한 것을 증명하고 그것들에 대해 다른 사람과 의사소통하려고 노력하는 것, 수학을 일상적인 문제에 적용하려는 것이다.

문제와 그 해법을 찾으려는 활동은 논리보다는 통찰, 직관과 더 관련이 있다. 그것은 본능적인 느낌, 감정, 상상력이 풍부한 행위, 시각적인 상상력, 활력적인 행위를 포함한다. 다시 말해서, 이전에 개념화되지 않았던 새로운 아이디어를 (원래의 발견자 혹은 나중에 스스로 재발견한 개개인에 의해) 정립시키려는 창의적 활동은 발명과 발견의 직관적이고 상상력이 풍부한 활동을 포함한다. 조화로운 상상력과 직관적인 느낌이 지능과 혼합되면서 통찰은 생겨난다.

일단 수학적 아이디어가 발견되면, 아이디어를 발견한 사람은 그것이 정당한지에 대해 다른 사람과 의사소통하기 위한 방법을 찾으려고 하며, 대개 논리적이고 수학적인 증명을 제시하려고 한다. 19세기의 위대한 수학자였던 앙리 푸앵카레(Henri Poincaré)는 "우리는 논리에 의해 증명하지만, 직관을 통해 발견한다(Poincaré, 1913/1946)"라고 말했다.

실세계 상황에 수학을 적용하는 것은 종종 발견하려는 노력과 증명하려는 노력이 혼합된 결과이다. 여기에는 수학적 구조가 실세계 상황에 얼마나 잘 어울리는지에 대해 통찰을 가지려는 것, 수학적 가능성과 실세계의 한계 사이의 적합성을 세부적이고 논리적으로 이해하려는 것, 그리고 수학적인 절차를 논리적으로 수행하고 그 타당성을 검사하려는 것 등이 포함된다.

수학적인 노력에는 직관과 증명이 모두 포함되며, 판타지와 실제가 모두 포함되고, 주관적인 생각과 객관적인 생각이 모두 포함된다. 수학적인 노력은 종종 직관과 증명, 판타지와 실제, 주관적인 생각과 객관적인 생각을 모두 처리하는 능력이며, 이를 통해 효율적이고 수학적인 탐구가 이루어진다. 판타지, 직관, 상상력은 어떤 일의 개연성을 말하는 반면, 논리, 분석, 증명은 객관적인 실재의 한계를 분명하게 보여준다. 판타지는 수학적인 노력을 하는 데 있어서 매우 실제적인 역할을 한다.(Hadamard, 1945; Root-Bernstein & Root-Bernstein, 1999)

판타지는 수학적인 노력을 하는 데 있어서 중요한 역할을 할 뿐만 아니라, 수학 교수가 이루어지는 동안 아동이 수학을 자신에게 의미 있는 과목으로 인식하여 학습하도록 하는 데도 중요한 역할을 한다.

예를 들어, 도리스는 학생들에게 '마법사 스토리'를 들려주는 동안, 여러 자릿수의 덧셈 알고리즘을 지도하는 데 있어서 마법사에 대한 판타지를 교수와 결합하였다. 한 수준에서 판타지 스토리는 아이들의 흥미를 불러일으키도록 설계되었고, 그래서 학생들은 수학을 배우는 데 열중할 수 있었다. 아이들의 흥미를 자극하고 수학에 열중하도록 하는 것은 수학 교수에 있어서 중요한 요소이다.

다음 수준에서 '마법사 스토리'와 관련된 판타지는 아이들 자신이 등장인물의 역할을 하도록 설계되었고, 그래서 아이들은 등장인물이 행동하는 것처럼 활동할 수 있었다. 시범을 먼저 보이는 것도 중요한 지도 방법이지만, 아동 자신이 등장인물의 역할을 수행한 이후에 실행된 행동을 반복하면서 시범을 보여야 한다. 판타지란, 공상을 하고 자신의 상상력을 이용하려는 사람들의 능력이며, 다른 사람이 노력하는 역할의 모습을 자신이 실행하도록 하며, 다른 사람의 현실을 경험하는 동안 자신의 일상적인 현실에 대한 질서를 이해하도록 한다. 아동 자신의 상상력을 이용하도록 도와줌으로써 아동은 다른 사람의 역할을 수행할 수 있고 그 사람의 수학적 노력을 열정적으로 재현하게 되는데, 이러한 부분이 수학 교수에 있어서 매우 중요한 기능인 것이다.

그러나 상상의 스토리 속에서 아동 자신이 배우의 역할을 수행하려 할 때, 판타지에는 단순히 행동을 반복하도록 하는 것 이상의 위력이 있는데, 왜냐하면 판타지를 통해 아이들은 스토리에 나오는 특정한 등장인물이 된 것처럼 행동하면서 여러 가지를 느끼게 되는 경험을 하게 되기 때문이다. 수학을 학습하는 것에 대한 성취감을 느끼고, 수학을 실행하면서 수학에 대한 강력함을 느끼며, 수학을 사용하여 문제를 해결한 후 생명을 구하는 데 있어서 수학의 효과를 느끼고, 누군가에게 수학을 가르친 후에 자신의 영향력을 느끼게 된다. 아이들이 수학적 위력과 성취감을 느끼는 데 있어서, 판타지는 수학 교수에서 강력한 역할을 한다.

또 다른 수준에서 '마법사 스토리'와 관련된 판타지는 아이들이 자신의 삶과 관련지어 볼 수 있도록 설계하여 수학을 제시했다는 것이다. 스토리는 아동의 실제 생활의 삶과는 매우 다르며, 아동의 일상적인 세계에서 발생하는 한계에 대한 믿음을 중지시킬 수 있고, 다른 세계에 대한 꿈을 통해 수학은 사람들의 삶을 다르게 변화시킬 수 있는 위력이 있다는 생각을 아이들에게 심어줄 수 있다. 판타지와 상상을 통해 아이들은 학습한 수학이 개인적으로도 중요한 세계에 들어가고, 스토리의 등장인물의 삶을 살면서 자신이 처한 환경에서도 결정적으로 중요한 세계에 들어가게 된다. 아이들은 자신의 노력이 결정적으로 중요하다고 느낄 때, 즉 '마법사 스토리'에서처럼 삶과 죽음의 중요한 위치에 있을 때, 자신의 지적인 능력을 총동원하려고 할 것이며, 그러므로 모험에서 성공하기 위해 필요한 수학을 숙달하려 할 것이다. 만약 아동 자신의 수학적 노력이 자기 삶에서 결정적으로 중요하다는 것을 알게 되고, 수학을 숙달하기 위해 자신의 지적 능력을 발휘하려고 한다면, 판타지는 수학 교수에서 결정적으로 중요한 역할을 할 것이다.

문맥 속에 수학을 배치한 스토리

지난 반 세기 동안 수학교육자들은 아이들에게 흥미 있고, 열정을 가지게 하며, 적절한 수학을 만드는 한 가지 방법이 의미 있는 문맥 속에 수학을 배치하는 것(혹은 그것을 '문맥화하기')이라고 믿게 되었다. 그들이 직면한 한 가지 어려움은 '의미 있는 문맥'이 정확히 무엇인지를 결정하는 것이었다.

과거에 많은 수학교육자들은, 특히 교과서를 만든 사람들은 아동을 위해 수학을 문맥화하는 방법이란 아이들의 실제적이고 객관적이며 일상적인 삶과 밀접하게 결부시키는 것이라고 생각하였다.

반대로 도리스는 여러 자릿수의 덧셈 알고리즘을 가르치기 위해 '마법사 스토리'를 사용하면서, 수학을 판타지 스토리로 엮음으로써 아동을 위한 수학을 문맥화하고 있으며, 판타지 스토리는 '흥미를 유발하는 망의 일부'가 되고, 학생들의 삶에 의미를 형성하고 제공하게 된다(Snyder, 1991, p. 7).

흥미를 유발하는 망은 아동의 삶 속에서 실제적 혹은 상상적 사건으로 구성될 수 있으며, 아이들을 집중시키고, 느낌을 자극하고, 흥미를 일으키고, 지력을 자극하고, 상상력을 자극하고, 직관을 고취하고, 삶에서 능동적인 참여를 북돋운다. 아이들이 직면하는 일상적인 실제 사건에서 혹은 아이들의 지력을 자극하는 실제 판타지에서, 그것은 객관적인 현실 또는 주관적인 현실에 근거할 수 있다.

많은 교육학자들은 수학을 **단지** 객관적인 현실로 문맥화하려고 시도하면서 어려움을 겪으며, 수학을 문맥화하는 **유일한** 방법은 아동의 일상적인 실제 세계에서 발생하게 되는 것들과 관련되어야 한다는 믿음을 가지고 있으며, 특히 아이들이 일상생활에서 부딪히는 보통의 사건과 관련된 수학적 문제를 만들기를 고집한다. 그들의 생각에 주목한다면, 특히 아동을 위해 수학을 판타지 스토리로 문맥화해서는 안 된다는 생각에 주목한다면, 문맥화된 수학의 관점에서 두 세트의 문제를 검토해보자.

첫째, 숫자 문제와 문장제를 비교해보자. 두 가지 유형은 모두 수학 교과서에 있는 다양한 숫자 문제와 문장제 중에서 발견할 수 있는 것이다.

> 숫자 문제: 2.67 + 3.50=
>
> 문장제: 메리는 학교로 가는 길에 2.65달러를 발견했다. 그리고 집으로 가는 길에 3.50달러를 발견했다. 메리가 학교로 가는 길에 발견한 금액과 집으로 가는 길에 발견한 금액의 총합은 얼마인가?

숫자 문제는 물리적으로는 대부분의 아이들이 잘 알고 있는 교과서라는 실제 문맥으로 제시된다. 이는 주변의 다른 문제들로 둘러싸여 있으며, 교과서에는 유사한 많은 문제들이 그와 같은 형태로 제시되어 있고, 매일 (수학 수업이나 과제 시간에) 교과서에 있는 문제들이 거의 동시에 같은 장소에서 사용되고 있다. 그러한 문제들은 문맥적으로 아이들의 실제 삶에 기초하고 있다고 말할 수도 있다. 그러나 단순히 아동의 삶에 기초하고 있다고 하는 것이 진정으로 수학을 문맥 속으로 배치한다는 의미는 아니다.

문장제는 숫자 문제와 마찬가지로 아동의 삶에 위치하고 있다고 할 수 있으며, 교과서에 있는 숫자 문제도 학교에서 아동의 삶의 일부라고 할 수 있다. 그러나 숫자 문제와는 대조적으로 문장제는 수학을 아동이 직면하는 실세계의 즐거운 상황의 문맥 속에 배치한다. 즉, 하루의 서로 다른 시간대에 돈을 발견하고, 모두 얼마를 발견했는지를 묻고 있다. 하지만, 수학을 문맥적으로 어떻게 배치할지에 대해 알고 싶을 때, 문장제에 대한 중요한 질문이 제기되어야 한다. 교과서 문맥에 있는 문제를 보면서 아동은 메리를 자신의 상황으로 받아들이겠는가? 아동은 문제를 생생하게 받아들이게 되어서, 자신이 메리가 직면한 수학적 상황에 지적으로 참여하고 싶을 정도로, 문제 속에 줄거리, 등장인물의 전개, 긴장감과 같은 충분히 극적인 요소가 존재하는가? 20개의 수식 문제를 해결하고, 다른 사람이 다른 상황에 있는 유사한 종류의 문장제 6개를 해결한 후, 메리가 자신의 실생활 문맥에서 열정을 가지고 총액을 구하려고 하는 것처럼, 아동이 이러한 실세계 상황의 문제 속으로 들어가서 문제 상황을 즐기려고 할 수 있을 것인가? 문장제가 문맥적으로 인간의 삶과 관련된 실제 세계에 배치되었다는 것은 사실이지만, 숙제의 일부로서 그것을 풀어야 하는 아동에게 그것이 삶 속에 위치한다고 할 수 있을까? 또한 아동에게 지적으로 그리고 상상 속에서 생생하게 받아들일 수 있을 정도로 아동의 삶에 위치한다고 할 수 있을까?

둘째, 탱그램과 관련 있는 두 문제를 비교해보자.

첫 번째 탱그램 문제에서 교사는 학생들 앞에 서 있고, 학생들은 자신의 책상에 앉아 있는 상황을 생각해보자. 교사는 7개 조각으로 이루어진 탱그램 한 세트를 아이들 앞에 각각 나눠주고, "탱그램 7조각을 맞춰서 정사각형을 만들면 쉬러 갈 수 있어요."라고 말했다.

그림 2.1 탱그램 퍼즐과 해법

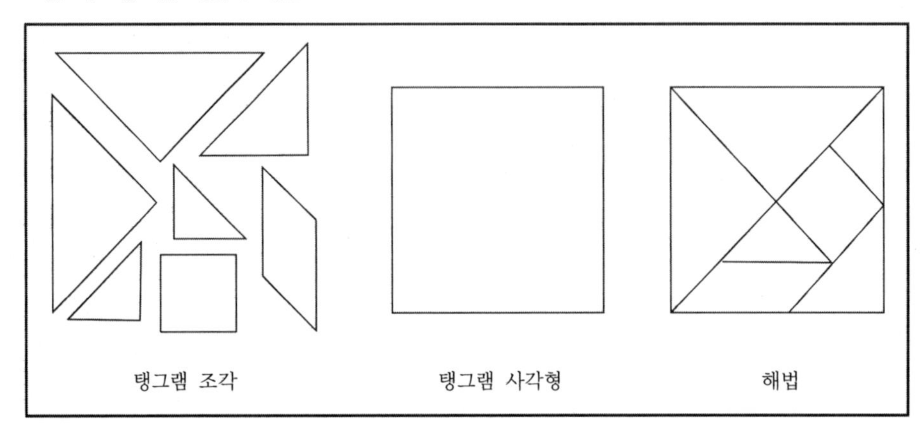

두 번째 탱그램 문제에서 교사는 학생들 앞에 서서 탱이라는 이름의 가난한 도예가에 대한 (가상의) 고대 중국의 이야기를 다음과 같이 구두로 들려주는 상황을 상상해보자.

탱은 고대 중국의 가난한 도예가예요. 그는 너무 가난해서 옷도 한 벌뿐이었고, 하루에 한 끼만 먹을 수 있었으며, 사랑하는 여자와 결혼하기 위해 필요한 돈도 없었어요. 그러나 탱은 아름다운 바닥 타일을 만드는 능력이 있다고 널리 알려져 있었어요.

어느 날 중국 황제는 탱에게 정사각형 모양의 아름다운 바닥 타일을 만들어 오라고 요구했어요. 탱은 만약 그가 만든 타일을 황제가 좋아한다면 명성과 재산을 동시에 얻을 수 있을 거라고 생각하면서 타일을 만들었어요. 만약 탱이 만든 타일을 황제가 좋아한다면, 그는 여러 벌의 셔츠를 가질 수 있을 것이고, 하루에 한 끼 이상을 먹을 수 있을 것이며, 사랑하는 여자와 결혼하기 위해 필요한 돈도 가질 수 있을 거예요.

그가 만든 정사각형 모양의 타일을 황제에게 가져가는 길에, 탱은 타일을 손에서 놓쳐서 떨어뜨렸고, 그것은 땅에 부딪히면서 7조각으로 깨져버렸어요. 탱은 매우 괴로워했는데, 왜냐하면 명성과 재산이 손가락 사이로 빠져나가는 것처럼 보였기 때문이에요. 그는 깨진 타일 조각을 살펴보았는데, 타일 조각이 삼각형, 정사각형, 평행사변형 모양으로 깨져 있다는 것을 알았어요. 탱은 타일을 다시 맞출 수 있을지 고민했어요. 그는 땅에 앉아서 7개의 조각으로 정사각형을 만들려고 노력했어요. 그리고 정사각형을 만들었을 때, 그는 매우 기뻐했어요. 그는 황제가 퍼즐을 좋아한다는 얘기를 들은 적이 있기 때문에, 깨진 정사각형 모양의 타일을 황제에게 가져가서 그것이 정사각형 모양의 특별한 타일 퍼즐이라고 황제에게 말하기로 결심했어요.

황제에게 가는 길에, 탱은 7개의 조각으로 정사각형이 아닌 다른 모양을 만들 수 있는지 궁금했어요. 그는 타일 조각으로 삼각형, 직사각형, 평행사변형을 만들 수 있는지 궁금했어요. 또한 7개의 조각으로 물고기, 고양이, 보트를 만들 수 있는지 궁금했어요. 그가 중국 황제에게 타일 퍼즐을 보여주자, 퍼즐을 좋아했던 황제는 매우 기뻐했어요.

황제는 7개의 조각을 이용해서 만들 수 있는 새로운 모양을 찾아오면, 각각에 대해서 대가를 지불하겠다고 말했어요. 황제는 탱의 이름을 따서 그 퍼즐의 이름을 탱그램이라고 붙였으며, 7개의 조각을 이용해서 만들 수 있는 모양을 수록한 책의 이름을 《탱그램 퍼즐》로 하겠다고 말했어요. 탱의 명성과 재산은 황제(혹은 다른 사람들)가 풀어볼 수 있는 새로운 모양의 퍼즐을 얼마나 많이 만들 수 있는지에 달려 있을 거예요.

수업을 하고 있는 우리가 탱이 새로운 모양의 퍼즐을 만드는 데 도움을 줄 수 있는지 알아보려고 해요. 7개 조각으로 된 탱그램 퍼즐을 여러분에게 각각 나눠줄 거예요.

먼저, 탱이 그랬던 것처럼 7개의 탱그램 조각으로 정사각형을 만들 수 있는지 알아보세요. 정사각형을 만드는 방법이 여러 가지 있나요? 해결 방법을 서로 비교해보세요.

정사각형을 만들고 나면, 조각들이 어떻게 맞춰져 있었는지 기억해보고, 조각들을 섞은 후에, 눈을 감고 정사각형을 다시 만들 수 있을지 생각해보세요. 황제도 그랬답니다. 필요하다면 짝과 함께 해도 돼요.

다음에, 7개의 조각으로 삼각형, 직사각형, 평행사변형을 만들 수 있는지도 알아보세요. 여러분이 모양을 만들었다면 그리고 여러분 주위에 누군가가 도움이 필요하다면, 힌트를 주어도 되지만 모양을 어떻게 만들었는지 보여주면 안 돼요.

여러분이 7개의 탱그램 조각으로 삼각형, 직사각형, 평행사변형을 만들었다면, 탱이 황제를 위해 고양이, 물고기, 보트와 같은 퍼즐을 만든 것처럼, 여러분이 또 다른 퍼즐을 만들 수 있는지 생각해보세요. 탱이 새로운 퍼즐을 많이 만들도록 우리가 도와준다면, 우리는 탱이 명예와 재산을 얻을 수 있도록 도와주는 거예요. 이렇게 되면, 탱은 여러 벌의 셔츠와 여러 벌의 바지를 가질 수 있고, 하루에 한 끼 이상을 먹을 수 있으며, 사랑하는 여자와 결혼하기 위한 돈도 가지게 될 거예요.

이제 여러분 각자에게 탱그램 퍼즐을 나눠줄 거예요. **[교사는 교실에 있는 학생들 각자의 앞에 7조각의 탱그램을 놓았다.]** 이제 작업을 시작하세요. 여러분이 만든 각각의 새로운 모양과 함께, 그 모양에 맞게 조각들을 어떻게 맞췄는지를 그림으로 그리세요. **[이제 교사는 만들어진 탱그램 퍼즐에 대해서 해법을 어떻게 그려야 하는지를 시범으로 보여주었다.]** 오늘 밤 숙제로 계속 찾아보고, 내일 수업에서 여러분이 만든 것을 공유한 다음, 우리 반의 탱그램 퍼즐 책을 만들 거예요. 내일 탱과 그의 퍼즐에 대해서 여러분에게 더 들려줄 거예요. 여러분이 작업할 때는 여러분의 작품과 생각을 서로서로 공유하도록 하세요.

첫 번째 문제에서도 수학을 맥락화하였다고 말할 수는 있다. 그 이유는 물리적인 조작물은 수학적 문제에 대한 실세계 문맥을 제공하고 있다고 믿어지기 때문이며, 아동은 **실제적**인 수학적 조작물에 대하여 **실제적인** 행동을 실행하고 있기 때문이다. 또한 아동은 문제를 해결한 것에 대한 매우 확실한 보상(휴식을 취할 권리)을 받을 것이기 때문이다. 탱그램 문제는 아동의 일상생활에 기초하고 있으며, 아동은 흥미를 느끼고 싶어 하고 그 문제를 열정적으로 해결하고 싶어 하며, 휴식을 취하고자 하는 아동의 능력에도 확실히 적절하다. 그러나 그 문제는 아동의 지적인 삶을 형성하는 데 필요한 어떠한 '흥미를 지속시키는 망'과는 유리되어 있다.

(판타지 스토리 속에 나타난) 두 번째 탱그램 문제는 수학을 실세계 맥락에 배치하는 데 있어서 첫 번째 탱그램 문제와는 여러 방식에서 다르다. 첫째, 두 번째 탱그램 문제와 그에 수반되는 스토리를 완성하기까지 며칠이 걸리는 반면, 첫 번째 탱그램 문제는 앉은 자리에서 해결하게 될 것이다. 두 번째 문제를 해결하기 위해 더 긴 시간을 거치면서, 아동은 더 많이 꿈을 꾸고, 상상하고, 아이디어를 공유하게 되며, 탱에게 무슨 일이 일어날지 그리고 탱그램 조각을 맞추는 다른 방법이 있는지에 대하여 공상하게 될 것이다. 둘째, 두 번째 탱그램 문제에서는 아동이 문제를 시작하는 데 있어서 실제적이고 드라마틱한 요소가 존재하며, 문제를 통해 아동의 삶을 형성하는 데 필요한 '흥미를 지속시키는 망'으로 연결된다. 다음 회의 스토리에서는 탱에게 무슨 일이 벌어질지, 얼마나 많은 탱그램 작품이 만들어질지, 자신과 동료들이 얼마나 놀라운 작품을 만들게 될지, 그리고 그들이 탐구한 노력의 결과가 탱의 명성과 재산에 얼마나 도움이 될지 등에 대한 요소와 연결된다. 셋째, 두 번째 탱그램 문제에서 아동은 자신의 작업을 서로 공유하게 되고 서로를 돕는 반면, 첫 번째 탱그램 문제에서는 아동은 혼자서 작업을 하게 된다. 함께 작업하고 서로의 작업을 공유하면서, 아동은 개별적으로 의미를 구성할 뿐만 아니라 사회적으로 의미를 구성하는 데에도 참여하게 된다. 사회적으로 의미를 구성하는 것은 혼자서 할 때보다는 더 넓은 범위의 지적인 노력과 지식의 기초로 연결되도록 하며, 아동의 삶을 형성하는 데 필요한 '흥미를 지속시키는 망'과의 연결성 및 동료애를 더하게 된다. 이것은 특히 학급의 전체 학생들이 참여하여 탱그램 퍼즐 책을 만드는 활동에서도 볼 수 있다. 넷째, 두 번째 탱그램 문제에서 아동은 탱을 도우려고 하는 판타지 스토리 문맥에서 수학적 과제를 수행하게 되는 반면, 첫 번째 탱그램 문제에서 아동은 단지 보상(과제와 관련이 없는 보상)을 받기 위한 목적으로 정사각형을 만들려고 노력할 뿐이다. 두 번째 스토리는 수학을 아동의 판타지 삶과 연결시키며, 탱이 겪은 곤란한 상황에 아동 자신이 있다고 생각하게 되고, 그렇게 함으로써 기하 문제를 자신의 삶을 형성하는 '흥미를 지속시키는 망'과 엮게 된다. 다섯째, 두 번째 탱그램 문제는 첫 번째보다는 더 창조적인 사고를 유발하도록 한다. (이미 생각한 모양 하나를 반복하는 것과 비교하여, 만들어질 수 있는 새로운 모양을 찾는 활동을 통해) 보다 창조적인 사고를 하면서, 두 번째 문제를 통해 학생들은 보다 지적인 자극을 받을 수 있는 가능성을 제공받게 되며, 주관적인 관점에서 아동은 자신이 만들 모양에 대한 판타지(강 아래로 떠내려가는 돛배)를 갖게 되고, 객관적인 관점에서 아동은 수학적인 기능(부분-전체에 대한 기능으로, 상상 속에서 기하학적 모양의 회전 및 밀기 등의 기능, 마음속으로 기하학적 이미지를 떠올리는 기능, 기하학적 작품을 그리는 기능)을 계발하게 된다.

탱그램 문제 두 가지는 모두 실세계 문제라고 할 수 있는데, 왜냐하면 두 문제 모두 아동이 기하학적 문제에 대한 해법을 찾기 위해 수학적인 자료를 조작함으로써 능동적으로 참여하도록 하기 때문이다. 그러나 두 번째 문제는 삶의 의미를 담고 있는데, 단지 그것이 실세계 문제이기 때문만이 아니라 아동의 판타지 삶도 활용하기 때문이며, 아동은 (상상 속의) 다른 사람의 삶의 결과에 대해 결정을 해야 하고, 개별적인 의미뿐만 아니라 사회적인 의미를 구성하는 데 있어서 아동 자신이 참여자로서 역할을 하게 되고, 또한 두 번째 문제에는 줄거리, 등장인물의 전개와 같은 극적인 요소에 대한 가능성이 있으며, 문제 속으로 들어가기 위한 기대감이 있다.

아이들에게 유의미한 문맥 속으로 수학을 배치하는 방법을 찾는 문제는 교육학자에게 중요한 일이다. 과거에는 수학을 문맥화하는 최선의 방법은 수학을 객관적인 현실 속에 두고 아이들의 일상생활 속에서 발생하는 것들과 연관 짓는 것이라고 많은 교육학자들이 생각했다. 이 가정에는 문제점이 있다. 그 문제점은 아이들을 둘러싸고 있는 객관적인 현실이 아이들의 마음속에 있는 주관적인 현실과 직접적으로 일치한다고 가정할 수 없다는 점이다.

수학을 맥락화하는 문제는 수학을 단순히 아이들의 물리적 환경에 배치하는 것이 아니다. 단순히 그렇게 한다면, 아이들과 함께 같은 공간에 앉아서 책을 덮고 읽지 않는 것 이상으로 아이들에게 의미를 주기 어려울 것이다. 오히려 수학을 맥락화하는 문제는 아이들의 의식 속에 수학을 배치하는 것이며, 아이들의 관심을 집중시키고, 아이들의 흥미를 유발시키고, 아이들의 감정을 자극하고, 아이들의 지성을 자극하고, 활동적으로 수학에 참여하도록 격려하는 것이다. 아이들의 마음속에 수학을 어떻게 배치할 것인가는 아이들에게 생생한 것이 되도록 하는 방식이어야 하며, 아이들에게 의미가 있는 방식이어야 하고, 아이들의 삶에서 무엇이 중요한지에 대한 자신의 관점에 영향을 주는 방식이어야 한다.

'마법사 스토리'와 같은 구두로 전달된 수학 스토리의 한 가지 목표는 이러한 방식으로 수학이 아이들에게 의미 있도록 만드는 것이다. 구두 판타지 스토리는 그렇게 하는 여러 가지 방법 중의 한 가지일 뿐이지만, 부분적으로는 수학적 문맥화에 대한 교육학자들의 잘못된 가정 때문에 과거의 교육학자들이 그 중요성을 간과하거나 회피했던 것이다.

서사적 스토리

스토리가 제시되는 시간의 길이는 매우 다를 수 있다. 스토리의 한 가지 형태인 대부분의 농담들은 단지 몇 초 만에 말할 수도 있다. 《일리아드(*Iliad*)》나 《라마야나(*Ramayana*)》와 같은 또 다른 스토리는 정상적으로 말하는 데 오랜 시간이 걸린다.

도리스가 '마법사 스토리'를 말하는 데는 5일에서 8일 정도 걸리며, 학생들의 과제 수행 속도, 학생들의 필요에 따른 보충 학습의 양, 언어 수업을 수학 수업과 얼마나 통합하는가에 따라 달라진다. 반대로 수학 교과서에 있는 전형적인 스토리인 문장제는 읽는 데 몇 초밖에 걸리지 않는다.

말하는 데 오랜 시간이 걸리는 판타지 스토리에 수학을 접목시킨 사람은, 수학적 구두 서사 스토리텔러 외에도 많다. 《*Journey to the Other Side*》(Sherrill, 1994)는 문제해결을 포함한 판타지로서, 중학교 학생들이 읽을 수 있도록 설계되었고, 27차시 분량으로 교사가 저술한 책이다. 《이야기로 아주 쉽게 배우는 대수학(*Algebra the Easy Way*)》(더글라스 다우닝 지음, 이정국 옮김, 이지북, 2008)은 미스터리 소설로서, 20개의 장으로 이루어져 있고, 대수학 I을 개관하면서 독자가 해결해야 할 문제를 포함하고 있다. 《*Exploration* 2》(Coombs, Harcourt, Travis, & Wannamaker, 1987)는 2학년 교과서로서, 요정 부리츠 집단이 수학을 사용하여 어떻게 사회를 건설하는지에 대한 이야기를 담고 있다. 그 책은 각 단원의 도입부에 읽을 수 있는 12개의 판타지 에피소드를 담고 있다.

도리스와 서사 스토리의 또 다른 화자들은 2차시 분량 이상의 서사 스토리에는 특별한 무엇인가가 있다고 말한다. 스토리의 일부만 들은 후 학생들은 다음 시간이 되었을 때, "오늘 수학 시간에는 무슨 일이 발생하나요?"라고 종종 물었다. 학생들이 스토리 에피소드들 사이에서 수학에 대한 꿈을 자주 꾸었다고도 말했다. 짧은 수학 스토리 이상으로 서사 스토리에는 학생들의 지능, 감정, 기억, 호기심, 상상력을 끌어오는 힘이 있다고 말한다. 나는 어떤 협의회에서 한 교사에게 분수를 사용하는 초능력을 가진 영웅에 대한 4차시 분량의 서사 스토리 내용 중 처음 2차시 분량의 내용을 주었고, 그 교사는 학생들에게 그것을 시도해보기로 결정했다. 얼마 지나지 않아서, 다음 2차시 분량을 요구하는 이메일을 받았는데, 학생들이 다음 스토리에서 일어날 일에 대해 간절히 알고 싶어 한다는 것이었다.

학생들의 흥미를 붙잡을 수 있는 구두 스토리가 며칠간 지속되면, 종종 예측하지 못한 효과가 발생한다.

한 가지 효과는 스토리텔링 수업 시간 사이에 아이들은 스토리와 수학에 대해서 자주 생각하게 되고, 그렇게 하면서 스토리와 수학에 더 많이 투자하게 된다는 점이다. 수업 시간 사이에 아이들은 종종 동료와 스토리에 대해 토론하고, 그들이 들었던 일부 스토리에 대하여 서로 다시 말하거나 몸짓을 섞어가며 이야기하고, 스토리 속의 수학을 실행하기 위한 더 효율적이고 더 나은 방법에 대해 토론하고, 주인공을 돕기 위해 수학을 실행할 때 발생하게 되는 오류에 대해 서로에게 주의를 주고, 다음 스토리에서 무슨 일이 일어날지에 대해서 추측하게 된다. 또한 수업 시간 사이에 학생들은 종종 스토리에 대해서 개별적으로 숙고하게 된다. 그들은 스토리 속의 사건에 대해 그림을 그리고, 일부 이야기를 자신에게 다시 말하고, 스토리에 대해 꿈을 꾼다. 그러한 과정에서 아이들은 스토리와 수학에 더 많은 투자를 하게 되며, 스토리와 수학은 아동 자신의 판타지 삶에서 점차로 더 생생하게 된다. 이에 대한 몇 가지 결과로서 아이들은 더 많은 지력을 스토리와 수학에 들이는 노력에 투자하게 되고, 스토리 속의 수학을 더 빨리 배우고 더 오래 기억하며, 스토리 속의 수학을 스토리 속의 사건과 결부시키게 되면서 아이들이 어떤 수학적 내용을 잊었을 때 관련된 스토리 사건을 회상하면서 수학적 내용을 더 쉽게 기억해내고, 애정을 가지고 수학을 기억하면서 수학에 대한 긍정적인 감정을 갖게 된다. 아이들의 상상력을 활발하게 하기 좋은 서사적이고 수학적인 시간을 제공하라. 그러한 시간은 종종 학생들에게 생생하게 다가오며, 이러한 현상은 앉은 자리에서 들려준(혹은 읽어준) 스토리에서는 볼 수 없는 일이다.

짧은 스토리가 아닌, 말하는 데 여러 날(혹은 여러 주)이 걸리는 서사 스토리의 또 다른 효과는 등장인물의 묘사, 줄거리, 이야기 전개에 대한 긴장감과 같은 문학적 요소에 대해 충분한 시간을 제공한다는 점이다. 극적인 요소에 이르기까지 시간이 별로 걸리지 않는 스토리에 비해서 극적인 요소가 충분히 개발된 스토리는 아이들에게 보다 풍부한 학습 경험을 제공한다. 보다 풍부한 스토리를 통해, 아이들은 종종 어렵지 않게 수학에 생생하게 다가갈 수 있으며, 아이들 자신이 등장인물들의 수학적 노력을 대신하는 데도 어려움이 없다.

서사 스토리의 또 다른 효과로는, 교사는 단일한 스토리 속에 여러 가지 관련된 사실이나 알고리즘을 배치할 수 있으며, 아이들은 스토리의 문맥에서 수학을 충분히 경험하고 연습할 수 있게 된다는 점이다. 이렇게 하여 아이들은 수학을 배우고 기억하게 된다. 만약 잊어버리더라도 감동적인 스토리를 회상하면서 보다 쉽게 재구성할 수 있다. '마법사 스토리'에서 도리스는 학생들에게 필요하다고 생각되는 내용을 스토리 속에서 반복적으로 설명하고 있으며, 그래서 학생들은 그 내용을 반복해서 들을 수 있었다.

서사 스토리의 또 다른 효과는, 시간이 지남에 따라 점점 더 복잡해지는 수학적 경험들을 어떻게 배열할 것인가와 관련이 있다. 서사적 모험과 그와 관련된 수학을 주의 깊게 배열함으로써, 제시되는 수학 문제의 복잡성 수준을 점차 높일 수 있으며, 독자는 구체적인 것에서 출발하여 추상적인 수학적 표현으로 나아갈 수 있고, 상호 관련성을 지닌 복잡한 계열의 알고리즘을 제공할 수 있으며, 아이들이 학습해야 할 다양한 세부 전략(혹은 단일한 개념들)을 개별적으로 학습하고 나서 그것들을 함께 짜 맞추어서 전체적인 과정(혹은 복잡한 내용물)을 형성하도록 할 수 있다. 서사 스토리의 장점은 아이들에게 스토리와 수학적 모델을 소개하여, 일련의 모험을 통해 복잡한 수학적 이해나 능력에 점진적으로 다가가게 할 수 있다는 점이며, 수학적 서사 스토리는 짧은 스토리나 스토리 문제와는 차별화된다는 것이다. [표 2.1]은 '마법사 스토리'의 수업에서 강조되는 몇 가지 역학 관계들을 간략히 보여주고 있다. 스토리가 진행됨에 따라 목표, 언어 수준, 자릿값 심상, 이해 수준 전체가 어떻게 개발되는지에 주목하라. (이러한 요소들은 뒤에서 다시 논의될 것이다.)

수학적 구두 서사 스토리는 오랫동안 지속되었던 다른 수학적 활동에 도전할 뿐만 아니라 수학 수업은 앉은 자리에서 스스로 익혀야 하는 독립된 실체가 되어야 한다는 일반화된 현재의 가정에도 심각하게 도전하는 것이다.

요약하면, 이번 장에서는 수학적인 구두 서사 스토리텔링의 핵심적인 여러 요소들을 조사하였으며, 아동의 삶에서 스토리의 중요성, 구두로 제시된 스토리의 위력, 스토리와 아동의 삶 속에 나타난 판타지의 역할, 스토리가 수학을 어떻게 맥락화하는지, 그리고 여러 날에 걸친 수학 학습 경험의 효과 등을 조사하였다.

표 2.1 '마법사 스토리'의 교수학적 구성 요소에 대한 개요

일 (day)	스토리 목표	학생들의 주요 표현 양식	학생들의 역할	교육 자료	언어 수준	자릿값 심상	모둠 활동	이해 수준
1	• 스토리 단계 설정 • 조작물을 사용하여 직관적으로 덧셈을 제시	• 활동하기와 말로 표현하기를 동시에 하기 • 노래하기 • 반성→말하기→듣기→토론	• 스토리텔러 따라하기와 서로를 모니터링하기 • 현재와 과거의 신념 반성하기	• 불도저, 십진블록, 자릿값 차트	• 구체적 표현 (긴 막대)	• 연속적이고 구조적인 조작물(평평한 돌, 긴 막대, 정육면체)	• 전체 듣기 • 짝 활동과 반성 • 전체 토론	• 직관적 절차
2	• 쓰는 것과 말로 표현하는 것을 구분하고, 각각을 명확하게 하기	• 활동하기와 말로 표현하기를 분리하기 • 노래하기 • 반성→말하기→듣기→토론	• 스토리텔러 따라하기와 서로를 모니터링하기 • 덧셈에 대한 신념 반성하기	• 불도저, 십진블록, 자릿값 차트	• 구체적 표현 (긴 막대)	• 연속적이고 구조적인 조작물(평평한 돌, 긴 막대, 정육면체)	• 짝 듣기, 활동, 반성 • 전체 토론	• 직관적 절차 • 직관적 개념
3	• 덧셈을 하는 동안 쓰기 활동 도입	• 활동하기, 쓰기, 말로 표현하기 • 노래하기 • 반성→말하기→듣기→토론	• 스토리텔러 따라하기와 서로를 모니터링하기 • 서로 가르치기 • 덧셈에 대한 신념 반성하기	• 불도저, 십진블록, 자릿값 차트, 쓰기 판	• 구체적이고 수학적 (십 블록)	• 연속적이고 구조적인 조작물 • 숫자를 말하기와 쓰기	• 3명씩 모둠을 만들어서 듣기, 활동, 반성 • 전체 토론	• 말로 표현하는 절차 • 직관적 개념 • 직관적 관계

표 2.1 '마법사 스토리'의 교수학적 구성 요소에 대한 개요(계속)

일 (day)	스토리 목표	학생들의 주요 표현 양식	학생들의 역할	교육 자료	언어 수준	자릿값 심상	모둠 활동	이해 수준
4	• 쓰기, 말하기를 직관적인 행동과 구분하기 • 실세계 사건과 관련 짓기	• 말로 표현하기와 쓰기 • 노래하기 • 반성→말하기→듣기→토론	• 스토리텔러 따라하기와 서로를 모니터링하기 • 서로 가르치기 • 덧셈에 대한 신념 반성하기	• 쓰기 판, 실세계 그래프	• 상징적	• 이산적이고 시각적이며 구조적 • 숫자를 말하기와 쓰기	• 짝 듣기, 활동, 반성 • 전체 토론	• 말로 표현하는 절차 • 말로 표현하는 개념 • 말로 표현하는 관계
5	• 덧셈 작업을 일반화하기	• 말로 표현하기와 쓰기→쓰기만 하기 • 노래하기 • 반성→말하기→듣기→토론	• 스토리텔러 따라하기와 서로를 모니터링하기 • 서로 가르치기 • 덧셈에 대한 신념 반성하기	• 쓰기판, 실세계 그래프→자료 제공하지 않음	• 상징적	• 이산적이고 시각적이며 구조적 • 이산적이고 시각적이며 비례하지 않은 • 숫자	• 짝 듣기, 활동→개별 활동→다양한 크기의 모둠 토론	• 말로 표현하는 절차 • 말로 표현하는 개념 • 말로 표현하는 관계

Chapter 03

수학적 서사 스토리텔링

교사, 학생, 수학 간의 구조적 관계

이틀을 연이어서 4학년 교실을 관찰하였다.

월요일 오전 10시, 교사는 교실 앞에 서서 수학 수업을 하고 있으며, 학생들에게 질문에 답하도록 하면서 강의하는 교수법 형태의 수업이다. 수업은 조용하고 질서정연하지만, 학생들 중 절반 이상은 생각이 다른 곳에 있다. 몇몇 학생들은 헛된 공상에 빠져 있다. 몇몇은 옆 친구를 쿡쿡 찌르며 사소한 농담을 한다. 몇몇은 구부정한 자세로 책상에 앉아 교사가 말하도록 하는 것을 따라하고 있다. 몇몇 학생들만이 바른 자세로 앉아 교사에게 집중한다. 교실에서는 학생들을 하나로 이어주는 응집력을 거의 찾아볼 수 없는 것 같다.

화요일 오전 10시, 같은 교실을 관찰한다. 교사는 또다시 교실 앞에 서서 수학 수업을 하고 있다. 그러나 이번에는 교사가 구두 스토리를 들려준다. 모든 학생들은 자신들의 책상 앞에 바짝 기대어 선생님에게 시선을 고정하고 있다. 교사가 교실 한쪽으로 움직이자 모든 학생들이 하나의 통일체인 것처럼 일제히 그 방향으로 몸을 돌린다. 교사가 다시 교실 중앙으로 오자, 반 전체 학생들이 모두 교실 중앙으로 다시 몸을 움직이는 것처럼 보인다. 교사와 학생들이 수업에 너무 몰두하여 마치 모두가 하나의 유기체가 되어 함께 움직이는 것처럼 보인다.

한 교사와 25명의 학생으로 구성된 이 교실의 두 가지 사례 관찰은 수업하는 동안 교사, 학생, 수학이 구조적으로 어떻게 관련될 수 있는지에 대한 두 가지 매우 다른 견해를 보여준다. 이 장에서는 서사적 스토리텔링 중에 일어나는 이러한 관련성(relationship)의 본질을 살펴보고자 한다. 부분적으로는 수학적 스토리텔링과 보다 전통적인 교수법을 비교하는 것을 통해 그 작업을 하게 될 것이다.

보다 전통적인 미국 교실에서는, 교사, 학생, 수학이 서로 상호작용하는 방법을 정의하는 교수 모형을 보게 되는데, 이는 지식이 많은 교사가 교과서에 있는 추상적, 일반적, 객관적인 수학적 사실을 학생에게 전달하는 것으로 특징지을 수 있다. 이러한 모형에서 수학적 지식은 보통 책 속에 축적된 비인격적이고(impersonal), 논리적으로 조직되고, 객관적인 형태로 학습자와 교사 바깥에 존재하는 것처럼 보인다. 교사는 주로 이러한 비인격적인 사실의 전달자, 학생들의 지적영역에 사실들을 운반해주는 자 또는 학생들이 수학적 기술을 잘 수행하도록 생각을 훈련시키는 트레이너로서 역할을 하는 것으로 보인다. 교사의 위치는 노골적으로 말하자면 수학과 학생 모두와 단절된 중개인의 입장인 것이다.

지금부터 교사, 학생, 수학적 내용 사이의 관련성이 서사 구두 스토리텔링이 이루어지는 동안 어떻게 작용하는지에 대해 살펴보자.

교사-학생 관계

구두 스토리를 말하고 듣는 공동의 노력을 하면서 교사와 학생이 의미를 간주관적으로 공유하는 것은, 보다 전통적인 수학 수업에서 교사가 학생에게 객관적인 정보를 전달하는 것과는 매우 다르다. 그 결과 초래되는 교사와 학생 사이의 관계 역시 매우 다르다.

'마법사 스토리'와 같은 구두 스토리를 들려주는 동안, 스토리텔러는 주관적 의미와 객관적 의미, 정서적 메시지와 인지적 메시지 모두를 담고 있는 개인적인 판타지를 공유할 수 있도록 학생들을 자신의 이야기로 끌어들인다. 그들은 어떤 사람이 좋은 소식이나 비밀을 공유하는 것처럼 스토리를 공유한다. 그들은 메시지의 내용과 그 메시지에 대한 개인적인 느낌까지도 공유한다.

스토리텔러와 청자 모두 함께 모험을 하며 여행하는 것처럼 구두 스토리 가운데 서 있게 된다. 그들은 정보의 전달자와 수신자라기보다는 모험 속의 리더와 따르는 자로서 보다 많은 상호작용을 한다. 예를 들어, 도리스와 그녀의 학생들은 (도리스가 길을 이끌면서) 동반자로서 서로 함께하여, 그들 스스로 '마법사 스토리'에 들어가서 모험을 하며 팅커벨과 그녀의 친구들을 도와준다.

스토리텔러와 청자 모두 하나의 스토리를 구성해나갈 때, 상호 보완적인 역할을 하게 된다. 스토리텔러는 스스로 스토리를 구성하고 그것을 청자들과 공유한다. 청자들은 스토리텔러가 제시한 것을 받고 자신의 의식적, 무의식적 사고 내에서 스스로 판타지를 재구성하면서 이야기의 모험 속에서 스토리텔러와 함께하게 된다. 스토리텔러와 청자들은 이 세상에 속한 믿음을 잠시 보류하고, 판타지의 세계로 함께 들어간다.

구두 스토리가 진행되는 동안, 청자들은 스토리텔러로부터 수동적으로 정보를 받아들이지 않는다. 청자들은 자신의 마음속에서 스스로 이야기를 재구성하여 의미를 부여할 뿐만 아니라, 마법의 손뼉치기, 노래 부르기, 질문에 대답하기, 그리고 불도저, 앵무새, 고릴라와 같은 역할을 흉내냄으로써 스토리텔러가 스토리를 펼쳐나가는 것을 돕는다. 스토리를 구성하는 데에 참여하는 것뿐만 아니라, 그들 스스로 (판타지 속에) 자신을 투영하면서 스토리 속 인물과 하나가 된다. 모험을 하는 동안, 교사, 학생, 그리고 스토리 속 인물들은 서로를 알게 되고, 함께 모험을 하고, 서로 배우고 가르쳐주면서, 주관적이고 객관적인 여러 가지 의미들을 공유하게 된다. 이렇게 함으로써 교사와 학생 사이 그리고 상대적으로 경험이 많은 리더와 경험이 적은 따르는 자 사이에 친밀감과 믿음이 자라게 된다.

비교해보자면, 전통적인 수학 수업에서는 교사와 학생 사이에 더 형식적이고 비인격적인 관계가 존재한다. 그러한 관계는 적어도 세 가지 이유 때문에 존재한다. 첫째, 교사로부터 학생에게 전달된 지식은 교사나 학생들이나 인격적인 관심을 가지지 않는, 주로 비인격적이고 논리적이고 객관적인 정보이다. 둘째, 그들의 관계는 지식을 가진 우수한 사람과 지식이 부족한 열등한 사람 사이의 관계이다. 교사와 학생들은 그들 앞에 놓인 위험을 무릅쓰고 함께 모험을 해나가지 않는다. 오히려 교사가 매력적인 아이템(지식)을 가지고 있으며, 그 아이템을 그것이 결여된 학생들에게 전해줄 필요가 있는 것이다. 그 관계는 모험이라는 같은 처지에 함께 서서 서로에게 도움을 주는 관계라기보다, 정보의 극단에서 주는 자와 받는 자의 관계이다. 셋째, 교사와 학생들을 연결 짓는 강의와 시험이라는 교수학적 수단에 의해, 그들이 부딪치는 모험을 함께 경험하기보다, 서로 상반된 입장에서 교수학적 수고를 하는 입장에 놓이게 된다.

구두 스토리텔링이 이루어지는 동안 교사와 학생 사이에서 계발되는 보다 인격적인 (personal) 관계는, 전통적인 수업에서 교사와 학생 사이에 존재하는 'I-you' 관계와 비교하여 'I-thou'[1] 관계로 설명할 수 있을 것이다. 'I-thou' 관계와 'I-you' 관계의 차이는, 프

1) 우리가 하느님을 지칭하는 방식을 관찰해보면 기도 삶의 성장 양식을 볼 수 있다. 예를 들면, 하느님을 '그분(he)'이라고 부르는 것은 어쩐지 하느님이 바로 근처에 혹은 옆방에 계신 것 같은 느낌을 주며 하느님의 존재는 믿지만 직접 인격적으로 체험은 하지 못한 분이란 느낌을 준다. 그러나 하느님이 '그대(thou, you의 고어로 극존칭)'가 될 때 그 관계는 인격적인 것이 된다. 내가 어떤 사람을 맞대면할 때는 그 사람을 '그대'라고 한다. 만약 하느님이 '그대'라면 그 관계는 인격적이긴 하지만 종과 주인과의 관계이다. 만약 하느님을 '당신(you)'이라고 한다면 동등한 관계로 친구로서 얼굴을 맞대고 서 있는 것과

랑스어 대명사 'tu'가 'vous'에 비해 더 인격적이고 친숙하고 다정한 표현방식으로 사용되는 것을 통해 설명될 수 있다. 'I-thou' 관계를 가진 사람들은 보다 인격적인 방식으로 감정, 생각, 인식을 공유하는 반면, 'I-you' 관계를 가진 사람들에게는 객관적인 정보가 그들 사이에 주고받는 주요 아이템이다. 'I-thou' 관계에서는 사람들의 생각과 감정이 교감되지만, 'I-you' 관계에서는 한 개인으로부터 다른 이에게로 지적 자본이 더 형식적으로 전달될 뿐이다.

이와 같이 교사와 학생들 사이의 간주관적인 의미의 공유는 교사가 이야기를 들려주는 동안 일어날 뿐만 아니라, 학생들이 모둠으로 (수학적, 사회적) 문제를 해결하고 교사가 학생들 사이를 돌아다니며 모니터링하고 도움을 주는 동안에도 일어난다.

학생-학생 관계

학생들은 혼자서 스토리를 듣지 않는다. 그들은 협력하는 집단의 구성원으로서 듣는다. 이것은 다음과 같은 의문을 제기한다. "어떻게 이 그룹의 학생들은 전통적인 수학교실 내에서 발견된 다음과 같은 타입의 집단과 다르게 협력적으로 구두 스토리를 듣는가?". 여기서 말하는 집단이란, 교사가 독백하듯이 강의하는 내용을 개개인이 듣는 학생 집단, 조정자의 역할을 하는 교사와 학생들이 의견을 주고받으면서 토론하는 집단, 학생들이 혼자 공부하는 방식으로 학습지를 하는 집단, 또는 아동도서 본문의 내용을 교사가 독백하듯이 그대로 옮겨 말하면서 전달하고, 많은 학생들은 그 내용을 듣기만 해야 하는 집단이다.

한 가지 차이점은 학생들이 함께 스토리의 의미를 협력적으로 구성해나가고, 스토리 속에서 함께 행동하며, 주관적이고 객관적인 의미를 서로가 공유한다는 것이다. 공동 모험에서 '동료집단으로서 함께하는 것'은 과제를 혼자 해결하는 '많은 독립된 개개인들 중 한 사람으로 있는 것'과는 매우 다르다. 이와 같이 협력하는 그룹으로 구성된 학생들 사이의 관계성이 어떻게 다른지 알아보기 위해 두 가지 주제를 연구하고자 한다. 첫 번째 주제는

같은 관계이다. 왜 사람들이 '그대'를 선호하는 것일까? 구약에서 '그대'는 주인과 종의 관계를 나타내었다. 이것은 상호 간의 책임과 의무라는 규정된 관계를 의미한다. 우리가 '해야만 하는 것' 그 이상을 할 때까지는 친구라는 이야기를 시작할 수조차 없다. 우리는 단지 종일뿐이다. 하느님을 '그대'라고 칭하는 것은 더 공식적인 인격적 관계를 갖게 하지만 친구 관계라는 면에서는 '당신'이라는 표현이 더 나을 것으로 생각한다. 어떤 사람을 '당신' 또는 '사랑하는 이'라고 부르는 것은 열매를 맺어 성숙해졌으며 완전한 자기 내어주기의 수준에 도달한 것이라고 볼 수 있다.

스토리텔링이 교실의 독특한 수학 문화 형성을 촉진하는가 하는 것이다. 두 번째 주제는 스토리텔링이 이루어지는 상황 속에서 공동 학습 환경은 학생들이 지식을 습득하고 의미를 구성하는 데에 어떻게 도움을 주는가 하는 것이다.

문화 형성

수학을 가르치는 모든 교실에는 일련의 규칙과 규율, 교수학적 리듬, 학생과 교사의 역할, 신화, 전통, 가치, 학생과 교사들의 기대, 그리고 의사소통 양식이 있다. 이 모든 것들이 함께 교실의 수학 문화를 만든다. 전통적인 교실 대부분의 수학 문화는 상당히 획일적이어서 보통의 관찰자는 매사추세츠의 3학년 교실과 캘리포니아의 3학년 교실을 둘러보고 차이점을 거의 알아채지 못한다.

서사 구두 스토리텔링을 하는 동안 발생하는 예기치 않은 것들 중 하나는 (교사가 지도하고 있는) 학생 그룹이 여느 교실과는 매우 다른 독특한 수학 문화를 형성한다는 점이다. 이러한 문화는 독자적인 특수 언어, 영웅, 신화, 전통, 지식, 상징, 가치, 의사소통 양식과 같은 것들을 포함한다. 놀랍게도, 이러한 독특한 문화는 상당히 빠르게 확립될 수 있고 학생들이 상호작용하고 배우는 데 엄청난 영향력을 행사할 수 있다.

예를 들자면 '마법사 스토리'를 들은 도리스의 교실에서 나타난 몇 가지 독특한 요소들을 살펴보자. '마법사 스토리'가 끝날 때까지, 학생들은 덧셈을 할 때 "삐, 삐, 삐" 소리를 입 밖에 내는 버릇이 생겼다. 이들 모두는 이것이 일단 '교환'이 이루어지면 불도저가 뒤를 돌아 10, 100, 1000을 다음 자릿수로 '옮기는' 과정을 뜻한다는 것을 알았다. 학생들은 그해 내내 이러한 "삐, 삐, 삐" 소리를 계속 읊조렸고, 모두가 그것을 수용하였으며 그 의미를 정확히 이해했다. 이는 마치 교사가 질문을 한 뒤 학생들이 손을 드는 것이 무엇을 의미하는지 아는 것과 같았다.

도리스의 교실에서 학생들은 때때로 서로에게 이렇게 말하였다. "넌 돌이 되고 말 거야." 모두들 이 말이 무슨 뜻인지 이해하였다. 이것은 누군가가 수학적 오류를 범했다는 경고였다. 비슷하게, 도리스 교실의 모든 학생들은 (특별한 형태의 수학 언어를 사용하여) 앵무새처럼 말하라고 하거나, (특별한 형태의 수학적 기호를 사용하여) 고릴라처럼 써보라고 한다면 그것이 무엇을 요구하는지 알았다. 그리고 만약 도리스가 "팅커벨이 그렇게 할까요?"라고 묻거나 학생들 중 한 아이가 "팅커벨이 했던 것처럼 저를 도와주세요."라고 요청한다면, 그 의미가 무엇인지 알고, 친절하고 도움이 되는 행동에 대한 팅커벨의 평가와 기준이 무엇인지 알고 있었다. 이러한 표현은 마치 하교 시에 학교종이 울리는 것과 같은 교실의 규율(regularity)이었다.

그러나, 만약 처음부터 교실에서 함께하지 않은 사람이 도리스의 수학 수업에 들어온다면, 그는 그 교실에서만 통하는 규율인 독특한 문화적 요소들 뒤에 감추어진 의미를 알지 못할 것이다.

서사 구두 스토리텔링이 이루어지는 동안 (교사의 안내 하에 있는) 아이들은 그들 교실 내에서 빠르고 독특하게, 강력한 수학 문화를 형성하는 것으로 보인다. 그 이유는 부분적으로는 도리스와 같은 스토리텔러가 스토리를 자신과 그 교실 구성원이 잠시 동안 살게 되는 작은 사회, 우연성에 관한 독특한 규칙(rule)을 가지고 있고 사회적 상호작용에 대해서는 독특한 기대 체계를 가진 작은 사회로 보기 때문이다. 아이들이 수학적 서사 구두 스토리를 들을 때, 그들은 그 안에서 스토리와 그 기저에 있는 사회 구조와 일관되게 행동하는 법을 배워야만 한다. 그들은 (의식적 차원 내지는 무의식적 차원에서) 스토리 내 문화를 이해하고 그에 일관되게 행동을 바꾸어야 한다. 그들은 평상시의 교실 문화를 잠시 보류한 채, 새로운 문화에 들어가서 특별한 언어적 요소, 영웅, 신화, 전통, 기호, 가치, 지식과 의미, 규율, 교수학적 리듬, 학생과 교사의 역할, 학생과 교사의 기대, 의사소통 양식에 따라 행동해야 한다.

아이들이 스토리의 세계에 들어가고, 일상적인 교실 문화의 요소들을 스토리 문화에 대응하는 것으로 변환하도록 하는 데 있어서 구두 스토리텔링에는 두 가지 측면이 있다. 둘 다 앞서 논의되었다. 하나는 청자의 능력으로, 스토리 내에서 능동적인 역할을 맡아 그 안에서 영향을 주는 방식으로 행동하는 것이다. 다른 하나는 스토리텔러의 능력으로서, (스토리텔러가 스토리 내의 청자들 중 한 사람의 이름, 옷차림, 몸짓, 발음 등을 사용하는 것과 같이) 자신과 청중들 사이에 일어나는 독특한 상호작용에 이야기를 맞추어가는 능력이다.

구두 판타지가 진행되는 동안, 학생들은 단지 앉아서 듣고만 있지는 않는다. 그들은 능동적으로 스토리에 참여하고 활동하게 된다. 학생들이 바로 판타지의 문화 내에서 행동할 때 능동적으로 참여하고, 듣고, 배우는 것은 문화적 전통이나 가치에 따라 (살아가거나) 행동하는 것을 배우도록 돕는 것이다. 나중에는 판타지 속 문화의 선별적 요소들을 일상적인 교실 문화 속으로 가져오게 된다. 또한 판타지 문화 속에서 독특하게 작용하는 그 수학 문화에서 성공적으로 행동하는 것을 배우게 되면, 그 결과 아이들은 판타지 내에서 성공한 경험을 교실에서 수행할 동기를 갖게 된다. 그들은 스토리 내에서 학습한 수학적 행동양식을 교실 내에서 사용함으로써 자신이 능력 있는 수학 수행자라고 느끼고 그런 사람이 된 것처럼 여기게 된다. 많은 아이들이 스스로 능력이 있다고 느끼게 해주는 스토리 내의 문화에 따라 행동할 강한 동기를 가지고, 스토리 맥락 속에서 학습한 행동을 집단적으로 교실로 가져오게 되면, (교사의 안내하에서) 이미 존재하고 있는 교실의 수학 문화를 새로운 것으로 바꿀 능력을 가지게 된다. 학생들이 능동적으로 참여하지 않고 단지 수동적으로 스토리를 관찰만 했다면, 정규 수학 시간에 그들이 사용하게 될 새로운 행동을 연습하는 데 이르지 못했을 것이다.

스토리텔러가 자신과 청자들 사이에 일어나는 독특한 상호작용으로 스토리를 맞추어 가는 능력은 독특한 교실 문화의 형성을 돕는다. 교실 문화의 일부를 수학 판타지 속으로 끌어오는 전형적인 방법은 스토리 속의 인물에 학생 이름을 붙이는 것, 기억에 남는 교실에서의 사건을 판타지 속에 녹여내는 것 등이 포함된다. 교실에서 일어났던 사건과 판타지 내의 사건을 연결 지음으로써, 판타지의 외형은 교실의 집단적인 문화적 기억의 일부가 된다. 판타지의 기저에 흐르는 문화와 정규 수학 수업 시간의 기저에 흐르는 문화 사이의 유연한 상호작용을 통해, 판타지의 기저에 흐르는 문화를 교실 문화로 전이하는 것이 용이해진다. 학생들의 집단적인 수학적 기억 속에 두 문화의 외형을 관련짓고 연결 지은 결과이다. 판타지 문화를 정규 교실 문화로 전이하는 것은 스토리의 기억들이 아이들의 집단적 의식 속에 존재하기 때문에 더욱 강화된다. 그리고 학급의 한 학생이 정규 수업 시간에 스토리 속에 나왔던 한 가지 요인에 대해 언급하는 것은 스토리의 기저에 흐르던 수학 문화를 모든 급우들이 기억하고 연결 짓게 하여 전이를 더욱 강화하게 된다. 아이들이 스토리를 경험하는 동안 공유한 독특한 협동 경험은 그들을 스토리 안의 문화적 요소로 묶어주는 띠를 제공하며, 이를 통해 그들이 자신들의 교실 내에서 스토리 밖의 새로운 수학 문화를 교실에서 형성하고 유지하도록 도와준다.

다음 두 가지 예는 특정 요소들이 어떻게 해서 정규 교실 문화와 스토리 내의 문화 사이의 전이를 가능하게 하는지 보여준다. 로라는 '마법사 스토리'와 다른 수학 스토리를 들려주는 동안 자신이 맡은 3학년 학급에 누적된 기억과 정규 수업 시간의 기억을 연결시키는 방식으로 그 스토리들을 들려주었다. 어느 날 로라의 옆 반 선생님이 자신에게 진드기가 붙어 있다며 몹시 흥분해서 교실로 들어왔다. 로라는 그 선생님을 진정시키고 진드기를 제거한 후 아이들에게 진드기가 붙어 있다면 어떻게 될지에 대해 설명해주면서 교실 앞에서 진드기를 보여주었다. 그 후 그 선생님이 보였던 행동과 진드기가 서사 구두 스토리에 나왔다. 그렇다. 그것은 특별한 수학 문제가 해결될 때 없앨 수 있는 것이었다. 여기서 중요한 것은 로라 반 학생들은 모두 스토리에 나오는 진드기를 옆 반 선생님의 그것과 관련지었으며, 이러한 정신적 연결이 스토리나 교실의 집단적 기억을 풍부하게 했다는 것이다. 고대 그리스에서 사용되었던 곱셈에 관한 이야기에서, 로라는 수학 마법사의 이름을 자신감이 부족한 그 반 여자 아이들 중 하나의 이름을 따서 지었다. 스토리가 진행되는 동안 그 여자 아이의 이름이 대단한 수학자로 불리게 되었고, (그 여자 아이를 포함하여) 그 학급의 아이들은 마법사와 그 여자 아이를 연결 지었다. 스토리가 진행되는 동안 그 여자 아이는 그 연결 때문에 수학을 하는 자신의 능력에 대한 자신감이 점점 커졌다. 게다가, 로라 반의 다른 학생들도 그 여자 아이를 마법사와 연결하면서 그 여자 아이가 수학에 특별한 능력이 있는 것처럼 대하기 시작했다. 결과적으로, 스토리 속의 문화적 요소들이 로라의 교실 문화로 이어지면서, 그 여자 아이의 수학적 자아 존중감, 기능, 이해력이 현저히 증가하였다.

협력 학습 환경

'마법사 스토리'에서 학생들은 소규모 협력 집단과 대규모 협력 집단(전체 학급)으로 학습하게 된다. 집단의 역동성을 조사하는 것은 협력 집단이 갖게 되는 구조적 규율과 협력 학습 환경이 어떻게 학생들로 하여금 수학적 지식을 획득하고 수학적 의미의 구성을 도울 수 있게 하는지에 대한 통찰을 제공하게 될 것이다. 이를 위해 세 가지 주제, 즉 역할 분담, 협력적·사회적 상호작용, 협동 학습에 대해 탐색해야 한다.

역할 분담

도리스는 '마법사 스토리'를 진행하는 동안 학생들을 소모둠으로 만들 때, 학생들에게 함께 일하라고 말하지 않았다. 오히려 학생들이 기능적으로 해야 할 역할을 분명하게 정해준다. 이 기능적인 역할은 서로 다른 유형의 수학적 노력을 나타낸다. 이 역할들은 도리스가 학생들이 수학에 대해 생각하고 수학을 배우기 원하는 방식을 규정한다.

도리스가 학생들에게 배정한 주된 역할은 말 없는 불도저(팅커벨), 말하는 앵무새(간달프)와 글을 쓰는 고릴라(하블)이다. 또한 모든 학생들은 (외견상 드러나지 않지만) 두 가지 역할, 즉 다른 사람이 말할 때 듣는 청자와 다른 학생이 행동하는 것을 보는 관찰자 역할을 항상 해야 한다.

학생들이 불도저라면, 그들은 **실행자**(doer)가 되어 신체를 움직이는 행동을 하면서 십진블록으로 덧셈을 하는 방법을 물리적으로 시연하게 된다. 이들 행동은 학습자에게 덧셈의 의미를 직관적인 수준에서 언어를 대신하는 행동을 통해 이해하게 해준다.

학생들이 말하는 앵무새라면, 그들은 **화자**(talker)가 되어, 실행자가 십진블록을 조작할 때 나타나는 수학적 과정을 말로 명료하게 설명해준다. 화자의 역할은 학생들이 덧셈에 대한 직관적 이해를 완전히 의식적인 수준으로 끌어오도록 구어를 사용하여 덧셈에 대한 이해를 명확히 하도록 돕는 것이다.

학생들이 글을 쓰는 고릴라라면, 그는 기록자(writer)가 되어, 실행자에 의해 표현된 행동과 화자에 의해 표현된 언어를 수학적 기호를 사용하여 기록하게 된다. 수와 관련된 각각의 기록은 물리적 행동이나 언어적 구사에 대응하는 방식으로 맥락과 관련지어 전체적인 알고리즘에 부합되게 한다.

모든 모둠의 구성원들은 계속적으로 서로가 하는 말을 듣고 구어적 표현의 의미를 청각적으로 해석한다. 실행자와 기록자 모두 주의 깊게 들어야만 화자가 지시하는 바를 따를 수 있다. 모든 모둠 구성원들은 서로 하는 이야기를 잘 들어야만 모둠 토의에서 건설적으로 참여할 수 있다.

블록을 이용한 행동은 또한 모든 모둠 구성원들에게 덧셈 알고리즘을 수행하는 단계와 관련된 일련의 시각적 이미지를 제공한다. 이들 이미지는 덧셈 과정의 각 단계에서 십진블록이 어떻게 정렬되는지 보여주고 덧셈이 진행되는 과정 내내 학습자를 시각적으로 안내하는 일련의 스토리보드를 제공한다.

이 다섯 가지 역할은 학생들이 소모둠에서 어떻게 행동해야 하는지와 수학을 어떻게 생각하고 배워야 하는지를 규정해준다. 모든 학생들은 다섯 가지 역할을 어떻게 수행하는지 배워야 한다. 왜냐하면 학생들이 한 가지 방법으로 수학을 생각할 때보다 수학적 의미를 서로 다른 관점에서 경험하고, 이 모든 관점에서 이해를 지적으로 조정해나간다면, 그들이 구성하는 조정된 관계적 이해가 더욱 깊어질 것이고 더 풍부한 개념적 유연성을 지니게 될 것이기 때문이다. 도리스는 이 사실을 믿고 있다.

협력적인 사회적 상호작용

'마법사 스토리'를 진행하는 동안, 도리스는 소모둠에서 학생들 사이의 사회적 상호작용을 네 가지 원리를 중심으로 구조화한다. 첫째는 상호의존성(mutual independence)이다(Johnson, Johnson & Holubec, 1991). 이것은 모둠 구성원 모두가 성공하지 않는다면 그 그룹의 어떤 사람도 성공할 수 없고, 모둠 전체가 성공한다면 모든 구성원이 성공하는 방식으로 구성원들이 서로 연결되어 있다는 것을 알 수 있게 모둠을 구조화하는 것을 가리킨다. 소모둠 (그리고 스토리) 내에서, 아이들은 (그리고 마법사들은) 그 모둠의 필수적인 구성원이고, 모둠의 다른 구성원들과 그들이 해야 할 일을 주의 깊게 조정해야 한다.

그룹 행동의 밑바탕에 깔린 둘째 원리는 분명한 역할에 대한 책임감(clear role

accountability)이다(Johnson, Johnson & Holubec, 1991). 이것은 모둠의 목표와 각 구성원들이 모둠에서 수행해야 하는 역할에 대한 분명한 설명과 관련된다. 마법사 스토리에서 그룹의 목표와 모둠 구성원들의 역할(실행자, 화자, 기록자)이 분명하게 정의되어야 한다.

셋째 원리는 **교차 또래 교수 상호작용**(mutual peer tutorial interaction)[2]이다. 본질적으로 교차 또래 교수 상호작용은 필요할 때 서로의 또래 교사가 되어줌으로써, 서로 배우는 것을 도와줄 책임이 있다는 것을 의미한다. 이것은 학생들이 서로의 노력에 대해 평가하고, 서로에게 필요한 피드백을 제공하며, 필연적으로 서로 가르치고 배우고, 공동으로 경험한 학습의 본질에 관해 토의하는 것을 포함한다. 스토리를 진행하는 동안, 도리스는 "어떤 개념을 다른 사람에게 설명하는 것이 어떻게 해서 그것을 설명하는 사람으로 하여금 더 잘 이해하도록 도와주게 되는지 그 방식을 등장인물들이 말해준다"라고 말하고 있는데, 이는 이 원리의 중요성을 강조한 것이다.

그룹을 안내하는 넷째 원리는 **집단 반성 과정**(group reflective processing)이다. 이것은 학생들이 그들의 경험을 반성하고 서로 통찰과 생각을 공유하는 환경을 만들어주는 것을 말한다. 집단 반성 과정은 집단 과정[3]과 구별되는데, 전자가 주로 내용과 관련된 반성이라면, 후자는 주로 모둠이 역동적인 사회적 집단으로 함께 작용하는 방법에 관한 반성이다. '마법사 스토리'에서 집단 반성 과정은 구성원들이 서로의 행동을 모니터링하고, 매일 배운 내용에 관해 토의하고, 모둠으로 전체 학급과 그들의 반성을 공유할 때 나타난다.

학생들이 수행하게 되는 다섯 가지 역할과 사회적 상호작용을 이끌어내는 네 가지 원리는 단지 우연히 나타나는 것은 아니다. 도리스는 이야기를 들려주고, 순회하면서 모니터링하고, 소모둠으로 문제를 해결하는 학생들을 도와주면서 적극적으로 그들을 격려한다.

협력 학습

학생들의 다섯 가지 역할과 모둠 상호작용의 네 가지 원리는 '마법사 스토리'가 진행되는 도리스 반에서의 사회적 상호작용 구조를 분명히 보여준다는 점에서 중요하다.

또한 그것은 소모둠 구성원들 사이에서 (가르치고 배우는 것을 통해) 수학적 지식과 의미를 주고받는 방법에 영향을 주는 소모둠의 지적 환경 구조를 규정하기 때문에 중요하다. 모

---

2) '또래 교수 상호작용'은 멘토-멘티가 정해진 데에 비해 여기에서는 서로의 역할이 바뀌는 가운데 이루어지는 상호작용이라는 점에서 '교차 또래 교수 상호작용'이라고 번역하였다.

3) 'group process'는 사회학에서 '집단과정'으로 번역될 수 있는데, 이는 사회 집단에서 사람들의 심적 상호 작용 또는 거기에서 전개되는 일련의 지속적·동적 인간 문제를 통틀어 이르는 말이다. 주로 집단 구조가 변화하고 발전하는 동적인 측면을 가리킨다.

둠 구성원들 사이의 지식과 의미의 교환은 **개인 상호 간 지적교환**(interintellectual exchange) 또는 사람들 **사이의** 지적인 교환이라 부를 것이다.

게다가 그것은 개인들이 자기 자신에게 말하고, 가르치고, 배우는 지적 환경의 구조를 규정한다는 점에서 중요하다. 개인 내에서 일어나는 이들 지적 교환은 그들이 의미를 구성하도록 해주게 되는데, 이를 **개인 내 지적교환**(intraintellectual exchange) 또는 한 개인 내**에서의** 지적 교환이라 부를 것이다.

여기서 중요한 것은 사람들이 사회적으로 상호작용하는 방법을 안내하는 원리와 그 과정에서 사람들이 맡은 역할은, 그들이 아이디어를 교환하고 서로 가르치고, 서로로부터 배우는 방법(즉, 개인 상호 간 지적교환)을 결정하는 구조적 모델을 제공한다는 것이다. 게다가 그 규칙들과 사람들이 서로 물리적으로 상호작용하는 방법을 결정함으로써, 개인들이 자기 자신 안에서 의미를 구성하는 방법(즉, 개인 내 지적교환)을 결정하는 구조적 모델을 제공하게 된다.

이는 지적 발달이 그것이 일어나는 사회적 맥락과 분리될 수 없고, 사람들 사이에서 그리고 한 개인 내에서 지식과 의미에 대한 지적 의사소통이 그것이 발생하는 사회적 맥락에 크게 영향을 받는다고 주장한 최근 학습 이론을 보여준다(Albert, 2000). 비고츠키(Vygotsky)의 "모든 고등 정신 기능은 사람들 사이의 사회적 관계로부터 비롯된다"(1978, p. 57)는 말이 이를 시사한다.

하지만 그것은 또한 우리가 교육자로서 교실의 사회적 환경을 의도적으로 구성할 수 있다고 주장한다는 점에서 그 학습 이론을 뛰어넘는다. 그러한 환경에서 우리가 아이들에게 제공하는 사회적 상호작용을 위한 규칙과 역할은 그들이 서로 간에 아이디어를 교환하는(개인 상호 간 지적교환) 방법과 그들 자신 안에서 아이디어를 교환하는 (개인 내 지적교환) 방법에 대한 지적 모델을 제공한다.

사실상, 이것이야말로 도리스가 '마법사 스토리'를 들려주면서 교실에서 하고자 했던 것이다. 도리스는 학생들이 어떻게 행동하고 상호작용할지 지정해주는 사회적 구조를 세우면 학습이 개인 상호 간에 그리고 개인 내에서 발생하게 되는 방법이 결정된다고 보았다. 두 가지 예가 이것을 설명하는 데 도움이 될 것이다.

먼저 우리는 처음으로 '마법사 스토리'가 진행되는 동안 교실에서 협력모둠 내에서 실행자, 화자, 기록자로 활동하는 세 학생들 사이의 개인 상호 간 지적교환을 살펴보고자 한다. 기록자가 낱개 10개를 1개의 10으로 바꾸는 것을 잘못 기록했다고 가정하자. 몇 가지 일이 일어날 것이다. 먼저, 화자나 실행자는 기록자가 틀리게 적었다는 것을 지적할 것이다. (이는 상호의존성의 원리에 따른 것이다.) 실행자의 행동이나 화자의 설명을 참조하여 올바른 행동에 대한 설명이 뒤따를 것이다. (이는 역할에 대한 책임감이라는 원리를 따른 것이다.) 실행자는 기록자에게 올바른 기록에 대응하는 행동을 보여주고, 그러한 행동과 기록자가 잘못 기록한 것의 차이를 지적할 것이다. 화자는 실행자가 보여준 것을 기록자에게 말로 설명하고, 그가 제공한 언어적 설명과 잘못 쓴 기호 사이의 차이를 지적할 것이다. (이것은 교차 또래 교수 상호작용의 원리를 따른 것이다.) 이러한 (행동과 기록 사이 그리고 설명과 기록 사이의) 교차 양상[4] 불일치(cross-modality discrepancy)는 기록자로 하여금 어떻게 해서 그렇게 기록하게 되었는지 다시 생각하도록 압박한다. 기록자는 올바르게 기록하려고 다시 시도하거나 무엇을 해야 할지 더 잘 이해하기 위해 더 명확하게 설명해줄 것을 요구하게 될 것이다. (이것은 교차 또래 교수 상호작용과 집단 반성 과정의 원리에 따른 것이다.) 마지막으로, 실행자와 화자가 기록자로 하여금 기록한 것과 어떻게 그러한 기록을 하게 되었는지 말이나 기록을 통해 설명하도록 요구할 것이다. (이것은 집단 반성 과정의 원리에 따른 것이다.) 모든 사람들이 기록자가 한 것과 그렇게 한 이유를 안다고 판단되면, 그 그룹의 구성원들의 다음 공부를 계속해나갈 것이다. (이것은 상호의존성의 원리에 따른 것이다.)

이제 '마법사 스토리'를 들려주는 동안 도리스반 남학생 중 1명이 생각하고 말할 때 그의 내면에서 무슨 일이 일어났는지 봄으로써 개인 내 지적교환에 대한 가설을 보여주는 예를 살펴보자. 어떤 학생이 오직 필산을 통해서만 모든 덧셈 문제를 해결한다고 상상해보자. 그 학생은 실수가 일어나기 전까지는 만족스러워하며 진행해나갈 것이다. 십 모형 1개를 낱개모형 10개로 바꿀 때 오류를 범했다고 가정하자. 그 학생은 자신의 행동을 모니터링하면서 멈추게 될 것이다. 그의 얼굴에서 곤혹스러워하는 표정을 읽을 수 있을 것이다. 그는 자신에게 "여기서 뭔가 잘못된 것 같아"라고 말한다. 이제 그 학생은 (시각적 이미지를 사용하여) 그가 마음속으로 떠올린 행동을 참고하면서, 또한 머릿속으로 떠올린 행동을 설명할 때에는 화자인 자신에게 하게 될 말을 자신에게 차례로 열거하면서, 자신에게 언어로 표현하며 자신이 쓴 내용이 나타내는 것을 머릿속으로 재구성하게 된다. 아동이 이처럼 행동하는 것을 볼 수 있을 것이다. 그는 마치 십진블럭을 밀고 있는 것처럼 종이 위에서 손을 움직이고(그는 상상 속에서 이미지를 실제로 밀고 있는 것이다), 그의 입술은 (자신에게 조용히 말할 때) 앵무새가 말하는 것을 흉내 내듯이 움직인다. 잘못된 기록에 따른 행

4) 교차 양상은 실험심리학에서 시각과 청각, 시각과 촉각 등 서로 다른 감각 양상에 걸쳐서 발생하는 경우에 사용하는 것으로, 눈으로 보는 단어와 귀로 듣는 단어의 내용이 서로 간섭하여 판단에 영향을 준다면, 이는 교차 양상 상호작용이라고 할 수 있다. 본문에서는 몸으로 실행하는 것, 말로 설명하는 것, 글로 기록하는 것 등 서로 다른 영역 간의 상호작용을 설명하는 데 사용하고 있다.

동과 말을 다시 생각하는 동안, 학생들은 기록된 것과 그에 대응하는 행동과 말 사이의 불일치를 깨닫게 된다. 아이의 얼굴에 "아하!" 하는 표정을 통해 아이가 뭔가를 깨닫게 되었다는 것을 볼 수 있다. (행동과 기록 사이 그리고 설명과 기록 사이의) 교차 양상 불일치는 학생들로 하여금 무엇이 잘못되었고, 그것을 어떻게 고칠 수 있는지 명확하게 드러내준다. 교차 양상 불일치(또는 인지적 불일치)를 제거할 필요성은 학생들 스스로 불일치를 포함하지 않는 (이미 존재하는 지적 구조에서 동화와 조절의 결과로) 새로운 인지적 구조를 재구성하도록 자극하게 된다. 그 과정에서 학생들은 여러 자리 덧셈을 하는 방법과 덧셈을 하는 동안 어떤 것들이 작용하게 된 이유에 대한 새로운 개념을 스스로 구성하게 된다. (이것이 소위 학습이다.) 그러고 나면 학생은 계속해서 문제를 해결해나갈 수 있게 된다.

여기서 몇 가지 사항이 중요하다. 첫째, 사회적 집단의 개인 상호 간 역동성(interpersonal dynamics), 사회적 집단의 구성원 사이의 지식 교환(개인 상호 간 지식의 지적교환), 그리고 개인 내에서의 지식의 구성(개인 내 지식의 지적교환)의 기저에 작용하는 사회적 상호작용의 원리가 있다. 앞서 논의된 원리들은 **상호의존성, 명확한 역할에 대한 책임감, 교차 또래 교수 상호작용, 집단 반성 과정**이었다. 이것들이 도리스를 포함한 스토리텔러들이 모둠을 다르게 구조화하는 유일한 원리는 아니다. 이러한 원리들이 교실 내에서 저절로 나타나는 것도 아니다. 교사들이 스토리를 들려줄 때 그러한 원리의 모델을 보게 되고 기술되는 것이다. 또한 학생들이 소모둠 활동을 할 때 그들 사이를 순회하면서 모니터링해주고 도와주는 교사에 의해 강화된다.

둘째, 이러한 원리들은 집단의 사회적 역동성, 개인 상호 간 지식의 교환, 개인 내 지식의 구성 수준과 유사하게 나타난다.

셋째, 모둠 구성원이 특별한 방식으로 행동하도록 요구하는 교사에 의해 받게 되는 수학적 역할이 있다. 제시된 역할은 실행자, 화자, 기록자, 시각화하는 자, 청자이다. 이들 역할은 사회적 장치 속에서 지식과 의미를 가르치고 학습할 수 있는 주요한 수단이다. 이들 역할이 스토리텔러가 이용할 수 있는 유일한 역할은 아니다. (예를 들어, 도리스는 시험 삼아 네 번째 학생이 모둠 조정자가 되게 해보았다.)

넷째, 학생들이 모둠 내에서 맡게 되는 물리적 역할은 개개인들 사이에서 지식에 대한 개인 상호 간 지적교환과 한 개인 내에서의 개인 내 지적교환이 나란히 진행되면서 그 모델을 제공하며, 그것을 구체화할 수 있게 해준다. 어떤 사람이 실행자, 화자, 기록자, 시각화하는 자, 청자의 목소리(또는 역할)를 이용하여 (개인 상호 간 지식의 지적교환이 이루어지는 동안) 다른 사람에게 말할 때 또는 (개인 내 지식의 지적교환이 이루어지는 동안) 자신에게 말할 때, 그 사람은 수학적 의사소통과 지식 구성의 주요한 양상 중 몇몇을 사용하게 된다.

다섯째, 학생들이 협력적인 모둠 내에서 (실행자, 화자, 기록자와 같은) 특별한 역할을 맡고 그들의 행위 사이의 불일치를 인식하고, 그에 대한 의견을 제시할 때 학습이 일어나게 된다. 유사하게 어떤 사람이 (실행자, 화자, 기록자의) 서로 다른 목소리로 그 자신에게 말하게 되면, 그와 같이 목소리를 바꾸어 말하는 것이 인지적 부조화를 최소화하는 자연스런 자극이 될 뿐 아니라, 의미를 명확하게 하고 지식을 발생하게 하고 이해를 구성하게 하는 강력한 방법이 된다.

여섯째, 교사들은 지도 그룹의 사회적 구조를 디자인할 수 있고, 그룹 내에서 상호작용할 때 학생들이 맡게 될 인지적 역할을 지정할 수 있다. 사회적 구조나 역할은 개인 상호 간 지식의 지적교환과 개인 내 지식의 지적교환 모델을 제공할 수 있다. 아이들이 학습하는 사회적 맥락, 그들이 그룹 내에서 활동하는 동안 기대되는 행동, 말, 쓰기 등은 어떻게 다른 사람이나 자기 자신과 의사소통함으로써 학습하게 되는지에 대한 모델을 제공할 수 있다.

도리스가 '마법사 스토리'를 들려주면서, 순회하고, 모니터링하고, 소모둠 내에서 수학 문제를 풀고 사회적 상호작용을 하도록 도우면서 교실에서 하고자 했던 것이 바로 이것이다. 도리스는 학생들이 행동하고 상호작용하는 방법을 나타내주는 사회적 구조를 세우고자 했다. 이러한 구조는 곧 개인 상호 간 그리고 개인 내에서 의사소통과 학습이 일어나는 방법을 지시하는 지적 구조를 형성하게 된다.

사실 (전통적인 방법으로 수학을 가르치는 교사들을 포함하여) 모든 교사들은 교실의 사회적 환경, 교사 자신과 학생의 역할, 사회적 상호작용의 원리와 같은 사회적 환경을 구조화함으로써 학생들이 (개인 상호 간 그리고 개인 내 지식의 지적교환을 통해) 배우게 될 방식을 결정한다. 모든 교사들이 해야 할 질문은 "내 교실의 사회적 구조에 대해 세심하게 생각해보았는가? 그리고 그러한 구조가 아이들의 학습에 어떤 영향을 미치는가?" 하는 것이다.

수학에 대한 학생들의 관계

구두 스토리텔링이 이루어지는 동안 아이들과 수학의 관계는 전통적인 교수법에서의 그것과는 다르다. 그것은 빨강(red)이 빨강이 아닌 것(not red)과 다르다는 방식의 차이가 아니라, 빨강(red)이 빨강이면서 빨강이 아닌 것(red and not red)과는 다르다는 방식으로 설명할

수 있을 것이다.[5)]

구두 스토리텔링을 통한 지도에서 수학과 아이들의 관계의 밑바탕에는 아이들이 수학에 대해 두 가지 서로 다른 방식으로 사고할 수 있다는 관점이 있다. 하나는 세계에 대해 개념화하고 사고하고 말하는 아동다운 자연스러운 사고 방식과 관련된 것이다. 다른 하나는 세계를 개념화하고, 사고하고, 말하는 어른의 전문적이고 수학적인 방식과 관련된 것이다. 구두 스토리는 아이들에게 아이들의 개념, 사고, 언어를 사용하여 수업을 도입하고, 그 후에 가능한 한 아이들이 어른의 전문적인 수학 개념으로 체계적으로 나아가게 한다. 반대로, 전통적인 수학 교수법은 아이들에게 어른들의 전문적인 수학을 가급적 순수한 관점으로 제시하려고 한다. 다음 몇 가지 특징들은 그 차이점을 드러내준다.

논리적인 사고 vs. 논리적이면서 감성적인 사고

전통적인 수학 교수법은 수학을 추상적·일반적·논리적·객관적 진리로 보는 경향이 있다. 이 관점에 따르면 수학은 그것을 만들고, 전수하고, 현재 그것을 소유하고 있는 사람의 영향과는 독립적인 것이며, 그것이 존재하고, 발생하고, 사용되는 특수한 사회적·인지적·정서적·물리적 맥락의 영향과 무관하다.

전통적인 교실에서는 수학을 학습하는 동안, 아이들이 지식을 획득하고, 알고리즘을 사용하고 연역적으로 문제를 해결하며 논리적으로 추론하는 능력을 발달시킬 수 있는 합리적인 사고 방식을 갖춘 존재로 개념화된다. 전통적인 수학 교수법의 새로운 모델에서 아이들은 실제 물리적·사회적 세계와 관련성을 갖는 사회적·물리적·정서적 존재로 인식된다. 그러나 그렇다 하더라도 아이들이 수학을 학습하는 과정에 있는 동안에는 상징적·물리적·도식적 수학 표상을 이용한 다양한 논리적·합리적 사고 양식을 통해 객관적인 진리를 획득할 수 있는 합리적인 사고를 가진 자로 가정하게 된다.

구두 스토리텔링의 관점에서 보면, 아동의 정신은 단지 합리적이고 논리적인 능력 이상의 것을 포함한다. 아동의 지적인 삶에서 가장 중요한 부분 중 하나는 상상하고(imaginative) 공상하는 능력이다.

서사 구두 스토리텔링의 관점에서는 아이들이 상상하고 공상하는 능력과 합리적이고 논

5) 여기서 'red'는 '논리적인 것'으로 해석하고, 'not red'는 '감성적인 것'으로 해석할 수 있다. 예컨대, 전통수업이 논리적(red)인 것을 강조한다면, 구두 스토리텔링은 논리적이면서(red) 감성적인(not red) 것 모두를 지향하고 획득하게 된다는 점을 설명한다.

리적인 능력 모두를 지니고 있는 것으로 본다. 지도하는 동안 이러한 두 가지 지적 능력을 동시에 이끌어낼 때, 단지 아동의 합리적이고 논리적인 능력만 이끌어낼 때보다 더 깊은 지적인 자극을 줄 수 있다고 믿는다. 일반적으로 구두 스토리텔러들은 현재 아동이 위치한 곳에서 시작하여, 아이들이 어른이 되었을 때 있었으면 하고 바라는 곳으로 나아가게 된다. 적어도, 그들은 아이들이 상상력과 공상력에 내재된 에너지와 동기를 이용한 결과로 얻어진 합리적이고 논리적인 능력을 사용하여 아동의 이해를 촉진하려고 시도한다. 이들 두 가지 형태의 능력을 소중히 여긴다는 것은 도리스가 아이들로 하여금 '마법사 스토리'라는 판타지 세계에서 등장하는 수학 연기자인 것처럼 자신을 상상함과 동시에 수학을 이해하고 실행하는 데 있어서 합리적이고 논리적인 능력을 사용하도록 요구하는 방식에서 찾아볼 수 있다.

정형화된 수학 vs. 정형화되면서 개인화된 수학

판타지 스토리에 수학을 끼워 넣음으로써 아이들로 하여금 그들의 합리적이고 논리적인 사고와 감성적이고 공상적인 능력을 모두 사용하도록 하는 것은, 수학을 합리적·논리적 능력을 사용하는 교과로만 보는 것과는 전혀 다른 것으로 바꾸어놓게 된다.

앞서 언급한 바와 같이, 전통적인 교수법에서는 수학이 그것을 만들고, 전수하고, 현재 그것을 소유하고 있는 사람의 영향과는 독립적인 것이며, 그것이 존재하고, 발생하고, 사용되는 특수한 사회적·인지적·정서적·물리적 맥락의 영향과 무관한, 추상적이고 일반화된, 논리적·객관적 진리라고 본다. 구두 스토리텔링에서는, 수학이 아동의 인지적·정서적·물리적·사회적 인식 속에서 아동의 행위를 통해 주관적 의미와 객관적 의미를 갖게 되기 때문에, 수학을 또한 개인화된(personalized), 특수화된, 시간화된(temporalized)[6], 사회화된, 구체화된, 물리적인, 맥락화된, 직관적인 것으로 본다. 여기서 또한(also) 이라는 단어가 중요한데, 왜냐하면 구두 스토리텔링에서 수학은 앞에서 언급한 이원성의 두 차원과 관련될 뿐만 아니라, 객관적 진리와 개인화된 의미 모두와 관련되기 때문이다.

여기서 중요한 것은 판타지 스토리가 학교 수학, 수학 교수, 그리고 수학자로서의 아동의 본성에 대한 우리의 개념을 넓혀준다는 점이다. 그렇게 함으로써 수학에 대한 개념이나 아동과 수학이 교수 과정에서 관련되는 방식의 변화를 가져온다. 예컨대, 아이들은 구두

6) 'temporalized'를 시간화로 번역하였다. '시간화'란 '고정적인 것'이 아닌 시간의 흐름에 따라 가변적인 것'을 의미한다.

스토리텔링을 통해 수학을 하는 동안 논리력과 상상력 모두를 사용하기 때문에, 구두 스토리텔링은 수학이 상상의 차원, 판타지, 합리적이고 논리적인 차원 모두를 가진, 객관적 진리와 개인화된 의미 모두를 가진 것이 되게 한다.

이를 좀 더 자세히 설명하기 위해, 수학에 대한 보다 폭넓은 관점을 '마법사 스토리'를 통해 여덟 가지 차원으로 설명할 것이다.

개인화

도리스가 '마법사 스토리'를 들려줄 때, 학생들이 만나게 되는 수학은 그녀 안으로부터 나오는 것이다. 그것은 바로 (내가 쓴) 판타지에 대한 도리스의 개인적이고 창조적 해석과 자신의 일부를 공유하는 방식으로 학생들과 공유하게 되는 수학이다. 도리스는 그렇게 스토리 속에 담긴 수학을 개인화한다.

또한 다른 방법으로도 수학을 개인화한다. 한 가지 방법은 수학을 스토리 속의 등장인물들이 하는 일과 연결 짓는 것이다. 팅커벨이 덧셈 알고리즘을 실행하는 불도저가 되었을 때, 덧셈은 등장인물을 통해 구현됨으로써 개인화된다. 또 다른 방법은 아이들로 하여금 스토리 속의 특정 등장인물이 되어 그 등장인물이 하는 것과 같은 방식으로 수학을 실행해 보도록 요구하는 것이다. 아이들이 '마법사 스토리'가 진행되는 동안 불도저, 말하는 앵무새, 기록하는 고릴라인 것처럼 행동하도록 요구받는다는 것은 스토리 속의 등장인물의 역할에 자신을 투영하여 수학적 행동을 모방하도록 요구받는 것이다. 그렇게 함으로써 그들은 수학을 내적으로 체현하고 개인화하게 된다.

일단 수학이 개인화된 맥락 속에서 학습되면, 스토리텔러는 그것과 관련된 특정 개개인을 떠나 수학을 체계적으로 일반화하는 곳으로 나아가게 된다. 이 과정을 통해 매우 개인적인 방식으로 학습된 수학은 더 객관적이고, 추상적이고, 상징적인 형식으로 이해된다. '마법사 스토리'가 끝날 무렵에, 즉 불도저와 앵무새가 스토리에서 벗어난 후 학생들은 단지 수학적 기호만을 사용하여 덧셈을 하게 된다.

특수화

'마법사 스토리'에서 수학은 아주 구체적인 상황 맥락에서 처음 제시되며, 팅커벨은 2개의 특별한 십진블럭 세트를 움직일 때 발생하는 아주 특수한 상황과 문제의 맥락에서 처음 제시된다. 수학은 하나의 문제 그리고 하나의 특수한 행동 상황과 관련되면서 의미를 가지는 방식으로 특수화된다. 나중에 아주 특수한 맥락에서 알고리즘이 숙달되고 이해되면, 학생들이 그것을 더 폭넓은 범위의 수학적 상황에 적용할 수 있도록 일반화된다. 결국 일반화된 수학적 이해는 특수화된 수학적 경험의 토대 위에서 구축된다.

아동의 행동을 통한 구체화와 실체화

도리스가 '마법사 스토리'를 들려줄 때, 먼저 학생들에게 수학에 관한 아주 구체적이고 물리적인 사고 방식을 제시한다. (이는 피아제의 구체적 조작 단계와 일치한다.) 도리스는 두 가지 방법으로 그렇게 한다.

하나는 스토리에서 구체물을 조작함으로써 특정(구체적) 등장인물이 행동적으로(그리고 구체적으로) 수학을 실행하도록 함으로써 추상적인 수학적 아이디어에 대한 구체적 모델을 사용하는 것이다. 팅커벨(불도저)은 (같은 수라도 다른 열에 나타나면 다른 값을 갖는 자리값 체계의 구체적 표현인) 마법의 자리값 기호 위에 (수의 구체적인 표현인) '돌', 즉 십진블럭을 사용하여 (구체적 행동으로) 수학적 조작을 실행한다. 다른 하나는 학생들로 하여금 물리적 조작물을 사용하여 수학 자체를 실행함으로써 이러한 구체적 수학에 의미를 부여하도록 하는 것이다. 여기서 아동들은 자신의 실제 구체적인 신체적 행동을 통해 수학적 조작을 실행한다. 그 결과 수학은 물리적 존재와 독립된 형식적 구성이 아니라 아동 자신의 구체적인 행위 방식에 내재된 것이 된다.

수학이 아동의 행위를 통해 구체화되고(concretized) 실체화되고(physicalized) 나면, 그것을 일반화하고, 그것이 개인의 특수하고 구체적인 행동과 별개의 지위를 갖는 것처럼 추상화하려는 시도가 이루어진다. 이러한 전이는 '마법사 스토리'의 마지막 두 에피소드 동안 발생한다. 십진블록을 사용하다가 '수'를 사용하는 것으로 전환하는 것은 구체적이고, 물리적이고, 활동적인 수학 개념으로부터 더 추상적이고, 일반화되고, 객관적인 형태의 수학으로 나아가는 것이다. 그 스토리에서, 다른 사람에게 수학적인 어떤 것을 실행하는 방법을 말해주는 것은 그것을 실행하는 방법을 알고만 있는 것에서 벗어나는 단계이다.

사회화

'마법사 스토리'에서, 덧셈 알고리즘은 4개의 매우 특수한 사회적 맥락 속에서 의미를 부여받는다. 바로 도리스(스토리텔러)와 학생들 간의 사회적 상호작용을 통해서, 이야기 속의 등장인물들(팅커벨, 간달프 등) 사이에서의 사회적 상호작용을 통해서, 도리스의 학생들이 이야기 속의 등장인물들을 도와줄 때(돌로부터 풀려난 새로운 마법사에게 덧셈 방법을 가르치는 것), 수학을 학습하기 위해 사회적 소그룹 내에서 학생들이 협력할 때이다. 그렇게 하는 것은 서로 도움을 주고 받으며 알고리즘을 설명하고 실행하는 것, (불도저, 말하는 앵무새, 기록하는 고릴라 역할을 하는 것과 같이) 분명하게 지정된 역할을 조정하는 것, 서로의 행위를 모니터링하고 평가하는 것, 필요에 따라 서로 가르치고 배우는 것을 포함한다.

여기서 중요한 것은 수학이 사회적 맥락과 분리된 것이 아니라는 점이다. 수학 학습은 인간 사이에서 발생하는 실제적인 사회적 상호작용에 기원한다. 물론 스토리가 끝날 때까지 도리스의 학생들은 스스로 수학을 실행해야 한다.

맥락화 및 시간화

도리스가 '마법사 스토리'를 들려줄 때, 그녀는 수학을 매우 특수한 스토리 맥락과 시간의 틀 속에 놓게 된다. 게다가 자신의 학생들이 그들 자신을 스토리 속에 투영해서 모험하는 동안 자신이 마치 등장인물이 되어 일을 수행하는 것처럼 여기도록 하는 방식으로 스토리를 들려주려고 한다. 이는 피아제의 발달 단계 중 구체적 조작 단계(이 단계에서 아동은 행동을 하거나 자신들이 행동하고 있는 것처럼 시각화하는 아주 구체적인 상황과 새로운 지식을 관련지음으로써 그 지식을 가장 잘 이해한다고 믿는다)와 일치하는 방식으로 수학을 아동의 실제 생활이나 판타지와 다양한 방식으로 연결함으로써 수학에 의미를 부여한다.

이는 전통적인 교수법이 수학을 탈맥락화되고, 추상적이고, 일반화된 형식으로 제시하는 것과는 대조적이다. 물론 '마법사 스토리'의 끝부분에 이르면, 아이들은 더 탈맥락화되고, 추상적이고, 일반화된 수학적 아이디어를 구축하도록 요구받지만, 그러한 아이디어들은 맥락화되고 시간화된 개념에 근거한 것이다.

직관 형성

많은 수학 교사들이 직면하는 어려움들 중 하나는 추상적이고, 일반화되고, 객관적인 수학적 진리를 학생들의 세계에서 직관적인 행동 방식이 되어 개인적 의미를 가질 수 있도록 변형하는 방법을 찾는 것이다. 도리스가 구두 스토리를 들려주는 이유 중 하나는 아이들이 직관적인 수준에서 수학을 이해하도록 돕는 것이다. 그럴 때에만 아이들은 수학을 "뼛속 깊이 이해하게 된다". 도리스는 아이들이 마치 수학이 '제 2의 천성'인 것처럼 학습하기를 원한다. 아이들이 걷는 방법을 아는 것처럼 수학을 알 수 있도록 도와주기를 원한다. 일단 아이들이 수학에 대한 직관적인 이해력을 갖거나 수학을 느끼게 되면, 이후에 그들은 수학을 더 추상적이고, 일반화되고, 객관적인 수준으로 이해하는 데까지 나아갈 수 있다.

주관적인 의미와 객관적인 의미가 부여될 때

도리스는 '마법사 스토리'를 들려줄 때 주관적 의미와 객관적 지식을 엮으려고 하였으며, 주관적 의미에 객관성을 부여하고 객관적 의미에 직관적 의미를 부여하기 위해 서로 관련지어 연결하려고 시도하였다. 스토리를 진행하는 동안, 수학은 늘 판타지, 상상력, 특수하고 개인화된 이질적 의미가 풍부한 맥락 속에 놓여 있었다. 하지만 동시에 도리스는 객관적인 수학 알고리즘을 제시하고, 정기적으로 학생들이 사회적 그룹 내에서 다양한 규칙을 수행하도록 하였다. 그러한 사회적 그룹 내에서 그들은 객관적인 수학에 뿌리를 둔 기준에 따르는 다양한 수학적 역할을 수행하게 된다. 도리스는 학생들이 수학을 유의미하고 신나게 할 수 있도록 교육자들이 주관적인 수학적 이해와 객관적인 수학적 이해 모두 풍부하게 가져야 한다고 믿는다.

아이들의 인지적, 정서적, 물리적, 사회적 의식

구두 스토리텔러는 아이들을 인지적·정서적·물리적·사회적 존재로 본다. 그들은 전인적인 차원에서 전체 아동에게 수학을 가르치려고 한다. 도리스가 물리적·인지적·사회적 차원에서 어떻게 노력했는지는 이미 앞서 논의하였다.

도리스는 또한 수학에 대한 학생들의 정서적 태도에 관심을 갖는다. 수학에 대한 학생들의 느낌과 수학자로서의 그들 자신에 대한 느낌에 관심을 갖는 것은 그녀가 수학을 흥미로운 판타지 맥락에 두는 이유 중의 하나이다. 그러한 맥락 속에서 등장인물들은 수학을 실행하는 것을 즐기게 되고, 수학을 성공적으로 실행하는 것은 그 등장인물들이 자신들이 처한 사회적, 물리적 환경에서 잘 살아갈 수 있게 한다. 도리스는 학생들이 (불도저, 앵무새, 고릴라 같은) 스토리의 등장인물 역할에 자신을 투영할 때, 수학에 대한 등장인물의 긍정적인 태도를 배우려고 하고, 그들이 어떻게 느끼는지 보려고 하며, 등장인물들의 느낌을 자신의 것으로 받아들이게 된다고 믿는다. 이미 언급했듯이, 로라는 자기 반 학생들이 자신의 이름을 딴 등장인물을 가지고 수학을 했을 때 긍정적인 태도를 갖게 되었다는 결과를 보여주면서 스토리 속의 등장인물에 자신의 이름을 붙였을 때 놀라운 성공을 경험했다는 것을 보고하였다.

아동이 전인적으로, 즉 인지적·정서적·물리적·사회적으로 수학 학습에 참여하도록 스토리를 들려주는 것은, 인지적으로 이해될 수 있는 논리적이고 객관적인 진리의 총체라는 수학에 대한 전통적 개념을 확장해준다.

이원성

만약 학생들이 자라서 창의적인 수학자가 되려면, 수학의 추상적인 것과 구체적인 것, 형식적인 것과 개인화된 것, 일반적인 것과 특수한 것, 연역적인 것과 직관적인 것, 논리적인 것과 감성적인 것, 객관적인 것과 주관적인 것, 인지적인 것과 정서적인 것, 사회적인 것과 개별적인 것 사이의 균형을 창조적으로 다룰 수 있어야 한다. 여기에는 수학의 이러한 두 가지 형식을 학습하는 아동의 관점과 두 관점 사이의 전이뿐만 아니라, 다른 형태의 수학적 지능을 사용하는 방법을 학습하는 아동의 관점, 즉 합리적이고 논리적인 지적 능력과 상상하고 공상하는 능력까지 내재되어 있다. 만약 아이들이 수학자가 되려고 하면(새로운 수학의 창조자이든 이미 알려진 수학의 응용자이든) 그들은 결국 이들 사고 양식 모두를 경험하고, 그들 사이를 오가는 방법을 이해해야 하며, 수학을 실행하는 동안 독립적으로 그리고 동시적으로 모두를 기억할 수 있어야 하고, 그들 사이의 균형을 창조적으로 다루는 방법을 알아야 한다(Kline, 1980, p. 298).

이들 이원성(duality)의 기저에 깔린 기본 가정은 이들 양 극단 사이에 무인지대가 있는 것처럼 두 극단의 것들이 서로 다르다는 것이다. 이들 이원성은 마음 대 육체 또는 주관 대 객관이라는 이원성과 같은 서구적 사고 방식과 유사하게 볼 수 있을지도 모른다. 모든 것은 이것 아니면 저것이고, 어떤 것도 둘 다가 될 수 없다는 사고 방식이다. 이는 전통적인 교수법에서 수학을 바라보는 방식이며, 합리적이고 논리적인 것만이 가치 있다고 가정하는 것이다. 그러나 이는 구두 스토리텔링이 기저에 깔고 있는 가정이 아니다. 구두 스토리텔링에서는 수학적 활동이 이 두 가지 이원성 모두를 포함하는 것으로 본다. 이는 서구적 이원성의 개념이라기보다는 중국인들이 모든 것을 구성하는 것은 음과 양의 상호작용이라고 믿은 것과 유사하다.

수학에 대한 교사의 관계

교사와 수학 사이의 관계에 관해 언급할 필요가 있는 것은 대부분은 이미 제시하였다. 그러나 한 가지 사항을 정교화할 필요가 있다. 구두 스토리텔링에서 수학에 대한 교사의 관계는 전통적인 교수법에서의 그것과 아주 다르다. 전통적인 수학 교수법은 강의, 암기, (숙제로 이어지는) 책상에서의 작업에 의존하는 경향이 있다. 교사들은 대체로 강의할 때, 직업상 그들이 마치 전적으로 자신의 외부에서 (보통은 교과서나 교육과정 안내서) 그 기원을 찾을 수 있는 객관적 진리를 학생들에게 전달하는 수단인 양 행동하게 된다. 암기나 복습을 하는 동안 교사들은 반복 설명하는 과정에서 벗어나 아동의 활동을 조정하고 평가하는 자로 행동하게 된다. 아이들이 자리에서 문제(숙제)를 풀 때, 교사들은 수학적 활동에 참여하는 아이들의 감독자나 평가자가 되고, 아이들이 참여하는 수학적인 활동과는 무관하게 서 있게 된다. 대부분 전통적인 교수에서 교사들은 아이들이 학습하는 것을 도와줄 때 힘을 쏟는 정도 이외에는, 수학과 무관하게 서서 그에 대해 관심을 보이지 않으며 인격적인 개입을 하려 하지 않는다.

구두 스토리텔링을 하는 동안, 교사들은 수학과 그들 자신 내면으로부터 나오는 수학 스토리를 제시하게 된다. 각각의 스토리를 들려주는 것은 아주 개인적인 것으로, 교사는 느낌과 생각, 정서와 아이디어, 주관적인 의미와 객관적 의미가 판타지 스토리 선상에서 결합된 방식으로 아이들 그룹에 판타지 및 수학적 의미를 제시하게 된다. 이러한 방식으로 수학을 제시하게 되면, 교사는 그들 자신의 외부에 별개로, 외부에서 기인하는 객관적인 정보를 단지 전달하는 것이 아니고, 그들 자신의 일부까지 제시하게 되어 수학에 인격적으로 개입하게 된다. 구두 스토리를 들려줄 때, 도리스는 자신의 개인적 생각, 느낌, 희망, 기쁨, 유머, 두려움을 드러낸다는 점에서, 교과서를 가르칠 때 했던 것보다 그녀 자신에 대해 더 많은 것을 제시하게 된다.

보다 전통적인 교수법에서는 전달되는 수학이 교사 외부에 기원하며, 교사는 단지 비인격적인 수학을 소통하게 하는 수단일 뿐이다. 구두 스토리텔링에서 제시되는 수학과 스토리는 교사 내면으로부터 나오며, 그 수학은 교사의 인격과 긴밀하게 결속되어 있다. 도리스가 '마법사 스토리'를 들려줄 때, 수학과 이야기는 한데 어울리게 되고, 도리스가 학생들에게 자기 자신에 대해, 자기의 판타지나 자기의 수학적 의미에 관해 들려주는 것과 같이 자기 내면으로부터 나오는 것이다. 구두 스토리를 들려줄 때, 교사들은 학생들에게 자신에 관한 어떤 것을 들려주게 된다. 이와 같이 수학을 자기 자신 속으로 끌어들이게 되면 교사는 자기 자신과 수학을 변형하게 된다. 그들은 수학을 비인격적이고 탈맥락적인 교과에서 매우 인격적이고 맥락화된 것으로, 추상적이고 일반화될 수 있는 교과에서 아주 구체적이고 맥락에 특수한 것으로 변형하게 된다. 그들은 객관적 진리를 전달하는 직업을 가진 하나의 수단에서 청자들에게 자신의 개인적인 신념, 의미, 느낌, 판타지를 전달하는 사람으로 자신을 변형시킨다.

학생들에게 이러한 역할의 차이는 엄청난 것이다. 이는 마치 어떤 전쟁사의 비인격적인 역사적 사실을 읽는 것과 실제 해당 전투에 참전한 군인으로부터 이야기를 듣는 과정에서 그의 흥분, 두려움, 공포, 승리감과 더불어 전투에서의 자기의 개인적인 경험담을 듣는 것의 차이와 유사한 것이다. 이야기 및 이야기 속의 수학에 스토리텔러의 개인적 감정의 이입은 청자로 하여금 이야기 및 이야기 속 수학을 바라보는 관점을 변형시킨다.

교사에게 있어서도 이들 역할에 대한 차이는 엄청난 것이다. 오늘날 전통적인 미국 수학 교수법의 가장 비극적인 요인들 중 하나는, 많은 교사들이 그 교과를 가르치기 싫어하고 그 교과에 대한 실질적 이해나 인식을 발달시키지 않을 만큼 그 교과에 열의를 보이지 않는다는 것이다(Ma, 1999). 그러한 문제의 일부는 대부분의 교사가 실제로 개인적 흥미를 갖지 않는 교과서를 이용해 수학을 가르치면서, 교사 자신의 외부에 있는, 자기 내면과는 단절된 것을 학생들에게 전달하고, 개인적으로 개입되지 않는 교과를 전달하는 데에서 비롯되는 것이다.

교사가 구두 스토리를 들려줄 때, 스토리와 그 안에 담긴 수학은 교사 내면으로부터 나오고, 교사가 스토리와 그 안에 담긴 수학과 더불어 교사 자신에 관해서 조금이나마 학생들에게 들려주기 때문에 다른 어떤 것이 발생하게 되는 것이다. 이것은 많은 교사 및 그들이 가르치는 수학에 큰 변화를 가져다준다. 이것은 교사가 수학을 품을 수 있도록 해주고, 수학을 그들 자신에게 더욱 의미 있는 것이 되도록 해주며, 수학을 가르치는 데 재미를 느끼고 즐기도록 도와준다. 왜냐하면 교사들은 자신의 일부를 가르치는 것이기 때문이다.

Chapter 04

수학적 서사 구두 스토리텔링

교육학적 이슈들

'마법사 스토리'에는 언급할 가치가 있는 여러 가지 교육학적 실제가 존재한다. 그것은 아이들에게 강력한 수학적 경험을 주기 위해 고안된 것이다. 그러한 실제는 대부분 서사적 구두 스토리 속에 쉽게 녹여낼 수 있다. 내적 관련성이나 시간에 따른 순서는 [표 2.1]에 제시되어 있다.

학습과 이해의 다양한 양식

도리스는 학생들이 수학을 할 때 자신에게 가장 적합한 '학습' 또는 '사고' 양식을 사용할 수 있어야 한다고 믿고 있다. 결과적으로 그녀는 학습과 사고에 대한 다른 방식들을 그녀의 많은 스토리 속에서 구성하려고 노력하였다. 이러한 방식은 구두 스토리 작가나 구두 스토리텔러에게는 일반적인 것이다. 그들은 전통적인 교수방법이 가진 문제점 중 하나가 아이들이 수학에 대해 사고하고 학습하는 방식을 한두 가지로 제한시키려 하는 것이라고 믿는다.

수년 동안 교육학자들과 심리학자들은 사람들이 배우고, 생각하고, 인지하고, 문제를 해결하고, 기억하고, 이해하는 서로 다른 방법들에 관해 말해왔다. 예를 들어, 20세기 초반, 비고츠키는 시각적 사고와 언어적 사고의 차이에 주목하였다(1978, p. 33). 최근에는, 많은 연구자들이 주로 시공간 스케치패드(visual-spatial sketchpad)[1]나 조음루프(articulatory loop)[2]를 사용하여 사고를 처리하고 기억하는 과정에 대한 마음의 능력에 관해 발표하고 있다(Baddeley, 1986). 도리스는 '마법사 스토리' 속에서 학생들이 이들 두 가지 사고 방식(시각적인 것과 언어적인 것)을 학생들이 접할 수 있게 하고 있다. 스토리텔러가 도식적인 그림이나 물리적 교구와 함께 구어(oral language)를 사용한다면 스토리 속에 이 두 가지가 쉽게 포함될 수 있다. 인도든 중국이든 일본이든 고대로부터 스토리텔러는 그렇게 해왔으며, 그들은 스토리의 핵심을 도식적으로 제시하는 그림이나 잘 짜여진 스토리보드를 가리키면서 스토리를 들려주었다(Pellowski, 1990).

교육학자들은 서로 다른 사고와 학습 스타일에 관해 설명해왔다. 가드너(Gardner, 1993)는 여덟 가지 서로 다른 지능의 형태를 제시하였다. 그것은 언어 지능, 논리-수학적 지능, 자연친화 지능, 음악 지능, 공간 지능, 신체운동 지능, 대인관계 지능, 자기성찰 지능이다. 그는 모든 사람에게는 이 여덟 가지 지능이 있으나 각 사람마다 역량이나 강점은 다를 수 있으며, 이것은 사람들이 배우고, 사고하고, 인지하고, 문제를 해결하고, 기억하고, 이해하는 데에 영향을 끼친다고 믿는다. 그레고릭(Gregoric, 1979)은 구체적/추상적 학습양식과 임의적/순차적 학습양식에 대해 이야기했다. 또 다른 사람들은 학습 스타일을 구두적, 청각적, 읽기, 쓰기, 도식적, 운동학적, 시각적, 촉각적 관점에서 말한다.

구두 스토리텔링에서는 아동마다 환경과의 상호작용이나 환경을 지각하는 데 있어 선호하는 방식이 다르며, 자신의 세계 내에서 학습하고 사고하고 문제를 해결하고 기억하고 이해하는 데 있어 선호하는 방식이 다르다는 것을 인정하는 것이 중요하다.

서로 다른 학습과 사고 방식을 조절하기 위해 '마법사 스토리'에서 시도하는 것의 기저에는 세 가지 관련된 신념이 자리하고 있다. 첫째, 아이들은 다양한 방식으로 수학에 관해 사고하고 학습한다는 것이다. 둘째, 각 아동이 선호하는 수학학습 방법이나 사고 방법이 다양하고 지능 역시 (자연적인 것이든 길러진 것이든, 아니면 이 둘의 결합이든) 다양하다는 것이다. 셋째, 수학교육이 이루어지는 동안 아이들은 서로 다른 학습 방식이나 사고 방식을 접할 수 있어야 한다는 것이다.

'마법사 스토리'에서 학생들이 수학적 의미를 구성하는 데 있어서 여덟 가지 다른 방식으로 참여하고 있다는 것을 살펴보는 것은 유익하다. 이 모든 것이 다른 구두 스토리나 교

---

1) 스콰이어(Squire)의 기억분류에 의하면, 기억은 감각기억, 단기기억, 작동기억, 중기기억, 장기기억 등으로 분류된다. 그중 작동기억은 중앙제어계, 음운 루프, 시공간 스케치패드로 구성된다. 시공간 스케치패드란 시각적, 공간적 이미지를 조작하거나 보존하는 시스템을 말한다.

2) 감각기억을 통해 받아들여진 정보는 1~2초 정도 지나면 기억 속에서 사라지게 되는데, 정보가 희미해지지 않도록 하기 위해서는 계속적인 반복이 필요하다. 정보를 장기기억에 저장하기 위해 계속적으로 행해지는 반복을 조음루프라 한다.

수 방법에 반영될 수 있다.

[1] 각 아동은 **신체운동적** 행동(bodily-kinesthetic action)을 통해 십진블록을 가지고 덧셈을 실행할 기회를 얻는다. 이러한 행동을 통해 구체적이고 조작적인 학습자는 수학을 이해하는 방식의 기초를 제공받는다. 이러한 행동을 통해 학습자는 덧셈에 대한 직관적이고 준언어적(subverbal)[3]인 이해를 제공받는다.

[2] 십진블록을 통한 활동은 학생들에게 일련의 **시각적 이미지**를 제공하며, 이것은 덧셈 알고리즘의 한 단계와 관련된다. 그 이미지들은 덧셈 알고리즘의 각 단계에서 (일련의 행동 속에서 무엇이 언제 나오게 되는지 지시해준다는 점에서) 본질적으로 시간적이며, 동시에 (십진블록이 물리적으로 배열되는 방식을 나타내준다는 점에서) 본질적으로 공간적이다. 시각적 이미지는 학습자들이 덧셈을 하는 동안 그들의 방법을 이미지화하거나 사고하도록 안내한다.

[3] 각 아동은 **기호적 문자 언어**를 사용하여 수학적 과정의 본질을 기록하는 경험을 하게 된다. 수의 기록은 물리적 행동 및 언어적 표현과 대응되면서 맥락화된다. 수를 기록함으로써 학습자는 덧셈을 단순히 직관적으로 이해하는 것을 넘어서서, 덧셈을 일반화하게 된다.

[4] 모든 아동은 그들 자신이나 학급구성원들이 이해할 수 있는 **언어적 표현**을 구성하게 되며, 언어적 표현을 통해 덧셈 과정을 설명할 뿐만 아니라 십진블록으로 수행한 행동과 숫자를 기록하는 것 사이의 관계도 설명한다. 그러한 언어적 표현에 의해 (실행자의) 신체운동 행위와 (기록자의) 기호적 문자 언어를 조정하게 되며, 아동의 이해를 명확하게 하도록 한다. 언어적 표현은 또한 아이들의 직관적 이해를 보다 (객관화 가능한) 의식적 수준으로 끌어올려준다.

[5] 아이들은 교사와 급우들이 말하는 것에 주목하고 그들의 언어적 표현(verbal articulation)의 의미를 **청각적으로 해석**한다. 소모둠에서 아이들은 화자의 조정된 지시에 따르게 되며, 서로의 언어적 표현이 정확한지 확인하면서 듣는다.

[6] 학생들이 '팅커벨의 덧셈 노래'를 부르고, 율동을 하고, 랩을 따라할 때, 리듬이 포함된 **음악적 표현**은 아이들이 언제든지 자신들의 행동, 쓰기, 표현이 올바른지 되돌아볼 수 있도록 메타인지

---

3) 'subverbal'은 언어에 부수하는 표현과 관계되며, 어조, 속도, 고저, 장단, 강약 등을 통해 전달하고자 하는 의미를 좀더 분명하게 나타내는 것을 의미한다. 일반적으로는 '절반'의 의미로서 '반'을 사용하여 '반언어적'이라고 번역되나, '반'을 '반대'의 의미로 해석될 여지가 있어서 본 역서에서는 '준언어적'으로 번역하였다.

적 구조를 제공한다. 리듬이 부여된 표현은 비음악적 표현과 아주 다른 방식으로 의미를 오래 간직하도록 해주는 것 같다.

[7] **모둠의 개인 간 상호작용**을 통해, 아이들은 소모둠의 구성원으로서 또는 전체 학급의 구성원으로서 **의미를 함께 구성한다.** 언어와 경험을 공유함으로써 공유된 의미를 사회적으로 구성하는 것이다.

[8] 모둠 활동을 한 후, 학생들은 **개인 내적인 반성**을 통해 학습한 것을 통합시키면서 문제를 혼자 해결하게 된다. 혼자 공부하는 동안, 그들은 자신들이 수행한 서로 다른 역할을 조정된 하나의 목표 속에 통합해야 하며, 그들 자신이 독립적으로 그리고 정신적으로 구성한 것의 적절성을 시험하고, 스스로 자신의 학습을 강화해야 한다.

학습자에게 의미를 구성하는 다양한 방법을 제시하는 것은 세 가지 이유에서 중요하다. 첫째, 아이들이 수학적 의미를 구성할 때 자신들이 선호하는 학습 방법이나 사고 방법을 사용하도록 하는 것은 그들이 수학을 배우고, 사용하고, 이해하는 것을 보다 쉽게 해준다. 이것은 대부분의 여성들이 언어적 방식에 의존하는 반면, 대부분의 남자들은 시각적인 방식에 의존한다는 것을 보여주는 최근 연구를 보더라도 중요하다(Casey, Nuttall, Pezaris, &Benbow, 1995). 또한 구두 문화의 가정에서 자란 아이들은 고상한 문자 문화의 가정에서 자란 아이들과는 선호 방식이 본질적으로 다르다는 것도 그러한 사례이다(Nunes, Schliemann, & Carraher, 1993). 성이 다른 아이들이나 가정 문화가 다른 아이들이 모두 수학에 대해서는 공평하게 접근할 수 있어야 한다.

둘째, 학생들에게 다양한 관점으로 수학을 이해하도록 돕는 경험을 제공하여 수학적 의미를 하나 이상의 방법으로 개념화할 수 있도록 하는 것이 중요하다. 수학적 주제를 학습할 때 다중지능을 사용하는 것은 아이들에게 일차원적 이해가 아닌 주제에 대한 다차원적 이해를 제공하게 될 것이다. 여기서 전제조건은 아이들이 어떤 수학적 경험을 다양한 관점에서 이해한다면(예컨대, 공간적 관점과 언어적 관점) 한 가지 방식으로만 이해하는 것보다 그 경험에 대해 더 깊이 이해하고, 더 오래 기억하며, 더 유연하게 사고할 수 있게 될 것이라는 점이다.

셋째, 여러 가지 방법에 의해 수학적으로 사고하는 능력을 계발하는 것이 중요하다. 그렇게 되면 다른 사람들이 수학에 대해 생각하는 방식을 이해할 수 있게 된다. 만약 성이 다르고 문화가 다른 사람들이 사용하는 수학에 대한 주요한 사고 양식에 대해 (능력이 미치는 한) 생각하고, 이해하고, 사용할 수 있다면 아이들이 수학에 대해 사고하고, 이해하고, 파악하는 능력이 훨씬 더 풍부해지지 않겠는가?

수학적 추상화의 언어적 수준

아이들이 서로 다른 언어 수준에서 사고하고 의사소통한다는 사실을 인식하는 것은 수학적 구두 스토리텔러들에게 중요한 일이다. 스토리텔러가 아동의 언어수준을 이해하고 만난다면, 아동의 현재 언어적 수준에서 아동의 학습을 용이하게 할 수도 있고 또한 점진적이고 체계적으로 추상적인 수준의 언어를 학습하고 사용하게 되는 모험을 아이들에게 들려줌으로써 아동의 성장을 도울 수도 있다.

도리스는 추상적인 수학적 언어를 여러 수준으로 분류하였으며, 자신과 학생들이 사용해야 할 언어 유형을 조절하였다. '마법사 스토리'를 들려주는 동안, 도리스는 연속적인 수학적 추상화의 수준에 맞춰서 네 가지 다른 수준의 언어를 선택했다. 그렇게 함으로써 언어를 사고와 일치시키고자 시도하였으며, 언어와 사고가 함께 점진적으로 발전해나갈 수 있도록 계열화를 시도하였다.

자연언어 수준. 아동은 일상에서 경험하는 사건을 말할 때와 같은 방식으로 수학적 상황이나 문제를 기술하거나 사고하는 데 일상 언어를 사용한다.

구체적 표상 수준. 아동은 수학적 상황이나 문제에 관해 설명하거나 사고하는 데 일상 언어를 사용하며, 수학적 상황이나 문제를 표현해주는 물리적 조작물, 구체물, 자료에 대해 언급한다.

구체적 수학적 수준. 상황이나 문제에 대해 설명하거나 사고하기 위해 수학적 언어(용어, 기호, 식, 자릿값 도표와 같은 표현 체계)를 사용하며, 상황이나 문제를 나타내는 물리적 교구나 시각적 이미지에 대해 언급한다.

상징적 수준. 수학적 상황이나 문제를 설명하거나 사고하기 위해 추상적이고 일반화된 용어로 수학적 언어를 사용한다.

도리스는 '마법사 스토리'를 들려주는 동안 수학적 언어를 네 가지 수준으로 체계적으로 순서화하였다. 그녀는 또한 스토리를 들려주는 동안 다음 시간에는 다른 수준의 수학적 언어를 사용하도록 학생들에게 요구하였다. '마법사 스토리'가 시작될 때 그녀는 학생들에게 일상적인 자연언어를 사용하는 것을 허락하였다. 나중에 말하는 앵무새를 도입하면서, 아이들은 십진블록을 가지고 조작할 때 구체적 표상 단계의 언어로 말하도록 요구받았다. 앵무새가 수학적으로 말하는 앵무새가 되면, 학생들은 구체적 수학적 언어를 사용하여야 했다. '마법사 스토리'가 끝날 즈음, 그녀의 학생들은 수학적 기호들을 사용하여 말하고 쓰게 되었다. 도리스는 학생들을 위해 그들이 사용해야 할 언어와 행동을 먼저 주의 깊게 모델링하고 그들이 그녀의 언어와 행동을 모방하도록 함으로써, 학생들이 이와 같은 언어적 수준으로 나아가도록 하였다.

메타인지적 단계. 스토리텔러들은 자신의 사고와 인지적 과정에 대해 사고하는 것을 청자들로 하여금 이해할 수 있도록 하기 위해 메타인지적 수준에서 언어를 구사한다. 더욱이, 스토리텔러들은 청자 스스로 자신의 사고와 인지적 과정에 대하여 사고할 수 있도록 도와주기 위하여 메타인지적 수준에서 언어를 사용하도록 요청할 수 있다. 스토리텔러나 청자들이 그들 자신과 다른 사람의 사고와 사고 과정에 대한 통찰을 얻기 위해 언어를 사용하며, 아이디어를 공유하게 된다. 그러한 아이디어를 공유함으로써, 청자들이 자신의 수학적 지식과 기술, 의미, 사고과정, 행동, 태도, 감정을 더 잘 알고, 이해하고, 접근하고, 통제하고, 모니터링하고, 조직하도록 도울 잠재력을 지닌다. 스토리텔러가 청자에게 자신이나 다른 사람의 사고와 사고 과정에 관한 피드백을 주고 그에 대해 반성할 수 있게 하면 메타인지는 훨씬 더 용이해진다.

메타인지는 '마법사 스토리'에서 여러 가지 방법으로 사용된다. 매일 도리스는 학생들에게 그날 배운 것과 이전에 배운 것(그들이 이미 가지고 있는 지식) 사이의 관계에 대해 반성하게 (그러고 나서 토론하게) 했다. 도리스의 학생들은 또한 '팅커벨의 덧셈 노래'를 부르고, 노래 구절의 의미에 관해 말하고, 새로 등장한 마법사에게 더하는 방법을 설명할 때 메타인지적으로 반성하게 된다.

인지적, 신체적, 정서적, 사회적 참여

인지적, 신체적, 정서적, 사회적으로 청중들을 스토리 속에 참여하도록 하는 것은 구두 스토리텔러들의 기술 중 하나이다. 그렇게 함으로써 스토리텔러들은 그들의 청자들 스스로 다양한 수준의 이야기에 그리고 그 안에 포함된 수학에 그들 자신을 몰입시키도록 돕는다. 이는 스토리와 그 수학적 의미를 생생하게 하여 청자로 하여금 문학적 의미를 깊이 이해할 수 있도록 할 뿐만 아니라 수학적 의미를 깊이 있게 구성할 수 있게 해준다. 또한 충분히 기억할 수 있는 경험을 통하여 스토리를 조직하도록 동기를 제공하여 청자로 하여금 수학을 사용하거나 기억하는 것을 용이하게 해준다.

도리스는 학생들에게 팅커벨과 그녀의 친구들이 덧셈하는 것을 도와주도록 요청함으로써 '마법사 스토리'에 들어 있는 수학에 인지적으로 참여하도록 한다. 덧셈을 하는 동안 박수를 치고 십진 블록을 조작함으로써 마법을 부리도록 돕는 것을 통해 신체적으로 참여하도록 한다. 팅커벨의 생존에 아이들의 행동이 영향을 미친다고 하면서, 그 위험한 여행 중에 있는 팅커벨을 돕도록 함으로써 정서적으로 참여하도록 한다. 학생들은 팅커벨이 마법을 부리고 (보석으로 장식된 악단과 같이) 시각적으로 기억에 남을 만한 사건을 공유하도록 함으로써 정서적으로 참여하게 된다. 도리스는 학생들에게 덧셈 문제를 해결할 때 자신들의 사고와 행동을 주의 깊게 조정해야 한다고 하면서 학생들이 소모둠 별로 함께 작업하도록 요구하였고, 소모둠이나 전체 집단의 활동에서 함께 학습하도록 서로 도우면서 스토리와 그 안에 담긴 수학에 관한 생각과 느낌을 공유하도록 하였으며, 이를 통해 학생들은 '마법사 스토리'에 사회적으로 참여하게 된다.

개별화 수학과 개인화 수학

교육의 전형적인 목표 중에 하나는 아동의 본성과 조화를 이루며 양립할 수 있도록 교수법을 디자인하는 것이다. 이는 종종 개별화 교수법(individualizing instruction)이라고 불린다. 불행히도 개별화 교수법이 무엇인지에 관해서는 다양한 견해가 있다. 하나의 관점은 서로 다른 아이들이 하나의 고정된 교육과정을 자신의 속도에 맞추어 학습해나가도록 하는 것이다. 다른 관점은 아이들이 다양한 교육적 경험을 하면서 다양한 목표를 자신에게 맞는 방식, 즉 개별 교육과정으로 수행하는 것이다.

구두 스토리텔링은 모둠별 과정이기 때문에, 아이들의 능력이나 흥미에 따라 모둠을 구성하지 않으면서 개별화하는 방식이 있는지 물을 필요가 있다. 또한 아이들의 능력이나 관심에 따라 모둠을 구성하지 않으면서 구두 스토리텔링을 개인화하는 방법이 있는지 물을 필요가 있다.

개별화 교수법과 개인화 교수법은 중요한 차이점이 있다. 여기서 **개별화** 교수법은 아동의 서로 다른 능력과 관점에 맞추는 것을 의미한다. **개인화** 교수법은 교수과정에서 각 아동 자신이 개인적으로 결정적이고 핵심적인 활동자임을 이해하도록 교수법을 조정하는 것을 의미한다.

무엇보다도, 개별화 교수법은 아이들의 학습 양식에 교수법을 맞추는 것을 포함한다. 앞서 논의한 바와 같이, 도리스가 '마법사 스토리'에서 개별화 교수법으로 제공한 방법은 학생들에게 그들의 서로 다른 학습 프로필과 일치하는 방식으로 학습할 기회를 제공하는 것이다.

개인화 교수법은 무엇보다 아이들이 개개인으로서 자신의 독특한 자아 및 사회적 집단으로서 자신의 학급을 직접적으로 관련시킬 수 있다는 것을 이해하도록 가르치는 것을 포함한다. 예컨대, 어떤 수준에서는 학생들 자신이나 가족들, 반 친구들, 학교 사람들과 관련된 덧셈 문제를 만들어서 학생들이 그 문제를 해결하도록 함으로써 교수법이 개인화될 수 있다. 로라는 스토리의 인물에 반 학생들의 이름을 붙임으로써 이를 구현하고자 한다. 또 다른 수준에서는, 지도하는 동안 아이들이 개인적으로 몰입할 수 있도록 중대한 역할을 부여함으로써 개인화할 수 있다. 도리스는 '마법사 스토리'에서 학생들에게 박수를 쳐서 팅커벨이 마법을 부리는 것을 돕게 하거나, 마법사가 덧셈을 이해하도록 '팅커벨의 덧셈 노래'를 부르고 그것에 대해 토론하게 하거나, 불도저나 말하는 앵무새, 기록하는 고릴라의 역할을 하게 함으로써 개인화하도록 한다. 구두 스토리를 통해 수학을 개인화하는 다른 방법들은 앞 장에서 제시되었다. 하지만 개인화 교수법과 관련하여 부가적인 두 가지 문제를 제기할 필요가 있다.

첫째, 교사들이 수학을 제시할 때 사용하는 말하기 스타일은 학생들이 수학에 참여하고, 수학에 대해 생각하고, 수학을 이해하는 개인적인 방식에 엄청난 영향을 줄 수 있다. 보다 전통적인 교수법에서는 주로 (유클리드 기하학의 증명에서와 같이) 공리적인 논증 방식과 정당화에 있어 연역적 규준에 기초한 말하기 스타일을 사용하는데, 이는 아이들로 하여금 수학은 아이들이 아닌 성인을 위한 것이라고 생각하게 하는 경향이 있다. 이러한 형태의 말하기를 통해 암묵적으로 아이들은 수학을 자신의 삶의 맥락에서 개인적으로 적절하지도 않고 관련도 없는 것으로 받아들이게 된다.

대조적으로 수학적인 구두 판타지에서의 말하기 스타일로 구현되는 숨겨진 메시지는 완전히 다른 메시지를 전달하게 된다. 왜냐하면 스토리텔러들이 비유적이면서도 변화무쌍한 언어를 사용하는 개인적인 방식은 판타지, 유추, 상상력, 은유, 의미와 감정의 간주관적 공유를 풍부하게 활용하기 때문이다. 이러한 언어를 통해 아이들은 수학이 자신에게 개인적인 의미를 갖는 것이고, 생각해볼 수 있는 것이며, 자신이 실행하고 있거나 실행하기 원하는 것으로 받아들이게 된다.

둘째, 개인화 교수법와 관련된 근본적인 문제는 서로 다른 문화적, 사회경제적 배경을 고려하면서 아이들의 본성에 맞게 교수법을 어떻게 조절할 것인가 하는 것이다. 피상적 수준에서, 문화적 문제는 이야기 속의 등장인물이나 배경을 바꿈으로써 다소 쉽게 처리될 수 있다. 예를 들어, 말하는 앵무새는 (남미대평원의 민간신화에 나오는) 까마귀나, (아프리카의 민간신화에 나오는) 아나시라는 거미, (푸에르토리코의 민간신화에 나오는) 코퀼이라는 청개구리로 대체할 수 있다. 좀더 깊은 수준에서 보면, 문화, 사회경제적인 문제는 스토리에 나오는 등장인물의 이름에 담긴 것 이상으로 학습에 훨씬 더 큰 영향을 준다. 예를 들어, 도시의 아프리카계 미국인들과 히스패닉계 문화에서는 문어에 비해 구어가 상대적으로 강력한 역할을 하는데 어떤 사람들은 그 점을 어떻게 고려할 것인지 궁금해할 것이다. 반대로 변두리 백인 문화에서는 구어에 비해 문어가 상대적으로 강력한 역할을 한다. 그러한 질문은 교육에 대한 문화적 지배나 교육에 대한 평등한 접근방식과 관련된 예민한 정치적 문제이다. 이 문제들은 나중에 다룰 것이다.

수학 문화 학습

수학의 본질에 관한 질문을 할 때에는 반드시 아이들에게 가르치는 과목과 관련된 것인지 고려해야 한다. 수학이 본질상 순전히 지적인 과목인가? 그것은 사실, 그림, 알고리즘, 어떤 것에 대해 사고하고 증명하는 연역적 공리적 방식의 집합인가? 아니면 자신을 수학자라고 하는 사람들이 공유하는 문화적 성향인가? 수학자들이 가지고 있는 수학에 대한 사랑, 수학의 아름다움에 대한 강박관념, 수학의 힘에 대한 몽상까지도 포함하는 것인가? 우리가 아이들에게 가르치는 교과는 수학자들이 연구하면서 물리적으로 구성하는 모델이나 그들이 다루는 문제와 관련하여 그린 그림, 그들이 사고할 때 사용하는 다이어그램이나 낙서까지 포괄하는 것인가? 수학자들이 자신의 성과물을 사회화하고 공유하는 방식, 연구결과물을 발표하는 방식까지 포함하는가?

여기서는, 수학이 하나의 문화이며, 수학이라는 객관적인 문화유산뿐만 아니라 수학 문화의 주관적인 요소도 고려해야 한다는 입장을 취한다. 과거에 우리는 주로 수학의 객관적 사실을 전달하는 데 관심을 기울여왔다. 즉, 수학적 사실, 개념, 알고리즘, 문제해결 방법 등이 그것이다. 도리스는 '마법사 스토리'를 들려주면서 수학의 관습적이고 객관적인 사실 중 하나인 덧셈의 표준 알고리즘을 가르치려고 한다.

하지만 도리스는 또한 학생들에게 수학 문화의 주관적인 측면을 가르치려고 노력한다.

즉 수학이 재미있을 수 있다는 것을 가르친다(학생들은 스토리에 참여하는 것을 즐긴다). 또한 우리가 정신적인 것 외에도 손으로 작업을 하면서 수학을 이해할 수 있다고 가르친다(학생들은 십진 블록으로 작업을 한다). 수학을 통해 우리가 사는 세계를 더 잘 이해하고 조절할 수 있게 해준다고 가르친다(팅커벨은 생각 많은 산에서 수학을 사용하고, 도리스의 학생들은 수학을 사용하여 팅커벨을 돕는다). 우리가 수학에 대해 사고하도록 돕기 위해(학생들이 불도저, 앵무새, 고릴라의 입장에서 수학에 관해 조작하고, 말하고, 쓰는 것에 대해 생각하면서 행동하는 것처럼) 우리의 상상력이나 판타지를 사용할 수 있다고 가르친다. 수학에 아름다움이 있다고 가르치며, 수학이 (보석으로 장식된 행진하는 악대에서 덧셈을 보았을 때 아이들이 발견했던 것처럼) 우리가 사는 세상에서 아름다움을 볼 수 있도록 도와줄 수 있다고 가르친다. 우리가 개개인으로 뿐만 아니라 사회적 집단에서, 특히 (덧셈을 하는 동안 불도저, 앵무새, 고릴라가 협력했던 것처럼) 복잡한 과정을 쪼개서 각자 다른 역할을 조화롭게 수행한다면 수학을 학습할 수 있을 뿐만 아니라 수학을 실행할 수 있다고 가르친다. 수학이 다른 사람에게 가르칠 만하다는 것을 알려주고 있으며, 또한 (학생들이 스토리 속에서 행했던 것과 같이, 상호의존성의 원칙, 교차 또래 교수 상호작용의 원칙, 집단 반성 과정의 원칙에 따라 행동하면서) 다른 사람에게 수학을 가르치고 수학에 관해 다른 사람들과 의사소통함으로써 우리 스스로 수학에 대해 더 잘 이해할 수 있게 된다고 가르친다. (은유, 물리적 교구, 서로 다른 사고와 학습 스타일, 기호적 기록을 포함해서, 스토리 속에서 사용된 모든 것에는) 수학에 대한 폭넓은 객관적, 주관적 사고 방식이 있다고 가르친다.

여기서 중요한 것은 수학 문화의 또 다른 차원인 수학의 가치, 태도, 신념 등과 분리하여 수학 내용을 가르치지 않는다는 것이다. 팅커벨 이야기는 문화적 신념과 사회적 가치를 구현함과 동시에 수학 알고리즘을 설명하고 있다. 결과적으로 아이들은 수학적 개념이나 기능을 배우는 동안 수학의 폭넓은 문화적 측면을 배우게 되고, 수학은 객관적인 개념 혹은 기능과 관련될 뿐만 아니라 주관적인 의미, 정서적인 감정, 수학적 가치와 관련된다는 것을 배우게 된다. 앞 장에서 논의된 바와 같이, 구수 스토리를 진행하면서 제시되는 수학의 문화적 측면은 교실 내의 모든 수학적 활동과 관련될 수 있으며, 수학적 문화 형성에 기여할 수 있게 된다.

'마법사 스토리'를 들려주면서 수학의 문화적 차원에 대해 소통하기 위해, 도리스는 학생들에게 수학의 문화에 **관해 말해주지** 않았다. 학생들은 독립된 과목으로서 수학 문화를 **공부하지** 않았다. 오히려 도리스는 배워야 할 몇몇 차원의 수학적 문화에 학생들을 **포함시키고,** 학생들이 배워야 할 수학 문화의 인지적, 정서적, 사회적 속성을 (학생들이 해야 할 역할인)

스토리의 등장인물 속에 구현한다.

여기에서 서사적 구두 스토리텔링이라는 사회적 매체는 객관적 지식의 조직체에 대한 전달자로 작용할 뿐만 아니라 수학 문화의 전달자로도 작용한다.

수학적 사고의 모델링

스토리 내에서 아이들이 수학에 참여할 때, 세 가지의 참여 수준이 확인되었다(Schiro, 1997).

수준 1: 청자는 수학적 노력의 결과물을 관찰하며, 수학이 어떻게 수행되었는지에 대해서는 듣지 못한다.

수준 2: 청자는 수학이 실행되는 동안 등장인물이나 저자의 사고 과정에 대해 들으면서 수학이 어떻게 실행되었는지를 알게 된다. 하지만 스토리를 이해하거나 인식하기 위해 청자가 수학을 실행해야 한다고 요구받지는 않는다.

수준 3: 청자는 스토리를 의미 있게 이해하기 위해 스토리 속의 수학을 실행하도록 요구받고, 그 행동을 따라 한다.

아동 도서는 종종 아이들로 하여금 이들 세 가지 수준 모두에서 스토리의 문학적 차원에 참여하도록 요구한다. 하지만 수학의 경우 거의 수준 1 이상으로 수학에 참여하도록 요구하지는 않는다. 예를 들어, 《*The Doorbell Rang*》에서 12개의 쿠키를 2, 4, 6, 12명의 아이들에게 반복적으로 나누어주는 것을 통해 독자들은 결과를 알게 된다. 그러나 독자는 각각의 아이가 가지게 되는 정확한 쿠키의 수를 어떻게 결정하는지에 대해서는 전혀 듣지 못한다.

이와는 대조적으로, '마법사 스토리'에서 도리스는 아이들에게 수준 2, 3의 수학을 제시한다. 수학을 수준 2에서 보여주는 예는 첫째 날 말하는 불도저(팅커벨)가 소리 내어 차례차례 덧셈에 대해 깊이 생각해나가는 것을 도리스의 학생들이 들을 때 나타난다. 이후 곧바로 도리스는 학생들에게 팅커벨의 행동을 모방하게 하고, 그녀가 했던 것과 같은 방식으로 실제로 덧셈을 수행하게 함으로써 수준 3의 단계로 나아간다.

'마법사 스토리'의 중요한 요소 중의 하나는 학생들을 수준 2와 수준 3으로 반복적으로 끌어들인다는 것이다. 먼저 수준 2에서 학생들을 위해 수학적 시도를 모델링하고, 수준 3에서 학생들이 수행하도록 체계적으로 진행한다. 이는 보통 다음과 같이 진행되는 매일의 에피소드의 구조에서 볼 수 있다. 첫째, 스토리의 일부를 들려준다. 그러고 나서 이미 생각 많은 산에서 덧셈을 성공적으로 수행한 마법사가 새롭게 풀려난 마법사에게 그것을 수행하는 방법을 가르쳐줄 때, 등장인물들 사이에서 지금껏 학습한 수학에 대한 토의가 이루어진다. 그 다음 '팅커벨의 덧셈 노래'를 부르게 된다. 덧셈을 하는 방법에 관한 시연(수준 2 활동)을 제시하는 형식으로 더 많은 구두 스토리를 들려주게 된다. 학생들은 소모둠으로 나뉘어서 방금 시연된 수학적 활동을 똑같이 반복하게 된다(수준 3 활동). 그 후 학생들은 그들이 방금 수행한 수학적 활동이 이미 배운 수학과 어떻게 관련되는지 토의한다. 마지막으로 약간의 구두 스토리를 더 듣고 그날 스토리가 끝나게 된다. 여기서 본질적인 것은 수학에 대한 주의 깊은 시연이 있은 후에 학생들이 시연된 수학을 반복하는 활동을 포함하는 교수 모델이다.

브라이언 캠본(Brian Cambourne)의 접근법(Lawson, 1995)인 총체적 언어[4] 이론의 맥락에서, 도리스는 자신이 '마법사 스토리'에서 수행한 것을 학습에 대한 구성주의자적 접근이라고 개념화한다. 캠본(1988)에 따르면, 아이들이 언어를 배울 때 8개의 서로 관련된 사건이 일어난다. 즉 **몰입**하고, **시연**하며, **참여**하는 데 있어서 **기대**와 **책임감**의 맥락이 존재하고, 그 상황에서 아이들은 언어에 **반응**하며, 언어에 **정밀**해지고, 언어를 **사용**하게 된다. 도리스는 서사적 구두 스토리텔러로서 시도한 결과, 그러한 사건이 무엇을 의미하는지 다음과 같이 해석한다.

학생들은 스토리에 **몰입**하면서 수학적 시도에 **몰입**하게 된다. 구두 스토리텔링의 바로 그 본성 때문에 그들은 인지적으로, 정서적으로, 물리적으로, 사회적으로 '마법사 스토리'와 그 안에 담긴 수학에 둘러싸이게 된다.

학생들이 배워야 할 수학적 시도가 학생들에게 **시연**된다. 즉, 수학이나 그 규칙에 **관해** 듣는 것이 아니라 **어떻게** 수학을 실행하는지를 보게 된다. '마법사 스토리'에서 도리스의 학생들은 불도저가 십진 블록을 움직이는 것을 보고, 앵무새가 덧셈에 대해 깊이 생각하는 것을 듣고, 고릴라가 신중하게 정해진 방법에 따라 기록하는 것을 본다.

몰입과 시연이 효과적이기 위해서는 학생들은 배우게 될 수학에 **참여**해야 한다. **참여**는 학생들이 소모둠으로 마치 자신이 불도저, 말하는 앵무새, 기록하는 고릴라 역할을 하면서

4) 총체적 언어(whole language)란 문장의 부분적인 요소인 단어를 모두 이해한 후 문장을 이해하는 것이 아니라, 문장의 전체적 맥락을 이해하면서 언어를 이해하는 방식을 의미한다. 따라서 듣기와 말하기, 읽기와 쓰기 기능을 분리해서 가르치는 것이 아니라 통합적으로 제시하는 것을 지향한다.

덧셈 시연을 반복하는 활동을 할 때 발생하게 된다.

'마법사 스토리' 안에서 몰입, 시범, 그리고 참여는 기대와 책임감의 맥락에서 일어난다. 도리스가 스토리를 제시한 방법 때문에, 학생들은 스토리에 참여할 수 있고 수학을 실행할 수 있을 것이라고 기대하게 된다. 게다가 학생들이 정서적으로 스토리에 동참하게 되면서, 생각 많은 산에 갇힌 마법사들을 구출하는 데 필요한 수학을 학습해야 할 책임감을 얻게 된다. 또한 모둠으로 작업해야 한다는 도리스의 규칙 때문에, 수학 학습에 대한 책임감을 갖게 되며, 모둠에서 그들은 서로 학습하는 것을 도와주어야 한다는 책임감을 갖게 된다.

학생들이 '마법사 스토리'를 통해 수학을 배울 때, 그들이 배우고 있는 수학을 사용하면서, 처음 시도에서는 최종적인 완벽한 행동이나 이해를 보여주지 않은 상태의 정밀함에 의해 학습하면서, 동료나 도리스로부터 올바른 혹은 올바르지 않은 행동이나 이해에 대해 반응을 받으면서 학습하게 된다. 매일 스토리를 들려주는 동안, 도리스는 학생들에게 시연해 준 행동을 사용하도록 요구한다. 학생들은 스토리의 초기부터 최종적인 완벽한 행동이나 이해를 보여달라는 요구를 받지는 않는다. 그들은 5일의 기간에 걸쳐서 그러한 행동과 이해에 정밀해지면서 점진적으로 학습하게 된다. 여기서 중요한 것은 아이들은 급우들이나 도리스로부터 자신의 정밀한 행동과 이해에 대하여 반응을 얻는 것이며, 급우들과 도리스는 요구되는 행동과 이해에 대해 점점 더 정밀해지도록 돕는다는 것이다.

교구, 노래, 마술 도구의 사용

'마법사 스토리'를 들려주는 동안, 도리스는 보통은 수학과 관련되지 않은 것을 수학과 연결 짓는다. 스토리 속에서 아이들은 손뼉을 세 번 침으로써 마법을 부리도록 돕고, 돌에 새겨진 마법의 영상적 기호에 관해 배우며, 연두색 돌 연필을 사용하고, 보석으로 장식된 행진하는 군대와 같은 형태로 그들에게 제시된 문장제를 가지게 되고, 알고리즘을 실행하기 위해 십진 블록을 사용한다. 스토리 속에서 그들은 수학을 '팅커벨의 덧셈 노래' 부르기와 관련짓고, 수학적 영웅(팅커벨)의 가치를 헤아려보고, 말없는 불도저, 말하는 앵무새, 글쓰는 고릴라가 되어봄으로써 수학을 실행하게 된다.

스토리를 들려주면서 이러한 장치들을 사용하는 것이 스토리텔러에게는 새로운 것이 아니다. 브르타뉴의 바딕이라는 스토리텔러는 노래와 시를 사용했다. 호머와 고대 산스크리트 성전은 구두 스토리텔러가 노래를 사용한 것에 관해 언급한다. (마법이 일어나도록 손뼉을 치거나 청자들이 스토리의 등장인물인 것처럼 행동하도록 함으로써) 스토리에 청자가 들어오도록 하는 것은 구두 스토리텔러의 전통적인 기교의 한 부분이다. 스토리텔링을 하는 동안 마법의 그림, 그림카드, 그림을 이용했다는 것은 2000년 전 힌두교 스토리텔링에 묘사되어 있다. 그리고 최근에는 태국의 피난민 수용소에 있는 일본 전통 스토리텔러와 몽족 스토리텔러 사이에서 그러한 것을 사용하는 것이 인기를 끌고 있다. 스토리텔링을 하면서 마법의 그래픽 기호를 사용하는 것은 호주의 원주민들(그들은 스토리텔링을 하는 동안 모래에 그림을 그린다)과 남서쪽 알래스카에 있는 에스키모(그들은 뼈나 상아로 특수한 마법의 칼을 만들어서 아이들에게 나누어주고, 스토리를 말하는 동안 눈 위에 그림을 그리도록 한다) 사이에서 널리 사용된다. 파나마의 스토리텔러는 인형을, 일본 스토리텔러는 부채를, 러시아 스토리텔러는 가면을, 우간다 스토리텔러는 창을, 중국 스토리텔러는 대나무로 된 딱딱이(clapper)와 나무 블록들을 사용한다. 그리고 전 세계의 구두 스토리에는 언제나 위대한 영웅이 등장한다. 《라마야나》와 같은 고대 구두 스토리에는 그들의 모험에 대한 것이 전부이다(Pellowski 1990).

물리적 조작물, 노래, 위대한 영웅, 연극, 마술 활동, 도구, 그래픽 기호, 그 외 다른 장치들이 수학적인 구두 서사 스토리에 우연히 나타난 것은 아니다. 그러한 것들은 모두 다음의 다섯 가지 목적 중 하나 이상의 목적 때문에 존재하는 것이다. 즉, 청자의 주의를 집중시키거나 스토리에 청자가 참여하도록 장려하기 위한 것, 아이들이 수학을 수행하거나 이해하도록 하는 것, 아이들이 수학을 기억하도록 돕는 것, 아이들이 수학에 대한 바람직한 태도를 가지도록 돕는 것, 아이들이 교실에서 사회적 가치와 문화적 규범을 배우고 만들도록 돕는 것 등이다.

청자의 주의를 집중시키거나 스토리에 청자가 참여하도록 장려하기 위하여, 도리스는 팅커벨이 마법을 부리는 것을 돕기 위해 학생들에게 손뼉을 세 번 치거나 '팅커벨의 덧셈 노래'를 부르도록 한다. 수세기 동안 구두 스토리텔러들은 청자를 즐겁게 하고 문화적 전통을 전수하기 위해 그러한 기술을 사용해왔다.

아이들이 수학을 수행하거나 이해하도록 돕기 위하여, 도리스는 그 자신이 본보기를 보이면서 학생들이 말없는 불도저, 말하는 앵무새, 기록하는 고릴라의 역할을 수행하도록 요구한다. 맡은 역할을 수행하는 것은 종종 그 역할을 이해하도록 돕는다. (십진 블록과 같은) 수학 교구를 사용하는 것이나 (새로운 학습이 이전에 학습한 것과 어떻게 관계되는지) 모둠 토의를 하는 것은 〈학교 수학을 위한 교육과정과 평가 규준(*Curriculum and Evaluation Standards for School Mathematics*)〉에서 추천하는 학습 보조 도구이다(NCTM, 1989).

아이들이 스토리를 통해 배운 **수학을 기억하도록 돕기 위하여,** 도리스는 학생들이 "부릉, 부

릉, 부릉"이나 "삐, 삐, 삐"와 같은 소리를 내게 했고, 불도저, 앵무새, 고릴라처럼 행동하게 한다. 생생한 이미지와 관련된 수학적 행동과 생각들이 그러한 학습 보조 도구와 관련지어지지 않은 수학보다 더 쉽게 기억된다고 느끼기 때문이다. 만약 학생이 기억하지 못할 경우, 소리나 역할 중 하나가 학생들로 하여금 잃어버린 의미를 기억하거나 재구성하도록 도울 것이다.

아이들이 수학에 대한 바람직한 태도를 가지도록 돕기 위하여, 구두 스토리텔러들은 종종 아이에게 노래나 마법의 시를 배우게 한다. 예를 들면, 하나의 구두 스토리에서 학생들은 《*The Little Engine That Could*》(Piper, 1990)에 있는 짧은 마법의 시 2개를 배운다. 문제를 시작하기 전에 학생들은 몇 초 동안 조용히 앉아 있어야 하고, 잠시 후 말한다.

나는 내가 할 수 있다고 생각해.
나는 내가 할 수 있다고 생각해.
나는 내가 할 수 있다고 생각해.

어떤 문제를 해결한 후에, 아이들은 말한다.

나는 내가 할 수 있다는 것을 알았어.
나는 내가 할 수 있다는 것을 알았어.
나는 내가 할 수 있다는 것을 알았어.

이 2개의 짧은 주문은 아이들이 활동을 시작하기 전에 먼저 준비를 하고 활동을 완성한 후 자축하도록 함으로써 그들이 수학을 할 수 있다는 태도를 발달시키기 위해 특별히 고안된 것이다.

수학교육이 이루어지는 동안 아이들이 유용한 사회적 가치와 문화적 규범을 배우도록 돕기 위하여, 도리스는 학생들에게 '팅커벨의 덧셈 노래'를 부르도록 하고(모둠 활동은 모둠 정신을 만든다), 소모둠으로 작업할 때 모둠의 성공은 각 구성원 모두가 협력하여 함께 공부하고 서로의 노력을 지원하는 것에 달렸으며(이것은 도리스의 교실에서 상호 보완적 가치를 만들도록 돕는다), (학생들이 존경하고 그들이 사회적 가치를 모방하기 원하며 호감이 가고 힘이 있는) 팅커벨과 같은 수학의 위대한 영웅이 되어보도록 한다. 스토리 속에서 수학이 제시될 뿐만 아니라, 수학이 도입되면서 교실의 사회적 가치와 문화적 규범이 구현된다.

도리스가 '마법사 스토리'에서 사용한 교구, 노래, 마법 도구, 마법 행동은 구두 스토리텔러가 청자로 하여금 집중하게 하는 데 사용하는 유일한 학습 장치는 아니다. 구두 스토리텔러는 (그들이 스토리를 들려줄 때 벽에 붙이고 가리키는) 스토리보드, 꼭두각시 인형, (청자들이 반드시 참여해야 하는) 역할극, 시, 학문적인 게임, 춤, 합창과 같은 다양한 것들을 사용한다. 우리는 '이집트 스토리'가 제시되는 이후 장에서 이와 같은 것들이 얼마나 많이 사용되는지 보게 될 것이다.

부분적으로는 물리적 교구, 노래, 꼭두각시 인형, 시, 위대한 영웅, 연극, 마법 행동과 같은 것을 수학과 연결 지은 결과로서, 구두 스토리를 통해 수학을 배운 아이들은 전통적인 교수법에 의해 수학을 배운 아이들과는 다른 방식으로 수학을 보게 된다. 그 차이는 아이들의 수학에 대한 이해, 수학에 대해 느낌, 신예 수학자가 된 것 같은 느낌을 갖는 데 큰 영향을 줄 수 있다.

Chapter 05

수학적 알고리즘을 가르칠 것인가, 가르치지 않을 것인가

20세기에 교육학자들은 수학을 가르치는 방법에 관한 수많은 논쟁을 해왔다. 20세기 중반에, 교육학자들은 아이들이 수학을 이해하는 것과 수학을 실행할 수 있는 것 중 어느 것이 더 중요한지에 대해, 즉 개념적 지식과 절차적 지식 중 어느 것이 중요한지에 대해 논쟁했다. 결국 교육학자들은 둘 다 중요하며, 아이들이 개념적 지식과 절차적 지식 사이의 관계를 이해하는 것이 절대적으로 필요하다는 결론을 내렸다.

20세기 후반에는 또 다른 논쟁이 시작되었다. 새로운 논쟁은 수학교육학자들이 '구성주의'라 부르는 새로운 철학과 '의미'라고 불리는 새로운 형태의 지식을 발견함으로써 발생했다. 〈학교 수학을 위한 교육과정과 평가 규준〉(NCTM, 1989)의 출간과 더불어, 교육학자들은 점점 (수세기 동안 수학자들에 의해 축적된 지식을 배우게 하는 것과 대조되는) 수학에 대해 학생들 스스로 개인적인 의미를 구성하는 데 초점을 맞춘 교수를 요구하게 되었다.

학교 교육 과정에 수학적 의미를 점차 도입하게 되면서, 학교에서 아이들이 배워야 할 지식의 형태에 관한 논쟁이 추가되었다. 아이들은 수학을 이해해야 하는가, 사회에서 생산적인 기능을 위해 필요한 수학을 실행할 수 있어야 하는가, 그들 자신의 개인적인 수학적 의미를 구성해야 하는가? 캘리포니아에서 20세기 마지막 몇 년 동안 절차적 지식(기능) 대 구성주의적 지식(의미)에 대한 논쟁이 뜨겁게 이루어졌다. 그 논쟁에서 총체적 수학과 총체적 언어는 수학에서의 기능적 접근 및 읽기에서의 음성학적 접근에 맞서는 것이었다. 또한 개념적 지식(이해)과 구성주의적 지식(의미) 사이의 논쟁은 "기본으로 돌아가라(back to basics)!"라는 모토 아래 10년 이상 계속되었다.

이들 논쟁은 오늘날까지 지속되고 있다. 기능을 직접 가르치는 것이 아이들에게 유해하다고 비난하는 구성주의자들이 있다. 마찬가지로 기능운동주의(skill movement)나 이해운동주의(understanding movement)는 구성주의적 지도방법을 사회 파괴적인 것이라고 비난한다.

구두 스토리를 통해 여러 자릿수의 덧셈 알고리즘을 지도하는 것을 제시하면서, 이 책은 이해, 기능, 의미 중 어느 것이 학교에서 가르치는 수학적 지식의 주요한 형태가 되어야 하는가에 대한 논쟁의 한복판에 들어왔다. 현재 많은 수학교육자들 사이에서 받아들여지는 교육학적 입장은 직접적으로 산술 알고리즘을 아이들에게 가르치는 것의 부작용에 관해 언급하고 있으며, 학교에서 알고리즘을 가르치지 말고 오히려 아이들이 문제를 해결하는 자신만의 방법을 찾도록 해야 한다(Kamii & Dominick, 1998; Burns, 1994; Madell, 1985)고 주장하기 때문에, 알고리즘을 의미 있게 가르칠 수 있다고 주장하는 것은 현재의 교육학적 입장에 맞서는 것이 된다. 알고리즘의 해로운 영향에 대해 제시되고 있는 이유도 그 자체로 문제가 있지만, 아이들에게 알고리즘을 의미 있게 가르칠 수 있다고 믿고 있는 우리 같은 사람들에 대한 반론이 전문 서적에서 공공연하게 논의되지 못하고 있다는 점도 매우 안타깝다.

이 책에서는 학교에서의 알고리즘을 지도하는 것이 아이들에게 해가 된다는 주장에 맞서고 있다. 여기서는 알고리즘 지도가 의미 있게 그리고 재미있게 가르쳐질 수 없다는 주장에 대한 반례를 '마법사 스토리'를 통해 제시한 것이다. '마법사 스토리'는 덧셈을 의미 있게 가르치는 한 가지 방법(결코 유일한 방법은 아니지만)을 보여준다.

이 장에서는 알고리즘 지도가 이해, 기능, 의미의 습득을 모두 요구하는 복잡한 과제이며, 더 나아가 아이들이 기능, 이해, 의미 사이의 관계를 스스로 의미 있게 구성하는 것이 중요하기 때문에 학교에서는 알고리즘 지도를 하지 말아야 한다는 주장에 맞선다. 알고리즘 지도는 우리의 다차원적인 수학 지식의 토대를 일차원으로 끌어내릴 수 있는 단순한 과제가 아니다. 오히려 이해, 기능, 의미, 가치를 가르치는 것이 세심하게 조정되고, 배열되고, 종합되어야 하는, 균형을 이루는 행동이다. 이 책에서는 알고리즘을 가르치는 교사와 스스로 알고리즘을 발명하는 아이들 중에서 어떤 입장을 선택할 필요가 있는지에 대한 것이 아니라, 이들 두 가지 행동이 상호보완적으로 작용할 수 있고 서로 풍부하게 해준다는 입장을 암묵적으로 취한다.

만약 탈맥락적 규칙(예컨대, 나눗셈에서 '어림하고, 곱한 다음, 빼는 등')을 기계적으로 암기하고 기계적으로 학습하는 직접 교수를 겨냥한 것이라면 알고리즘 지도의 해로운 영향에 대한 교육자들의 주장이 정당화될 수도 있다. 그러나 그러한 논쟁은 알고리즘을 지도하는 모든 방법을 비난하는 것처럼 보여 부적절해 보인다. 또한 학생이 알고리즘을 학습하도록 어떻게 도와야 할지의 문제에 대해 제시되고 있는 해결책도 부적절한데, 이는 마치 교사로 하여금 알고리즘을 가르치지 말도록 하는 것처럼 보이기 때문이다.

우리가 알고 있듯이 학생들은 오랜 시간 동안 다양한 경험에 기초하여 수학적 의미를 구성하게 된다는 것을 고려해볼 때, 아이들에게 오직 기계적으로 암기하도록 하고, 기계적, 탈맥락적 직접 교수만을 제공하고 스스로 수학적 의미를 구성할 시간을 주지 않는 것은 문제가 많다. 그러나 수세기에 걸친 수학적 시도를 통해 문화적으로 구성되고 정제되어온 알고리즘을 제공하지 않고, 아이들에게 의미 있는 직접 교수를 제공하지 못하게 하는 것도 문제가 있는데, 왜냐하면 아이들에게 그들의 문화적 유산을 박탈하는 것이기 때문이다.

우리는 의미 있는 직접 교수법(meaningful direct instruction)과 학생에 의한 발견법(student discovery)을 적절하게 혼합하여 학생들에게 제공할 필요가 있다. 예컨대, 다른 연산 교수법뿐만 아니라 ('마법사 스토리'에서 기술된) 여러 자릿수 덧셈의 경우에는, 최소한 세 가지 형태의 경험을 포함시키고 아이들이 이를 반복해서 경험할 수 있도록 해야 한다.

경험의 첫 번째 유형은 어린이들에게 초기 덧셈 개념을 여러 자릿수로 확장하고 자릿값 개념과 연결하여 여러 자릿수 덧셈의 의미를 소개하는 것이다. 어린이들은 다양한 실세계 상황 혹은 판타지 상황을 통해 공부하여야 하며, 그러한 상황 속에서 스스로 알고리즘을 찾고, 그 결과를 친구들과 공유하고, 그들이 찾은 알고리즘의 정확성, 이해의 용이성, 효율성 등을 비교하도록 격려해야 한다. 그들은 (사과의 갯수와 같은) 이산량과 (거리와 같은) 연속량을 이용한 다양한 범위의 문제를 해결해야 한다. 그들은 (페니와 같은) 실세계 자료, (유니픽스 큐브[1]와 같은) 물리적 표상, 영상적 표상, 수학적 기호들로 이루어진 과제를 해결해야 한다. 자릿값 개념은 다양한 조작물을 통해 도입해야 한다. (멀티링크 큐브[2]와 같은) 어린이들 스스로 일, 십, 백의 그룹으로 조합할 수 있는 자료, (십진블록과 같이) 시각적으로 이미 일, 십, 백 형태로 구조화된 자료, (동전이나 화폐와 같은) 비비례 자료 등이 그것이다. 어린이들은 일, 십, 백의 단위로 공장 재고물품을 포장하거나 교실 가게에서 아이템들을 사고 파는 문제를 해결할 방법을 찾기 위해 이런 자료들을 이용해야 한다. 자릿

1) 유니픽스 큐브(unifix cube)란 끼워서 일렬로 쌓을 수 있는 정육면체 형태의 블록으로서, 수 세기, 수 조작, 측정 등을 위해 활용되는 교구이다.

2) 유니픽스 큐브는 한쪽 방향으로만 끼워서 쌓을 수 있기 때문에 십진 블록에서의 십 모형만을 만들 수 있는 데 비해, 멀티링크 큐브(multilink cube)는 세 방향으로 끼울 수 있기 때문에 십진 블록에서의 십 모형, 백 모형, 천 모형 등과 유사한 모양을 만들 수 있다.

값 도표 위에서 혹은 자릿값 도표를 벗어나서 문제를 해결해야 하며, 이때 실세계 상황, 아동 문학, 교사가 개발한 문제, 교사가 창작한 구두 스토리, 어린이들이 발명한 기록된 혹은 구두 스토리 등을 포함한 다양한 자료로부터 문제를 이끌어내야 한다. 어린이들은 문제를 해결해야 하고, 해결전략을 표현해야 하고, 아이디어를 의사소통해야 한다. 아이들은 조작물을 이용한 역할놀이를 하고, 그들이 개발한 것을 구술하고, (때때로 잉크 스탬프나 잉크 패드를 사용하여) 그들이 실행한 것을 그림으로 그려보고, 과정에 대한 설명을 적어보면서 이러한 일들을 하여야 한다.

경험의 두 번째 유형은 한 가지 이상의 여러 자릿수에 대한 표준 덧셈 알고리즘을 교사가 직접 제시하는 것을 포함한다. 이는 실세계 상황 또는 판타지 상황의 맥락에서 이루어질 수 있다. 한 가지 방법은 전통 알고리즘이 유의미한 맥락 속에서 도입될 수 있는 판타지 스토리를 들려줌으로써 어린이들에게 수학적 구조나 알고리즘의 의미가 명확히 제시되도록 하는 방식이다. '마법사 스토리'가 그러한 예라고 할 수 있다. 그것은 며칠이 걸릴 수도 있으며 아이들이 배울 필요가 있는 절차를 주의 깊게 구성해야 한다. 더욱이 아이들은 활동을 연필과 종이를 가지고 기록하는 기록자(고릴라), 자릿값 교구를 조작하는 물리적 조작자(불도저), 행위와 기록할 내용을 구술하는 해설자(앵무새) 역할을 하면서 스토리에 참여하게 된다.

경험의 세 번째 유형은 학생들이 이해한 내용이나 기능을 유의미하게 일반화하도록 돕는 것을 포함하며, 암산, (그림 5.1에 제시된 것과 같은)대안적 알고리즘, 0부터 99까지의 수 차트, 계산기, 표준 알고리즘과 같은 다양한 도구를 사용하면서 덧셈 해결 전략들을 비교하여 기저에 있는 수학의 구조를 이해할 수 있도록 돕는 것을 포함한다. 이러한 유형의 활동에 참여하면서, 아이들은 (그들이 발명한 알고리즘, 대안적 알고리즘, 표준 알고리즘을 포함한) 다양한 해결 절차들을 설명하고, 비교하고, 관련짓도록 격려해야 한다. 이 해결전략들 사이의 차이점들을 조정하고, 그 모든 방법들이 동일한 과제를 유사한 방식으로 수행하는 것임을 이해하고 설명하는 것이 여러 자릿수 덧셈을 이해하는 중요한 부분이다.

이 세 가지 경험 유형들을 아이들이 반복적으로 경험하도록 하여야 하며, 어린이들이 각각의 경험을 통해 덧셈과 덧셈 기능을 점차 더 잘 이해하고 유의미하게 구성해나갈 수 있도록 해야 한다. 세 가지 경험 유형들(다른 경험들도 가능할 것이다)이 쌓이게 되면 덧셈 과정에 풍부한 의미를 불어넣을 수 있게 될 것이다. 이는 아이들이 서로 다른 유형의 경험을 통해 덧셈에 대한 풍부한 이해를 구성하도록 도와주고, 아이들이 동료나 교사에게 자신이 생각해낸 수학의 기저에 있는 원리를 설명해야 하는 환경에서 자신만의 알고리즘을 발견하도록 격려해주며, 표준알고리즘을 배우도록 도움을 주고, 덧셈을 수행하는 기능을 획득하도록 도와주며, 아이들이 계속해서 새로이 학습한 것을 이전에 학습한 것과 유의미하게 연결하도록 함으로써 가능해진다. 그러한 것들은 아이들이 기저에 있는 수학의 구조를 이해하거나 중요한 수학적 기능을 익히기 위해 자신만의 의미를 구성하고 서로 다른 알고리즘을 비교하면서 수학에 대해 깊이 있게 생각하도록 도와줄 것이다. 한 가지 교수 방법에만 의존하여 모든 아이들에게 적용하는 것에 비해, 수학적 구두 스토리텔링을 포함한 많은 다양한 교수학적 기술들을 적용함으로써 아이들이 다양한 학습 프로파일을 가질 수 있도록 도울 것이다. 그렇게 할 수 있다면, 교사에 의한 유의미한 직접 교수법이든 아이들 스스로 알고리즘을 발명하도록 격려하는 교수법이든 모두 아이들이 표준 알고리즘에 대한 풍부하고 다차원적인 이해를 구성하는 데 도움이 될 것이고, 어떤 알고리즘이든 상관없이 아이들이 배우기에 적절한 것이 될 것이다.

그림 5.1

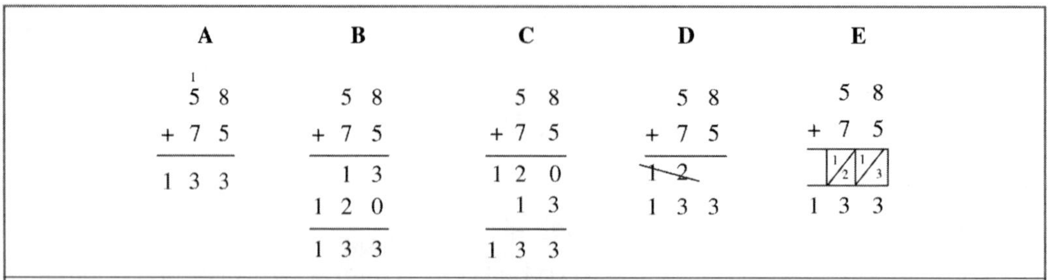

A	B	C	D	E
1 (받아올림)				
5 8	5 8	5 8	5 8	5 8
+ 7 5	+ 7 5	+ 7 5	+ 7 5	+ 7 5
1 3 3	1 3	1 2 0	~~1 2~~	1/2 | 1/3
	1 2 0	1 3	1 3 3	1 3 3
	1 3 3	1 3 3		

덧셈 알고리즘

A는 오른쪽에서 왼쪽으로 계산하는 '현재의 전통적인' 알고리즘이다.
B는 부분합을 이용한 A의 변형이다.
C는 B를 왼쪽에서 오른쪽으로 계산한 형태이다.
D는 덧셈하는 동안 부분합을 계속 고쳐가는 C의 변형이다.
E는 보통 세로 칸 사이의 '교환'이 필요 없는 기록 방식이다.

Chapter 06

초등학교 4학년에게 '마법사 스토리' 가르치기

도리스 선생님의 기록

10년간 남부 뉴잉글랜드의 작은 지방학교에서 4학년을 가르치고 나서, 나는 학생들이 새로운 수학을 배우도록 도와주고 이미 알고 있다고 생각하는 개념을 더 잘 이해하도록 도와주는 훌륭한 방법을 소개받았다. 대부분의 4학년 학생들은 여러 자릿수의 덧셈을 수월하게 수행한다. 그들은 덧셈 알고리즘을 알고, 개념을 이해한다고 생각한다. 하지만 실제로는 잘 이해하지 못한 채 알고리즘을 사용하는 경우가 많다. 나는 학생들이 이전에 기계적인 방식으로 학습한 계산 알고리즘을 개념적으로 사고하도록 돕는 것이 매우 어렵다는 사실을 발견했고, 그래서 학생들에게 '마법사 스토리'를 소개함으로써 학생들이 덧셈 알고리즘을 개념적으로 더 잘 이해하도록 돕고자 했다. 추상적인 수학에 관한 서사 이야기를 구성하여, 아이들이 열정적인 분위기에서 스토리에 동참하도록 하였는데 이는 그들에게 놀라운 경험을 선사했다. 여기에 적은 글은 '마법사 스토리'를 들려준 3년 동안에 일어났던 일을 기록한 것이다.

첫 번째 해, 1993~1994년

학급

'마법사 스토리'를 처음 수업한 반은 남학생 17명, 여학생 11명으로 구성된 반이었다. 그들은 유쾌했고, 활기찼으며, 상상력이 풍부했다. 종종 그들은 도전적이었고, 몇몇은 종종 서로서로 툭툭 치고 찌르는 등 장난기 있는 행동을 하곤 했다.

스토리 이전

내 경험상 구체적 조작기에 있는 아이들은 손으로 조작하는 활동을 할 때 가장 잘 배운다. 그래서 나는 학생들의 수학 학습을 돕기 위해 십진 블록과 같은 물리적인 조작물을 사용한다. 여러 자릿수의 십진 블록을 사용하여 덧셈을 가르치려고 생각하고 있을 때, 마이클 시로(Michael Schiro)는 덧셈을 배우면서 학생들은 자신을 불도저라고 생각하고, 십진 블록을 모두 밀어내는 동안 불도저 소리를 내도록 지도할 수 있을 것이라고 제안했다.

마이클의 제안에 대해 생각하면서, '왜 불도저인 것처럼 생각하기만 해야 하지? 왜 실제 장난감 불도저를 사용하지 않는 거지?'라는 생각이 들었다. 불도저는 오히려 속도를 늦추어 덧셈 개념에 관해 생각하도록 도와줄 수 있을 것이다. 이것이야말로 시각적인 자료에 익숙한 학습자들이 자유롭게 움직이고 있는 조작물을 볼 수 있게 해줄 것이다. 청각적인 자료에 익숙한 학습자들은 조작물이 덜컹덜컹, 덜거덕덜거덕하는 소리뿐만 아니라 불도저의 소리도 듣게 될 것이다. 감촉을 좋아하는 학습자들은 불도저가 자유롭게 움직일 때 조작물의 움직임을 느끼게 될 것이다. 그래서 1993년 가을에 나는 7개의 장난감 불도저를 샀다.

학생들은 불도저를 매우 좋아했다. 나는 1993년 10월 4일 교수 일지에 다음과 같이 적었다.

> 불도저를 소개했을 때가 그날 가장 흥분되는 순간이었다. 학생들은 "삐, 삐" 소리를 포함해서 자기가 불도저가 된 것처럼 소리를 냈다. 그전에는 경험하지 못했었는데 이 수업시간에 하나의 보너스가 주어졌다. 학생들이 1개짜리 큐브 10개를 10개짜리 긴 막대 하나로 교환할 때, 그들은 말 그대로 불도저를 가지고 긴 막대를 십의 자리 위로 '실어 날랐다'.

스토리

마이클은 1993~1994년 겨울에 '마법사 스토리'를 집필했다. 그 스토리를 처음 읽었을 때, 내가 가르치는 학생들에게 그것을 들려줄지 망설였다. 왜냐하면 이미 그해 초에 덧셈을 가르쳤기 때문이었다. 하지만 덧셈을 강화하는 좋은 방법이 될 것 같아 들려주기로 결정했다.

1994년 3월에 처음으로 우리 반에서 그 스토리를 들려주었을 때, 나는 한 단어 한 단어를 세세하게 읽었다. 다음은 3월 21일에 쓴 일지이다.

> 나는 스토리의 맥락 속에서 수학을 실행한다는 아이디어를 좋아한다. 문제는 스토리를 테이프에 녹음하고 내 자신이 첫 번째 불도저 역할을 해야 한다는 것이었다. 이 역할은 학생들이 이미 경험을 해보았기에 꽤 쉬웠다. 나는 십진 블록과 불도저의 움직임을 시연하면서 스토리를 읽어야만 했다면 그것을 어떻게 할 수 있었을까 상상할 수 없었다. 나는 아마도 스토리를 녹음하거나 비디오로 촬영해야 했을 것이다.

첫 해에 나는 그 스토리를 능숙하게 들려줄(tell) 수 있을 것이라고는 생각하지도 않았다. 주된 이유는 내가 그 방법을 알지 못했기 때문이다. 스토리를 들려주는 것이 힘들었던 것은 아니다. 나는 다른 사람이 만든 스토리를 들려주는 것이 힘들었으며, 스토리의 일부를 잊어버리거나 몇몇 사실을 잘못 전달하게 되는 것이 힘들었다. 핵심을 설명하기 위해 스토리를 짧게 들려주었으며, 이들 스토리는 대개 사실에 입각하였다. 다음은 3월 25일 교수일지의 내용이다.

> '마법사 스토리'와 같은 스토리를 이용해서 학생들이 모든 수학적인 개념을 이해하도록 도움을 줄 수 있다면 멋지지 않을까? 어쩌면 나도 할 수 있을 것이다. 등장인물이 어떤 곤경에서 벗어나기 위하여 문제를 해결해야 하는 상황에 대한 스토리를 내가 쓸 수도 있잖아. 바로 그거야.

내가 사용했던 '마법사 스토리' 초판에서는 '팅커벨의 덧셈 노래'나 수학적으로 말하는 앵무새와 같은 등장인물, 혹은 보라색 마법 차트를 사용하는 것 등은 나타나지 않았다. 그런 것을 포함시키지 않아도 학생들의 흥미를 유발하기에 충분했고 여러 자릿수의 덧셈을 풍부하게 이해하도록 도울 수 있었다.

두 번째 해, 1994~1995년

학급

'마법사 스토리'를 들려준 두 번째 학급은 남학생 11명, 여학생 16명으로 구성된 반이었다. 지적 수준은 이전 학급에 비해 더 다양했다. 그래서 모든 사람이 참여할 수 있고 모든 사람이 의미를 찾을 수 있는 다양한 경험을 제공하고자 하였다.

조작물

이 반은 3학년 때 십진 블록을 이미 다루어보아서 그것에 친숙했다. 나는 스토리를 시작하기 전날에 아이들에게 그 교구를 사용해보도록 하였다. 학생들이 교구에 충분히 익숙해지게 되면 수학에 좀 더 집중할 것이라고 생각했기 때문이다.

첫 해에 불도저를 사용하여 성공했던 경험은 아이들이 구체적인 경험을 더 많이 가질수록 스토리가 아이들에게 의미를 가지게 된다는 것을 확신하게 해주었다. 나는 학생들이 스토리에 나오는 등장인물과 활동에 동질감을 느낄 수 있게 된다면, 덧셈을 더 잘 이해할 수 있을 것이라고 생각했다. 이러한 이유로 나는 불도저와 같은 더 많은 조작물을 찾았다. 학교의 비품보관실을 뒤지다가 5인치 정도 되는 화려한 색깔의 나무 앵무새를 발견했다. 나는 즉시 그것을 말하는 커다란 앵무새로 시연하는 데 사용하기로 결정했다. 학생들이 스토리를 실행하면서 불도저가 될 수 있을 뿐만 아니라 이제 앵무새가 될 수도 있을 것이다.

스토리를 더 진척시키기 위해서, 학생들에게 연두색 마법 펜을 대신하여 초록색 사인펜을 사용하도록 하였으며, 보라색의 마법 차트를 대신하여 낡은 디토 복사기[1]로 자주색 디토 복사지에 십진 도표를 인쇄하여 길게 연장한 것을 사용하도록 하였다. 아이들은 자주색 십진 도표에 익숙해 있었지만, 수학적으로 말하는 커다란 앵무새가 자주색 십진 도표 위에 앉아서 불도저의 행동을 설명할 때, 기록하는 고릴라가 불도저의 행동을 기록하기 위해 초록색 사인펜을 사용하는 것과 같은 역할을 해본 적은 없었다. 내가 가르친 아이들은 그러한 물건들이 스토리에 꼭 들어맞았기 때문에 그 방식을 매우 좋아했다. 개념을 이해할 때 학생들의 눈은 반짝거렸다. 불도저, 앵무새, 자주색 십진 도표를 가지고 공부하고 즐기는

---

1) 디토 복사기(ditto machine)란 작은 인쇄기의 일종으로 상표명이라고 할 수 있으며, 그것을 통해 인쇄한 것을 'dittos'라고 한다.

동안에 아이들의 눈빛은 교실을 밝게 비추는 것 같았다. 상상해보라! 자주색 십진 도표와 함께 즐기는 모습을!

기록하는 고릴라를 표현하기 위해서 할로윈 고릴라 마스크를 쓰면 어떨까 생각했지만 그만두기로 했다. 마스크를 쓰면 불편하고 앞을 보기 어려울 것 같았다. 좋은 일도 지나치게 하면 위험성이 있다. 스토리의 초점은 기저에 있는 알고리즘이고 그 알고리즘의 의미를 학생들이 구성하는 데 있었다. 다른 조작물에 마스크까지 더하게 되면 관심의 초점이 수학에서 교구로 옮겨갈 것이 걱정이 되었다.

스토리

전년도 학생들이 '마법사 스토리'를 워낙 좋아했기에, 나는 긍정적이고 흥미로운 경험과 함께 그해를 시작하기로 결정했다. 9월 16일에 그것을 소개했다. 지금까지 관찰한 바에 따르면, 대부분의 아이들이 1, 2, 3학년까지는 수학을 좋아한다. 몇몇 2학년 학생들은 받아올림을 처음 배우기 시작할 때 수학을 좋아하던 마음이 바뀐다. 더 많은 학생들은 3학년 때 곱셈표를 암기할 때 수학을 더욱 싫어하게 된다. 4학년이 되어 나에게 올 때쯤이면, 많은 아이들이 더 이상 수학을 좋아하지 않게 된다. 나는 재미있고 의미를 구성하는 수학활동을 통해 수학을 배우게 된다면, 몇몇 아이들은 수학이 그리 나쁘지 않다고 생각하게 될 거라고 느꼈다.

둘째 해에도 나는 여전히 스토리를 읽어주었지만(read) 일부분만을 읽어주었다. 만약 내가 원고를 어딘가에 내려놓고 스토리를 계속 이어가기를 원했다면, 필사적으로 원고를 찾지 않고서도 그렇게 할 수 있었을 것이다. 첫 해에는 절대로 그럴 수 없었다. 당시에는 원고를 절대 내려놓지도 않았을 뿐더러 항상 꽉 움켜쥐고 있었다. 그 스토리가 온전히 나의 것이 되지 않았기 때문에 올해도 여전히 그것을 들려주지 않았다. 나는 그것을 암기할까 생각도 했으나 그것은 진짜가 아님을 느꼈고 암기하고 싶지도 않았다.

마이클은 '마법사 스토리'를 1994년 여름에 재집필했다. 내가 보기에 스토리에서 가장 두드러진 변화는 '팅커벨의 덧셈 노래'가 포함된 것이었다. 첫 해에는 스토리를 들려주었지만 노래는 없었다. 마이클은 가사를 써놓았지만 곡을 붙인 것은 아니었다. 내 생각에 노래는 곡조를 가지고 있어야 한다. 나는 곡을 쓰거나 읽을 수는 없다. 하지만 나는 노래는 할 수 있기 때문에, 다른 노래에서 선율을 가져와 가사를 붙이기로 했다. 하지만 잘 되지 않아서 가사에 어울리는 선율을 만들었다. 좀 더 자연스럽게 어울리도록 하기 위해 "각 칸 아래로 움직이고"라는 가사를 후렴구 마지막 부분에 반복해야 했다. 그후, 나는 선율을 악보에 기록할 수 없었기 때문에, 잊어버리지 않기 위해 그것을 저장해야 했다. 노래를 부르고 또 불러서 자연스러울 때까지 고쳤으며, 그것을 녹음테이프에 녹음했다. 나는 학생들에게 그 노래를 가르쳤다. 학생들은 그것을 좋아해서 다른 교실에도 들릴 만큼 큰 소리로 노래를 부르고 익혔다. 그 결과 다음 해에 세 번째로 '마법사 스토리'를 들려줄 때, 우리 반은 이미 '팅커벨의 덧셈 노래'에 익숙해졌고, 이는 그 스토리에 흥미를 더해주었다.

세 번째 해, 1995~1996년

학급

이 학급은 남학생 18명, 여학생 6명으로 구성된 반이었다. 앞에서의 두 집단에 비해서는 수학적으로 능력이 있었지만, 아이들에게 실행하게 하고 아이들로부터 반응을 이끌어내기 위해 노력해야 했다.

조작물

이 반은 3학년 때부터 십진 블록에 친숙해져 있었다. 나는 이 학생들에게 1년 내내 십진 블록을 사용하게 했지만, 봄에 '마법사 스토리'를 들려주기 전까지는 불도저를 도입하지 않았다. 십진 블록과 함께 언뜻 보기에 전혀 수학적 교구로 보이지 않는 불도저를 처음 가져왔을 때, 학생들이 흥분한 것은 너무나도 분명했다. 그것 자체가 본질이었다. 아이들이 너무 흥분해서 불도저를 사용했기 때문에, 나는 수학 시간의 반은 그것을 가지고 놀게 해야 했다. 그렇게 하지 않았다면, 학생들이 스토리에 집중할 수 없었을 것이라고 확신한다.

스토리

NCTM(1989)에서는 수학적 의사소통을 강조한다. 수학에 관한 쓰기는 수학적 의사소통의 한 부분이다. 쓰기는 아이들이 경험한 개념에 대해 반성하도록 도와준다. 이러한 반성은 수학적 개념을 배우는 데 도움을 준다. 결국 나는 4학년 학생들에게 매일 수학 일지를 작성하도록 했다. 그들은 마이클에게 편지를 썼는데, 그 편지에는 스토리에 대한 소감과 마이클이 '말하는 앵무새'를 만든 이유에 대한 학생들의 생각을 설명한 일지 내용을 담고 있었으며, 이야기 중에 가장 재미있었던 부분에 대해서 그림으로 그린 것과 아이들이 생각한 등장인물의 생김새를 그림으로 그린 것도 담고 있었다. 전년도에는 내가 가르친 4학년 학생들이 자신들이 이미 알고 있다고 생각하는 개념에 대해 반성하는 것을 어려워한다는 점을 발견했었다.

만약 내가 확률이나 기하와 같이 학생들에게 익숙하지 않은 개념으로 시작했었다면 결과가 어떠했을지 궁금했다. 학생들이 쓰기 활동을 하는 동안 더 반성적이게 되었을까? 만약 그렇다면 이러한 능력은 익숙한 개념, 특히 그들이 이미 암기하고 있는 개념에도 전이되는 것일까? 이러한 이유로, 나는 금년에 순서를 달리 하여 개념들을 도입하기로 결정했다. 그래서 먼저 확률, 통계, 기하 등을 가르치고, 사칙연산은 제일 마지막에 가르치기로 했다. 결과적으로 '마법사 스토리'는 3월 1일부터 도입하게 되었다[2]. 결과는 내가 바랐던 대로였다. 이 학급은 1년 내내 더 반성적이었다.

세 번째 해에는 나는 원고 전체를 숙독하고 나서 스토리를 시작하였다. 또한 매일 스토리의 다음 부분을 다시 읽고 나서 수업을 시작했다. 이런 식으로 나는 이야기에 친숙해졌고, 상상력이 풍부한 부분만을 찾아 읽으려고 했으며, 아이들에게 아주 매력적인 스토리로 인식될 수 있도록 하였다. 나는 마이클이 나보다 더 좋은 스토리텔러라는 것을 확신했다. 그는 놀라운 상상력을 지니고 있었으며 이미 스토리를 썼다. 그래서 그의 재능을 활용하지 않을 이유가 없었다. 알고리즘을 반복하는 부분에 대해서 나는 이야기를 읽지 않고, 그것에 대해 들려주었다.

스토리를 읽는 것과 들려주는 것의 주요한 차이는 역동성에 있다. 구두로 스토리를 들려줄 때면 교실에는 다른 에너지가 있는 것처럼 보인다. 그것은 마치 학생들과 내가 어쨌든 공동의 경험 안에서 하나가 되는 것처럼 보였다. 마이클은 '교실 안에' 있었지만[3], 아이들은 나의 목소리를 듣고 반응하였다. 아주 상상력이 풍부한 부분을 읽을 때에 그들은 훨씬 더 집중하였고 에너지가 있었다. 하지만 그것은 친밀하지 못했다. 왜냐하면 그들이 들은 것은 어떤 의미에서는 내 목소리가 아닌 마이클의 목소리였기 때문이다. 물리적으로는 마치 나와 학생 사이에 그가 존재하고 있는 것 같았다.

2) 우리나라와 미국의 학년 시작 시점이 다르다. 미국에서는 3월에 2학기를 시작하기에 사칙연산을 나중에 도입했다는 것을 알 수 있다.
3) '마이클이 쓴 스토리라는 것을 마이클이 실제 교실에 있었다'고 비유적으로 표현하고 있다.

제시 방식의 변화

내가 구두 스토리를 들려주는 능력에 대한 자신감을 얻게 되자 '마법사 스토리'를 들려주는 방법을 바꾸었다. 첫 해에 학생들이 십진블록과 불도저에 친숙해지도록 그 스토리를 들려준 것은 나에게 행운이었다. 나는 이야기를 읽어주면서 동시에 학생들이 조작물을 사용하는 방법을 이해하는지 모니터링하는 것이 가능할 거라고 생각하지 않는다.

내가 스토리를 들려주게 된 이듬해에 4학년 학생들이 새로운 경험에 대해 매우 개방적이었다는 것도 행운이었다. 수학 수업 시간에 노래하고, 말하는 앵무새나 기록하는 고릴라 흉내를 내는 것은 새로운 수학적 경험이었다. 학생들이 완전히 색다른 어떤 것을 해보려고 기꺼이 시도하는 것을 보면서 스토리텔러로서의 나의 능력에 대한 자신감을 더욱 갖게 되었다. 만약 아이들이 다양한 등장인물 역할을 하지 못하도록 제지를 받는 상황이 발생하거나 내가 그렇게 해보도록 강력히 권고하는 것을 그만두어야 하는 상황이 발생했다면, 나도 집중하는 데 영향을 받았을 것이고 스토리의 흐름도 방해를 받았을 것이다.

셋째 해에 '마법사 스토리'를 들려줄 때, 나는 다양한 애드리브를 사용했다. 결과적으로 내가 원고를 읽으면서 예상한 것만큼 스토리는 항상 부드럽게 흘러가지는 않았다. 다행히도 학생들은 "이해하지 못하겠어요"라는 말로 이야기를 중단시키지 않았으며, 스토리의 흐름을 잡고 어떠한 간극도 메울 만큼 충분히 정신을 집중하고 있었다.

또한 이 아이들은 이전 그룹의 아이들보다 훨씬 감정 표현을 하지 않았다. 만약 내가 원고에만 주의를 집중하고 학생들이 무엇을 하고 있는지 혹은 무엇을 하지 않고 있는지를 살피지 않았다면, 학생들과의 상호작용에서 부족한 부분이 무엇인지 놓쳤을 것이다. 왜냐하면 아이들은 자신이 무엇을 이해하지 못했는지 말하지 않았기 때문이다. 몇 명의 학생들은 앞서가고 몇 명은 뒤처지게 되면 스토리가 제대로 연결되지 않을 것이다.

나의 애드리브는 스토리의 질을 높였다. 예컨대, 불도저 소리를 내는 것을 부끄러워하는 모둠을 보면, 나는 다음과 같이 말하며 그 모둠의 관심을 끌어야 했다. "불도저가 작은 낱개짜리 정육면체들을 옮길 때, 특별히 두 번째 모둠에 있는 불도저 역할을 맡은 한 학생이 '부릉, 부릉' 하고 큰 소리를 냈어요." 이렇게 하는 것은 수줍어하던 아이들이 스토리의 흐름으로 돌아오게 하는 데 영향을 주었다. 이는 책을 읽어줄 때와는 달리 스토리를 들려줄 때의 장점을 보여준다.

구두 스토리텔링은 학생들에게 어떻게 영향을 주었는가

나의 주요한 목표들 중의 하나는 내가 맡은 4학년 학생들이 나와 헤어진 뒤에도 여전히 수학을 좋아하도록 하는 것이다. 그해의 마지막 무렵에 나는 그동안 배운 수학 내용 중 무엇을 가장 좋아하는지 적도록 했다. 그들은 '마법사 스토리'가 정말 좋았다고 적었다. 그 사실은 스토리텔링이 수학에 대한 학생들의 태도 향상에 얼마나 도움이 되는지를 나타내주는 가장 중요한 지표였다.

'마법사 스토리'는 아이들이 수학을 더 잘 이해하도록 도와주었다. 그 이전의 해와 달리, 내가 덧셈을 복습할 때에도 아이들은 수업에서 이탈하지 않고 기꺼이 동참했다. 나중에 곱셈과 나눗셈을 가르칠 때, 아이들은 이전에 가르쳤던 아이들보다 십진 블록과 관련지으며 수학적 알고리즘을 더 쉽게 이해했다.

또 다른 지표들도 있다. 예를 들면, 아이들이 9월에 스토리를 경험하고 이듬해에, "그렇게 하지 마세요. 그럼 돌이 되어 버릴 거예요!"라고 말하는 것을 1년 내내 들어야 했다. 그렇게 말한 아이는 단순히 덧셈 알고리즘에 대해서만 언급한 것이 아니었다. 이것은 아이들이 절차에 대한 오류의 가능성을 상기할 때 사용하곤 했던 말이었다. 이것은 그 스토리를 들려주는 동안 형성된 심상이 한 해 동안 그 교실의 수학 문화에 얼마나 큰 영향을 끼쳤는지 보여주는 예이다.

구두 스토리텔링은 교사의 성장에 얼마나 영향을 주었는가

'마법사 스토리'는 내가 더 나은 수학 스토리텔러가 되는 데 도움이 되었다. 나는 항상 4학년 학생들에게 스토리를 들려주었다. 어쩌면 삼학(historical trivia)[4]의 흥미로운 단편을 아이들에게 들려주었다고 말하는 것이 더 정확할지도 모르겠다. 예를 들면, 휴일에는 크리스마스 트리의 유래에 대해 설명하기도 했다. 내가 가장 최근에 스토리를 들려준 것은 성경 스토리에 대해 말한 종교 시간이었다.

첫 번째 해에는 나는 구두 스토리가 지닌 내재적 힘을 인식하지 못했다. 내 손과 눈이 자유로우면 아이들이 교구를 '정확하게' 다루는 것을 도울 수 있을 거라고 생각해서 스토

4) 삼학은 중세 학교에서 가르쳤던 7개의 교양 과목 중 기초적인 교과에 해당하는 것으로 문법, 논리학, 수사학을 가리킨다.

리를 암기해서 들려주고자 했다.

두 번째 해에 마이클은 그 스토리의 새로운 안을 만들었다. 그것은 원본과 내용이 매우 유사했다. 나는 책을 읽지 않고도 그 일부를 들려줄 수 있을 만큼 충분히 책의 내용을 암기했다. 새로운 원고를 통해 나는 스토리는 절대적으로 변경 불가능한 것이 아니라 바뀔 수 있다는 것을 알게 되었다. 나는 스토리의 한 부분을 들려주다가 다음 내용이 잘 기억나지 않으면 이야기를 즉석에서 바꾸기도 했다. 하지만 그것은 마음을 아주 불편하게 했다. 결국 스토리라는 것은 학생들이 덧셈 알고리즘을 이해하도록 돕기 위해 쓰여진 것이었다. 내가 너무 앞서가거나 그 과정에서 본질적인 부분을 생략하게 되면 어떻게 하지? 이런 생각들 때문에 나는 스토리의 원고에서 크게 벗어나지 않을 수 있었다.

세 번째 해에 나는 내러티브 부분은 약간만 읽어주고, 학생들이 실제로 교구를 가지고 조작하는 모든 부분은 모두 들려주기로 결정했다. 나는 마이클이 사용했던 훌륭한 일부 언어의 장점을 살리기 위해, 스토리의 내러티브 부분을 조금 읽어주기로 결심했다. 나는 이전 해에는 학생들이 덧셈 알고리즘을 충분히 이해해가는 과정을 알고 있다고 스스로 자신할 수 없었다는 것을 깨달았다. 그래서 학생들에게 팅커벨, 간달프, 하블의 역할을 하도록 하고, 불도저, 앵무새, 고릴라로 변신해보는 동안, 교실을 순회하면서 학생들을 돕고 스토리를 들려줄 수 있었다.

세 번째 해에 나는 필요하다고 느낄 때 스토리를 바꾸면서도 마음이 더 편해졌다. 이미 말한 것처럼, 이 학급은 이전의 두 학급보다 지적인 수준이 다양했다. 결국 그들 모두가 덧셈문제를 행동으로 반복해서 실행할 필요가 있었던 것은 아니다. 하지만 나는 여전히, 예컨대 "동굴 벽이 보라색으로 빛나기 시작하였고, 수백 마리의 윙윙거리는 벌떼들이 동굴 벽을 갉아먹으면서 시끄러운 소리를 냈어요"와 같은 마이클의 상상력 만점의 묘사를 읽곤 한다. 그런 묘사들은 학생들을 황홀하게 한다. 나는 그런 부분에 대해서는 함부로 고치려 하지 않았다. 하지만 나는 가능한 한 마이클의 원고와는 독립성을 유지하려고 했다. 왜냐하면 원고 없이 구두적으로 수학 스토리를 들려주는 것이 수업하는 동안 인격적인 관계를 풍부하게 해주기 때문이다. 말하는 방식에 있어서, 스토리텔러인 나와 학생 사이에 원고라는 벽이 있을 때에는 인격적인 관계는 결코 가능하지 않은 것이다.

내가 하나의 스토리를 맡은 스토리텔러로 성장하는 데 있어서 세 번째 해는 아주 중요했다. 다른 사람의 스토리를 그대로 옮겨내는 사람(mouthpiece)이 아니라 내가 들려주고 있는 스토리를 조정하는 자율성을 가진 스토리텔러로서 나 자신에 대한 자신감을 얻는 데 3년이 걸렸다는 것은 상당히 중요하다.

1996년 8월

Part 02

이집트 스토리

구두 스토리텔링, 문제해결, 다문화 수학

Chapter 07

이집트 스토리

도리스 선생님이 초등학교 6학년 학생들에게 들려준 구두 스토리

도리스는 몇 년간 4학년을 가르쳤다. 도리스는 4학년에게 전 과목을 가르치다가, 1997년부터 6, 7, 8학년에게 수학과 사회를 가르치게 되었다. 담당 학년이 바뀔 무렵 도리스는 내게 6학년 학생들에게 가르쳤던 내용을 통합한 스토리 한 편을 써달라고 부탁하였다. 도리스는 수학교육과정의 문제해결과 사회 교육과정의 고대 이집트를 통합해줄 것을 제안하였다. 나는 스토리 한 편을 써주었다. 그 후로 4년 이상 도리스는 이 스토리를 가르쳤고, 나는 피드백을 받아서 수정하였다. 도리스는 이 스토리를 '이집트 스토리'라고 부른다.

'이집트 스토리'는 모두 11개의 절로 나누어지며, 대부분 한 절에 한 시간 정도 걸린다. 도리스가 1998년에 이 스토리를 처음 지도할 때는 11일간 연속으로 다루었다. 그 다음 해에는 11주 동안 매주 금요일에 다루었다. 그 다음 해에는 거의 1년 동안 금요일에 가끔씩 다루었다. 2001년에 도리스의 학교에는 프로젝트 주간이 있었고, 도리스는 이 스토리를 1주 만에 완결하였다. 5일간은 하루 수업의 절반 동안 스토리를 다루었다. 도리스는 대개 이 스토리를 사회보다는 수학 수업 시간에 다루었다. 한 절을 한 시간에 끝낼 수 없을 때는 다음 날에 끝냈다.

이제 도리스가 지도했던 '이집트 스토리'를 들어보자. 도리스가 실제로 했던 대사를 보여줄 것이며, 수업에서 어떤 일이 일어났는지 해설도 제시한다.

이 장에서 저자 각주는 '*'로 표기한다.

1일째

도리스는 "자, 이제 이야기를 한편 들려줄게."라고 하면서 '이집트 스토리'를 말했다. 교실이 조용해지자 그녀는 시작하였다. 도리스는 말하는 동안 몸짓을 하면서 교실을 돌아다녔고 액센트를 주어서 목소리를 변화시켰다. 도리스는 고대 이집트 신들의 지위를 나타내는 귀고리의 복제품과 고대 이집트 고분의 그림에 나오는 스커트를 착용하고 있었다.

나는 몇 년 전 두 학생에게 일어났던 이야기를 들려주고 싶어요. 이 학생들의 이름은 마리아와 레지예요.

마리아는 어깨까지 오는 검은 머릿결을 지니고 있고 활기가 넘치는 학생이에요. 마리아는 항상 작은 걸음으로 걷지만, 큰 웃음을 지으며 뛰기도 해요. 이 이야기에서 마리아는 빨간색과 흰색이 섞인 체크무늬 셔츠와 청바지를 입고 있고, 운동화를 신고 있어요.

레지는 조금 뚱뚱한 편이고, 독서량이 많아서 여러 가지 사실을 기억하고 있으며, 질문을 많이 하고, 쉽게 싫증을 내는 편이에요. 레지는 회색 티셔츠와 청바지를 입고 있고, 운동화를 신고 있어요.

내가 여러분에게 이 이야기를 들려주는 것은 어젯밤에 이름이 π^3인 컴퓨터가 미래에서 나를 찾아왔기 때문이에요. π^3은 자신이 마리아와 레지를 보낸 과거의 그곳에서 집으로 돌아갈 수 있도록 우리가 도와줄 수 있는지 물었어요. 사실 이 학생들은 이미 몇 년 전에 집으로 돌아왔지만, 시간 여행이 일어났기 때문에 π^3은 이 친구들이 과거에 있었던 시점에서 도움을 줄 수 있는 어떤 일을 우리가 하기를 원해요.

마리아와 레지는 몇 년 전 그들에게 무슨 일이 있었는지 나에게 말해주었고, 이제 여러분에게 그것을 들려주려고 해요. 나는 우리가 수업 시간에 하려는 것이 그들의 목숨을 구했다는 것을 알지 못했어요.

고대 이집트 유물 전시회를 보러 학급에서 박물관 견학을 가면서 모든 일이 시작되었어요. 마리아와 레지는 미이라가 있는 무덤에 있었어요. 레지는 미이라를 콕콕 찔렀어요. 바로 오른편에 "손대지 마시오."라는 경고문이 있었지요. 그때 무덤의 문이 갑자기 닫히면서 큰 폭발이 있었어요! 그리고 두 학생은 무덤 안에 갇혔어요. 그래서 3,500년 전부터 무덤 안에 숨어 있었던 π^3이 작동하게 되었어요.

π^3은 마리아와 레지에게 이제 타임머신을 타고 3,500년 전의 고대 이집트로 여행을

할 때라고 말했어요. π^3은 마리아에게 조상 중 1명인 안납을 방문할 거라고 말했어요. 안납은 3,500년 전에 π^3을 만들었고, 그 보상으로 자신의 후손이 미래로부터 자신을 방문하게 할 수 있는 능력을 얻게 되었어요.

그래서 π^3은 마리아의 목에 부적을 걸어주었고, 문제를 풀면 부적 속의 보석이 반짝거릴 것이라고 말해주었어요. 마리아와 레지는 집으로 돌아가기 위하여 11개의 문제를 해결해야 해요. π^3은 또한 마리아와 레지에게 고대 이집트의 문자를 이해하고, 말하고, 읽을 수 있는 능력을 주었다고 말했어요.

도리스는 학생들이 스토리를 듣는 동안 목걸이 부적을 나누어준다. 그리고 스토리가 전개되면서 11개의 동그라미에 색칠이 될 것이라고 말한다. 끝에 있는 12번째 구멍은 줄을 연결하기 위한 것이다. 도리스는 학교의 복사기를 이용하여 부적을 복사하고, 자르고, 끝의 구멍에 줄을 끼웠다. 도리스는 복사한 부적 여러 개를 게시판에 걸어두었다. 모든 학생들이 자신의 목에 부적을 걸었을 때, 도리스는 스토리를 계속한다.

그림 7.1 학생들의 부적

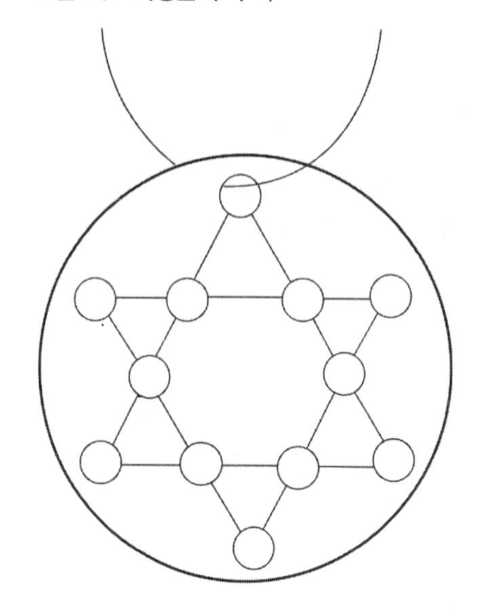

잠시 후에 마리아와 레지는 진흙 건물 옆의 바닥에 앉아 일출을 보고 있음을 알게 되었어요.

마리아는 "와우 일출을 봐! 우리가 조상님을 방문한다는 것이 멋지지 않아? 나는 이집트인의 피가 흐른다는 것을 전혀 몰랐어. 난 인디안 혈통과 스페인 혈통, 그리고 다른 혈통이 있다고 알고 있었어. 그런데 지금 생각해보니 나는 이집트인이기도 해!"라고 말했어요.

저 멀리 큰 강이 보였어요. "저건 나일강이 분명해. 난 나일강이 크다는 걸 알고 있어. 그런데 저기를 봐! 엄청나게 커! 강폭이 1마일도 넘겠어."라고 레지가 말했어요.

곧이어 어린 아이들 몇 명이 건물 벽을 돌아 뛰어와서 마리아와 레지를 바라보았어요. 아이들은 멈추어 마리아와 레지를 응시하였고, 도와달라고 소리치며 사라졌어요. 갑자기 칼을 찬 어른들이 많은 질문을 하면서 나타났어요. π^3 덕분에 레지와 마리아는 들리는 모든 내용을 이해할 수 있었어요. 마리아는 어른들에게 안납을 찾고 있다고 이집트어로 말했고, 그들은 곧바로 안납을 부르러 갔어요.

곧이어 하얀 샅바만 두른 노인이 즐거이 박수를 치며 도착했고, 두 아이를 안아주면서 환영했어요. 이 노인은 아이들이 누구이며 그곳에 온 이유를 알고 있는 듯했어요. 그는 마리아와 레지를 기다리고 있었고, 자신을 방문할 예정이라고 이집트인들에게 말했어요. **[도리스는 이 부분을 말할 때 게시판에 붙여두었던 샅바를 두른 남자의 고분 그림을 가리켰다.]**

안납은 마리아와 레지에게 다른 사람들이 여러 해 전에 미래에서 과거로 어떻게 왔는지, 그리고 자신이 그들의 생명을 어떻게 구해주었는지를 다른 사람들이 듣지 못하도록 속삭이듯 말했어요. 그들은 일종의 보상으로 자신의 후손들에게 시간을 거슬러 자신을 방문할 수 있는 능력을 주었다고 말했어요. 마리아는 자신이 미래에서 3,500년 전으로 왔다고 안납에게 말했어요.

안납은 마리아가 3,500년을 거슬러 온 것에 놀랐어요. 그는 얼마나 많은 세대가 흘렀고, 얼마나 많은 아이가 태어나서 마리아까지 가게 되었는지 궁금했어요. 마리아 또한 여기에 흥미가 있었고 같이 계산해보자고 제안했어요. 이는 쉬운 문제라고 말했어요. 이들이 알아야 할 것은 두 가지예요. 안납으로부터 마리아까지 몇 년이 지났는지와 그리고 한 세대의 길이(다시 말하면 옛날 여성들이 자녀들 중 중간 정도의 아이를 갖는 나이)예요.

안납은 한 세대는 대개 15~20년이라고 말했어요. 이집트에서 여성들은 대개 12~14세에 결혼하여, 1년 후부터 아이를 낳기 때문이지요. 이들은 대개 4~6명의 자녀를 두었어요. 그는 남자들은 대개 첫 번째 직업을 갖는 14~20세에 결혼한다고 말했어요.

마리아는 요즈음 대부분 여성들은 25세가 되기 전에는 결혼하지 않으며, 자녀도 1~2명 정도만 둔다고 안납에게 말했어요. 안납이 이를 믿기까지는 다소 시간이 걸렸어요. 그는 대부분의 이집트 여성들은 30~40세에 사망한다고 말했어요. 마리아가 미래의 여성들은 80세 정도까지 생존한다고 말해주었을 때 안납은 또 한번 놀랐어요.

레지는 이 모든 대화에 싫증을 느꼈고, 안납과 마리아 사이에 몇 세대가 있는지에 대한 문제를 해결하고 싶었어요. 레지는 한 세대의 길이를 결정하여 나누자고 제안했어요. 필요한 정보는 모두 갖고 있다고 말했어요. 여성이 결혼하는 나이와 자녀의 수가 그것이에요. 이제 남은 일은 중간 정도의 아이가 태어날 무렵 여성의 나이를 결정하는 것이었고 문제를 해결할 준비가 되어 있었어요. 레지는 작은 나뭇가지를 들고 모래에 그 문제의 풀이를 쓰기 시작했어요.

그런데 π^3이 마리아와 레지를 고대 이집트로 보낼 때 몇 가지 이상한 일이 일어났어요. 이 아이들 중 누구도 수학을 이집트어로 말하거나 쓸 수 없었던 것이에요. π^3이 이 아이들에게 주었던 이집트어 번역기는 이집트 수학을 말하거나 쓸 수 있게 해주지는 않는 것 같았어요.

바로 이 부분이 우리가 이 이야기에 참여하는 지점이에요. π^3은 우리에게 고대 이집트어로 해결해야 할 문제에 대한 답을 마리아와 레지에게 알려주라고 부탁했어요. 이상하게 들릴 수도 있겠지만 우리는 마리아와 레지가 수학 문제에 답하는 것을 도와서 이 아이들이 고대 이집트로부터 집으로 돌아올 수 있도록 도와주어야 해요. 이제 우리는 몇 년 전에 실제로 마리아와 레지에게 일어났던 일이 지금 일어나도록 도움을 주어야 해요. 시간 여행이 존재한다면 이러한 일은 자주 일어나지요. π^3은 우리에게 수학 문제에 대한 답을 과거로 전달할 수 있는 특별한 마법 능력을 주었고, 우리의 답은 마리아와 레지의 입에서 자기들의 말로 나올 수 있어요. 그러니 여러분은 이 이야기에서 매우 중요한 역할을 맡고 있어요. 여러분이 마리아와 레지를 구해주어야 해요.

여러분이 해결해야 하는 첫 번째 문제는 다음과 같아요. 안납과 마리아 사이에 3,500년 동안 몇 세대가 있었을까요? 여러분은 필요한 정보를 모두 갖고 있어요.

2명씩 모둠을 만들어요. 2명 중 누가 기록하고 누가 발표할지를 결정해야 해요. 두 가지 중 한 가지만 할 수 있어요. 기록자는 종이에 세대의 길이를 결정하는 방법과 답을 적어야 해요. 발표자는 그 답을 소리내어 읽고 설명해야 돼요. 한 세대의 길이를 결정하고, 계산하세요. 발표를 마치면 서로의 답을 토의하여 마리아와 레지에게 어떤 답을 보낼지 결정하고, 고대 이집트어로 이 아이들이 말할 수 있도록 그 답을 보내줄 것이에요.

도리스는 학생들을 모둠으로 나누고, 학습 중인 학생들을 순회하면서 질문에 답해준다. 일부 모둠에서 문제를 해결했으면, 도리스는 그 학생들에게 고대 이집트와 현대의 출생,

결혼, 사망 정도를 비교해보라고 격려한다.

모두가 이 문제를 해결했을 때, 도리스는 각 모둠의 발표자에게 그 모둠에서 계산한 것을 설명하게 한다. 그런 다음 학생들에게 마리아와 레지에게 보낼 한 가지 답을 결정하게 한다. 몇 년 동안 학생들은 다양한 방식으로 이러한 문제를 결정해왔다. 여기에는 투표하기, 평균 구하기, 발표자의 발표에 근거하여 합의에 도달하기 등의 방법이 포함된다. 올해의 학생들은 한 세대를 18년(결혼 연령 13세 + 첫 아이 출산 1년 + 다음 두 아이 출산 2년씩)으로, 그리고 195세대(3500 ÷ 18 = 194.44, 올림)가 지났다고 결정한다. 일단 한 가지 답으로 합의가 이루어져서, 도리스는 이 스토리를 계속한다.

이제 우리는 결론을 내렸고, 마리아와 레지에게 답을 보내서 이 아이들이 안납에게 말할 수 있게 해야 해요. 우선 여러분의 소모둠에서 한 세대의 길이와 세대의 수를 결정한 방법을 종이에 써야 해요. 완성한 모둠은 손을 드세요. **[도리스는 학생들이 이를 완료할 때까지 기다린다.]**

이제 π^3이 말한대로 마리아와 레지에게 우리의 일치된 결론을 보내주어야 해요. 셋을 센 다음, 모두가 세 번 박수를 치고, 손가락 마디를 세 번 톡톡 치고, 박수를 세 번 더 쳐봐요.

좋아요, 준비. 하나, 둘, 셋! …… **[도리스는 자신의 학생들이 단결하여 박수를 치고 손가락을 톡톡 치도록 한다.]**

박수가 끝나자마자 마리아와 레지는 안납에게 우리가 준 정보를 말했어요. 그는 계산 속도가 매우 빠른 것에 놀라고 자신의 후손이 매우 많다는 것에 즐거워했어요. 그는 자신의 모든 후손으로 얼마나 많은 아이가 태어났는지 궁금해했어요. 다시 말해서 자신이 얼마나 많은 아이들을 태어나게 했는지 궁금한 것이에요.

그리고 곧바로 안납에게 한 아이가 달려와서 학교 문을 열어달라고 했어요. 안납은 이 마을의 수석 서기로서 매일 학교 문을 열어야 했어요. 계산은 잠시 미루어두고 안납은 서둘러 학교로 가고, 마리아와 레지가 뒤를 따랐어요.

학교로 가는 중에 레지는 마리아의 부적을 보았어요. 이제 그 부적은 밝은 에메랄드 빛을 발하고 있었어요. 집으로 돌아가기 위해 해결해야 하는 문제 중 하나를 푼 것이에요.

오늘의 이야기는 여기까지예요. 수업을 마치기 전에 사인펜 상자에서 초록색 사인펜을 꺼내서 여러분의 부적의 동그라미 중 하나에 내가 하는 것처럼 초록색을 칠하고, 다음에 이 스토리를 다룰 때까지 부적을 책상에 넣어두세요. **[도리스는 이렇게 말하면서 게시판에 붙은 큰 부적의 동그라미 중 한 칸을 초록색으로 칠한다.]**

2일째

도리스의 6학년 학생들이 수업에 들어오자, 도리스는 아이들에게 이집트의 부적을 꺼내서 목에 걸라고 말한다. 그러고 나서 스토리를 계속한다.

마리아와 레지는 안납을 따라 마을을 지나가면서 진흙 벽돌로 지은 여러 채의 단층집과 이층집을 보았어요. 많은 집의 앞문은 밝은 색 페인트로 칠해져 있었고, 정문 근처에는 한 쌍의 야자수가 심어져 있었어요. 이 마을에는 몇 개의 좁은 길밖에 없었으며, 그 길은 집 주위로 구불구불하게 나 있었어요.

학교에 도착했을 때, 안납은 밝게 색칠된 정문을 열었고 사람들이 안으로 밀려들어왔어요. 학교 내부는 몇 개의 연결된 건물이 높은 담으로 둘러싸여 있었어요. 모든 건물은 중앙의 마당을 향해 있었고, 마당에는 연못, 꽃, 야자수가 있는 작은 정원이 있었어요.

안납은 마리아와 레지에게 학교는 두 구역으로 나누어진다고 말했어요. 한 구역은 서기들이 일을 하는 곳이고, 다른 구역은 학생들이 서기가 되려고 공부하는 곳이에요. 서기는 다른 사람들을 위해 읽기, 쓰기, 수학을 하는 사람들이에요. 서기들은 또한 학교에서 교사이기도 하며, 학생들은 서기들에게 도움이 될 만큼 충분히 지식이 있으면, 서기들의 제자가 되어 서기들의 일을 돕게 돼요.

안납은 할 일이 있다고 말하면서 자신의 사무실을 가리켰어요. 그 후 6세쯤 되어 보이는 나반이라는 이름의 소년을 불러 세워서, 마리아와 레지를 그 소년이 듣는 수업에 데려가라고 말했어요.

나반은 큰 출입문과 몇 개의 큰 창문이 있는 작은 진흙 건물로 마리아와 레지를 데려갔어요. 여기가 그의 교실이에요. 나반은 교실에서 수를 세고 쓰는 방법을 복습하는 중이라고 말했어요.

나반은 선생님에게 마리아와 레지를 소개했어요. 선생님은 둘을 환영하고 다른 아이들과 같이 마루에 앉으라고 말했어요. 마리아는 앉으면서 가슴에 약간의 진동을 느꼈어요. 부적에서 일어난 것이에요. 부적에서는 조그만 붉은 빛이 깜박이고 있었어요. 마리아는 혼잣말로 "이건 우리가 다른 문제를 풀어야 한다는 신호라고 생각해."라고 했어요. 두 아이가 조용히 앉으면서 둘 다 야자수 잎이 서로 부딪치는 소리를 들었고, 선생님은 "다음에 오는 수는 뭘까?", "그 수를 어떻게 쓸까?"라고 묻고 있었어요.

결국 선생님은 레지에게 다음에 오는 수가 무엇인지 물었어요. 레지는 집중하지 않아서 모르겠다고 말했어요. 그러자 선생님께 **생명의 전당**(House of Life)[1]에 있는 동안에는 집중하고 있어야 한다고 꾸지람을 들었어요. 선생님은 학교에 있다는 것은 단지 몇 사람만 가질 수 있는 특권이며, 읽기, 쓰기, 계산하기를 배우는 것은 자신들의 삶을 다른 사람들의 삶보다 더욱 윤택하게 하는 것이라고 말했어요. 선생님은 레지에게 "넌 들에서 일하는 게 낫니, 글을 쓰고 계산하는 게 낫니?"라고 물었어요.

선생님이 다른 아동에게 질문하려 할 때, 레지는 마리아에게 "고대 이집트 사람들이 수를 어떻게 다루었는지를 알아보는 게 낫겠어."라고 속삭였어요. 마리아는 동의를 표하고, 두 아이는 집중하기 시작했어요. 곧 레지는 자신이 메고 있는 배낭에서 종이를 꺼내서 기록하기 시작했어요.

곧 레지는 마리아에게 적은 것을 주면서 "자, 계산했어."라고 속삭였어요. 마리아는 적은 것을 공부했어요. 레지가 적은 것은 다음과 같았어요.* **[도리스는 학생들에게 레지 노트의 복사본을 전달한다. 그림 7.2 참조]**

레지가 적어준 것에 대해 마리아가 공부하고 있을 때, 선생님은 마리아에게 "위대한 파라오의 무덤에 있는 수 234를 쓰는 적절한 방법을 보여줄 수 있겠니?"라고 물었어요.

자, 이제 여러분은 마리아와 레지를 다시 도와주어야 해요. 이 아이들은 이집트어로 수학을 쓸 수도 말할 수도 없기 때문이에요. 여러분은 선생님의 질문에 대한 답을 구해야 하고, 3,500년 전에 있는 마리아에게 답을 보내주어야 해요.

2명씩 모둠을 만드세요. 누가 기록자이고 누가 발표자인지 결정해야 해요. 고대 이집트의 숫자가 어떻게 되는지 구해보세요. 고대 이집트에서는 어떻게 읽고, 쓰고, 더하는지 알아보세요. 여러분이 가진 정보는 레지의 기록이 전부예요. 234를 고대 이집트 식으로 기록한 것을 종이에 적고, 답을 구했으면 나를 보세요.

---

1) 'House of Life'를 '생명의 전당'으로 번역했다. 이곳은 고대 이집트에서 지식을 글과 그림 형태로 생산하고 보존했던 국립기관이다.

* 전통적으로 이집트의 수는 우리가 여기서 제시한 것과는 다소 다르게 기록된다. 차이점은 만약 어떤 수에 2개보다 많은 1(또는 10, 100 등)이 있다면, 레지가 기록한 문제 중 어떤 것에 있는 것처럼 2열로 쌓인 모양이 절반의 길이로 표현된다.

그림 7.2 레지의 노트

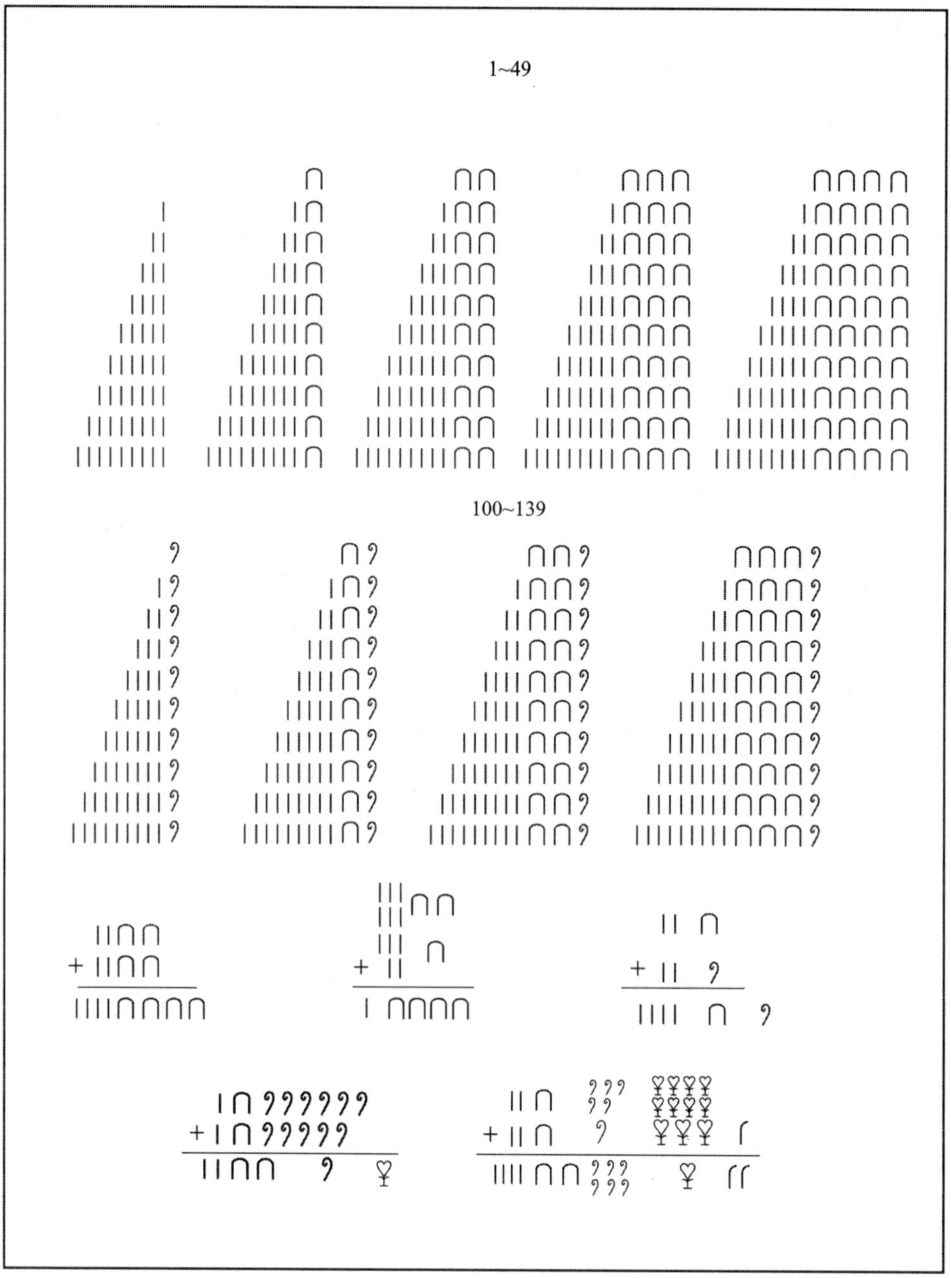

1~49

100~139

도리스는 학생들을 순회하면서 필요한 도움을 준다. 모든 모둠이 답을 구할 때, 도리스는 한 모둠의 발표자가 어떻게 답을 구했는지 설명하고, 기록자는 그것을 보여주는 식으로 간단한 학급 전체 토론을 갖는다. 그런 다음 도리스는 학생들에게 박수-두드리기-박수의 절차를 이용하여 마리아에게 답을 보내게 한다.

마치 마술처럼 마리아의 손이 움직여서 이집트 수 234를 썼어요. 선생님은 "매우 잘 했어. 이제 이 문제를 풀어보렴."이라고 말했어요.

도리스는 이제 학생들에게 다음 문제를 해결하기 이전에 이 문제를 모둠별로 해결하고, 토론하고, 박수-두드리기-박수 절차를 이용하여 마리아에게 답을 전달하게 한다. 덧셈 문제는 고대 이집트 숫자를 이용하여 해결해야 한다. 도리스는 1,000과 999에 대한 문제를 이용하여 '수'와 '숫자'의 차이를 보여준다. (1,000과 같이 가장 적은 수의 문자로 나타낸 수는 999와 같이 가장 많은 수의 문자로 나타낸 수보다 작은가?)

4321을 써라.
405를 써라.
1,000과 999를 써라. 어떤 것이 더 큰가?
32 + 33을 쓰고 답을 구하여라.
63 + 57을 쓰고 답을 구하여라.
102 + 130을 쓰고 답을 구하여라.

마리아가 마지막 문제를 풀었을 때, 선생님은 "대단하구나! 자, 이제 마당에서 쉬면서 머리를 식히자꾸나. 사막의 태양 때문에 매우 더워."라고 말했어요.

마리아와 레지는 다른 아이들을 따라 마당으로 갔어요. 이집트의 아이들은 연못을 건너고, 물에 손을 넣고, 얼굴에 물을 튀기고, 마셨어요. 마리아는 소름이 끼쳤어요. "물을 튀기면 시원해지지만 그렇게 더러운 물을 누가 마시고 싶어 하지? 이 아이들은 병이 들 거야."라고 레지에게 말했어요.

나반과 그의 친구는 마리아와 레지에게 다가와서 보아뱀 게임을 하고 싶은지 물었어요. 마리아는 규칙은 잘 모르지만 게임하는 것을 좋아한다고 말했어요. [도리스는 게임하는 방법을 설명하면서 보아뱀 게임판을 펼친다.]

그림 7.3 보아뱀 게임판과 예제

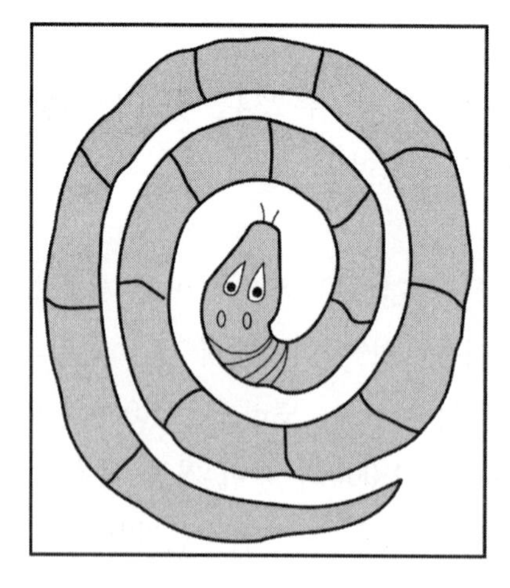

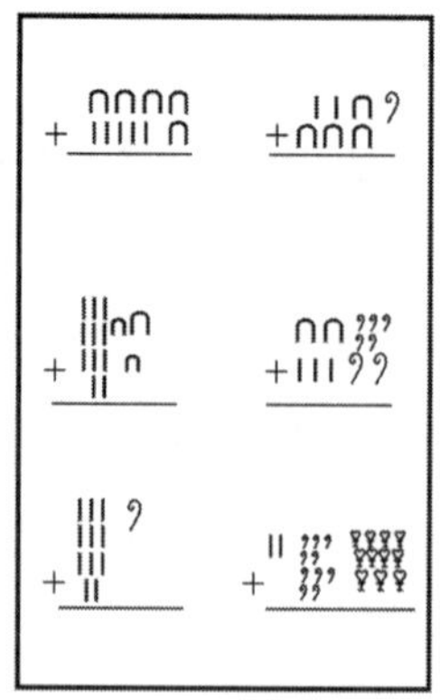

나반은 보아뱀 게임판과 덧셈 문제가 적힌 파피루스 조각이 들어 있는 아마포 가방을 가져와서, 4명의 친구들을 마당의 조용한 곳에 앉혔어요. 나반은 마리아와 레지에게 서로 다른 색깔의 돌을 주고, 보아뱀의 꼬리 끝부분에 돌을 놓는 방법을 보여주었어요. 그는 아이들에게 게임의 각 라운드 동안 아마포 가방에서 문제 하나를 꺼내서 자기 문제를 풀고, 답을 다른 사람에게 알려주고, 서로 답이 맞는지 검토한다고 말했어요. 가장 큰 수를 얻는 사람은 자신의 돌을 보아뱀의 몸을 따라 시계방향으로 네 칸 움직이며, 두 번째로 큰 수를 얻은 사람은 세 칸을, 세 번째로 큰 수를 얻은 사람은 두 칸을, 가장 작은 수를 얻는 사람은 한 칸을 움직여요. 한 번씩 자기 차례가 지나가면 다음 라운드가 시작돼요. 가장 먼저 돌을 보아뱀의 머리로 옮기는 사람이 이겨요. 그런 다음 나반은 "자, 시작."이라고 말했어요.

지난 밤 π^3은 나에게 게임판의 복사본을 보냈고, 레지와 마리아가 게임하는 동안 여러분도 게임을 할 수 있어요. π^3은 게임을 하면서 여러분이 하는 활동이 고대 이집트에서 레지와 마리아가 게임하는 동안 문제에 대한 답을 줄 수 있다고 말했어요. 여러분이 게임의 각 라운드의 마지막에 해야 하는 것은 박수를 세 번 치고, 손가락 마디로 책상을 세 번 톡톡 두드리고, 다시 세 번 박수를 치는 것이에요. 여러분이 나눈 2명 모둠을 4명 모둠으로 만들고, 10분 정도 그 게임을 해보세요. 또한 고대 이집트의 숫자를 이용하여 계산해야 한다는 점을 기억하세요.

수업 전에 도리스는 게임판과 문제 세트를 복사한 다음, 문제를 오려서 작은 종이 가방안에 넣어두었고, 학생들이 게임에서 표식으로 이용할 수 있도록 근처의 개울에서 다른 빛깔의 돌을 모아두었다.

도리스는 학생들이 모둠을 만들고 각 모둠별로 게임 자료를 분배하는 것을 돕는다. 문제를 가방에서 꺼내기 전에 가방을 흔들어서 문제를 섞으라고 말한다. 가방을 완전히 비울 때까지 한 번 꺼낸 문제는 가방에 다시 넣지 않는다. 누군가 그 게임에서 이기는 순간, 다른 게임을 시작하게 된다. 도리스는 보아뱀 게임판이 고대 이집트의 무덤에서 발견된 실제 게임판을 모델로 한 것임을 강조한다. 10분 정도 지난 후 도리스는 이 스토리를 계속한다.

> 여러분은 보아뱀 게임을 매우 잘해주었어요. 이 게임을 하면서 여러분은 레지와 마리아에게 고대 이집트의 게임을 하는 데 필요한 모든 답을 제공해주었어요. 이 아이들은 게임을 할 때 아무 것도 아는 것이 없는데도 문제에 대한 답이 입에서 얼떨결에 나왔어요.
>
> 게임을 몇 번 한 후에 마리아와 레지는 몇 가지 문제를 질문하러 안납의 사무실로 갔어요. 가는 중에 레지는 마리아의 부적에서 반짝이는 불빛이 붉은 색으로 계속 켜져 있는 것을 보았어요. 이제 마리아의 부적에는 2개의 빛이 생겼어요.
>
> 오늘의 이야기는 여기서 끝이에요. 수업을 마치기 전에 여러분은 부적을 벗고 붉은 색 사인펜을 꺼낸 다음, 동그라미 하나에 붉은 색을 칠하고, 내가 이 스토리를 다음에 다시 할 때까지 부적을 책상에 넣어두세요.

3일째와 4일째

'이집트 스토리'의 이번 단편은 두 시간짜리이며, 학생들은 사회 시간 동안 안납의 무덤에 대한 축소 모형을 만드는 수업 프로젝트를 시작한다.

도리스는 안납의 사무실에서 일어난 일을 설명하는 희곡을 학생들에게 읽게 하는 방식으로 학생들이 '이집트 스토리'의 이번 절을 말하도록 돕는다. 이 희곡은 몇 천 년 전에 이집트에서 공연된 희곡을 모델로 한다(그리스의 비극을 합창하는 것과 비슷하다). 희곡에서는 삶과 죽음을 바라보는 고대 이집트인의 신념에 대한 배경 지식을 제공하며, 도리스의 수업에서 2,000디벤(deben)의 예산으로 안납의 무덤을 설계하는 방법을 찾아야 하는 문제를 설정해준다.

도리스는 지난 시간에 끝냈던 곳부터 이 스토리를 계속한다.

> 마리아와 레지가 안납의 사무실에 들어갔을 때, 그는 파피루스에 무언가를 쓰고 있었어요.
>
> 안납의 사무실에서 일어난 일을 여러분에게 말해주기보다 그 일을 설명하는 희곡을 읽어보게 하고 싶어요. π^3이 이 희곡을 썼는데 내용은 마리아와 레지가 설명했던 것과 일치해요.

도리스는 '무덤의 희곡'의 복사본을 학생들에게 나누어주고, 혼자서 조용히 읽어보라고 말한다. 학생들이 다 읽었을 때, 학생들은 원 모양의 대형을 이루고, 시계 방향으로 차례대로 안납, 마리아, 레지 부분을 읽는다. 도리스는 무대를 설정하는 개막 장면을 읽는다. 합창 부분은 전체 학급이 조화롭게 소리 높여 노래로 부른다. 어떤 해에 도리스는 학부모 모임 시간에 학부모들을 위하여 학생들에게 희곡을 공연하게 하기도 하였다.

무덤의 희곡

개막 장면: 마리아와 레지는 안납의 사무실에 들어간다. 그곳은 진흙 담장과 진흙 마루, 2개의 창문을 가진 작은 방이다. 이 방에는 바구니에 수많은 파피루스 두루마리가 쌓여 있다. 안납은 갈대로 만든 매트에 앉아 상형문자를 쓰고 있다. 안납 옆에는 바구니가 놓여 있는데, 여기에는 그림을 그리고 글을 쓸 수 있는 작은 파피루스 조각이 들어 있다.

마리아: 안납 선생님, 안녕하세요. 지금 무얼 쓰고 있으세요?

안납: 나는 내 무덤에 가져갈 '사자(死者)의 서(書)'[2]에 대한 원고를 끝내고 있어.

마리아: 왜 선생님은 죽은 사람들에 대한 것을 쓰시나요?

레지: 마리아야, 이 책은 죽은 사람에 대한 것이 아니야. 사자의 서는 이집트인의 저승에 대한 몇 가지 주문과 이야기의 목록이야.

안납: 레지야, 네 말이 맞다. 일단 저승으로 가면 영혼의 인격인 '바(Ba)'[3]는 최종 심판을 받기 전에 수많은 시험을 통과해야 하는데, 사자의 서는 그 시험을 통과하는 방법을 알려주는 책이야.

---

2) 고대 이집트에서는 무덤에 '사자의 서(The Book of the Dead)'를 가져가면 영생이 있다고 믿었다. 이 책을 같이 묻는 것은 당시 이집트 사회에서 관습이었다.

3) 고대 이집트 사람들은 영혼이 Ren, Ba, Ka, Sheut, Ib으로 이루어져 있다고 믿었으며, 각각은 이름, 인격, 생명의 힘, 그림자, 심장을 의미한다.

합창: 사자의 서
사자의 서
저승으로 인도하는 책
영생으로 인도하는 책
'카(Ka)'와 '바'를 위한 영생

마리아: 선생님이 무덤에 묻히는 건가요? 저는 이집트 사람은 피라미드에 묻히는 줄 알았어요.

레지: 너 이집트에 대한 책을 읽은 적이 없구나? 고대 이집트인들은 다양하게 매장을 했어. 극빈층은 미라로 만들지도 않고 나일강에 버리거나 모래로 덮어두기도 했지.

안납: 맞다, 레지야. 부자들은 애완용 고양이를 묘지에 매장할 때도 미라로 만들지만, 가난한 사람들은 미라로 만들지 못하지. 돈을 조금 가진 사람들은 미라로 만들어서 다른 사람들과 함께 영생의 집에 매장된단다.

레지: 수백 명의 미라가 있는 집단 무덤이 있다는 것을 읽은 적이 있어요.

안납: 그래. 더 많은 돈을 가진 사람들은 미라로 만들어져 자신의 무덤에 매장되지. 부유하고 파라오와 친척이라면 산에 동굴을 파거나 돌로 지은 장대한 무덤에 매장되지. 돌 무덤은 굉장히 멋있어. 어떤 파라오들은 네 겹으로 된 관을 써서 피라미드에 매장돼. 대부분의 파라오들은 산의 무덤에 매장되고.

레지: 많은 무덤은 산에서 돌로 조각한 것이고, 돌을 깎아서 신성한 침실에 이르는 터널을 만든다는 것을 읽은 적이 있어요.

합창: 사자의 미라
사자의 미라
무덤에 매장하네
동굴에 매장하네
피라미드에 매장하네
'카'와 '바'를 위한 영생

안납: 그래, 침실은 저승에서 필요한 물건을 갖추고 있어. 나는 내 무덤을 산에 지을 만큼 부자야. 그건 이미 끝났어. 입구의 응접실과 나의 '카'와 나의 '바'를 위한 작은 방을 갖추고 있지. 응접실 길이는 10큐빗[4]이고 너비는 3큐빗, 높이는 5큐빗이야. 방의 길이는 12큐빗, 너비는 10큐빗, 높이는 6큐빗이야.

마리아: 선생님의 무덤은 멋지게 들려요. 그런데 '바'와 '카'가 뭐예요?

안납: 너는 두 부분으로 구성되어 있어. '바'는 너의 영혼인데, 네가 죽으면 육신을 떠날 수도 있고, 돌아올 수도 있어. '바'는 또한 최후의 판단을 내리게 해주는 부분이기도 해. '카'는 너의 물질적인 육신이고, 네가 죽은 후에는 보호받고 영양을 공급받아야 하지.

레지: 마리아야, 무덤 그림에서 사람들이 죽은 사람의 무덤에 음식을 나르는 것을 본 것이 기억나지 않니? 안납 선생님, 선생님의 조상 무덤에 해마다 음식을 나르는 비용이 많이 들지 않나요?

안납: 해마다 진짜 음식을 나르는 것은 아니란다. 음식은 벽화나 우샤브티(ushabti)[5]를 통하여 '카'에게 전달되지. 벽화는 우리의 '카'에게 날라야 하는 음식을 보여주지. 우샤브티 인형은 우리에게 음식을 준비하고 날라주는 하인을 나타내는 거야. 우리는 항상 우리를 위해 준비하는 우샤브티를 위한 음식을 남겨두지. 난 벽화와 우샤브티를 갖고 있어.

마리아: 죽었는데 '카'에게 음식이 필요한 이유는 뭐죠?

안납: '카'에게 음식을 주어야 하는 이유는 '바'가 영생을 찾아 저승을 방문한 후에 매일 밤 '카'에게 돌아오기 때문이야. '카'가 먹어두어야 '바'에게 새로운 힘을 줄 수 있고, 그래야 '바'가 영생을 계속 찾을 수 있어. '바'는 영생을 찾아 최후의 판단에 직면할 때까지 계속 영생을 찾아다니거든. '바'는 저승의 길을 찾을 때 사자의 서를 이용해. 우리가 영생의 집을 가져야 하는 이유는 그곳에서 '바'가 '카'를 찾을 수 있기 때문이야. 너는 너의 집 안에 네 이름을 써야 해. 그래야 '바'가 '카'를 쉽게 찾을 수 있어.

합창: '카'와 '바'
육신과 영혼
최후의 판단을 찾아서
영생을 찾아서
'카'와 '바'를 위한 영생

마리아: 그래서 선생님의 무덤이 선생님의 영생의 집이군요. 거기에는 벽화, 우샤브티 인형, 음식, 미라 말고 다른 것은 없나요?

---

4) 1큐빗은 대략 54.2cm에 해당한다.
5) 죽은 자와 함께 매장하는 미라 모양의 작은 인형

안납: 각각의 무덤은 너의 '카'의 조각품과, 너의 미라를 담고 있는 관, 너처럼 보이도록 그려진 생명 마스크를 갖고 있어. 또한 너의 업적이나 너의 가족과 같은 중요한 것을 그린 벽화도 있지. 또한 네가 저승에서 믿고 싶은 신의 조각품과 너를 위험에서 보호해줄 부적도 있어.

합창: 무덤 속으로
무덤 속으로
그림과 조각품
부적과 관
책과 미라
'카'와 '바'를 위한 영생

안납: 내 무덤을 꾸미는 데 내 재산의 대부분을 쓰려고 하고 있어. 난 이미 나의 미라를 위한 비용을 지불했지. 이제 난 무덤 안에 둘 것을 결정해야 하고, 그것을 장식해야 하고, 관을 만들어야 해. 내게 남은 비용은 2,000디벤이야.

마리아: 디벤이 뭐예요? 큐빗은 뭔가요?

레지: 마리아야, 그거 읽어보지 않았어? 1큐빗은 네 팔뚝의 길이잖아. 팔꿈치부터 손가락 끝까지. 1디벤은 구리나 은, 금과 같은 금속 조각이란 점 말고는 돈과 똑같고, 그 무게로 가치를 매기지. 정상적인 거래에서 네가 만약 아마포를 만들고 있고 빵을 구입하려 한다면, 너는 아마포와 빵을 바꿀 수 있어. 네가 디벤으로 거래를 할 때는 1디벤의 가치가 있는 구리 한 조각으로 물고기 세 마리를 살 수도 있어. 그렇죠, 안납 선생님?

안납: 네 말이 맞아. 사실 사람들을 보면 다양한 재료로 만든 가느다란 발찌와 팔찌를 차고 있는 것을 보게 될 거야. 보렴, 나도 구리 발찌를 차고 있지. 대부분의 발찌와 팔찌는 1디벤 무게로 만들어져 있어. 구리로 만든 것이 값이 가장 싸고, 금으로 만든 것이 가장 비싸지. 우리는 바꿀 물건이 없을 때 사고 싶은 것이 있으면, 발찌를 교환해. 오늘 아침에 난 구리 발찌 하나를 주고 빵 세 조각을 샀지. 그리고 오늘 아침 학생들 중 1명이 내게 1디벤 무게인 구리 발찌 하나를 주간 수업료로 지불했지. 나는 영생의 집을 갖추고 장식하는 데 2,000 구리 디벤의 예산을 갖고 있어. 주어진 나의 예산으로 다음 생에 내가 가져갈 것을 계산하는 것은 꽤 복잡한 문제야.

합창: 그의 무덤을 갖추는 데 2,000 구리 디벤
그의 무덤을 갖추는 데 2,000 구리 디벤
벽화와 조각품
부적과 관
책과 미라
'카'와 '바'를 위한 영생

마리아: 아마 우리가 선생님을 도울 수 있을 거예요.

안납: 난 너희 생각을 알고 싶어. 내게 필요한 것을 기록해둔 것을 보여줄게. 난 내 무덤에 가져갈 수 있는 물건 목록을 어느 정도 정했고, 이 바구니 안에 보관된 작은 파피루스 조각에 기록이 되어 있어. [도리스는 무덤 카드가 들어 있는 바구니를 집어 든다.] 한 장에 무덤에 가져갈 수 있는 한 가지 물건이 그려져 있는데, 그것을 만들 수 있는 재료와 가격도 적어두었지. 내 무덤에 두는 각각의 물건은 내가 영원한 생명을 얻는 것을 도울 거야. 내가 세운 예산으로 모든 것을 하나씩 가져갈 수는 없어. 그래서 나는 좋은 것 몇 개를 가져가고 싶고, 모든 것을 하나씩 가져가지는 않으려고 해. 금으로 만든 전능한 신의 조각품을 가진다면 모든 것을 하나씩 가지는 것보다 저승에서 도움이 될 거야. 1명의 전능한 신은 그리 강력하지 않은 3명의 신보다 저승에서 더 잘 보호해주지.

합창: 그의 무덤을 갖추는 데 2,000 구리 디벤
그의 무덤을 갖추는 데 2,000 구리 디벤
벽화와 조각품
부적과 관
책과 미라
'카'와 '바'를 위한 영생

레지: 선생님이 가져갈 것에 대해 우리가 어떻게 결정을 해야 하나요?

마리아: 우리는 선생님이 영생을 얻는 데 도움을 줄 수 있는 모든 선택을 고려해야 해. 예를 들어 석관보다 목관의 비용이 저렴하다는 것을 생각해야 하지만, 목관은 그리 오래 가지 않아. 또한 관이 부패하거나 내려앉아도 안 되지.

레지: 우리가 고려해야 하는 다른 것도 있나요?

안납: 내 무덤과 나의 부친의 무덤을 비교할 수도 있을 거야. 부친의 무덤은 2개의 관(두 겹으로 된 관), 2개의 부적, 2개의 신의 조각품, 몇 점의 작은 벽화, 2개의 우샤브티 조각품을 담고 있어. 내 무덤에는 이 물건들을 적어도 하나씩은 더 두고 싶어. 그렇게 하여 저승에서 내가 아버지를 만나면 내 무덤이 부유해졌다고 자랑스럽게 여기실 거야. 또 나의 '바'를 위해서는 조각품과 부적이 더 강력하다는 점을 기억해. 거기에 내 이름을 쓴다면 저승에서 누군가 다른 사람의 도움을 청하는 대신 내 이름이 항상 내 곁에 머무를 테니까.

레지: 그리고 우리는 최대 2,000디벤을 쓸 수 있고, 파피루스 종이에 적인 물품만 생각할 수 있죠.

안납: 그래, 레지야. 나는 이제 볼일이 있어서 나가봐야 해. 곧 돌아올테니 추천해주기 바라마.

합창: 그의 무덤을 갖추는 데 2,000디벤
그의 무덤을 갖추는 데 2,000디벤
벽화와 조각품
부적과 관
책과 미라
'카'와 '바'를 위한 영생

폐막 장면: 안납은 사무실을 떠난다. 남아 있는 마리아와 레지에게는 파피루스 조각 몇 개와 거기에 쓴 기록을 담은 바구니 하나가 있다.

끝

'무덤의 희곡' 공연이 끝나면서 도리스는 스토리를 계속 이어나간다.

마리아와 레지는 이집트어로 수학을 할 수 없어서, 여러분이 둘을 위해 문제를 풀어야 해요. 4명씩 모둠을 만들어서 마리아와 레지가 안납의 영생의 집에 두어야 할 것을 결정하도록 도와보아요. 여러분의 모둠에서 2명의 기록자와 2명의 발표자를 선정하도록 해요. 기록자는 안납의 무덤에 넣을 물품과 가격을 기록하고 발표자는 각각의 물품을 선택한 이유를 설명할 수 있어야 해요. 이어지는 사회 수업 시간에 여러분은 안납의 무덤에서 영생의 집에 넣기로 결정한 것을 담고 있는 축소 모형을 만들 거예요.

여러분에게 도움이 될 두 가지가 있어요. 무덤 카드와 무덤 물품 목록입니다. 무덤 카드에는 안납의 파피루스 종이에 있는 정보가 담겨 있어요. 무덤 물품 목록에는 안납이 자신의 무덤에 두려고 하는 것에 대한 상세한 내용이 있어요. 이를 이용하면 여러분이 결정하는 데 도움이 될 거예요. 2,000디벤보다 많이 사용할 수는 없어요.

안납의 영생의 집에 둘 것을 결정할 때, 물건의 목록과 고대 이집트 숫자를 이용하여 가격을 정해야 해요. 또한 고대 이집트어로 덧셈을 해야 해요. 그런 다음 계산기와 우리의 수 체계를 이용하여 덧셈을 검산하면 돼요. 각각의 물품의 중요성을 확실히 알아야 하고, 그래서 그 물품을 두어야 하는 이유를 다른 학생들에게 설명할 수 있어야 해요.

그림 7.4

<u>무덤 물품 목록</u>

각각의 범주에서 적어도 한 가지 물품은 있어야 한다.
별표로 표시한 범주에서 적어도 세 가지 물품이 있어야 한다.

<u>사자의 서</u>

'카'의 상(서기)
* 우샤브티
가구: 머리 받침, 침대, 스툴의자, 식탁 등
의류: 남성용 샅바, 여성용 드레스, 샌들
도구: 음식 조리, 취미, 육체, 일을 위한 것(서기에게 필요한 것: 팔레트, 물감, 파피루스, 펜)
* 벽화

직업 활동	최종 판단	가족
지역의 일상 생활	'카'의 양식	장식
보호를 위한 기도와 주문	게임, 일, 식사시간	이름

* 관
명패
무덤의 물건(부적, 신의 상 등)에 새긴 이름
상형문자
미라 관의 마스크
용기: 도기와 바구니(음식 조리, 물 보관, 재료 보관용)

* 신의 상(statues of the Gods)

아멘라(Amen-ra) 암수(Amsu) 베스(Bes) 슈(Shu) 아메나이트(Amenait) 오시리스(Osiris)
아누비스(Anubis) 하피(Hapi) 마아트(Ma'at) 토트(Thoth) 이시스(Isis)

* 보호 부적

앙크(ankh) 드제드 기둥(djed pillar) 하트형 부적(heart)
우제트의 눈(udjat eye) 이시스 부적(isis amulet) 풍뎅이 부적(scarab)

***** 무덤 크기: 입구 홀 = 길이 10큐빗, 너비 3큐빗, 높이 5큐빗**
주 무덤 = 길이 12큐빗, 너비 10큐빗, 높이 6큐빗

그림 7.5 무덤 카드 3장의 앞면과 뒷면

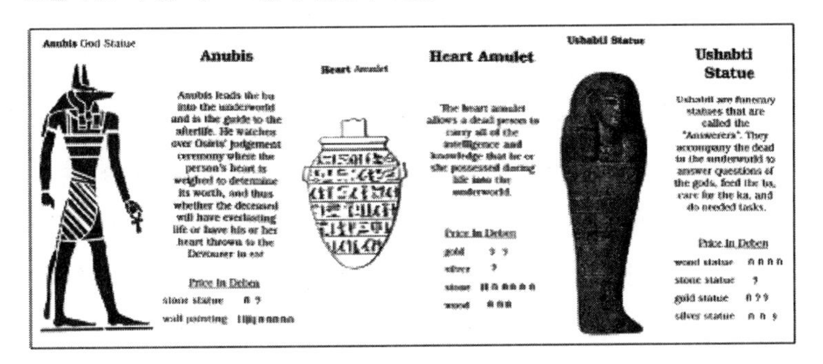

도리스는 학생들에게 무덤 물품 목록과 무덤 카드를 나누어주면서, 4명씩 모둠을 만들고, 기록자와 발표자를 선정하고, 문제해결에 들어가도록 한다. 수학 수업은 학생들이 이 문제를 해결하기 전에 끝났다. 도리스는 학생들에게 이 문제를 숙제로 해오도록 한다.

같은 날 이어진 사회 수업 시간에 도리스는 안납의 무덤의 축소 모형을 만드는 활동을 소개한다. 이 활동은 완성하는 데까지 몇 주가 걸린다. 이는 6학년 학생들에게는 한 해의 핵심 활동 중 하나이다. 학생들은 모눈종이를 이용하여 희곡에 나온 안납의 목록에 따라 무덤을 설계하고, 판지를 이용하여 무덤을 만들고, 무덤 카드의 몇 퍼센트를 축소하거나 확대하면 안납의 무덤을 적절하게 장식하고 갖출 수 있는지를 결정하고(도리스는 학교 복사기를 이용한다), 상형문자 스탬프를 이용하여 무덤에 안납의 이름을 쓰고, 무덤에 맞춘 관의 축소 모형을 만든다. 이렇게 통합된 단원에서 학생들은 수학을 공부하면서 매장 관습과 예산에 대하여 학습하며, 사회를 공부하면서 분수, 소수, 퍼센트, 비를 이용한다.

학생들이 다음 날 수업에 올 때, 도리스는 이 문제를 완결하고 계산을 검산하게 한다. 그런 다음 도리스는 간단한 학급 전체 토론을 열어 발표자가 모둠의 결론을 설명하고 정당화하게 한다. 그런 다음 학생들은 박수-두드리기-박수 절차를 이용하여 목록을 마리아와 레지에게 보낸다. 그런 다음 도리스는 스토리를 계속한다.

마리아와 레지는 고대 이집트어로 쓰인 여러분의 목록을 받았어요. 이 친구들은 모든 목록을 읽고 안납에게 줄 것 하나를 선택해요.

안납이 자신의 사무실로 돌아오자 아이들은 안납에게 다른 목록과 함께 선택한 목록을 주었어요. 안납은 아이들이 한 일에 놀랐어요. 그는 즉각적으로 그것을 검토하기 시작했어요.

안납이 여러분의 목록을 살펴보는 동안 레지는 “마리아야, 나는 이집트의 수 체계가 우리의 것과 그렇게 다르다는 것에 놀랐어.”라고 말했어요.

“뭐가 그렇게 달라?”라고 마리아가 물었어요.

“자리값 표에 수를 쓸 때 수가 어떻게 작동하는지 생각해봐.”라고 레지가 말했어요. “예를 들어 자리값 표에 321을 놓으면, 우리는 3은 백의 자리에, 2는 십의 자리에, 1은 일의 자리에 두는 거지.” 레지는 말을 하면서 안납의 사무실의 모래 바닥 위에 숫자를 썼어요. [도리스는 레지가 모래 위에 쓴 것을 칠판에 옮겨 적고 있다. 그림 7.6 참조.] “이집트의 숫자 역시 이런 식으로 작동하는 것 같아. 예를 들어 이집트인들이 백의 자리에 3개의 백 문자를 쓰고, 십의 자리에 2개의 십 문자를 쓰고, 일의 자리에 1개의 일 문자를 써. 그런데 똑같지는 않아. 예를 들어 102를 생각해봐. 우리 수 체계에서는 백의 자리에 1을 쓰고, 십의 자리에 0을, 일의 자리에 2를 써. 그런데 이집트 수 체계는 0을 가지고 있지 않아서*, 백의 자리 문자 다음에 일의 자리 문자 2개를 써. 즉 이집트인들은 2개의 1이 일의 자리에 있고 십의 자리가 있어야 하는 곳에 백의 자리를 쓰지. 이집트인들의 일, 십, 백은 가장 작은 것에서 가장 큰 것으로 증가하도록 쓰지만 이들의 수 체계는 우리의 자리값 체계와는 달라. 왜냐하면 자릿값이 그 수의 위치가 아니라 모양에 따라 결정되기 때문이야.”

---

* 고대 이집트 수 체계에 대한 전통적인 관점은 0에 대한 기호가 없다는 점을 지적한다. 하지만 최근의 연구에서는 이것이 반박되는 것 같다(Lumpkin, 1997, pp. 101-117).

그림 7.6 레지의 모래 낙서

백의 자리	십의 자리	일의 자리
3	2	1

우리의 숫자 321

백의 자리	십의 자리	일의 자리
1	0	2

우리의 숫자 102

일의 자리	십의 자리	백의 자리
ǀ	∩∩	𓍢𓍢𓍢

이집트 숫자 321

일의 자리		
ǀǀ	𓍢	

이집트 숫자 102

안납은 “불가능해! 미래의 수 체계는 우리 수 체계와 다를리 없어. 수는 수야. 어떻게 다를 수 있니?”라고 소리쳤어요.

레지는 “서로 다른 점이 많이 있어요. 예를 들어 선생님이 수를 기록하려면 우리 체계보다 더 많은 것을 써야 해요. 우리가 345라고 쓰면 3개의 문자만 쓴 거죠. 3개의 100이 한 자리, 4개의 10이 한 자리, 5개의 1이 한 자리죠. 선생님의 수 체계로는 12개의 문자를 써야 해요. 3개의 백 문자, 4개의 십 문자, 5개의 일 문자죠.”라고 답했어요.

안납은 웃으면서 말했어요. “그런데 우리는 두 가지 수 체계를 갖고 있어. 하나는 무덤의 글과 파라오의 법령과 같이 중요한 공식적인 일을 위한 것이야. 다른 하나는 각자가 얼마나 많은 빵 조각을 갖는지 또는 한 사람은 얼마나 많은 세금을 내는지와 같은 것을 계산하는 덜 중요한 문제를 위한 것이지. 네가 본 것은 공식적인 수 체계야. 그건 ‘상형문자’라고 불리지. 우리의 일상적인 수 체계도 같은 방식이긴 하지만, 우리는 4개의 10을 한 가지 기호로 또는 3개의 100을 한 가지 기호로 쓰는 속기 방식을 갖고 있어. 그것은 ‘성용문자(hieratic)’[6]라고 불리는 거야.”

마리아는 물었어요. “선생님 민족은 왜 두 가지 수 체계를 갖고 있어요? 공식적 용도의 수 체계와 일상적 용도의 수 체계를 따로 갖고 있는 이유가 뭐예요?”

“모든 일이 일어나는 방식이 그렇다는 거지.”라고 안납은 답했어요. “신성과 관계되는 파라오와 귀족들이 있는가 하면, 우리처럼 평범한 사람들도 있지. 이렇듯 우리 사회에는 두 유형의 사람들이 있으니 수 체계도 하나는 왕실을 위한 것, 다른 하나는 우리를 위한 것을 따로 가지는 것이 아닐까? 미래의 사회에서는 매장하는 땅이 다르고, 법

6) 이집트의 상형문자를 흘려 쓰는 초서체 문자.

이 다르고, 수 체계가 다른 두 가지 사회적 계층으로 나뉘지 않니? 결국 우리의 수 체계는 단순히 우리 사회의 반영이야. 우리의 공식적인 수 체계는 모든 것이 완벽하고 장식적인 아름다운 그림 같아. 그것은 신을 위해 만들어진 것이지. 우리의 일상적인 수 체계는 공식적인 것과 비슷하지만 그리 아름답지가 않아. 그것은 5개의 10기호를 이용하는 것이 아니라 5개의 10을 한 가지 그림 문자로 간소화한 것이지. 보통 사람들까지 파라오와 왕족에게 요구되는 아름다움을 필요로 하지는 않아."

"그런데요, 존경하는 조상님." 하고 마리아가 대답했어요. "미래에 우리는 모든 사람이 평등한 대우를 받아야 한다고 믿어요. 우리는 왕족이 없어요. 오직 한 가지 사회적 계층만 있지요. 어떤 사람은 다른 사람보다 더 부자이기는 하지만요. 누구나 같은 묘지에 묻히고 누구나 같은 법을 지켜야 해요. 그리고 우리는 오직 한 가지 수 체계만 갖고 있어요."

"그래, 3,500년은 꽤 오랜 시간이지. 나는 그 시간 동안 변화가 일어났을 거라고 짐작해."라고 안납이 말했어요. "그러나 사회가 그렇게 많이 변화한다고 해서 우리의 수 체계가 더 이상 이용되지 않을 거라고 믿었던 것은 아니야. 어떤 수 체계는 그것을 이용하는 사회를 반영한다고 짐작하는 거지. 그리고 사회가 변화하면 수 체계 역시 변화하는 거고."

"그것은 우리 수 체계가 이곳의 수 체계와 다른 점 중 하나일 뿐이에요. 다른 차이점이 더 있어요."라고 레지도 거들었어요.

"그렇다면 너희의 수 체계와 우리의 수 체계 사이의 비슷한 점과 차이점에 대해 말해보렴." 하고 안납이 말했어요. "그건 이집트 문화가 어떻게 변화했는지 나에게 알려주는 셈이야. 왜냐하면 어떤 문화의 본질은 그 문화에서 사용하는 수와 쓰기 체계라는 것이 서기들 사이에서 논의가 되고 있거든."

여러분, 마리아와 레지를 다시 도와주어야 해요. 이 아이들은 이집트어로 수학을 말할 수 없지요. 4명씩 모둠을 만들어서 우리의 수 체계가 고대 이집트의 공식적인 수 체계와 어떤 측면에서 다르거나 비슷한지 토론해요. 기록자는 표를 이용하여 여러분이 답한 것을 요약하는 문구를 기록해야 해요. 이 표에서 한 열은 우리의 수 체계에 대한 어떤 것을 나타내고, 다른 열은 고대 이집트의 공식적인 수 체계에 대하여 대응하는 것을 나타내어야 해요. 가능하다면 언제든 이집트의 공식적인 수 체계가 우리 수 체계와 다른 이유를 생각해보세요. 나중에 발표자는 학급에 여러분의 생각을 발표할 거예요. 그러면 우리는 마리아와 레지에게 답을 보낼 것이에요.

도리스의 학생들은 소모둠으로 작업을 시작한다. 도리스는 필요할 때 학생들의 얘기를 경청하고, 상호작용하고, 도움을 주면서 순회한다. 소모둠에서 유사점과 차이점을 토의한 후에 도리스는 학급 전체 토론을 이끌고, (모둠의 발표자의 보고에 근거해서) 학생들의 생각을 표로 정리한다. (표 7.1 참조)

표 7.1 수 체계 비교

우리 수 체계	고대 이집트 수 체계
숫자는 기호적이며 그것이 나타내는 양과는 무관하다.	수의 기호는 영상적이고 구체적이다. 1은 손가락처럼 생겼고 10은 2개의 활 모양 끈처럼 생겼다.
숫자의 집합은 하나뿐이다.	두 가지 형태의 수가 있고, 하나는 왕족용 다른 하나는 평민용이다.
자리의 위치가 그 값을 가리킨다. 45에서 4는 10의 열이고 5는 1의 열이다.	수 기호의 모양이 값을 나타낸다. 수는 위치보다는 영상적으로 정의된다.
일, 십, 백 등의 수를 나타내는 각각의 열에 한 자리만을 필요로 한다. 56은 5개의 10과 6개의 1을 의미한다.	(공식적) 수는 일, 십, 백 등을 뜻하는 다양한 기호를 필요로 한다. 56은 5개의 10 기호와 6개의 1 기호를 필요로 한다.
수를 읽을 때 왼쪽부터 오른쪽으로 읽고 가장 큰 양을 왼쪽에 쓴다.	수를 읽을 때 오른쪽부터 왼쪽으로 읽고 가장 큰 양을 오른쪽에 쓴다.
십진기수법이며, 10을 기준으로 기본 단위(일, 십, 백 등) 사이에 교환 가능하다.	십진기수법이고, 하나의 10은 하나로 교환 가능하다.
아무 것도 없음을 나타내는 숫자 '영(0)'이 있다.	고대 이집트에는 '영(0)'이 없다.

학생들이 유사점이나 차이점을 기록할 때마다, 도리스는 학생들에게 수 체계를 비교하는 것이 우리의 오늘날 사회와 고대 이집트 사회를 비교하는 것과 어떻게 관련되는지 생각해보게 한다. 문화적 차이에 대한 학생들의 생각은 다음과 같은 것을 포함한다. 고대 이집트에는 왕과 평민이 있었고(이원적 사회), 우리는 평민만 있다(더 동질적인 사회). 이집트인들은 수 쓰기를 예술로 보았고, 우리는 (기능적인) 도구로 본다. (공식적) 상형문자는 신과 그 후예들(그들은 무덤에서 영원히 산다)을 위한 것이므로 영원을 기리도록 주의 깊게 그릴 가치가 있고, 우리의 수는 신성함 없이 단순히 기능한다.

도리스는 학생들에게 박수-두드리기-박수의 전달 방법을 이용하여 마리아와 레지에게 자신들의 생각을 보내게 함으로써 토론을 마무리한다. 그런 다음 도리스는 '이집트 스토리'를 계속한다.

우리의 정보가 도달하자마자, 마리아와 레지는 그것을 고대 이집트어로 안납에게 전달했어요. 그는 모든 차이점에 경이로움을 느끼지만, 이를 표현하기 전에 닐라라는 학생이 사무실로 들어 와서 안납에게 정문에 가야 한다고 말했어요.

안납은 마리아와 레지에게 닐라와 같이 수업에 가라고 했고 닐라는 아이들에게 서둘러야 늦지 않을 것이라고 말했어요.

닐라의 학급으로 가는 길에, 레지는 마리아의 부적을 가리켰어요. 그 부적의 두 칸은 밝은 터키석 계열의 파란 빛을 내고 있었어요.

오늘의 이야기는 여기까지예요. 여러분의 부적을 벗고, 책상에서 파란 사인펜을 꺼내서 동그라미 2개를 파랗게 칠하고, 이 스토리를 다시 말할 때까지 부적을 책상에 보관하세요.

5일째과 6일째

'이집트 스토리'의 이번 절은 이틀 동안 진행된다. 도리스는 첫째 날 가능한 한 많이 말하고, 다음 날 나머지를 말한다.

마리아와 레지 얘기를 계속하자면, 이 아이들은 닐라를 따라 교실에 들어갔어요. 교실에 갔을 때, 개구리 시합이 진행 중인 것을 보았어요. 반 아이들은 세 마리의 개구리를 콕콕 찌르고 고함을 치면서 원 모양의 중심에서 점프하여 경계를 뛰어넘도록 하고 있었어요. 선생님은 이 시합이 끝나기 전에 교실에 왔지만, 개구리 한 마리가 시합에서 이길 때까지 보고만 있었어요. 그런 다음 선생님은 진흙 바닥에 홀(笏, scepter)[7]을 꽝 하고 치면서 "제자리로 돌아가세요! 개구리는 치우고요!"라고 소리쳤어요. 마리아는 세 아동이 개구리를 집어 자신의 샅바에 넣는 것을 보고 놀랐어요. 마리아는 자신의 속바지 안에서 개구리가 돌아다니는 것을 아마 좋아하지 않을 거예요.

선생님이 계속 말했어요. "오늘은 곱셈을 이용하여 직사각형의 넓이를 계산할 거예요. 서기는 농장의 넓이를 구할 수 있어야 농장의 규모에 따라 세금을 매길 수 있어요. 만약 부정확하게 계산하여 수확이 끝난 후에 농장의 넓이를 실제보다 더 크게 말하면, 농부는 파라오에게 자신이 수확한 것보다 더 많은 세금을 내야 하죠. 반대로 실제보다

7) 왕의 권위를 상징하는 지팡이로, 여기서는 교사의 권위를 상징하는 지시봉을 의미한다.

더 작게 말하면, 여러분은 세금을 매길 때 농부의 수확량에 대하여 파라오를 속이게 될 거예요. 여러분은 파라오와 농부에게 모두 공정하기 위해 계산을 정확히 해야 해요. 그리고 넓이 계산을 많이 하게 될 거예요. 왜냐하면 해마다 여러분은 모든 농장의 넓이를 다시 계산해야 하기 때문이지요. 겨울에 나일강의 수위가 오르면 모든 농장의 표시는 씻겨 내려가죠. 봄에 나일강의 수위가 낮아지면 농장을 재조사하여 측량하고, 새로 계산해서 어떤 농부의 수확량이 어느 정도이고 파라오에게 세금을 얼마나 내야 하는지 결정해야 해요."

"오늘은 길이가 6큐빗, 너비가 9큐빗인 직사각형 모양의 땅의 넓이를 구하는 것으로 수업을 시작할 거예요. 1큐빗은 팔꿈치부터 중지 끝까지의 길이임을 기억하세요. 우리의 표준 큐빗은 파라오의 팔꿈치부터 중지 끝까지예요."

그런 다음 선생님은 교실 바닥에 있는 모래가 든 상자로 가서 모래 표면을 문질러서 평평하게 했어요. 그는 길이가 6큐빗이고 너비가 9큐빗인 직사각형 구획의 땅의 넓이는 "6 곱하기 9"를 계산함으로써 구할 수 있다고 말했어요. 그런 다음 그는 모래 상자로 와서 문제를 해결하라고 했어요. 다음은 한 아이가 쓴 것에 대한 레지와 마리아의 관찰 내용과 그 아이가 말한 것에 대한 관찰 내용을 우리의 숫자를 이용하여 나타낸 것입니다.

그림 7.7

쓴 것			말한 것
	1	9	1, 2, 4. 나는 2 + 4를 이용해서 6을 만들 거예요. 6 곱하기 9는 …… 음 …… 9, 18, 36. 나는 2 + 4로 6을 얻을 수 있었고, 결국 18 + 36을 해서 18 + 36 = 54를 얻었어요.
	\2	\18	
	\4	\36	
합	6	54	

도리스는 관련된 문장을 소리 내어 말하면서 이 계산을 칠판에 쓴다. 도리스는 자신이 하고 있는 것이 무엇인지, 또는 그렇게 하는 이유가 무엇인지에 대해 학생들에게 말하지 않아도 무엇을 하고 있는지 명료하게 보고 들을 수 있도록 그 일을 한다.

우선 도리스는 쓰고 있는 숫자를 일일이 말하면서 왼쪽 열에 숫자를 쓴다. 각 숫자는 바로 위의 수의 2배이며, 아래의 줄에 도달할 때까지 계산한다. 도리스는 수를 2배하면서, 2배한 수들의 합이 곱셈 문제의 첫째 수(승수)와 같을 때까지 더한다. 이 경우는 6이다. 도리스는 승수와 같아지는 수의 집합을 찾을 때, 각 수의 왼쪽에 표시를 하고, 그 합(승수)을 줄 아래에 쓴다.

다음으로 도리스는 1과 나란한 오른쪽 열에 9를 쓴다. 이는 피승수 또는 곱셈에서 두 번째 수이다. 그런 다음 도리스는 그 수를 2배하고 그 결과를 2 옆에 쓰고, 그 수를 2배하여 그 결과를 4 옆에 쓴다. 이제 도리스는 2 옆의 표시를 가리키며 18 옆에도 대응하는 표시를 한다. 그런 다음 도리스는 4 옆의 표시를 가리키며 36 옆에도 대응하는 표시를 한다.

이제 도리스는 2, 4, 6을 가리키며 "2 + 4=6"이라고 말한다. 다음에 도리스는 18과 36을 가리키며 "18 + 36=54"라고 말하고, 36 아래의 줄 밑에 54라고 쓴다.

계산이 끝나자, 학생들은 자랑스럽게 말했어요. "길이가 6큐빗이고 너비가 9큐빗인 직사각형 구획의 땅의 넓이를 구하기 위해, 저는 한 변의 길이를 다른 변의 길이와 곱했어요. 6 곱하기 9는 54! 넓이는 54제곱큐빗이에요!"

선생님은 큰 소리로 "대단하군요! 부모님께도 칭찬 받겠어요."라고 소리쳤어요.

레지는 마리아에게 "이 아이들이 하는 것은 곱셈이 아닌 것 같아. 단지 2배를 하고 더했어!"라고 속삭였어요.

도리스는 학생들에게 2명씩 모둠을 만든 후 고대 이집트의 곱셈이 어떻게 이루어지는지 — 또는 고대 이집트인들이 곱할 때 어떤 일이 일어나는지 — 생각한 것을 2분간 토론하라고 말한다. 2분 후에 도리스는 스토리를 계속한다.

선생님은 다시 모래 상자를 평평하게 문지르고, 닐라에게 다음 문제를 주었어요. "나일강에서 파라오를 태우는 직사각형 모양의 왕립 뗏목의 넓이를 구해보렴. 뗏목의 길이는 9큐빗, 너비는 8큐빗이란다."

다음은 닐라가 모래 상자에 쓴 것과 말한 것에 대해 레지와 마리아가 관찰한 것을 우리의 숫자로 적은 것이에요.[도리스는 앞에서처럼 이 문제를 푼다.]

그림 7.8

	쓴 것		말한 것
	\1	\8	1, 2, 4, 8. 나는 1 + 8을 이용해서 9를 만들 거예요. 9 곱하기 8은 …… 음 …… 8, 16, 32, 64. 나는 1 + 8로 9를 얻을 수 있었고, 결국 8 + 64를 해서 8 + 64 = 72를 얻었어요.
	2	16	
	4	32	
	\8	\64	
합	9	72	

닐라는 계산을 마치자 자랑스럽게 말했어요. "길이가 9큐빗, 너비가 8큐빗인 직사각형 모양의 뗏목의 넓이를 구하기 위해, 저는 길이와 너비를 곱했어요. 9 곱하기 8은 72! 넓이는 72제곱큐빗이에요!"

선생님은 "대단하구나 닐라야! 너의 할아버지도 기뻐하시겠어."라고 말했어요.

레지는 마리아에게 "이제 알겠어! 어떻게 하는지 너도 알겠니?"라고 속삭였어요.

도리스는 학생들에게 2분 더 시간을 주고 모둠에서 고대 이집트의 곱셈 방법을 어떻게 생각하는지 토론하라고 말한다. 그런 다음 스토리를 계속한다.

"조용히 하세요!"라고 선생님이 소리쳤어요. [도리스도 소리친다.]

조금 후에 한 학생이 바닥에 드러눕고 다른 학생이 그 위에 기대었어요. 누운 학생이 "투아우프야, 방과 후에 너에게 갈 때까지 기다려. 잠들 때 내게 기대지 말아줘! 넌 1톤 무게야, 넌 게으름뱅이 뚱보야!"라고 외쳤어요.

선생님은 큰 소리가 나도록 벽을 보고 자신의 홀을 세게 팽개치고, 다음과 같은 경고문을 소리쳐 말했어요. [도리스는 오버헤드 프로젝터를 이용하여 큰 화면에 '투아우프의 경고문'을 비추면서 읽는다.]

투아우프의 경고문

투아우프, 투아우프, 잘 들어봐.

넌 생명의 전당에 있어.

넌 서기가 되기 위한 학교에 있어.

교실을 둘러봐도 바보는 없어. 잠든 사람도 없어. 낙서하는 사람도 없어. 뚱뚱한 사람도 없어. 깨어나서 선생님께 주목해봐.

너는 서기가 될 수 있는 사람으로 선택받았어. 초보자이긴 하지만 너의 지식으로 인해 너는 존경을 받게 되고 자문을 하게 될 거야. 서기라는 직업은 다른 사람과 평등하지는 않아. 왜냐하면 지식 때문에 서기는 음식이 떨어질 일도 없고, 돈도 부족하지 않으며, 항상 타인의 존경을 받게 될 거니까.

차라리 불타는 용광로에서 일해야 하는 구리 세공사가 되는 건 어때? 손가락은 악어 발톱 같고, 썩은 생선보다 더 고약한 냄새가 나지.

차라리 다른 사람의 요청을 받고 물을 배달하면서 물 양동이 무게로 인해 서서히 오그라드는 물 배달부가 되는 건 어때? 모기떼 때문에 죽을 만큼 괴롭기도 하고, 운하의 악취 때문에 질식하기도 하지.

차라리 도공이 되는 건 어때? 이미 죽은 자처럼 흙에서 일을 하지. 자신의 도자기에 불을 지피기 위해서 돼지보다도 더 진창을 파헤쳐야 하지.

차라리 베를 짜는 직공이 되는 건 어때? 직공은 감독관을 위해 흰 목화로 가득 찬 베틀에서 밤새도록 일해야 하며, 그래야만 한 낮의 태양과 세상의 많은 아름다운 색깔을 볼 수 있지. 허벅지를 몸까지 끌어당겨야 해서 숨조차 거의 쉴 수가 없지. 자신의 일을 마치지 못하는 날이면 연못의 연꽃처럼 베 짜는 오두막에서 끌려나와 버림받게 되지.

아니면 하루 종일 갈대밭에서 알몸으로 일하는 갈대 재단사가 되는 건 어때? 손가락에서는 생선 장수 같은 고약한 냄새가 나고, 눈은 흐릿한 채 생기가 없고, 피부는 아침부터 밤까지 일해서 오븐의 빵처럼 익혀지지.

너는 생명의 전당에 있어.

너는 서기가 되기 위한 학교에 있어.

너의 어머니와 생명을 사랑하듯이 배움과 책을 좋아하고 그 아름다움을 보기 바랄게.*

"와우!"라고 마리아가 속삭였어요. "마치 우리 선생님이 화나셨을 때 같아! 나는 모든 선생님이 아이들에게 화났을 때 이런 식으로 생각하시는지 궁금해."

호흡을 가다듬은 후에 선생님은 모래 상자를 다시 평평하게 문지르고 투아우프에게 다음 문제를 주었어요. "멜론이 자라고 있는 작은 직사각형 모양의 땅의 넓이를 구해봐. 이 구획의 길이는 13팜(palm)[8], 너비는 14팜이야. 1팜은 손의 너비와 같다는 것을 기억해. 우리의 표준 팜은 파라오의 팜이야. 7팜이 1큐빗이지."

다음은 투아우프가 쓰고 말하는 것을 레지와 마리아가 관찰하여 우리의 숫자로 적은 것이에요. **[도리스는 예전에 했던 것과 같이 이 문제를 풀었다.]**

---

* 이는 영국 박물관 문서인 〈*Satire of the Trades*〉(Olivastro, 1993, pp. 32-33)와 〈*Teaching*〉(Stead, 1986, p. 21)에 대한 자유로운 번역이다.

8) 팜(palm)은 이집트의 길이 단위로 약 7.5cm에 해당한다.

그림 7.10

	쓴 것		말한 것
	\ 1	\ 14	1, 2, 4, 8. 나는 1+4+8을 이용해서 13을 만들었어요. 13 곱하기 14는 …… 음 …… 14, 28, 56, 112. 나는 1+4+8로 13을 얻었고, 결국 14+56+112를 해서 14+56+112=182를 얻었어요.
	2	28	
	\ 4	\ 56	
	\ 8	\ 112	
합	13	182	

"182예요."라고 투아우프가 말했어요.

"수만 말하면 안 돼!"라고 선생님이 말했어요. "문제의 맥락에 맞게 답을 해야지."

"길이가 13팜, 너비가 14팜인 직사각형 멜론 밭의 넓이는 13 곱하기 14예요! 13 곱하기 14는 182지요. 그래서 넓이는 182제곱팜이에요."

"잘했어."라고 선생님은 미소를 지었어요. "저승에 계신 너의 위대한 할아버지도 너를 자랑스럽게 생각하실 거야."

레지는 마리아에게 "나도 구했어. 그가 나를 부를 때까지 기다리면 돼. 나는 곱셈표를 알기 때문에 모래 상자를 이용할 필요가 없어."라고 속삭였어요.

도리스는 다시 학생들에게 모둠별로 2분간 고대 이집트의 곱셈 방법을 생각해보라고 말한다. 약 2분 후에 도리스는 다른 아동에게 다음 문제를 주면서 이 스토리를 계속한다. "개구리가 뛰어노는 작은 직사각형 모양의 습지의 넓이를 구하여라. 이 구획의 길이는 21팜, 너비는 12팜이다." 이 문제에 이어 도리스는 학생들에게 다시 2분을 주고 이집트인의 곱셈에 대하여 토론하게 한 후 스토리를 계속한다.

선생님은 다시 모래 상자를 평평하게 문지르고, 레지에게 다가가서 말했어요. "너는 확실히 말할 것이 많을 거야. 모래 상자에 이 문제를 보여줄게. 길이가 6손가락[9], 너비가 7손가락인 직사각형 모양의 화분의 넓이를 구해보렴. 이집트의 누군가가 너에게 말해 주었겠지만, 1손가락은 손가락의 너비야. 우리의 표준 손가락은 파라오의 손가락이야. 1팜은 4손가락과 같지."

레지는 즉각적으로 말했어요. "모래 상자는 필요없어요. 답은 ……"

---

9) 손가락(finger)은 이집트의 길이 단위로 약 1.88cm이며 $\frac{1}{4}$팜에 해당한다.

레지는 고대 이집트어로 수학을 말할 수도 쓸 수도 없다는 점을 깜박했어요. 그래서 여러분이 레지에게 도움을 주어야 해요. 여러분의 모둠에서 누가 기록자이고 누가 발표자인지 결정하세요. 고대 이집트인들이 곱셈을 어떻게 하는지 짐작해보세요. 그런 다음 6 곱하기 7을 고대 이집트 방식으로 해결하되, 수 체계는 우리 것을 이용하세요. 여러분이 계산한 것을 기록한 후 토론할 준비를 하세요. 모둠에서 답을 구하면 손을 드세요. 모든 모둠이 끝냈을 때 우리는 여러분의 답을 토론하고 레지에게 답을 보낼 거예요.

도리스는 문제를 해결하는 학생들 사이로 순회하면서 필요한 도움을 제공한다. 도리스는 학생들이 손을 들면 답이 맞는지 조사한다. 답이 맞으면 도리스는 모둠에서 고대 이집트의 곱셈이 성립하는 이유를 생각해보라고 제안한다. 모든 학생들이 이 문제를 마쳤을 때, 도리스는 발표자가 답을 기술하고 고대 이집트의 곱셈이 어떤 식으로 또한 어떤 이유로 성립하는지를 설명하고, 기록자는 계산한 것을 보여주게 하면서 학급 토론을 한다. 어떤 모둠은 6 곱하기 7로 구하였고, 어떤 모둠은 7 곱하기 6으로 구하였다. 두 가지 모두 용인되는데, 차이점이 무엇인지 조사한다. 다음은 두 문제해결 과정을 쓴 것이다.

그림 7.10

	1	7			\1	\6
	\2	\14			\2	\12
	\4	\28	혹은		\4	\24
합	6	42		합	7	42

토론이 끝났을 때, 도리스는 학급에서 해결한 것을 박수-두드리기-박수의 전달 방법을 이용하여 레지에게 보내게 하고, 스토리를 계속한다.

우리가 보내자마자 레지는 이집트어로 "길이가 6손가락, 너비가 7손가락인 직사각형 모양의 화분의 넓이는 42제곱손가락이에요!"라고 소리쳤어요. 그런 다음 레지는 모래 상자로 걸어가서 그 문제를 해결하는 방법을 빠르게 기록했어요.

선생님은 "놀랍구나! 너는 쓰기도 전에 어떻게 그렇게 빠르게 정답을 구했니? 대단하구나! 그런데 너는 모래 상자에 쓰는 동안 소리 내어 말해야 해!"라고 큰 소리로 말했어요.

"쓰는 동안 왜 소리 내어 말해야 하나요?"라고 레지가 물었어요.

"그건 네가 바르게 생각하고 있는지를 내가 들을 수 있기 때문이야."라고 선생님이 말했어요. "만약 네가 소리 내어 말하지 않으면, 나는 네가 올바른 방법으로 생각하고 있는지 확신할 수 없어. 곱셈을 하는 바른 방법은 오직 하나거든."

선생님은 모래 상자를 평평하게 문지르고 계속했어요. "레지야, 여기 다른 문제가 있어. 길이가 14손가락, 너비가 15손가락인 직사각형 모양의 파피루스 조각의 넓이를 구해보렴. 1팜은 4손가락과 같다는 것을 기억해. 이제 시작해봐."

앞에서와 마찬가지로 도리스는 학생들이 레지를 도와서 소모둠으로 문제를 해결하게 한다. 모두가 문제를 풀었을 때 도리스는 학급 토론회를 열어서 발표자는 답을 기술하고 고대 이집트인의 곱셈이 성립하는 이유를 설명하게 한다. 학급 토론 동안 도리스의 학생들은 고대 이집트의 곱셈 알고리즘에 대하여 이해한 것을 언어화하기 시작한다. 학생들은 왼쪽 열의 수는 2의 배수이고, 표시된 배수의 합이 왼쪽 아래의 것, 즉 승수와 같다고 설명한다. 그들은 오른쪽 열의 가장 위의 수가 피승수이고, 오른쪽 열의 각 수는 왼쪽의 대응하는 열의 수와 피승수를 곱한 것이며, 오른쪽 열에서 표시된 수를 더하면 왼쪽 열에서 각각의 대응하는 수와 피승수를 곱한 결과의 합을 구할 수 있고, 오른쪽 열의 가장 아래의 수는 승수를 피승수와 곱한 결과라고 설명한다. 토론이 끝났을 때, 도리스는 학생들이 박수-두드리기-박수 방법을 이용하여 레지에게 자신들의 답을 전달하도록 돕고, 스토리를 계속한다.

우리가 보내자마자 레지는 이집트어로 "길이가 14손가락, 너비가 15손가락인 직사각형 모양의 파피루스 조각의 넓이는 210제곱손가락이에요!"라고 소리쳤어요. 그런 다음 모래 상자로 가서 자신의 계산을 소리 내어 말하면서 문제를 해결한 방법을 빠르게 기록했어요.

"놀랍구나! 너는 그 문제에 또 처음으로 답을 했고, 어떻게 풀었는지를 보여주었어." 라고 선생님이 말했어요. "나는 마리아도 같은 것을 해결할 수 있는지 궁금하구나." 그는 모래 상자를 평평하게 문지르고 "마리아야, 어떤 집의 마루가 직사각형 모양인데 길이가 25큐빗, 너비가 12큐빗이면 넓이는 얼마겠니?"라고 물었어요.

도리스는 위에서 기술한 과정을 반복한다. 학생들의 토론이 이어지고 마리아에게 전달 후에 도리스는 그 스토리를 계속한다.

우리가 전달하자마자 마리아는 이집트어로 "길이가 25큐빗, 너비가 12큐빗인 직사각형 모양 마루의 넓이는 300제곱큐빗이에요."라고 소리쳤어요. 그런 다음 마리아는 모래 상자로 뛰어가서 계산 과정을 소리 내어 말하면서 문제를 해결하는 과정을 빠르게 썼어요.

"놀랍구나! 넌 어떻게 그렇게 빨리 풀었니?"라고 선생님은 모래 상자를 평평하게 문지르면서 소리쳤어요. "나는 네가 길이가 51큐빗, 너비가 15큐빗인 직사각형 모양의 보리밭의 넓이를 구하는 것과 같은 골치 아픈 문제를 해결할 수 있는지 궁금하구나."

"자 시작할게요!"라고 마리아는 대답했어요. "선생님이 저에게 어려운 문제를 주시고 싶다면, 길이가 125큐빗, 너비가 15큐빗인 직사각형 모양의 보리밭의 넓이를 구하는 문제를 풀어볼게요."

그 반에 있던 3,500년 전의 이집트 어린이들은 숨이 멎는 듯 했어요. 서기 학교에서 가장 우수한 학급을 위해 남겨둔 문제 같았기 때문이에요.

선생님은 "만약 네가 그렇게 어려운 문제를 해결하려 한다면, 할 수 있는지 보여다오. 네가 바르게 푼다면, 나는 수업을 일찍 마치겠다."라고 말했어요.

학급의 모든 아동들이 소리쳤어요. "마리아, 성공해야 해!"

도리스는 다시 위에서 기술된 과정을 반복한다. 토론은 알고리즘이 성립하는 방법과 이유가 좀 더 정교해졌다는 점을 빼고는 앞의 것과 유사하다. 토론 후에 도리스의 학생들은 자신들의 결과를 마리아에게 전달하고, 도리스는 스토리를 계속한다.

우리가 보내자마자 마리아가 이집트어로 "길이가 125큐빗, 너비가 15큐빗인 직사각형 모양의 보리밭 넓이는 1,875제곱큐빗이에요."라고 소리쳤어요. 그런 다음 마리아는 재주를 넘으면서 모래 상자로 가서 문제를 해결하는 과정을 빠르게 기록했어요.

"믿을 수 없구나!"라고 선생님이 소리쳤어요. "오늘 수업은 일찍 끝내마. 우리의 방문자들과 재밌는 시간을 보내고, 배울 점이 없는지 살펴보기 바란다."

이집트의 어린이들은 박수를 치면서 마리아와 레지를 교실 밖으로 안내했어요. 레지는 마리아의 부적이 비취빛 녹색을 밝히고 있음을 알아차렸어요.

마당에 도착했을 때, 학생들은 연못을 향하고 있었고, 얼굴이 시원하도록 물을 튀기고, 손바닥을 찻잔 모양으로 하여 마시고 있었어요. 너무 더워지고 있었어요. 물론 마리아와 레지는 그 물을 마시지는 않았지만, 물을 튀기며 놀았어요.

도리스는 이제 닐라와 그의 친구 1명이 마리아와 레지에게 야자수 게임을 하는 법을 가르친다고 말한다. 이 게임판은 고대 이집트의 무덤에서 발견되는 것과 유사하다. 이 게임은 도리스의 학생들에게 고대 이집트의 곱셈을 이용하는 연습의 기회를 제공한다. 학생들이 15분간 야자수 게임을 한 후에 도리스는 다음과 같이 말하면서 그날의 수업을 마친다.

> 우리가 수업을 마치기 전에, 부적을 벗고 비취빛 녹색 사인펜을 사인펜 상자에서 꺼내서, 부적의 동그라미 중 하나를 녹색으로 칠하고, 다음에 이 스토리를 다룰 때까지 책상에 보관하세요.

7일째

6학년 학생들이 수업에 들어올 때, 도리스는 학생들에게 부적을 꺼내게 한다.

> 야자수 게임을 한 다음, 닐라의 친구는 마리아와 레지를 데리고 학교 뒤편의 큰 운동장으로 가서 다음에 어떤 게임을 하고 싶은지 물었어요. 마리아는 자신들이 무엇을 선택할 수 있는지 물었어요.
>
> 닐라는 대답했어요. "양궁을 할 수 있어. 활과 화살을 사용하여 목표물에 쏘는 거야. 막대기 던지기도 있어. 막대를 던져서 목표물을 맞추는 거지. 매우 재밌는 경보를 할 수도 있어. 팔 길이쯤 되는 막대를 가지고 검도를 할 수도 있지. 그런데 어머니들은 이 게임을 못하게 하셔. 투아우프가 검도를 하다가 치아 3개가 빠졌거든. 때로는 다른 사람의 등을 뛰어 넘는 놀이도 하는데 매우 재미있어. 볼과 핀을 두고 볼링을 하는 것도 좋아해. 그런데 학교에는 핀이 없을 거야. 줄 당기기 싸움을 하기도 해. 2명의 대장이 손을 잡고 2명을 줄로 연결해. 그러면 우리 중 남은 사람이 팀이 되어 대장을 끌어당기고, 둘 중 1명이 선을 넘어가게 만들려고 하지. 또한 레슬링도 좋아해. 너희는 이 중 어떤 게임이 맘에 들어?*

도리스는 이제 마리아와 레지가 이집트의 어린이들과 레슬링 게임을 어떻게 하는지를

---

* 여기서 기술된 게임은 《*Sports and Games of Ancient Egypt*》(Decker, 1992)에서 훨씬 더 상세히 논의되어 있다.

말해준다. 게임 후에 마리아와 레지는 안납의 사무실로 간다. 가는 길에 마리아의 부적에서 새로운 빛이 깜박이기 시작한다.

두 아이가 안납의 사무실에 도착했을 때, 그는 말했어요. "너희들은 믿기 어려운 곱셈 실력자 같구나. 답을 어떻게 그렇게 빠르게 구했니?"

레지는 대답했어요. "선생님은 곱셈에 대한 많은 사실을 기억하게 하셨어요. 그래서 그리 많은 계산을 할 필요는 없어요."

안납은 대답했어요. "모든 것을 암기했니? 그건 몇 년이 걸릴 텐데. 그리고 그것은 심장의 힘에 엄청난 낭비야!"

"선생님 '심장의 힘'이 무슨 뜻인가요?"라고 마리아가 물었어요. "심장이 여러 가지를 암기하는 것과 어떤 관계가 있죠?"

마리아의 질문에 레지는 "고대 이집트인들은 심장이 자신의 사고와 추론, 암기를 모두 담당하는 것이라고 생각한다는 것을 읽었던 기억이 있어. 그들은 심장을 두뇌라고 생각해."라고 답했어요.

안납은 물었어요. "나는 어느 것이 최선인지 궁금하구나. 많은 암기를 요구하는 너희들의 체계와 많은 계산을 요구하는 우리의 체계 중에서 말이야."

레지는 대답했어요. "저는 이집트의 곱셈에 대하여 읽었어요. 세상의 모든 사람들이 수천 년 동안 사용했지요. 곱셈을 하는 다른 방법이 발명된 것은 제가 태어나기 약 1,000년 전일 뿐이에요. 선생님도 아시겠지만, 영국에서는 1650년 이전에는 아이들에게 곱셈을 가르치지 않았다고 읽었어요. 그때까지는 대학 졸업자들만 곱셈을 배웠어요. 안납 선생님, 그 시절은 우리 시대에서 350년 전이에요.* 제가 읽기로는 우리의 곱셈 방법은 꽤 새로운 것이고, 선생님의 방법을 보고 나서 저는 우리의 방법이 배우려고 노력할 만한 가치가 있는 것인지 확실치 않게 되었어요."

마리아가 잠시 끼어들어서 묻는다. "넌 이 모든 것을 어떻게 알고 있니?"

"나는 레슬링을 하며 시간을 보내는 아이들보다 많은 책을 읽었단다."

바로 그때 한 서기가 안납의 사무실로 뛰어와서, 파라오가 학교 밖에 도착했으니 서둘러 가야 한다는 소식을 전했어요. 떠나기 전에 안납은 마리아와 레지에게 말했어요. "내가 나가 있는 동안 너희들은 곱셈을 하는 너희들의 방법과 우리 방법 중 어느 것이 더 좋은 것인지 생각하기 바란다. 내가 돌아올 때, 너희들이 각각의 방법의 장점과 단

---

* 이는 《*Mathematics in the Time of the Pharaohs*》(Gillings, 1972, pp. 16-18)에서 논의되어 있다.

점을 내게 말해주면 좋겠구나. 또한 내가 너희들의 곱셈 방법을 배워야 할지 결정해주고, 그 이유도 말해주면 좋겠어." 그리고 그는 파라오를 만나러 나갔어요.

"나는 이집트 수학을 말할 수 없는 게 원망스러워. 안납 선생님에게 어떻게 답을 하지?"라고 마리아가 말했어요.

레지는 대답했어요. "자, 누군가 우리를 돕겠지. 나는 우리가 우리 입으로 단어를 말할 수 있을 때까지 기다리기만 하면 된다고 생각해. 그들은 계속 우리를 도와주었잖아. 나는 그들이 우리의 곱셈 방법을 안납 선생님에게 말해주어서 그것이 역사를 바꿀 만큼 충분히 가치 있는지 선생님이 생각해보셨으면 좋겠어. 또한 우리가 해야 하는 곱셈표 암기를 여러 세대의 아이들에게 시키고 싶은지도."

자 여러분, 이제 다시 이야기로 들어가봅시다. 마리아와 레지를 돕기 위해 여러분은 고대 이집트의 곱셈 방법을 우리의 방법과 비교해야 해요. 각 방법의 상대적인 강점과 약점을 결정해야 되겠지요. 또한 여러분은 우리가 역사를 바꾸어 안납 선생님에게 우리의 곱셈 방법을 가르칠지에 대해 추천도 해주어야 해요.

도리스는 학생들에게 4명씩 모둠을 만든 후 기록자와 발표자를 선정하게 하고, 토론을 시작하게 한다. 충분한 시간 동안 지속된 모둠 토론 후에, 도리스는 학급 전체 토론을 통하여 발표자가 모둠에서 발견한 것을 보고하게 한다. 도리스는 비교 도표를 제시한다.

각각의 비교 결과를 기록하고 토론하는 동안 도리스는 학생들에게 그것을 "마리아와 레지는 안납 선생님에게 우리의 곱셈 방법을 알려줘야 하는가?"라는 문제와 관련짓게 한다. 이 문제의 목적은 고도로 기술화된 우리 사회(추상적 사고와 효율성에 대한 관심이 규범인 사회)에서의 곱셈 방법이 고대 이집트인들(전반적으로 농경 사회에 보다 적합하며, 해결해야 할 대부분의 문제는 매우 실제적인 특성이 있다)의 곱셈 방법보다 진정으로 더 나은지를 이집트인들이 스스로 결정하도록 하는 것이다. [표 7.2]는 도리스의 학급에서 지난 4년간 제안되었던 비교 결과의 일부이다.

전체 학급 토론 후에 도리스는 학생들에게 토론하도록 하고 마리아와 레지는 안납에게 우리의 곱셈 방법을 가르쳐야 할 것인지 투표하도록 한다. 그들은 우리의 곱셈 방법을 가르치지 말자고 투표한다.

토론과 투표가 끝났을 때, 도리스는 학생들에게 생각한 것을 박수-두드리기-박수 전달 방법을 이용하여 마리아와 레지에게 보내게 한다.

표 7.2 현대의 곱셈법과 고대 이집트 곱셈법의 비교

우리 곱셈의 속성	이집트 곱셈의 속성
곱셈표를 기억하는 데 많은 에너지와 시간이 필요하다.	거의 암기할 것이 없다.
0을 갖는 자릿값 수 체계를 필요로 한다. 우리 수 체계는 이를 포함한다. 이집트 수 체계는 그렇지 않다.	자릿값 수 체계나 0을 이용할 필요가 없다. 거의 모든 수 체계에 적용될 수 있다.
복잡한 것이 생겨서 곱셈을 이해하기 더 어렵다. 승수와 피승수를 다른 수의 각 자릿수와 분리하여 곱하다 보면, 정수로서 승수와 피승수에 대한 통찰을 잃을 수 있다.	곱셈을 이해하기 더 쉽다. 이는 동수누가로 간단한 방식이기 때문이다.
곱셈을 하는 동안 말하거나 소리 지를 필요가 없다.	곱셈을 하는 동안 소리 내어 말해야 한다.
계산이 더 복잡하고 암기할 사실이 많아서 배우기 더 어렵다.	덜 복잡하고 암기할 것이 거의 없어서 배우기 더 쉽다.
다양한 곱셈, 덧셈, 기록이 요구되는 상황에 더 효과적이다.	답을 구하기 위해 더하고, 2배 하고, 기록하는 등 해야 할 것이 많다는 점에서 덜 효과적이다.
한 문제를 해결하는 데 공간과 연필은 덜 소모된다.	한 문제를 푸는 데 더 많은 공간과 모래 상자가 소모된다.

우리의 답을 과거로 보내자마자, 안납이 사무실로 돌아왔으며, 마리아와 레지에게 마술사 부밥이 늦은 시간에 학교를 방문하여 파라오의 최근의 승전보를 전할 것이라고 말했어요. 그런 다음 그는 마리아와 레지에게 자신의 질문에 대한 답을 찾았는지 물었어요.

마치 마술처럼, 마리아와 레지는 우리의 생각을 안납과 나눴어요.

아이들이 몇 분 동안 말한 것에 대하여 안납이 생각하고 있었는데, 갑자기 13세 어린 소녀가 들어와서 말했어요. "아버지, 점심과 낮잠을 위해 잠시 집에 갈 시간이에요." 안납은 마리아와 레지를 자신의 딸인 아이시에게 소개했어요. 그는 아이시가 학교에서 몇 명 안 되는 여학생 중 1명이고, 곧 졸업하여 결혼할 것이라고 말했어요. 그는 아이시에게 마리아와 레지를 집으로 데려가서 점심을 대접하라고 말하고, 자신은 곧 합류하겠다고 했어요. 아이시는 곧바로 마리아와 레지를 안내하여 학교 밖으로 나와 집으로 향했어요.

학교에서 나오는 길에 마리아는 레지에게 부적을 보라고 말했어요. 부적에는 자수정의 자줏빛이 새로이 빛나고 있었어요.

오늘의 이야기는 여기서 끝이에요. 수업을 마치기 전에 부적을 벗고, 사인펜 상자에서 자주색 사인펜을 꺼내서, 동그라미 하나를 자주색으로 칠하고, 다음에 이 스토리를 할 때까지 부적을 책상에 보관하세요.

8일째

8일차에 세 가지 일이 일어난다. 첫째, 마리아와 레지는 점심을 먹으려고 아이시를 따라 안납의 집으로 간다. 이 부분에서 도리스의 학생들은 안납의 집의 건축학적 구조는 어떠한지, 고대 이집트인들이 식사 전에 손을 어떻게 씻었고, 왜 씻었는지, 어떻게 먹었는지, 어떤 음식을 먹었는지 등을 학습한다. 둘째, 수학 문제가 제시된다. 셋째, 마리아와 레지는 아이시를 따라 학교로 돌아온다. 오는 길에 대중목욕탕에 들러서, 피부에 오일을 바르고, 머릿결과 기생충에 대해 논한다. 이 스토리의 두 번째 부분만 여기서 제시한다.

점심 식사 후에 아이시는 마리아와 레지에게 낮잠 시간이라고 말했어요. 마리아는 "넌 정말로 낮잠을 자니?"라고 물었어요.

아이시가 대답했어요. "너희들은 꼭 낮잠을 잘 필요는 없어. 나는 수업에 가기 전에 수학 숙제를 좀 해야 해. 너희들이 나를 도와줄 수도 있어. 우리는 자주 오후에 낮잠을 자. 해가 뜰 때 일찍 일어나고 해가 지기 전에는 잠들지 않을 뿐더러 대개 오후에는 너무 더워서 많은 일을 할 수 없기 때문이지."

아이시는 마리아와 레지를 마당의 조용한 곳으로 데리고 갔어요. 아이들은 운동장의 대추야자나무 그늘에 앉았어요. 아이시는 오후에 원의 넓이를 구하는 방법을 배우는 데 선생님이 자신에게 수업 전까지 문제 하나를 풀어오라고 하셨다고 말했어요. 바로 울타리의 지름이 9로드(rod)[10)]인 원 모양 우리의 넓이를 구하는 것이었어요.

아이시는 수업에서 원의 넓이를 구하는 방법을 아직 배우지 않았다고 말했어요. 그런데 선생님은 학생들에게 원의 넓이를 계산하는 방법을 알려주기 전에 지름이 9로드인 원 모양 우리의 넓이에 대하여 가능한 한 가까운 값을 구해오기를 원한 거예요.

마리아는 물었어요. "나는 1손가락, 팜, 큐빗은 알아. 1로드는 뭐야?"

아이시는 대답했어요. "1로드는 100큐빗의 길이야. 그건 대개 우리가 큰 밭의 넓이를 구할 때 이용하는 측정 단위야." 그런 다음 아이시는 잔가지를 들고 바닥에 원을 그

---

10) 로드(rod)는 이집트의 길이 단위로 약 52.5m이며 100큐빗에 해당한다.

린 다음, "너희들은 오늘 오후에 수업에 나와 같이 참여할 거니까 너희도 이 문제를 풀려고 노력해야 할 거야. 너희들에게 선생님이 근삿값을 물어보실 게 분명해."라고 말했어요. 그리고 자신이 그린 원 둘레에 모든 종류의 직선과 수를 쓰기 시작했어요.

여러분, 우리는 마리아와 레지에게 도움을 주어야 해요. 오후 수업 시간에 들어가야 하니까요. 2명씩 모둠을 만들고, 기록자와 발표자를 결정하세요. 그런 다음 원의 넓이에 대하여 알고 있는 것이 무엇인지, 지름이 9로드인 원의 넓이를 어떻게 구할지 토론을 해보세요. 워크시트의 두 직선 사이의 거리가 1로드라고 가정하고, 원의 지름이 9로드라고 가정해요. 원의 넓이를 구하는 한 가지 이상의 방법을 토론한 후에, 한 가지 방법을 결정하고, 그것을 사용해서 원의 넓이를 어림하세요. 여러분이 아이시와 같은 상황에 있다고 가정하고, 원의 넓이를 구하는 방법은 배운 적이 없다고 생각하세요. 종이와 연필 — 아니면 모래와 막대 — 외에는 넓이를 계산하는 데 이용할 수 있는 도구는

그림 7.11 첫째 원의 넓이를 계산하는 워크시트

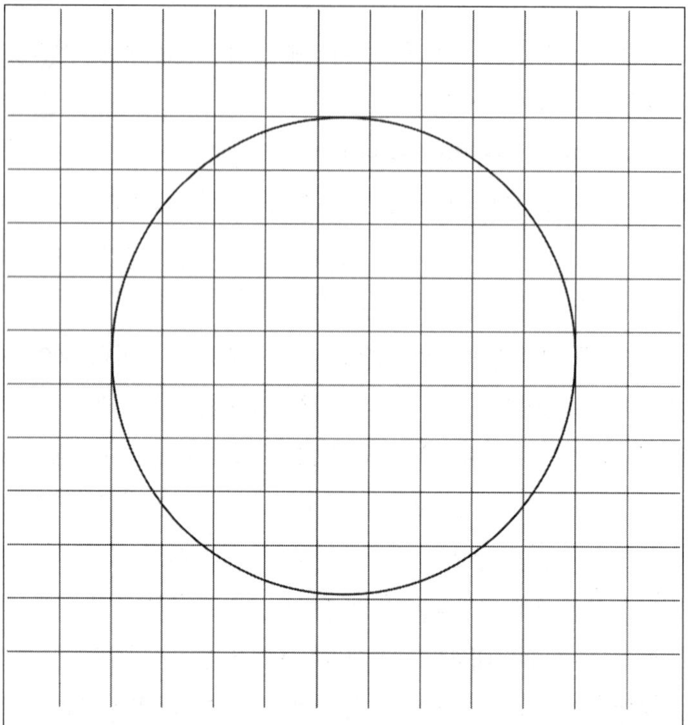

원의 넓이 구하기

직선 사이의 거리가 1로드라고 가정하여라.
넓이를 구하기 위해 이용한 방법을 기술하여라.

없어요. 계산기나 공식 $A = \pi r^2$을 이용하지도 말고요. 자, 이제 시작해보세요.

도리스는 학생들을 2명씩 모둠으로 나누고, 기록자와 발표자를 결정하도록 도움을 주고, 문제를 해결하는 시간으로 약 10분을 준다. 그런 다음 도리스는 그 문제를 해결하기 위해 발명한 다양한 방법에 대하여 학급 전체 토론을 시작한다. 원의 넓이를 구하는 서로 다른 방법에 대하여, 한 가지 방법으로 다른 것을 기술할 수 있는지, 답을 구할 수 있는지에 초점을 둔다. 토론을 마치기 전에 도리스는 귀에 손을 얹고 "그만! 그만! 그만!"이라고 소리치며 토론을 중단한다. 그런 다음 스토리를 계속한다.

그만! 그만! 모두 조용히! π^3에게 긴급 연락을 받았어요. 불규칙한 태양 흑점 활동이 정보를 변형하기 때문에 앞으로 11시간 동안은 고대 이집트로 정보를 전달할 수 없다고 해요. 여러분이 집에 가서 원의 넓이를 구하는 방법을 검토해보고, 답을 다시 계산해보면 좋겠다고 말해요. 우리 답은 내일 전송하게 될 거예요.

우리는 내일 토론을 계속할 거예요. 다른 모눈종이가 있으니 여기에 원을 그리면 돼요. 숙제로 원의 넓이를 구하는 최선의 방법을 찾고, 지름이 9로드인 원의 넓이를 결정하세요. 그 방법과 구한 넓이를 모눈종이의 뒷면에 기록하세요. 그리고 여러분이 고대 이집트인과 똑같은 도구와 지식을 갖고 있다고 가정해야 한다는 점을 기억하세요. 공식이나 계산기를 이용하면 안 돼요.

한편, 고대 이집트로 돌아가보면, 아이시는 웃으면서 마리아와 레지를 낮잠에서 깨우고 있어요. 아이시는 "그래서 너희들은 우리가 낮잠을 자는 이유를 알고 싶어 했구나. 자, 너희 둘은 꽤 오랫동안 잘 잤어. 이제 목욕을 하고 서둘러 학교로 돌아갈 시간이야. 그렇지 않으면 우린 늦을 거야."라고 말했어요. 그리고 마리아와 레지는 일어나서 아이시를 따라 공중목욕탕으로 따라갔어요.

도리스는 마리아, 레지, 아이시가 공중목욕탕을 방문한다고 말하는 것으로 스토리의 이번 부분을 종결한다.

9일째

도리스는 지름이 9로드인 원의 넓이를 구하는 숙제에 대한 학급 전체 토론으로 9일차를 시작한다. 학생들은 자신의 해결 전략을 기술하고, 도리스는 학생들의 반응을 순서대로 칠판에 쓴다. 42에서 83제곱로드까지 다양한 답이 나온다. 도리스는 학생들에게 마리아와 레지에게 보낼 답을 결정하게 하고, 학생들은 65제곱로드로 결정한다(칠판에 나온 수의 평균이다). 도리스는 학생들에게 종이에 65제곱로드를 쓰고 마리아와 레지에게 보낼 준비를 하게 한다. 그런 다음 스토리를 계속한다.

학교에 도착해서, 마리아와 레지는 아이시를 따라 교실로 들어갔어요. 그 교실의 모든 학생들은 작은 모래 상자와 쓰기 막대를 갖고 있었어요.

아이시의 선생님은 방에 들어오면서 마리아와 레지를 환영하고, "자, 이집트의 미래의 서기들, 지름이 9로드인 원형 우리의 넓이는 얼마지?"라고 말했어요.

37제곱로드부터 85제곱로드까지의 답이 나왔어요. 선생님은 마리아와 레지의 답에도 관심을 가졌어요.

마리아는 "존경하는 선생님, 지름이 9로드인 원의 넓이는……"

도리스는 이제 학생들에게 박수-두드리기-박수 방법을 이용하여 마리아에게 답을 보내게 한다.

마리아가 메시지를 받자마자, 고대 이집트어로 말했어요. 레지는 마리아의 답에 동의한다고 말했어요.

"이집트의 미래의 서기들아, 이제 잘 들어봐. 이제 나는 원의 넓이를 계산하는 방법을 보여줄 거야."라고 선생님은 계속 말했어요. "나는 여러분에게 오늘 몇몇 아이들이 놀았던 원 모양 레슬링 경기장의 넓이를 구하는 방법을 보여줄 거야. 대부분의 레슬링 경기장의 지름은 36팜이야. 그렇다면 지름이 36팜인 원의 넓이를 구해야겠지." 선생님은 이렇게 말하면서 다음과 같이 썼어요.* **[도리스는 이 계산을 말하면서 칠판에 쓴다.]**

---

* 한 원의 넓이에 대한 이러한 논의는 《*Rhind Mathematical Papyrus*》의 문제 41번, 42번, 43번, 48번, 50번에서 발췌한 것이다(Chace, Bull, Manning, & Archibald, 1927).

"첫째, 원의 지름을 말해보렴."

선생님은 모래 상자에 36을 쓴다. 36

"다음으로 지름의 $\frac{1}{9}$을 구해보렴. 그건 4예요."

선생님은 모래 상자에 4를 쓴다. 4

"이제 지름에서 지름의 $\frac{1}{9}$을 빼보렴. 그것은 36−4이므로 32예요."

선생님은 모래 상자에 32를 쓴다. 32

"마지막으로 거듭해서 곱해보렴. 즉 32×32를 구해보렴."

선생님은 모래 상자에 32×32를 쓴다. 32×32

"그런 다음 이렇게 곱해보렴."

그림 7.12

	1	32
	2	64
	4	128
	8	256
	16	512
	\ 32	\ 1024
합	32	1024

"이 값은 1,024이고, 그래서 원의 넓이는 1,024제곱팜이야."

"너희들이 계산할 방법은 이거야. 원의 넓이를 구하려면, 지름을 구하고, 지름의 $\frac{1}{9}$을 구하여 그 수를 지름에서 빼고, 그 값을 거듭해서 곱하면 돼."

"이제 내가 한 것처럼 해보렴. 첫 번째 문제는 지름이 18큐빗인 원 모양 연못의 넓이를 구하는 거야."

그의 학생들은 모래 상자와 쓰기 막대를 잡고, 모래를 부드럽게 편 다음 계산했어요. 마리아와 레지는 아이시를 보았어요. 아이시가 쓰고 말한 것은 다음과 같았어요. [도리스는 말하면서 칠판에 쓴다.]

18	이것은 지름
2	이것은 지름의 $\frac{1}{9}$
16	이것은 지름보다 지름의 $\frac{1}{9}$ 작은 값
256	이것은 거듭 제곱
256제곱큐빗	이것이 원의 넓이

그림 7.13

	1	16
	2	32
	4	64
	8	128
	\ 16	\ 256
합	16	256

선생님이 와서 아이시의 풀이를 보고 말했어요. "훌륭해. 그런데 마리아와 레지는 그 문제를 풀지 않았니?" 선생님은 2개의 모래 상자와 쓰기 막대를 가지고 와서 두 아이에게 다음 문제를 해결하라고 말했어요. 그런 다음 다른 학생들의 답을 조사하고 수업을 계속했어요.

"자, 지름이 27손가락인 원탁의 윗면의 넓이를 구해보렴."

마리아와 레지에게 도움을 주기 위하여 도리스는 학생들을 2명씩 모둠으로 나누고, 기록자와 발표자를 선정하고 문제를 해결하게 한다. 학생들이 풀었을 때, 도리스는 모든 학생의 풀이를 조사하고, 한 모둠의 기록자에게 답을 보여주게 하고 발표자에게 어떻게 했는지 설명하게 한다. 그런 다음 도리스는 학생들에게 박수-두드리기-박수 방법을 이용하여 마리아와 레지에게 답을 전송하게 하고 이야기를 계속한다.

마리아와 레지가 메시지를 받자마자 답을 말하고 고대 이집트어로 모래 상자에 썼어요. 선생님은 마리아와 레지와 다른 모든 학생의 풀이를 조사했어요.

그런 다음 선생님은 말했어요. "다음은 더 어려운 문제입니다. 지름이 $4\frac{1}{2}$ 손가락인 원 모양 접시의 넓이를 구하세요."

도리스는 다시 학생들에게 이 문제를 해결하게 하고, 마리아와 레지에게 답을 전송하게 한다.

마리아와 레지는 우리의 메시지를 받자마자 답을 말하고 모래 상자에 썼어요. 선생님은 다른 학생들이 문제를 해결하는 동안 두 아이의 풀이를 조사했어요. 선생님은 말했어요. "나는 너희들이 답을 어떻게 그렇게 빠르게 구했는지 이해할 수 없구나."

레지는 이 문제는 너무 쉬워서 암산으로 할 수 있다고 대답했어요.

선생님은 레지를 쳐다보았어요. 그런 다음 그는 다른 학생들이 마쳤을 때 그 학생들의 풀이를 조사했어요.

그런 다음 선생님은 말했어요. "여러분, 레지는 우리가 풀고 있는 넓이 문제가 쉽다고 생각하네요. 그래서 나는 레지에게 어려운 문제를 내줄 거예요. 레지가 얼마나 훌륭한 수학자인지 보기로 해요."

레지는 물었어요. "존경하는 선생님, 제가 있던 곳에서는 선생님이 넓이를 구하는 것과는 다른 방법을 사용해요. 제 방법을 사용할 수 있나요?" 레지가 이렇게 말했을 때, 마리아는 웃음을 지었어요.

선생님은 "네가 원하는 다른 방법을 사용해보렴."이라고 말했어요.

레지는 배낭을 벗어 계산기를 찾고서, "준비 되었어요."라고 말했어요.

선생님은 "지름이 45손(hand)[11]인 원 모양의 곡식 저장고의 넓이를 구해보렴."이라고 말했어요.

레지는 계산기에서 버튼을 눌렀어요. $\pi \times 22.5 \times 22.5$. 놀랍게도 계산기 화면에는 고대 이집트 숫자로 1590이라는 수가 나타났어요. 레지는 놀랐어요. 그는 이집트 숫자로 수학을 말할 수 없으므로, 곧바로 선생님에게 계산기 화면을 보여주었어요.

선생님은 득의만면하여 소리쳤어요. "네 답은 틀렸어!"

"그건 제가 사용하는 방법이 선생님과는 다르기 때문이에요."라고 레지가 말했어요.

선생님은 대답했어요. "이제 나의 방법을 이용하여 지름이 45손인 곡물 저장고의 넓이를 계산해보렴."

앞에서처럼 도리스는 학생들에게 지름이 45손인 원형 곡물 저장고의 넓이를 고대 이집트의 방법을 사용하여 계산하게 하고, 박수-두드리기-박수 방법을 이용하여 답을 레지에게

11) 손(hand)은 이집트의 길이 단위로, 약 9.38cm이며 5손가락에 해당한다.

전송한다.

레지는 우리 메시지를 받자마자 답을 말하면서 모래 상자에 썼어요.

선생님은 말했어요. “넌 이제 바르게 — 그리고 매우 빠르게 — 원의 넓이를 구했구나. 검정 상자(즉, 계산기)는 넓이가 1,590제곱손이라고 말하지만, 네 모래 상자는 답이 1,600제곱손이라고 말하는구나. 그 차이를 어떻게 설명하겠니?”

레지는 계산기를 보고 문제가 생겼음을 알게 되었어요. 마리아는 레지가 계산기를 꺼내지 말아야 했다는 것을 알고 있었기 때문에 아이시 뒤에 숨으려고 했어요.

레지는 대답했어요. “제가 온 곳에서는 원의 넓이를 구할 때 다른 방법을 이용해요. 저는 방법이 달라서 다른 답을 주었을 거라고 짐작해요.”

선생님은 말했어요. “자, 나는 바빌로니아인, 인도인, 중국인이 계산하는 방법이 우리와 다르다고 들었어. 넌 너의 방법이 어째서 성립하는지, 이유는 무엇인지 설명할 수 있니?”

레지가 물었어요. “선생님은 선생님의 방법이 어째서 성립하는지 설명할 수 있나요?” 선생님이 대답했어요. “그럼. 사실 그것은 다음 시간에 다룰 부분이야. 우리의 방법이 어째서 성립하는지 보여주지 못할 이유가 없지. 그러면 너는 너의 방법이 어째서 성립하는지 설명할 수 있을거야.

레지는 괴로워했어요.

선생님이 증명을 시작하려는데 한 아이가 교실에 뛰어와서 외쳤어요. “부밥이 여기 왔어요! 그는 마술을 할 거예요! 서둘러서 가요!” 모두가 교실에서 나와서 학교의 모든 아동들이 모여 있는 마당으로 몰려갔어요.

부밥은 키가 약 5피트인 날씬한 사람이에요. 그는 흰 샅바를 입고 있고 목과 팔에 보석을 두르고 있죠. 그의 머리카락은 아래쪽을 좀 단단하게 땋았고 윗부분까지 곱슬머리예요.

아이들은 부밥 주변에 둘러 앉았어요. 부밥은 파라오 군대의 승리를 알리러 왔고, 수학 마술을 함으로써 사람들이 축하하도록 도울 거예요. 마리아는 레지를 팔꿈치로 밀면서 자신은 부밥이 수학 마술보다는 차라리 공중 부양 같은 것을 하면 좋겠다고 말했어요. 레지는 마리아를 팔꿈치로 밀면서 부적을 가리켰어요. 부적은 새로운 분홍색 보석을 갖고 있었어요.

부밥은 모두에게 자기 앞에 있는 모래 바닥을 평평하게 해서 숫자를 쓸 수 있게 해달라고 말했어요. 그는 또한 자신의 마술에 학생들이 모두 참여해야 한다고 말했어요.

레지는 마술을 기록하기 위해서 종이 한 장과 연필을 배낭에서 꺼냈어요.

도리스는 학생들에게 종이와 연필을 꺼내어 벌어지는 일을 따라 하라고 말한다. 학생들 역시 마술에 참여하게 된다. 학생들은 고대 이집트의 수가 아닌 우리의 현대적인 수를 이용한다.

부밥은 말했어요. "여러분 모두 백의 자리 숫자, 십의 자리 숫자, 일의 자리 숫자를 선택해서 수 하나를 쓰세요. 백의 자리 숫자는 십의 자리 숫자보다 1만큼 커야 하고, 십의 자리 숫자는 일의 자리 숫자보다 1만큼 커야 합니다. 이런 유형의 수의 예로 5개의 백, 4개의 십, 3개의 일 — 즉 543 — 이 있습니다. 여러분이 쓴 것을 내가 볼 수 없게 해야 합니다." 모든 학생들이 서둘러서 각자 수를 하나씩 썼어요. 마리아는 543을 선택했어요. 레지는 432를 선택했어요. 아무도 210을 선택하지는 않았어요. 이집트 아이들은 0을 알지 못하기 때문이에요.

부밥은 계속했어요. "이제 백, 십, 일의 자리 숫자를 뒤집어서, 새로운 수를 처음 수 아래에 쓰세요. 예를 들어 여러분의 수가 5개의 백, 4개의 십, 3개의 일 — 즉 543 — 이면, 이제 여러분은 3개의 백, 4개의 십, 5개의 일 — 즉 345 — 을 쓰는 것입니다." 모두가 부밥이 시키는 대로 하였어요. 마리아는 모래에 345를 썼어요. 레지는 종이에 234를 썼어요. [도리스의 학생들도 자신이 정한 수로 똑같이 따라 한다.]

부밥이 말을 이었어요. "이제 위의 수에서 아래의 수를 빼세요. 그리고 여러분이 푼 것을 잘 숨기기 바랍니다. 구한 답에 집중하고 손을 드세요. 나는 돌아보고서 여러분의 답을 말할 것입니다. 내가 여러분에게 답을 말하는 순간 내가 옳다면 여러분이 쓴 숫자를 지우세요." 모두가 이러한 일을 하였고, 부밥은 아이들 사이로 다니면서, 아이들의 생각을 읽는 듯이 하면서 학생들의 귀에 답을 속삭였어요.

도리스도 교실을 걸으면서 계산이 끝나고 손을 든 학생들의 귀에 "198"이라고 속삭인다.

이집트의 아동들은 매우 감동하여 소리치며 박수를 쳤어요.

마리아가 자신이 쓴 것을 지우려고 하자, 레지는 그것을 보겠다고 말했어요. 마리아의 답은 198이고, 이는 레지의 답과 같았어요. 레지는 말했어요. "나는 모두가 답이 같다는 데 걸겠어." 아이시는 말했어요. "조용히 해! 이건 진짜 놀라운 거야! 그는 모두의 마음을 읽을 수 있어. 그가 다음에 뭘 하는지 잘 들어봐."

부밥은 아래위로 뛰면서 몇 번 몸을 돌렸어요. 그는 소리쳤어요. "아무도 나 같은 마술은 할 수 없을 거야!"

모두가 소리쳤어요. "부밥은 위대해요! 부밥은 위대해요!"

부밥은 이제 모두에게 파라오의 위대한 승전을 발표할 때라고 말했어요. 그는 파라오의 군대가 이집트를 떠나 남쪽 지역의 사나운 부족을 제압하는 위험한 임무를 어떻게 수행했는지, 대규모 전투에서 얼마나 위대하게 싸웠는지, 1,000명의 적을 어떻게 물리쳤는지, 파라오의 노예가 될 20,000명의 포로를 어떻게 잡았는지, 파라오의 국민을 부양할 66,666마리의 소와 237,000마리의 염소를 어떻게 잡았는지 말했어요.*

부밥이 파라오의 정복에 대한 이야기를 끝냈을 때, 여러 번 주위를 돌면서 "몇 가지 마술을 더 해볼게요!"라고 소리쳤어요.

도리스는 이제 학생들에게 고대 이집트의 기록에서 발견되는 유형의 두 번째 수학 마술 기술을 말해준다.**

부밥이 두 번째 마술 기술을 마쳤을 때, 학교 밖에서 트럼펫 소리가 들렸어요. 부밥은 자신은 이제 떠나야 하고, 학생들은 이제 교실로 돌아가야 한다고 말했어요. 그는 머리를 풀어 헤치고 바람결에 날리면서 떠나가고, 그가 떠날 때 아이들은 박수를 쳤어요.

교실로 돌아가는 길에 마리아는 레지를 콕콕 찌르고 자신의 부적을 가리켰어요. 부적은 불타는 듯한 붉은 색을 띠고 있었는데 마치 밝은 붉은 색 루비 같았어요.

아이시가 마리아와 레지를 안내하여 교실로 돌아갈 때, 아이시는 자신도 수학적 마술 기술을 구사하고 싶다고 말했어요. 레지는 아이시에게 부밥의 마술 기술에 대한 방법을 기록하였으니 아이시가 그 기록을 공부하면 그 기술을 어떻게 하는지 짐작할 수 있을 것이라고 확신한다고 말했어요. 그는 아이시에게 기록한 것을 주었고, 아이시는 좋아했어요.

지난 밤 π^3은 나에게 레지가 기록한 것의 복사본을 주었는데 여러분에게도 나누어 줄게요. 레지가 기록한 마술을 친구들과 해보고, 오늘 밤 숙제로 부모님과 해보세요.

---

* 이러한 수는 실제로 파라오 Narmer의 기념패에 있는 수의 1/6이다.

** 이와 같이 "어떤 수를 생각하라."라는 마술 기술은 고대 이집트에 존재하였다. 《*Rhind Mathematical Papyrus*》의 문제 28번과 29번에서 두 가지 예를 찾을 수 있다. 대부분의 고대 이집트의 기술은 3과 9로 곱하거나 나누는 것을 포함하는 문제와 관련된다. 수를 이용한 더 많은 마술 기술은 《*Mega-Fun Math Puzzles*》(Schiro & Cotti, 1998)에서 찾을 수 있다.

그리고 그 마술의 원리를 짐작해보세요. [도리스는 이렇게 말하면서 학생들에게 마술 기술의 복사물을 나누어준다.]

도리스는 학생들에게 부적의 동그라미 하나에 분홍색이나 붉은 색을 칠하고, 부적을 책상에 보관하게 하면서 스토리를 끝낸다.

10일째

도리스는 학생들에게 부밥의 마술 기술을 토론하도록 하면서 수업을 시작한다. 그리고 '이집트 스토리'를 계속한다.

부밥이 떠나고 아이시의 학급 아이들이 교실에 돌아왔을 때, 선생님은 이제 원의 넓이를 구하는 방법의 증명을 보여줄 것이라고 말했어요. 다음 그림은 선생님이 말한 것과 모래 상자에 그린 것이에요.

도리스는 학생들에게 6개의 그림이 그려진 종이를 한 장씩 나누어준다. 도리스는 OHP를 켜고 첫 번째 그림을 확대하여 칠판에 비춘다. 도리스는 증명을 계속하면서, 6개의 그림 각각을 적절할 때마다 비춘다. [그림 7.14]를 참고하라.

선생님은 말했어요. "지금부터 지름이 9손가락인 원을 이용하여 증명을 할 거야. 먼저 모래 상자에 지름이 9손가락인 원을 그리고, 지름이 9라고 써요. 여기까지 질문 있나요?" [도리스는 OHP의 그림을 가리키면서 "질문 있나요?"라고 학생들에게 묻는다. 질문은 없고, 도리스는 계속한다.]

"둘째로, 한 변이 9손가락인 정사각형을 원의 꼭대기와 꼭 맞도록 그려요. 나는 1손가락 구간마다 선을 그리고, 한 변이 9라고 써요. 질문 있나요?" [도리스는 OHP 그림을 가리키면서, "질문 있나요?"라고 묻는다.]

"셋째로, 한 변이 3손가락인 8각형을 정사각형과 꼭 맞게, 그리고 원과 거의 꼭 맞게 그려요." [도리스는 다시 OHP 그림을 가리킨다.]

그림 7.14 이집트인들의 넓이 증명 도식

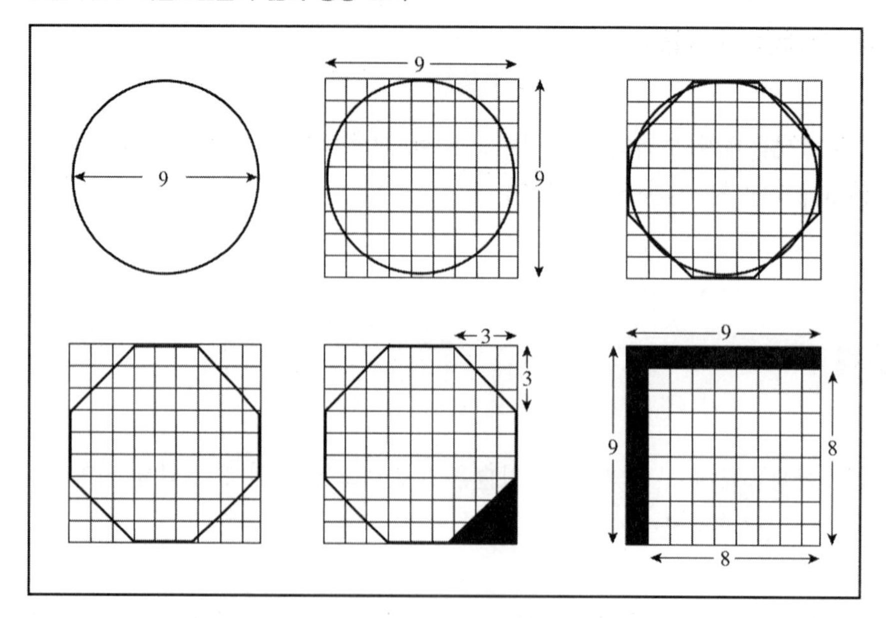

"넷째로, 이제 원의 넓이는 8각형의 넓이와 거의 똑같다는 것을 알 수 있어요. 8각형의 내부이면서 원의 외부인 부분의 작은 조각의 넓이는 원의 내부이면서 8각형의 외부인 부분의 작은 조각의 넓이와 거의 같아요. [도리스는 OHP 그림을 가리킨다.]

"이는 원의 넓이는 8각형의 넓이와 같다는 것을 의미해요. 그래서 우리가 8각형의 넓이를 구한다면, 원의 넓이를 알 수 있어요."

마리아는 레지가 뭔가를 말하려고 하자 조용히 하라는 동작을 취했어요. 레지는 조용히 있었어요. 여러분은 레지가 말하고 싶어 했던 것이 무엇인지 알겠어요?

도리스는 호기심 어린 눈으로 학생들을 본다. 몇몇 학생들이 손을 든다. 도리스가 한 학생에게 무엇을 생각했는지 묻자, 학생은 "그 넓이가 같다는 것을 어떻게 알았죠?"라고 말한다. 도리스는 "좋은 생각이에요."라고 말하고, 스토리를 계속한다.

선생님은 계속 말했어요. "8각형의 넓이를 구하려면 원 없이 정사각형 안에 8각형을 다시 그리고, 1손가락 구간마다 선을 그려야 해요." [도리스는 OHP 그림을 가리킨다.]

"자, 8각형과 정사각형의 넓이를 봅시다. 두 넓이의 차는 정사각형의 구석에 있으면서 8각형의 외부에 있는 4개의 작은 삼각형의 넓이와 같아요. 구석에 있는 삼각형은 각각 길이가 3손가락이고 높이가 3손가락이지요." [도리스는 OHP 그림을 가리킨다.]

"자, 이제 거의 다 했어요. 이제 4개의 작은 구석의 넓이를 구할 필요가 있어요. 2개의 삼각형을 이어 붙이면 한 변이 3손가락인 정사각형이 하나 만들어지지요. 4개의 삼각형은 2개의 정사각형을 만들어요. 이 정사각형 각각의 넓이는 3 곱하기 3, 즉 9제곱손가락이에요."

"자, 이제 증명을 완성할 거예요. 한 변이 9손가락인 정사각형을 그리고, 1손가락 간격으로 선을 그려보세요. [도리스는 OHP 그림을 가리킨다.] 큰 정사각형의 왼쪽 변을 따라 9개의 작은 정사각형에 색칠을 합시다. 이 부분은 한 변이 9손가락인 큰 정사각형의 내부에 있지만 8각형의 외부에 있는 구석의 두 삼각형의 넓이와 같아요. 이제 큰 정사각형의 윗변을 따라 9개의 작은 정사각형을 칠해볼 거예요. 이는 다른 두 삼각형의 넓이와 같아요. 이제 내가 그린 그림을 보고 내가 무엇을 한 건지 살펴보세요."

마리아는 레지가 거의 소리를 지르려고 한다는 것을 알았어요. 마리아는 레지를 쿡쿡 찌르면서, 화난 표정을 짓고, 조용히 하라는 동작을 취했어요. 레지는 조용히 있었어요. 여러분은 레지가 소리 질러 말하고 싶었던 것이 무엇인지 알겠어요?

도리스는 호기심어린 눈으로 학생들을 본다. 몇몇 학생이 손을 든다. 도리스가 한 아이의 생각을 묻자, 그 학생은 "구석에 있는 정사각형 1개는 두 번 세어지지 않았어요?"라고 말한다. 도리스는 "훌륭한 생각이에요!"라고 반응하고 스토리를 계속한다.

선생님은 계속해서 말했어요. "자 여러분, 한 변이 9손가락인 큰 정사각형에서 색칠되지 않은 부분은 8각형과 같은 넓이를 가져요. 8각형은 원과 넓이가 같기 때문에, 9손가락인 큰 정사각형의 색칠되지 않은 부분은 지름이 9손가락인 원과 넓이가 같아요."

마리아는 팔을 뻗어 레지에게 조용히 하라고 팔꿈치로 찔렀어요. 여러분은 레지가 어떤 말을 하고 싶어 했는지 그 이유를 알겠어요?

도리스는 호기심 어린 눈으로 학생들을 보면서 잠시 기다린 다음, 답을 듣지 않고 스토리를 계속한다.

선생님은 흥이 나서 계속 말했어요. "색칠되지 않은 작은 정사각형의 넓이는 얼마일까요? 8(9 빼기 1의 결과) 곱하기 8(이것도 9 빼기 1의 결과). 1은 9의 $\frac{1}{9}$이니까 색칠되지 않은 작은 정사각형의 넓이는 그 정사각형의 한 변의 $\frac{1}{9}$만큼 작은 변과 그 변을 곱한 것이지요(즉 8 곱하기 8이고 64와 같아요). 그리고 이것은 또한 원의 넓이예요.

"자, 이것을 지름이 9손가락인 원의 넓이를 구하는 것에 대하여 우리가 알고 있는 것과 직접 관련시켜 봅시다.

먼저, 지름을 구해요. …… 그건 9손가락이에요.

다음에, 지름의 $\frac{1}{9}$을 구해요. …… 그건 1손가락이에요.

그 다음에, 지름에서 지름의 $\frac{1}{9}$을 빼요. …… 그건 8손가락이에요.

이제 그 차를 자신과 곱해요. …… 그건 $8 \times 8 = 64$제곱손가락이에요."

"나는 원의 넓이를 구하는 한 가지 방법을 말했고, 그 방법이 성립하는 이유를 보여주었어요."라고 선생님이 신이 나서 말했어요. "질문 있나요?"

레지는 손을 번쩍 들었어요. 마리아는 발차기를 했고, 레지는 너무 아파 소리를 질렀어요. 그런 다음 마리아는 레지에게 기대어 모두가 들을 수 있는 큰 소리로 말했어요. "오, 가여운 소년아, 어쩌다 다치게 되었니?" 그리고 마리아는 속삭였어요. "너는 계산기를 이용해서 우리를 어려움에 처하게 했어. 제발 조용히 해!"

레지가 다시 앉았을 때, 선생님은 "질문 있니, 레지야?"라고 물었어요.

레지는 마리아를 노려보았어요. 그리고 조심스럽게 말했어요. "존경하는 선생님, 선생님의 증명은 훌륭해요. 저는 제가 원의 넓이를 구한 답이 선생님이 구한 답과 다른 이유가 궁금해요."

선생님은 물었어요. "그래, 네 질문은 뭐지?"

레지는 말했어요. "존경하는 선생님. 제가 궁금한 것은……"

그리고 바로 이 지점에서 레지는 말을 잇지 못했는데, 왜냐하면 레지는 고대 이집트 수학을 말할 수 없었기 때문이에요. 그리고 이 부분에서 여러분은 레지를 도와주어야 해요. 4명씩 모둠으로 나누세요. 기록자 1명과 발표자 3명을 결정하세요. 선생님의 증명에 대하여 레지가 이해하기 어려운 것이 무엇인지 토론하세요. 기록자는 몇 문장으로 기록하고, 발표자는 여러분의 생각을 학급에 설명할 준비를 하세요. 끝나면 발표할 것을 기록한 종이를 들어 올리세요.

모둠별로 토론이 끝날 때, 도리스는 전체 학급 토론을 연다. 이때 다음과 같은 세 가지 문제가 제기된다.

- 우리는 원의 넓이와 8각형의 넓이가 같다는 것을 어떻게 아는가? 같게 보일 수도 있지만 실제로 정확히 같지는 않다.
- 마지막 그림에서 왼쪽 위 구석의 작은 정사각형이 두 번 세어진 것은 어떻게 해야 하

는가? 8각형의 넓이는 63제곱손가락이고 64제곱손가락은 아니지 않은가?

• 증명이 단지 한 가지 특정한 원에 대해 성립하는 것을 보이는 것으로 충분한가, 아니면 모든 원에 대해 일반화될 수 있어야 하는가? (이는 고대 이집트 수학에서 일어났던 구체적이고 특정화된 방식과 관련되는 것으로, 오늘날 더욱 추상적이고 일반화 가능한 사고가 일어나는 방식과 대비된다. 고대 이집트에서 증명은 특별한 상황을 참조하는 경향이 있다. 유한한 수의 특별한 상황에 대하여 어떤 것을 보임으로써 대부분의 증명은 충분하였다. 오늘날 직사각형의 넓이와 같은 어떤 것에 대해 증명하려면, 우리는 임의의 직사각형의 넓이가 높이와 너비의 곱과 같다는 것을 말하기 위해 $A = h \times w$와 같이 변수와 공식을 이용한다. 여기서 핵심은, 현재 우리는 임의의 양을 표현하기 위해 추상적이고 일반화 가능한 대수적 기호를 이용하는 능력이 있다는 점이며, 이는 9 큐빗과 같이 한 가지 특정한 양을 이용하는 이집트의 관습과 대비되는 것이다.)

학급 토론 후에 도리스는 각 모둠에게 말하고 싶은 것을 한 장의 종이에 써서 박수-두드리기-박수 방법을 이용하여 레지에게 전달하게 한다. 그런 다음 도리스는 이야기를 계속한다.

우리가 메시지를 보내자마자 레지는 자신의 문장을 완성했어요.

선생님은 레지를 응시하면서, 눈을 감고, 오랫동안 생각했어요. 그리고 선생님은 말했어요. “레지야, 넌 매우 영리하구나. 검은 상자를 이용해서 원의 넓이를 구하는 너의 방법을 우리에게 설명해줄 수 있겠니?” 레지는 말이 없었어요. 레지의 머리 속은 텅 비어 있었어요.

그때 한 아이가 교실 문에 나타나서 말하기를, 안납은 레지와 마리아가 곧바로 사무실로 와서 기록하기를 원한다고 했어요.

선생님은 말했어요. “레지야, 넌 안납의 사무실에 가야 해. 하지만 나중에 네가 검은 상자로 원의 넓이를 구하는 방법을 설명해주기를 기대할게.”

안납의 사무실로 가는 도중에 마리아는 레지에게 말했어요. “넌 계산기로 원의 넓이를 구하는 방법을 어떻게 설명하려고 했니?”

레지는 대답했어요. “난 모르겠어. 그런데 네 목 둘레의 부적을 봐. 마지막 보석이 주황색이 되고 있어. 아마도 우리가 원의 넓이를 해결한 것 같아. 그게 사실이기를 바라자.”

마리아와 레지가 안납의 사무실에 도착했을 때, 안납은 자신 앞에 파피루스 더미를 쌓아두고 아이들을 기다리고 있었어요. 안납은 아이들에게 앉으라고 권한 다음, "조금 전에 나는 너희 교실을 지나오면서, 너희들이 원의 넓이를 계산하기 위해 작은 검은 상자를 이용하는 것을 보았어. 최근 10년 동안 나는 원에 관심이 있어서 그 넓이를 구하는 방법을 공부해왔지. 나는 우리 마을에 방문한 모든 학식 있는 사람들에게 원의 넓이를 구하는 방법을 물어봤어. 파라오의 거대한 도서관을 방문해서 그의 서기가 무엇을 아는지도 알아보았지. 나는 그리스인들, 유다인들, 바빌로니아인들, 인도인들, 중국인들이 원의 넓이를 어떻게 구했는지 알게 되었어. 내가 몇 년 전에 도와주었던 미래에서 온 방문자들은 내가 전혀 본 적이 없던 방법을 보여주었어. 여기 내 앞에 있는 파피루스에는 내가 이용했던 몇 가지 다른 방법에 대한 설명이 있어. 그런데 나는 너희들이 가진 것과 같은 검은 상자는 본 적이 없어. 나에게 그 작동법을 보여줄 수 있니?"

레지는 얼굴이 주홍빛으로 변했어요. 마리아가 말했어요. "오, 저는 레지가 선생님께 자기의 검은 상자가 작동하는 방법을 보여줄 거라고 확신해요. 그 물건은 우리 대신 계산을 하기 때문에 계산기라고 불러요."

레지는 자신의 계산기 포장을 벗긴 후에, 안납에게 그것을 어떻게 설명할지 궁리했어요. 놀랍게도 계산기의 모든 숫자는 고대 이집트어로 적혀 있었어요. 그는 계산기를 안납에게 건네고, 그에게 계산기를 가져도 좋다고 말했어요. 그런 다음 안납에게 계산기를 사용하여 원의 넓이를 구하는 방법을 보여주었어요.

안납은 계산기를 보고 놀라워하며, 마리아와 레지에게 선물에 대한 고마움을 표시했어요. 그는 계산기를 곧바로 사용하고 싶어 했어요. 하지만 그렇게 하기 전에 그는 마리아와 레지에게 문제를 하나 냈어요. 그는 책상 위에 다섯 가지 파피루스 세트를 놓고서 말했어요. "여기에 내가 좋아하는 원의 넓이를 구하는 방법이 있어. 이것들은 전 세계에서 모은 거지. 바빌로니아, 그리스, 인도, 중국, 그리고 이것은 미래의 우리 친구에게서 온 거야. 내가 너희들의 계산기를 공부하는 동안 나는 너희들이 원의 넓이를 구하는 이 방법들을 조사하고, 서로 비교하고, 너희들이 배운 것과도 비교해보고, 나에게 너희들이 최선이라고 생각하는 방법을 말해주면 좋겠어." 그런 다음 안납은 안마당으로 나가서 수영장 옆에 앉아서, 레지의 계산기를 작동하기 시작했어요.

레지와 마리아는 파피루스를 공부하기 시작했어요. 마리아는 고대 이집트의 한 가지 방법에 대하여 레지에게 무언가 말하려 했지만, 입에서는 헛소리만 나왔어요. 마리아는 "우리를 돕는 누군가가 이것의 복사본을 갖고 있어야 할 텐데. 우리는 확실히 그들의 도움이 필요해."

도리스는 π^3이 어젯밤에 원의 넓이를 구하는 안납의 방법의 복사본을 보냈다고 설명한다. 도리스는 학생들을 4명씩 모둠으로 나누고 기록자와 발표자로 나누게 한다. 각 모둠에 지침서를 전달하였으며, 여기에는 넓이를 구하는 두 가지 방법과 그 방법을 이용하는 데 필요한 모든 자료가 같이 수록되어 있다. 도리스는 학생들에게 다음과 같은 것을 하라고 말한다.

1. 각각의 방법이 성립하는 이유를 알아보기.
2. 수록된 각각의 방법을 이용하여 원의 넓이를 구하기.
3. 각각의 방법과 그것을 이용하여 발견한 것이 무엇인지 학급에 설명할 준비하기.
4. 각각의 방법의 장점과 단점 비교하기.
5. 두 가지 방법 중 안납에게 추천할 최선의 방법 결정하기.

도리스는 각 모둠에 충분한 자료를 주어서 모둠의 각 학생들이 필요한 계산을 모두 할 수 있게 한다. 도리스는 학생들에게 협동하여 해결하라고 말하지만, 계산은 각자 해서 서로 비교하고, 검토하고, 필요하다면 계산의 평균을 구하라고 말한다. 도리스는 학생들에게 다 했을 때 학급 전체 토론을 가질 것이라고 말한다.

학생들은 이 활동을 다음 수업 시간까지 끝내야 한다. 각각의 방법에 대한 몇 가지 기록이 다음에 나열되어 있다. 《*Squaring the Circle*》(Hobson, 1913)과 《*A History of* π》(Beckmann, 1974)는 모두 원의 넓이를 구하는 고대의 접근 방법을 논의하고 있다.

내접/외접 방법. 이 방법은 약 3,500년 전 그리스인, 바빌로니아인, 페르시아인, 인디언, 중국인들이 이용한 초기의 방법이다. 대부분의 고대 문명은 내접 다각형만을 이용했다. 여기서 이용된 방법은 학생들에게 내접 다각형과 외접 다각형 값의 평균을 구하고, 그 모양의 극한에 대한 아이디어를 관찰하게 하며, 그 모양에 근사하면서 변의 수가 늘어나는 다각형의 넓이와 원의 넓이를 관찰한다.

평행사변형으로 분해하고 재조립하는 방법. 이는 바빌로니아인과 페르시아인이 초기에 이용한 방법이다. 아동들은 가위와 풀을 이용하여 원을 자르고 평행사변형으로 다시 만든다. 반지름 자를 이용하여 평행사변형을 측정하며, 그 측정값을 이용하여 원의 넓이를 구하는 공식을 도출한다.

방사 정사각형 방법. 원의 넓이와 같은 넓이를 갖는 정사각형을 구하는 것은 고대 그리스인들이 시도했던 방법이다. 아동들은 이 방법을 이용할 때 가위와 풀을 이용하여 원을 자르고 정사각형으로 다시 만든다.

외접 정사각형 잉여 방법. 이는 방사 정사각형 방법의 변종으로, 원의 외부에 있지만 외접 정사각형의 내부에 있는 넓이를 외접 정사각형의 넓이에서 빼는 방법이다.

물체 옮기기 방법. 아동들은 마른 콩이나 체리 같은 작은 물체를 이용하여, 원을 1층으로 덮는다. 원을 덮은 후에 작은 물체를 옮겨서 너비가 원의 반지름과 같은 직사각형을 만들면, 높이는 반지름 자를 이용하여 구할 수 있다. 직사각형의 넓이, 결국 원의 넓이는 직사각형의 넓이를 구하는 공식을 이용하여 구할 수 있다. 이 방법을 기술하는 고대 문서는 없으며, 이 스토리에서 안납이 π^3에게서 받았다고 주장한 이유이다.

모둠별로 과제를 마치면, 도리스는 전체 학급 토론회를 열어서, 각 모둠에서 두 가지 방법을 기술하고, 각각의 장점과 단점을 말하게 한다. 그런 다음 최선의 방법이 어느 것인지 토론하고 투표한다.

도리스의 학생들은 평행사변형으로 분해하고 재조립하는 방법이 가장 정확할 것이라고 결정했다. 하지만 도리스의 몇몇 학생들은 이 방법에 실패하였는데, 이는 학생들이 만든 평행사변형의 윗변과 밑변에 해당하는 부분은 직선이 아니기 때문이었다. 이 학생들은 평행사변형의 넓이를 구하는 공식이 유용하지 않다고 걱정하고 있었다. 극한의 아이디어와 그것이 수학에서 어떻게 기능하는지는 아동들이 접근 불가능해 보였다. 도리스의 학생들은 물체 옮기기 방법이 가장 좋다고 하였지만, 그 정확도를 염려하였다. 몇몇 학생들은 자신들이 이용한 마른 콩 사이의 공간을 걱정하였다. 이들은 넓이가 개연적으로 정확하지 않을 수 있다고 생각했는데, 그 이유는 원에서 나타나는 작은 공간이 정사각형에서 나타나는 작은 공간과 똑같이 존재한다고 가정하고 또한 이 방법이 π에 가까운 근사값이라고 가정하더라도 여전히 작은 공간은 고려되지 않기 때문이다. 몇몇 학생들은 구한 것을 일반화하는 데 어려움을 겪었으며, 활동을 통해 발견해야 할 대수적 식의 곱으로 표현하는 데 어려움이 있었다. 예를 들어, 한 아동은 물체 옮기기 방법에 대하여 "이 방법은 가장 정확한 것 중 하나지만, 이를 이용하여 운동장과 같은 큰 원의 넓이를 어떻게 측정하지?"라고 썼다.

그림 7.15 물체 옮기기 방법을 위한 워크시트 표본

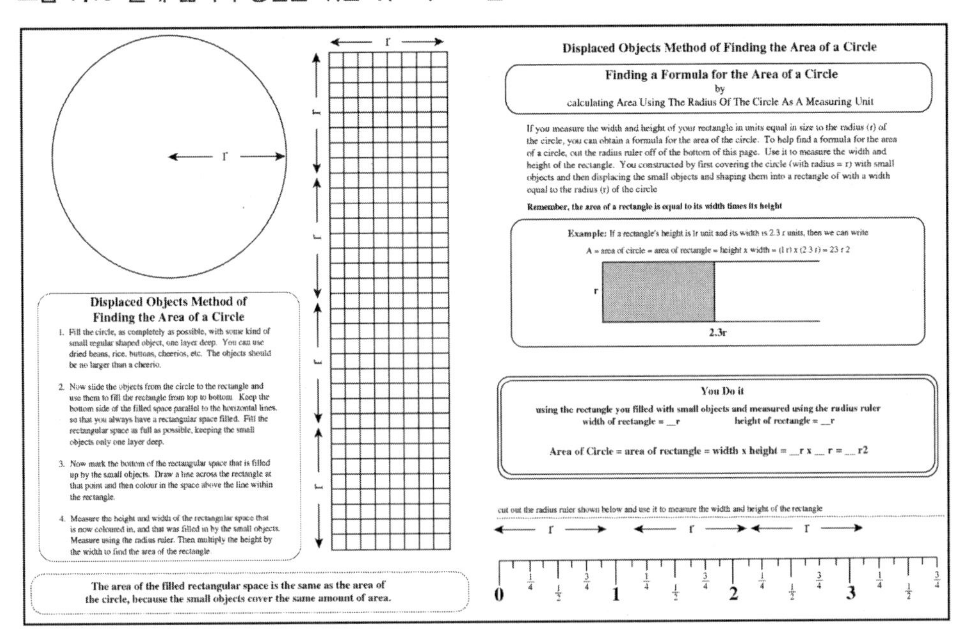

토론이 끝났을 때, 도리스는 마리아와 레지가 안납에게 어떤 방법이 최선이라고 추천해야 하는지에 대해 투표를 하게 한다. 각 학생으로 하여금 자신의 결론에 대해 간단히 기록하여, 마리아와 레지에게 자신의 생각을 전달할 수 있게 한 다음 도리스는 스토리를 계속한다.

잠시 후에 안납이 기쁨에 찬 표정으로 자신의 사무실로 돌아왔어요. 그는 계산기를 좋아했어요. 그는 마리아와 레지에게 "원의 넓이를 구하는 방법 중 너희는 어느 것이 최선이라고 생각하니?"라고 물었어요.

도리스는 이제 자신의 학생들에게 박수-두드리기-박수 방법을 이용하여 추천할 방법을 마리아와 레지에게 전달하게 한다.

마리아와 레지는 추천한 것을 받자마자 그것을 고대 이집트어로 안납에게 말했어요. 안납은 주의 깊게 경청하고, 잠시 생각하고, 아이들이 말한 것에 대하여 생각해야겠다고 말했어요.

갑자기 안납의 사무실 밖에서 큰 소리가 나면서 아이들이 교실에서 쏟아져 나왔어요. 아이시는 자신의 아버지의 사무실로 급히 와서 소리쳤어요. "마리아, 레지, 오늘 수업은 다 끝났어! 집에 가자."

아이시의 집으로 따라가는 동안 마리아는 레지를 슬쩍 찌르고, 부적을 가리켰어요. 부적은 새로운 보라색이 밝게 빛나고 있었어요.

도리스는 학생들에게 부적을 벗어서 원 하나에는 주황색을, 다른 것에는 보라색을 칠하게 하고, 부적을 책상에 넣게 한 다음 스토리를 마친다.

11일째

스토리의 이 부분을 마치는 데는 2일이 걸린다. 왜냐하면 도리스의 학생들은 자신의 예술 작품에 매우 관심이 많기 때문이다.

도리스의 학생들이 목에 부적을 걸고 자리에 앉았을 때, 도리스는 스토리를 계속한다.

우리가 지난 번 마리아와 레지의 이야기에서 끝났을 때, 이 아이들은 안납의 집으로 아이시를 따라가고 있었어요. 안납의 집에 도착했을 때, 아이시의 언니인 지애나가 인사하면서 빵을 주었고, 스낵을 만들어주겠다고 약속했어요. 먹는 동안 지애나는 마리아의 빨간색과 흰색 체크무늬 셔츠에 감탄했어요.

마리아는 대부분의 자신의 셔츠에는 여러 가지 색상이 있다고 말했어요.

아이시는 소리치며 말했어요. "넌 운이 좋아! 우리는 모두 흰 옷을 입거든. 소년들은 흰색 면의 아마포를 입고 소녀들은 흰 면으로 만든 자루 같은 옷을 입어. 하지만 우리 여성들은 아름다운 패턴을 좋아하잖아. 지애나는 노 모양의 인형을 만들어서 시장에 팔고 있는데 인형에 옷을 색칠할 때 여러 종류의 아름다운 패턴을 생각해내곤 해. 나는 때때로 지애나를 도와주는데 정말 즐거워."

"노 모양의 인형이 뭔데?"라고 마리아가 물었어요.

"네게 보여줄게!"라고 지애나가 말하고, 자신의 공장이라고 부르는 작은 진흙 건물로 아이들을 안내했어요. 거기에는 약 20개 정도의 색칠된 인형이 있었는데 머리카락은 점토 구슬을 땋아 만든 것이었어요. 여기에 노 모양의 인형에 대한 세 가지 예가 있는데, 고대 이집트 무덤에서 나온 거예요. **[도리스는 세 가지 노 모양 인형의 그림을 꺼내서 게시판에 압정으로 고정한다.]**

그림 7.16 이집트의 노 모양 인형, 기원전 2000년경

지애나의 노 모양 인형 공장에는 빨강, 파랑, 초록, 검정, 하양의 페인트 용기와 색칠 붓 더미가 있었고, 머리카락을 만들 점토 구슬을 담은 큰 저장고가 있었으며, 인형을 만들 나무로 된 노가 몇 더미 놓여 있었어요. 노 중 어떤 것은 머리에는 구슬 머리카락이 있었고, 얼굴은 색칠되어 있었고, 몸에는 정사각형 패턴으로 윤곽선이 그려져 있었어요. 또한 기록을 위해 학교에서 필기할 때 쓰는 큰 모래 상자가 있었어요.

지애나는 마리아와 레지에게 인형을 만드는 방법을 말했어요. 먼저 목수에게서 노 모양의 막대를 산 후 머리카락을 만들 점토 구슬을 꿰고 머리카락을 붙이고, 얼굴을 그리고, 노의 몸체에 윤곽선 격자를 그려요. 나중에 격자는 인형에 입힐 옷의 패턴을 고안하여 색칠하도록 안내하는 데 이용돼요. 지애나는 한 인형을 가리키며 말했어요. "이 인형의 몸체에서 정사각형 격자 한 칸을 어떻게 덮었는지 잘 살펴봐. 나는 항상 옷을 색칠하기 전에 인형의 몸체에 격자를 그려. 내가 생각한 패턴을 격자에 그릴 때, 때로는 전체 정사각형을 칠하기도 하고, 때로는 한쪽 구석에서 다른 쪽 구석으로 선을 그린 다음 정사각형의 절반만 색칠하기도 해. 정사각형과 반쪽 정사각형을 보면서, 나는 여러 종류의 퍼즐을 발견했어. 한 가지를 보여줄게."

지애나는 모래 상자로 걸어가서, 모래를 손으로 부드럽게 한 다음, 한 정사각형을 그리고, "이것이 정사각형이야."라고 말했어요. [지애나가 말한 것처럼, 도리스는 칠판에 이것을 그린다.]

그림 7.17

다음에 지애나는 모래를 다시 부드럽게 편 다음 2×2 격자를 다음과 같이 그리고, "여기에는 몇 개의 정사각형이 있지?"라고 물었어요. [도리스는 칠판에 이것을 그린다.]

그림 7.18

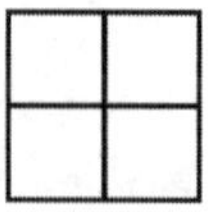

이제 여러분이 마리아와 레지를 도와서 몇 개의 정사각형이 있는지 세어야 해요. 왜냐하면 이 아이들은 고대 이집트 수학으로 말할 수 없으니까요.

도리스는 학생들을 2명씩 모둠으로 나눈다. 다음에 기록자와 발표자를 결정하도록 하고, 종이에 격자를 그리고, 정사각형의 개수를 세고, 종이에 개수를 적고, 간단한 학급 토론을 하도록 하고, 학생들의 답을 박수-두드리기-박수 전달 방법을 이용하여 마리아와 레지에게 보내게 한다.

우리가 메시지를 보내자마자, 마리아와 레지는 "5"라고 소리쳤어요.

도리스는 이제 다음과 같은 격자에 대하여 유사한 진행을 세 번 반복하였으며, 각각의 격자에서 정사각형의 개수를 센 다음 마리아와 레지에게 답을 전송한다.

그림 7.19

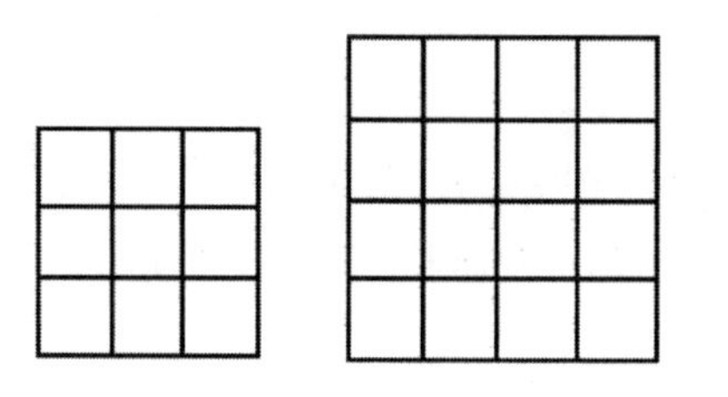

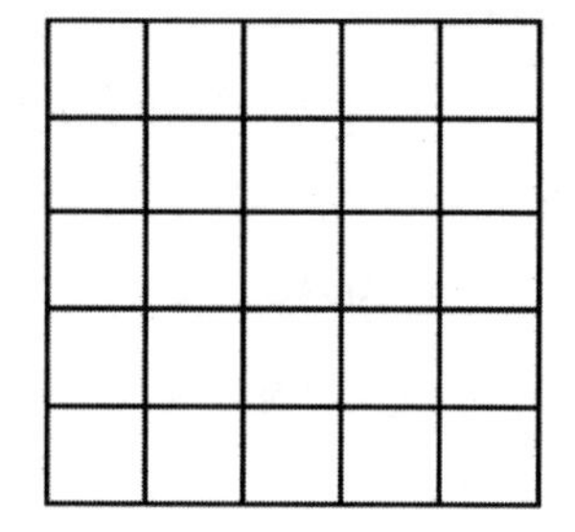

학생들이 4×4 격자와 5×5 격자를 탐구할 때, 도리스는 전체 정사각형의 개수뿐만 아니라 격자의 크기에 따라 격자에 있는 정사각형의 수를 관련시키도록 하면서 토론하도록 한 후, 수의 패턴에 대한 설명을 마리아와 레지에게 보내게 한다. (이와 같은 수 패턴을 구하는 것은 도리스의 이전 수업에서 학생들이 참여했던 활동 중 하나이다.) 학급 전체 토론 동안 학생들은 자신들이 발견한 여러 가지 수 패턴을 설명한다.

몇몇 모둠에서 찾은 패턴은 다음과 같다. 4×4 격자에서 4×4 크기의 정사각형 1개, 3×3 크기의 정사각형 4개, 2×2 크기의 정사각형 9개, 1×1 크기의 정사각형 16개. 그래서 전체 정사각형의 개수는 $1^2+2^2+3^2+4^2=30$이다. 도리스는 학생들에게 이 패턴이 크기가 다른 격자에서도 성립할지 묻는다. 학생들은 1×1 격자는 1^2개의 정사각형을 갖고, 2×2 격자는 1^2+2^2개의 정사각형을 갖고, 3×3 격자는 $1^2+2^2+3^2$개의 정사각형을 갖는다고 확신한다. 학생들은 $n\times n$ 격자는 $1^2+2^2+3^2+4^2+\cdots+(n-1)^2+n^2$개의 정사각형을 갖는다는 가설을 세운다.

다른 학생들은 수를 표로 배열하여 다른 패턴을 찾았다. 다음은 학생들이 5×5까지 격자를 증가시키면서 각각의 변의 격자에 있는 정사각형의 개수를 비교하면서 만든 표이다.

표 7.3

격자의 크기	정사각형의 개수
1	1
2	5
3	14
4	30
5	55

학생들은 1과 5의 차는 4이며, 이는 $2\times2=2^2$과 같고, 5와 14의 차는 9이며, 이는 $3\times3=3^2$과 같고, 14와 30의 차는 16이며, 이는 $4\times4=4^2$과 같고, 30과 55의 차는 25이며, 이는 $5\times5=5^2$과 같다는 것을 안다. 도리스의 학생들은 이 패턴이 더 큰 격자에서도 계속될 것이라고 믿으며, 그것은 앞에 기술된 패턴과 관계된다고 말한다.

5×5 격자에 대한 토론이 끝났을 때, 도리스는 학생들에게 박수-두드리기-박수 전달 방법을 이용하여 마리아와 레지에게 수 패턴에 대한 답과 생각을 보내게 한다.

우리가 메시지를 보내자마자, 마리아와 레지는 "55!"라고 소리치고, 수 패턴에 대하여 여러분이 관찰한 것을 설명했어요.

지애나는 그들이 관찰한 수 패턴에 대해 듣고 놀랐어요.

아이시는 충분히 많은 정사각형 패턴을 알고 있었으며, "나는 마리아와 레지가 우리가 발명했던 유형의 퍼즐에 대한 아이디어를 알고 있다고 생각해. 이제 노 모양의 인형 디자인에 대해 그들이 어떻게 하는지 알아보고 싶어. 우리의 노 모양의 인형 디자인 퍼즐을 주고, 그들이 어떻게 생각하는지 살펴보자."라고 말했어요.

지애나는 "좋아. 여기에 우리의 옷감 디자인 퍼즐 하나가 있어. 두 부분으로 나누어져 있지. 여기 있는 노 모양의 인형은 거의 완성되었고, 옷감 패턴의 색칠만 하면 돼. 인형의 몸체에는 다른 두 종류의 격자 패턴이 있는데, 하나는 블라우스용이고 하나는 스커트용이야. 다음 안내에 따라서 옷을 디자인해봐."라고 말했어요.

그림 7.23

블라우스 만들기

두 가지 다른 색을 이용하여 정사각형에 색칠한다. 이때 변을 공유하는 두 정사각형에는 같은 색을 칠해서는 안 되고, 결과적으로 한 정사각형과 변을 공유하는 4개의 정사각형에는 같은 색을 칠해서는 안 된다.

치마 만들기

아래의 그림처럼 정사각형에 대각선을 그려서 여러 개의 삼각형을 만든다. 대각선은 위아래로 지그재그 직선이 되도록 한다. 두 가지 다른 색으로 삼각형을 칠하여라. 이때 스커트를 가로지르는 지그재그 모양의 띠를 많이 만들어야 한다(마치 산과 계곡이 아래 위로 있는 것과 같은 모양이다).

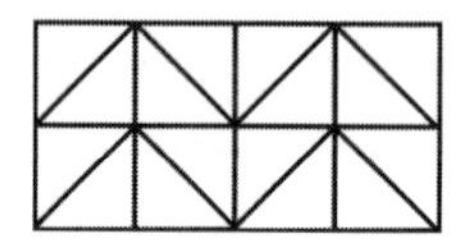

이제 여러분은 마리아와 레지를 도와야 해요. 2명씩 모둠을 만들어 디자인을 하는 방법을 이해하여야 하며, 여러분에게 나누어줄 노 모양의 인형의 복사본에 색칠을 해야 해요. 먼저 여러분에게 모눈종이를 몇 장 나누어줄 거예요. 모눈종이와 색연필을 이용하여 디자인을 하는 방법을 생각해보세요. 디자인을 완성한 후 손을 들면, 색칠할 노 모양의 인형을 줄 거예요. 색칠을 끝내면 서로 디자인을 공유하고, 마리아와 레지에게 보낼 거예요.

도리스의 학생들은 작업에 들어간다. 각 모둠이 자신의 블라우스와 치마 디자인을 모눈종이에 마무리할 때, 도리스는 색칠할 노 모양 인형 2개를 준다. 모든 모둠이 자신의 노 모양 인형을 완성할 때, 도리스는 그것을 공유하고, 박수-두드리기-박수 방법을 이용하여 마리아와 레지에게 보내게 한다.

그림 7.21 노 모양 인형 형판의 표본

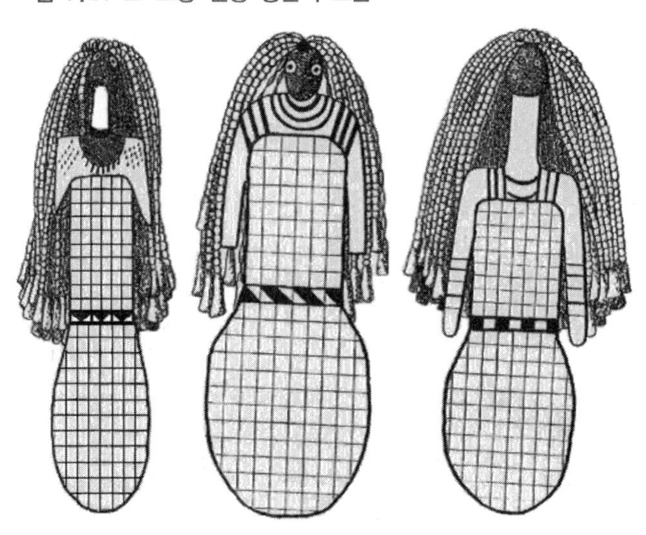

마리아와 레지가 우리의 메시지를 받자마자, 각자 노 모양 인형 하나를 택하여 우리가 보내 준 디자인을 빠르게 만들었어요.

"대단하군!"이라고 아이시와 지애나가 말했어요.

도리스는 계속하기 전에 두 번째 문제를 준다.

이제 지애나가 말했어요. "만들고 싶어 하는 아무 옷이나 디자인을 하게 하고, 이 아이들이 어떻게 만드는지 보자. 어떤 새로운 것을 만들지도 몰라."

"좋아."라고 아이시가 말했어요. "하지만 우선 우리 디자인 몇 가지를 보여주고, 몇 가지 가능성을 알려주자." 지애나는 마리아와 레지에게 디자인이 들어간 몇 가지 점토 껍질을 보여주었어요. 그런 다음 지애나는 아이들 각자에게 노 모양 인형을 주었고, 그래서 그들은 자신의 옷 디자인을 각자 만들 수 있었어요.

마리아와 레지는 여러분의 도움을 필요로 해요. 여러분이 조사할 몇 가지 고대 이집트인들의 디자인과 몇 장의 모눈종이를 나누어줄게요. 디자인을 조사하여 고대 이집트 인들이 생각한 방법을 살펴보세요. 그런 다음 모눈종이와 색연필이나 사인펜을 이용하여 자신만의 디자인을 만들어보세요. 여러분이 좋아하는 블라우스와 치마의 디자인을 만들고 나면 손을 드세요. 그러면 색칠할 노 모양 인형을 나누어줄게요. 여러분이 끝마치고 나면 우리의 디자인을 서로 공유하고 그것을 마리아와 레지에게 보낼 거예요.

도리스는 각 모둠에 모눈종이와 다른 서적(Wilson, 1986)에서 찾은 고대 이집트 무덤의 벽화와 도기에 나오는 디자인을 나누어주고, 패턴을 조사하게 하고, 자신만의 패턴을 만들게 하고, 이 패턴을 노 모양 인형에 옮기게 한다. 그런 다음 학생들은 자신의 완성된 패턴 인형을 공유하고 박수-두드리기-박수 방법을 이용하여 마리아와 레지에게 아이디어를 전달한다.

그림 7.23 고대 이집트 디자인의 표본

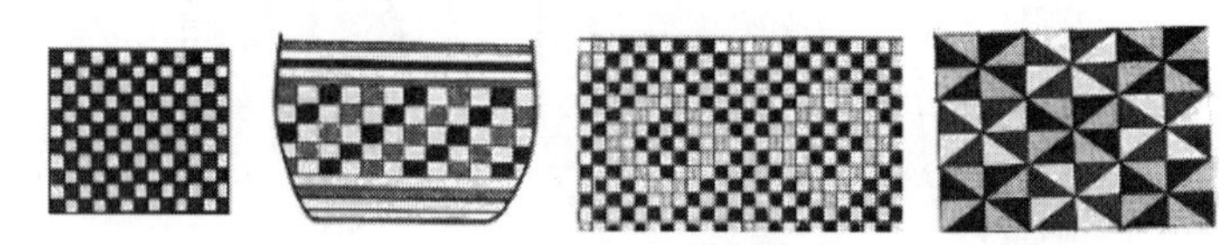

마리아와 레지는 우리의 메시지를 받자마자, 둘은 각각 노 모양 인형을 가져 와서 빠르게 우리가 보낸 디자인을 만들었어요. 두 아이들은 동시에 자신의 인형을 완성하였어요. 레지는 마리아를 쳐다보고 팔꿈치로 살짝 찔렀어요. 그리고 그녀의 부적을 가리켰어요. 부적에는 새로운 분홍색 보석이 달렸어요.

아이시와 지애나가 아이들의 디자인에 감탄하는 동안 마리아의 부적이 이상하게 작동하기 시작했어요. 처음에는 부적 전체가 밝은 노란색으로 반짝였어요. 그런 다음 부적의 돌들이 각각 자기 색깔로 켜졌다 꺼지더니 밝은 빛을 내며 폭발했어요. 낮은 음조의 윙윙거리는 소리가 부적에서 나기 시작하더니, 형형색색의 빛이 점점 커지면서 마리아와 레지를 삼켜버렸어요. 마리아는 "싫어, 난 더 오래 머물고 싶어! 아이시야 안녕! 지애나도 안녕! 안납 선생님께 인사를 전해줘!"라고 소리쳤어요.

그렇게 끝났어요. 다음에 마리아와 레지는 박물관에 있는 안납의 무덤에 있다는 것을 알았으며, 무덤의 문은 닫혀 있었어요. 아이들은 소리치며 문을 세게 두드렸어요. 박물관 관리인과 내가 아이들에게 대답했어요.

우리가 아는 모든 것은 무덤의 문이 갑자기 닫혔다는 것이고, 한 시간가량 닫혀있는 동안 안에서는 아무 소리도 들리지 않았다는 거예요. 한 시간 동안 우리는 무슨 짓을 해도 무덤에 있는 돌멩이 하나도 옮길 수 없었어요. 하지만 잠시 후 우리는 마리아와 레지가 소리치는 것을 들었고, 문을 밀자 쉽게 열렸어요. 어떤 이상한 일이 일어난 것이 분명해요.

나는 마리아와 레지가 자신들의 모험에 대하여 말한 것을 믿을 수 없었어요. 즉, π^3이 며칠 전에 나를 찾아와서 아이들을 구해야 한다고 말하기 전까지는 아이들이 말한 것을 믿을 수 없었어요. 우리는 아이들을 구했고 이 이야기는 이제 끝났어요.

여러분에게 남은 일은 사인펜 상자에서 분홍색 사인펜을 꺼내고, 목에서 부적을 떼어 마지막 원에 분홍색을 칠하는 것이에요.

Chapter 08

'이집트 스토리'에 관한 도리스와의 인터뷰

도리스와의 인터뷰는 2003년 6월 28일에 이루어졌다. 1998년부터 2003년 사이에 6학년 학생들에게 다섯 차례 '이집트 스토리'를 지도하는 동안에 도리스가 경험한 것 중에서 이 인터뷰는 실제적인 측면에 관한 것이다. 이 인터뷰에서는 "음……"과 같은 것, 여담, 휴식 시간에 대해서는 편집되었다.

마이클(본서의 저자): 도리스 선생님, 수업 자료들을 가득 담은 플라스틱 상자 2개를 가지고 오셨는데, 그 상자에는 무엇이 들어 있나요?

도리스: 이 수업 자료들은 '이집트 스토리'를 위해 필요한 모든 자료들입니다. 한 상자에는 수업 자료들이 들어 있어요. 그날그날 사용할 폴더들이 분리되어 있어요. 각 폴더에 제가 그날 수업에서 스토리를 들려주는 데 필요한 모든 자료들이 있어요. 다른 상자에는 게시판에 전시할 포스터들, 학생들이 읽어야 할 소책자들, 학생들이 사용할 상형문자 도장 등이 들어 있어요.

마이클: 두 번째 상자에 들어 있는 물건들에 대해 말해주세요.

도리스: 저는 두 세트의 상형문자 잉크 도장을 가지고 있는데, 학생들은 이것들을 이용해서 자신들의 이름과 무덤에 있는 안납의 이름을 적어요. 저는 제 컴퓨터에 설치하려고 구입한 상형문자 폰트 CD를 가지고 있어요. 하지만, 저는 학생들이 자신들의 이름을 상형문자로 쓸 수 있게 된 후에야 학생들이 이것을 사용할 수 있도록 해요. 저

는 학생들이 자기 자신의 이름을 상형문자로 쓰는 방법을 이해하는 데 도움을 줄 수 있는 상형문자 발음법/철자 차트를 가지고 있어요. 학생들은 자신의 이름을 상형문자로 만들어야 하지만, 이것은 안납의 무덤이기 때문에 저는 또한 학생들이 만들었던 안납의 이름이 들어 있는 작은 포스터를 가지고 있어요. 이것은 단지 견본이지요. 이것은 미라 무덤에서 나온 이집트인이지요. 이것은 진짜 파피루스, 진짜 파피루스로 만든 종이예요. 저는 몇 권의 책을 가지고 있어요. 이 책은 Rosalie David가 집필한 《*Growing Up in Ancient Egypt*》예요. 이 책은 학생들에게 부가적인 정보를 제공합니다. 이것은 〈*Egyptian News: the Greatest Newspaper in Civilization*〉이라는 잡지예요. 이 잡지는 고대 이집트 시대에 발생한 사건들에 관한 기사들을 싣고 있어요. 저는 '머미 러미'라는 카드 게임을 가지고 있는데 이 게임은 덧셈 게임이에요. 학생들은 이 게임을 하는데, 이 게임은 '이집트 스토리'에는 없어요. 제 학급에 있는 학생들은 여러 가지 게임 하기를 좋아해요. '이집트 스토리' 안에는 많은 게임들이 있어요. 이 책은 석관과 미라에 대한 책인데, 시체를 미라로 만드는 방법이 적혀 있어요. 저는 미라 모양의 볼펜, 이집트 스티커 몇 장, 미라에 대한 다양한 책을 가지고 있어요.

마이클: 목에 걸고 있는 것은 무엇인가요?

도리스: 이것은 '이집트 스토리'에 나오는 부적이에요. 저는 이것을 지름이 약 5인치가 되도록 확대했어요. 제가 이것을 두꺼운 종이에 복사하면 학생들은 이것을 잘라요. 저는 이 원들 중의 한 원에 구멍을 내면서 돌아다녀요. 학생들에게 줄을 줘서 이것을 자신의 목에 걸 수 있도록 해요. 저는 학생들에게 이 부적에 색칠을 하도록 하는데, 부적에 있는 원에는 색칠하지 않아요. 우리는 '이집트 스토리'를 진행하면서 이 원들에 색칠을 해요.

마이클: 선생님은 수업 중에 부적과 같은 다양한 것들을 사용하네요. 학생들은 부적과 같은 것에 대해서 어떻게 느끼나요?

도리스: 학생들은 이것을 정말로 좋아해요! 처음에는 남자아이들이 이것은 유아들이 가지고 노는 것이라고 말하며 좋아하지 않을 것이라고 생각했어요. 하지만, 남자아이들은 이것을 좋아해요. 남자아이들은 아무런 문제가 없어요. 가끔 줄이 끊어져요. 그러면 저는 더 많은 줄을 구하기 위해 돌아다녀야 해요. 하지만, 저희 학급에는 줄이 많아요. 저는 거기서 교훈을 얻었어요.

마이클: 학생들은 과거로 메시지를 보내는 것과 같은 다른 것들에 대해서는 어떻게 느끼나요?

도리스: 학생들은 그것을 좋아해요. 저는 학생들에게 "셋을 세면, 세 번 박수를 치고, 세 번

책상을 두드리고, 세 번 박수를 치세요."라고 말해요. 사실, 이것은 단순히 책상을 두드리는 것이 아니에요. 학생들은 과거로 되돌려 보낼 정보를 두드려야 해요. 그리고 올해, 처음으로 (이제껏 한 번도 이런 적이 없었어요.) 우리는 박자를 맞춰서 동시에 하지 못했어요. 무슨 일인지 모르겠어요. 그러나, 누군가가 정해진 수보다 박수를 많이 치거나 박수를 느리게 치면, 저는 "그렇게 하면 안 돼요. 다시 해야 해요."라고 말해요. 우리는 세 번 정도 더 이것을 해요. 학생들은 '이집트 스토리'를 듣고 싶어 하기 때문에 서로서로에게 짜증을 내지요. 그래서 학생들은 "얘들아, 잘하자."라고 말해요. 우리가 모두 박자를 맞추지 못하면, 저는 '이집트 스토리'를 계속하지 않아요. 그리고 학생들은 '이집트 스토리'와 관련된 문제를 받지 못해요. 사실, 학생들은 '이집트 스토리'와 관련된 문제를 좋아해요. 일반적으로 이 활동은 매우 소란스러워요. 제 말은 30명의 학생들이 자신들의 책상을 가능한 한 크게 두드리고 있다는 것이에요. 학생들은 이것이 굉장하다고 생각해요. 그러고 나서, 우리는 '이집트 스토리'를 계속해요.

마이클: 시간 여행 또는 과거로 여러 가지 사물을 보내는 것과 같은 '이집트 스토리' 속에 있는 모든 판타지, 즉 모든 불가능해 보이는 것들에 대해 선생님의 학생들은 어떻게 생각하나요? 학생들이 이것이 진짜라고 믿나요? 아니면 그저 스토리로 즐기나요?

도리스: 잘 모르겠어요. 몇 년 동안 제가 들려준 '이집트 스토리'를 들은 그 어떤 학생도 이 스토리를 못 믿겠다고 말한 적이 없어요. 그런 것이 문제가 되지는 않았어요. 많은 훌륭한 스토리에서와 마찬가지로, 학생들은 자신을 마리아, 레지와 동일시하기 시작해요. 사실, 제가 담당한 6학년 학생들은 서기가 되기 위한 학교에 다니는 이집트 학생들을 실제 사람이라고 생각하는 것 같아요. 제가 담당하고 있는 학생들은 사회 교과 중 고대 이집트와 관련된 장을 통해 서기가 무엇인지 그리고 고대 이집트 사회에서 삶이 어떤지에 대해서 조금은 알고 있어요. 학생들이 고대 이집트에 대해서 이미 학습한 것들 중 많은 것이 '이집트 스토리'와 유사해요. 제가 담당하고 있는 6학년 학생들이 서기 학교에 있는 아이들에 대해서 말할 때, 이들의 마음속에는 이집트 아이들이 존재하기 때문에 그것을 판타지라고 생각하지 않아요.

마이클: 선생님은 사회교과와 수학교과를 통합했어요. 왜 그렇게 했나요?

도리스: 저는 교과목들을 통합해야 한다는 확고한 신념을 갖고 있어요. 저는 사람들이 실생활에서 수학을 20분하고 독서(읽기)를 20분 한다고는 믿지 않아요. 제 교실에서는 읽기와 수학이 있고, 수학 수업에서 쓰기를 하고, 사회 교과에서 수학을 해요. 우리가 교과목들을 분리해야 한다는 것은 너무나 안타까운 일이에요. 우리가 모든 과목

을 함께 가르칠 수 없다는 것도 안타까워요. 저는 우리의 뇌가 교과목들이 나뉜 것과 같은 방식으로 구획지어져 있지 않다는 굳은 믿음을 갖고 있는 사람이에요.

마이클: 선생님이 가져온 자료들이 들어 있는 상자들로 돌아갑시다. 이 수업 자료들에 대해 더 말씀해주세요.

도리스: 그러죠. 저는 이 수업 자료 상자 안에 제가 '이집트 스토리' 수업을 하는 날에 들려줄 것을 각각의 폴더에 넣어 가지고 있어요. 각 날의 스토리와 더불어, 저는 특정한 날에 함께 사용할 물건들을 가지고 있어요. 이것은 꼭 말하고 싶은데, 저는 하루 분량의 '이집트 스토리'를 하루에 끝내본 적이 거의 없어요. 저는 각 차시마다 한 시간 정도를 배당하는데, 어떤 때는 좀 더 걸리기도 하고, 어떤 때는 덜 걸리기도 해요. 보세요. 이것들은 고대 이집트의 수에 대해 레지가 기록한 것이에요. 저는 고대 이집트의 주제들을 담고 있는 몇 장의 종이를 구했어요. 저는 이것을 교사 전문점 중 한 곳에서 얻었지요. 저는 교수님(이 책의 저자)의 원본 스토리에서 고대 이집트 수를 이 종이 위에 복사했어요. 그리고 저는 이것들을 코팅했어요. 자, 보세요. 저는 둘째 날을 위한 폴더에 이것들 중 15개를 가지고 있어요. 이것들은 아주 오래 된 것들이에요. 이것들은 아주 상태가 좋아요. 저는 이것들을 레지와 마리아가 이집트 수에 대해 이해하려고 노력할 때 나누어줍니다. 그 후에도, 학생들이 몇 가지 게임을 할 때, 그리고 무덤과 관련된 문제를 풀기 위해서 학생들은 이 정보를 필요로 하기 때문에, 저는 이것을 몇 차례 더 나누어줍니다.

마이클: 그렇다면 선생님은 폴더를 날짜별로 가지고 있으며, 부적이나 이집트 수가 인쇄된 견본과 같은 물건들이 각 폴더에 들어 있다는 것이지요?

도리스: 네, 맞습니다. 여기 2일째 폴더에는 '보아뱀 게임'이 있습니다. 그리고 저는 가방들도 가지고 있는데 이 가방들에는 문제들이 있지요.

마이클: 그리고 선생님은 이 가방들을 매해 안전하게 보관해두었다가, 이것들을 다시 사용할 수 있겠군요?

도리스: 네, 그래요. 이것들은 모두 폴더 속에 산뜻하게 접어서 보관하게 됩니다. '보아뱀 게임' 또한 코팅해두었지요. 학생들은 이 게임의 하단에 있는 정보에 매료되었어요. 이 하단에 적혀 있는 글의 내용은 이 게임판의 다양한 형태가 고대 이집트 무덤에서 발견되었다는 점과, 각 게임판의 제작년도가 적혀 있다는 것이에요. 학생들은 고대 이집트 수 체계가 어떻게 이루어져 있는지 이해하기 위해서 제가 만든 활동지의 빈칸을 채워넣어야 하지요. 고대 이집트 수 체계는 '이집트 스토리'로부터 나온 것이에요. 저는 이 활동지를 나누어주고 이것을 검사하지는 않을 것이라고

말해요. 이것은 성적을 매기기 위한 것이 아니에요. 그래야 학생들은 이 수 체계가 이루어지는 방법을 이해할 수 있어요. 그리고 학생들은 마리아와 레지에게 이 정보를 알려줄 수 있어요. 아시다시피, 가끔 학생들은 성적만을 위해서 활동하거든요. 만약 교사가 성적에 들어가지 않는 활동이라고 말하면, 학생들은 진지하게 하지 않는 경향이 있어요. 제가 "우리는 이 정보가 필요해요. 그래서 이 정보를 마리아와 레지에게 보내주어야 해요."라고 말할 때, 학생들은 진지하게 활동에 임해요. 저도 학생들이 이것을 실제로 믿지 않는다는 것은 알아요. 하지만, 학생들은 자신들이 믿고 있는 것처럼 행동해요. 제가 말하는 것 이해하시지요? 학생들은 진심으로 이 활동에 빠져든 것 같아요. 학생들은 이 정보를 마리아와 레지에게 돌려보내기를 원해요.

마이클: 선생님은 학생들이 혼자 활동하는 것보다 모둠별 협동 학습을 활용하고 있습니다. 그 이유는 무엇인가요?

도리스: 네, 저는 항상 모둠별 협동 학습을 활용합니다. 학생들이 시험을 보고 일지에 기록할 것들을 쓸 때를 제외하고는 모둠에서 모든 것을 합니다. 제 생각에, 학생들이 서로를 도우면서 훨씬 많은 것을 배울 수 있어요. 한 사람이 하는 것보다는 두 사람(또는 그 이상)이 하는 것이 낫지요. 다른 누군가와 어떤 것을 할 때 훨씬 쉽고 훨씬 즐거워요. 가끔 혼자서 생각할 수 없는 것을 파트너가 생각해낼 수도 있고요. 제가 담당하고 있는 학생들은 자신들이 하는 모든 것에 대해서 매우 많은 이야기를 하고 서로서로 아이디어들을 공유합니다.

마이클: '이집트 스토리'의 각 차시를 준비하는 데 얼마나 많은 시간을 할애합니까? 선생님이 '이집트 스토리'를 처음 들려주었을 때와 준비하는 시간이 다른가요? 선생님은 처음에 준비하면서 많은 시간을 보냈었나요?

도리스: 많은 시간이요? 아닙니다. '이집트 스토리'를 선택하고 이 스토리를 매일매일 사용할 분량으로 나누는 것은 쉬웠어요. 저는 이 스토리를 몇 차례 읽고 난 후, "알았어. '보아뱀 게임'이 필요하네."라고 말하고 여러 장의 '보아뱀 게임' 활동지를 복사하고 코팅했어요. 지금은 활동지들을 복사하는 것을 제외하고는 실질적으로 준비하는 시간은 없어요. 왜냐하면 모든 것이 이 폴더들 안에 준비되어 있기 때문이지요.

마이클: 그러면 처음 시작했을 때는요?

도리스: 제가 처음 시작했을 때, 준비하는 데 오래 걸리지는 않았어요. 그러나, '보아뱀 게임' 활동지 15장을 복사하고, 이것들을 코팅하고, 게임 조각들을 모으고, 문제들을

복사하고, 자르고, 이 문제들을 종이 가방에 넣고, 이 종이 가방을 반듯하게 접는 데 시간이 걸리지요. 제가 하고 싶은 말은 하루에 30분에서 한 시간 정도 걸릴 뿐이라는 거예요.

마이클: 선생님은 지금까지 여러 차례 '이집트 스토리'를 지도해오고 있지요. 선생님은 '이집트 스토리'를 말하는 방법에 대해서 어떻게 변화되어 왔나요? 선생님이 '이집트 스토리'를 지도하기 시작할 당시로 돌아가 생각해볼 수 있겠어요? 그리고 선생님이 이것을 지도한 첫 번째 시기가 두 번째, 세 번째, 네 번째 시기와 어떻게 달랐어요?

도리스: 제가 '이집트 스토리'를 들려준 첫 번째 시기에, 저는 '이집트 스토리'를 글자 그대로 읽었어요. 그런 후, 저는 '이집트 스토리'의 표현들을 바꾸었어요. 아마도 두 번째 해였을 거예요. 지금은 '이집트 스토리'를 들려주면서 뺄 것은 빼기도 하지요. 이제는 글자 그대로 읽지 않아요. 제 말로 소화해서 읽어요. 마치 제가 책을 읽어주는 것 같지만, 사실은 읽으면서 스토리에 애드리브를 넣지요. '이집트 스토리'는 제 손안에 있고 애드리브를 하지요. 저는 '투아우프의 경고문'처럼 어떤 부분들은 읽어요. 하지만 저는 본 내용에서 벗어나기도 하고, 아이들을 보기도 하면서 이렇게 말하기도 하지요. "정말 정말 더웠던 작년 여름에 엄마가 정원에 있는 잡초를 뽑으라고 하셔서 밖으로 나갔는데 뛰어들 수 있는 시원한 수영장이 없다고 상상해 보세요. 이것은 고대 이집트에서 매일 서기 학교에 갈 수 없었던 아이들의 마음과 비슷해요." 그러면 아이들이 머리를 끄덕이지요. 이해한 거예요. 저는 제가 담당하고 있는 6학년 학생들에게 서기가 되기 위해서 학교에 갈 수 있는 고대 이집트에 있는 아이들은 자신들이 정원의 잡초제거와 같은 일을 해서는 안 된다는 것을 알고 있고, 그래서 서기 학교에 다니는 것은 아이들에게 특권을 느끼게 해주는 어떤 것이라고 설명해주지요. 학교에 갈 수 있는 것은 권리라기보다는 특권이었지요. 저는 아이들이 '이집트 스토리'의 이 부분을 이해하는 것이 중요하다고 생각하기 때문에, 본 내용으로부터 벗어나기도 하는 거예요.

마이클: 처음에는요?

도리스: 처음에는 절대로 그렇게 하지 못했지요. 지금은 '이집트 스토리' 속으로 저를, 저 자신의 철학을, 저 자신의 생각을, 저 자신의 감정을, 그리고 저 자신의 정서를 넣는 데 매우 편안해요. 그래서 여러 곳에 저 자신을 넣어요.

마이클: 수학 교과서로 가르치는 것과 비교해서, 선생님의 감정, 판타지, 그리고 선생님 자신을 '이집트 스토리' 속으로 넣는 것이 어떤 효과가 있나요?

도리스: 음, 이것은 확실히 수학 교과서는 아니지요! 교수님이 이 글을 지었을지언정, '이집

트 스토리'는 제 이야기이기도 해요. '이집트 스토리'를 제 말로 하니까, '이집트 스토리'는 교수님의 것이면서 동시에 제 것이라고 생각해요. 저는 제가 '이집트 스토리'에 몰입하고 있기 때문에 이것이 학급구성원들도 몰입하게 해준다고 생각해요. 제가 스토리를 읽는 것과는 다른 것이지요. 말 그대로 이야기꾼과 청중 사이에 스토리를 넣는 것이지요. 제 생각에, 스토리를 들려주는 것은 스토리를 개인화하는 것이고 아이들이 주어진 스토리에 더 많이 몰입할 수 있도록 도와줍니다.

마이클: 그런 방식으로 선생님의 수업을 개인화한 것이 선생님에게 어떤 영향을 끼쳤나요?

도리스: 음, 저는 저를 '이집트 스토리' 속에 넣은 이야기가 훨씬 더 편안해요. 처음에 저는 '이집트 스토리'를 사실적으로 만들기 위해서 또는 정확한 정보를 얻기 위해서, 교수님이 작성한 대로 '이집트 스토리'를 따라야 하는 것으로 느꼈어요.

마이클: 교사로서 선생님 자신을 '이집트 스토리' 속에 넣는 것이 선생님을 어떻게 변화시켰나요?

도리스: 하나의 스토리 구성 방식에서 모든 것을 가르칠 수 있다면 참 좋죠. 그래서 저는 그렇게 하기 위해 모든 노력을 기울입니다. 대수 영역에서 조차도 말이죠. 저는 어떤 스토리를 통해서 학생들이 무엇인가를 이해할 수 있도록 돕는 장점에 대해 정말로 잘 알고 있어요. 그 스토리가 서사적 스토리이건 하루 동안 발생한 스토리이건 상관없어요. 예를 들어, 학생들이 분수를 비교하는 데 어려움을 겪고 있다는 것을 안다면, 저는 제 아이들인 거스와 에리카에 대한 짧은 이야기를 만들고, 제 아이들이 유사한 문제를 푼 방법에 대한 스토리를 만들어요. 저는 제가 학생들과 어떤 문제를 푸는 방법을 검토하는 것보다 이것이 더 큰 영향을 준다고 생각해요. 제 생각에, 박사님이 어떤 스토리의 맥락에 어느 것이든 넣는 것은 햇살과 같은 것이에요. 공기 중에 먼지가 없다면, 햇살을 볼 수 없지요. 햇살을 보기 위해서 햇살이 공기 중의 먼지에 부딪혀 튕겨져 나와야 해요. 스토리는 먼지와 같은 것이에요. 이것이 아이들이 추상적인 수학적 아이디어들과 연결시킬 수 있는 무엇인가에 혹하게 해 주지요.

마이클: 수학 스토리들을 들려주면 선생님은 가르치면서 더 즐거워지나요?

도리스: 예! 틀림없죠! 왜냐하면 제가 스토리를 말해줄 것이라고 말을 하면, 학생들은 즉각적으로 집중해요. 저는 종을 칠 필요가 없어요. 저는 학생들의 주의를 끌기 위해서 그 어떤 것도 하지 않아도 돼요. 사실, 제가 담당하는 예비 대수(pre-algebra) 교실에는 매우 신경써야 하는 아이들이 몇 명 있는데 이들을 집중시키기란 참 어렵죠. 그런데, 제가 "선생님이 너희들에게 스토리를 들려줄 거야."라고 말하면, 학급의

반장이 "조용히 해! 선생님이 스토리를 들려주신다고 하잖아."라고 말하죠. 학생들은 조용히 하자고 서로서로에게 말하고, 저는 바로 학생들의 주의를 끌지요. 기회가 되기만 하면 저는 스토리를 들려줘요. 이것은 분명히 저의 수업방식을 바꾸었어요. 학생들로부터 반응을 얻을 수 있기 때문에 이 방식이 매우 재미있어요. 많은 학생들이 동상처럼 앉아 있는 상태에서 가르치는 것은 재미없어요.

마이클: 그래서 선생님은 자신의 고유한 스토리를 구성하고 이를 들려주는군요. 처음으로 '마법사 스토리'를 들려준 후부터 선생님은 직접 만든 이야기를 자주 들려주기 시작했나요?

도리스: 예, 아주 자주했지요. 저는 제 아이들을 스토리 속으로 자주 끌어들여요. 가끔은 학급에 있는 학생들을 스토리 속에 넣기도 해요. 그리고 저는 아동 문학, 역사, 유명한 수학자들의 전기에서 스토리들을 빌리지요.

마이클: 선생님은 단순히 스토리를 읽는 것이 아니라 스토리가 선생님에게서부터 시작되는 거군요.

도리스: 맞아요, 그렇죠. 제가 스토리를 만들어가요.

마이클: 그래서 선생님은 전보다 지금 스토리를 창작하고 들려주기를 훨씬 더 잘하나요?

도리스: 맞아요. 저 혼자서 만든 스토리 중에서 제가 가장 편안한 것은 '에리카와 팅커벨의 제과점과 분수의 곱셈'이에요. 하지만 이것은 5학년 스토리예요. 제가 수업이 없을 때 저는 5학년 교실로 가서 이 스토리를 들려주고 그 수업을 해요. 저는 심지어 담임선생님에게 분수의 곱셈을 시작하지 말라고 하고, 그래서 제가 '에리카와 팅커벨의 제과점'에 대한 스토리를 들려줄 수 있는 때를 알려달라고 말해요. 6학년 학생, 7학년 학생, 8학년 학생들에게는 "너희들 '에리카와 팅커벨의 제과점'에 대한 이야기를 기억하니?"라고 묻죠. 맞아요, 학생들은 기억해요. 분수 곱셈을 기억하는 거죠.

마이클: 선생님의 학교는 성취도 평가를 하지요. 구두 스토리텔링이 성취도 평가에서 학생들의 성적에 영향을 미치나요? 선생님이 스토리들을 들려주기 전을 떠올려보세요. 선생님은 성취도 평가 점수에서 향상이 있다고 생각하나요?

도리스: 그렇다고 생각합니다. 있지요. 확실히 있어요. 제 생각에 스토리텔링이 성적 향상의 한 요인이에요.

마이클: 10년 전으로 돌아가서 생각해보세요. 기억을 더듬어보세요. 그 당시의 점수가 낮았었나요? 높았었나요?

도리스: 제 생각에, 수학은 공포의 대상이었기 때문에 점수가 낮았었지요. 하지만, 교사가 수학을 좀더 재미있게 만들어주면, 점수는 영향을 받아요. 수학이 좀더 재미있을

때, 수학은 좀더 성취할 수 있고, 좀더 이해할 수 있고, 좀더 잘 할 수 있는 것이 되지요. 이것이 점수를 향상시켜줘요.

마이클: 선생님이 구두 스토리를 들려주기 전을 생각해 보세요. 누군가가 선생님에게 "선생님은 수학 성취도 평가 점수를 올리기 위해 더 열심히 노력할 필요가 있어요."라고 말해준 적이 있었나요?

도리스: 물론이지요, 물론이고 말고요!

마이클: 그 사람들이 아직도 그런 말을 하나요?

도리스: 아니요! 그들은 오래 전부터 그런 말을 하지는 않아요. 사실, 물론 학급에 따라서 다르지만, 성적은 해마다 조금씩 향상되기 때문에, 그들은 이것을 놀라워하며 보지요. 경우에 따라서 정말로 많은 노력을 기울여야 하는 학급을 맡는 경우가 있기는 하지만 대부분의 경우 유의미하게 큰 점수는 아닐지라도 1, 2점 정도씩 학생들이 조금씩 향상하는 듯합니다. 저는 학교에서 평가 담당자였고 이 모든 정보를 보관하고 있어서 교장선생님이 저에게 와서 작년과 비교하는 방법을 묻지요. 제가 이 정보를 보관하는 장소는 제 교실의 한 켠에 있어요. 점수는 서서히 향상되고, 저는 스토리텔링이 이 점수 향상에 기여한 주요 요소임을 알아요. 하지만 학생들의 점수 향상은 학생들이 수학을 공포의 대상이 아닌 다른 무엇인가로 본다는 점도 관련 있어요. 그리고 구두 스토리텔링이 학생들이 수학 공포에서 벗어나게 하는 주요소이지요. 구두 스토리텔링이 수학을 더 많이 이해하기 쉽고 재미있게 해주지요. 그래서 학생들이 수학을 더 잘 배워요.

마이클: 학생들은 '이집트 스토리'에 대하여 어떻게 반응하나요?

도리스: 학생들은 '이집트 스토리'를 정말 좋아합니다. 사실, 제가 '이집트 스토리'를 지난해 목요일에 들려주기 전에 학생들이 교실로 들어왔고 누군가가 "목요일이야. 오늘 우리 '이집트 스토리' 하는 것 맞아요?"라고 말했어요. 저는 "맞아, 우리 '이집트 스토리'하자."라고 대꾸했지요. 이것이 학생들에게 동기부여를 해주었어요. 저는 과학과 수학 수업을 처음으로 가르쳐야 했지요. 학생들은 조용히 앉아 자신들의 모둠에서 활동을 하고, 주제에서 벗어나지도 않고 노닥거리지도 않아요. 왜냐하면 학생들은 과학과 수학 수업을 마친 후 제가 플라스틱 상자와 폴더를 꺼내 '이집트 스토리'를 할 것이라는 것을 알고 있기 때문이지요.

마이클: '이집트 스토리'와 관련해서 부모와 함께하는 활동이 있나요?

도리스: 예, 많이 하지요. 학생들이 무덤을 만들고 난 후, 저는 이것을 학부모와의 만남의 날에 전시해요. 학생들은 상형문자 도장을 이용해서 자신들의 이름을 자신들의 무

덤 위에 남겨서, 부모들이 자녀의 무덤을 찾을 수 있어요. 부모들은 '이집트 스토리'를 매우 지지해주는 것 같아요.

마이클: '이집트 스토리'는 서사적 이야기예요.

도리스: 그렇지요.

마이클: 선생님은 자신이 여러 가지 스토리를 많이 들려준다고 말했잖아요. 그런데, 선생님이 들려준 스토리는 서사적 이야기는 아니잖아요. 학생들에게 미치는 영향이라는 측면에서 서사적 이야기와 단 하루만에 행해진 이야기 사이에는 차이가 있는지요?

도리스: 교수님도 아시다시피, 학생들은 서사적 이야기를 아주 좋아해요. 저는 1년 내내 진행될 수 있는 서사적 이야기를 갖고 있어야 해요. 가장 먼저 떠오르는 것은 '이집트 스토리'에 대한 열정이에요. 그러나 제 학생들은 어떤 스토리라도 좋아해요. 제 생각에 이것은 '이집트 스토리'가 되었든 '마법사 스토리'가 되었든 중요하지는 않아요. 학생들은 몇 주 동안 계속되는 서사적 이야기를 좋아해요. 이것은 예전에 아이들이 영화를 보러 가서 일련의 시리즈를 보거나 흥미 있는 모험 이야기의 다음 편을 기다리곤 했던 것과 비슷해요. 이 예측이 흥미를 불러일으키는 것이에요. 이 예측은 한 번에 종결되는 스토리 속에는 없어요. 이 예측은 전체를 예측하는 것이고, 이런 예측은 흥미롭지요.

마이클: 선생님과 선생님의 학생들이 '이집트 스토리' 중 좋아하는 부분이 있나요?

도리스: 제 생각에 학생들이 가장 좋아하는 활동은 무덤 만들기에요. 학생들은 무덤 만들기를 좋아해요. 무덤 만들기는 시간이 오래 걸리기 때문에 이 활동은 제가 가장 덜 좋아하는 활동이에요. 제 생각에 이 무덤을 완성할 때까지 스토리를 계속할 수 없기 때문에 학생들은 스토리의 흐름을 놓쳐버려요. 무덤을 만드는 데 시간이 많이 걸려요. 학생들이 좋아하는 또 다른 부분은 마리아와 레지에게 정보를 보내주기 위해서 박수치고, 두드리고, 박수치고 하는 것이에요. 학생들은 이것이 현실이 아니라는 것을 알고 있음에도 불구하고 이러한 활동에 들어가려고 하는 것 같아 보여요. 저도 이것이 장난이라는 것을 알아요. 그러나 책상을 두드리는 것은 학생들을 몰입하게 하고, 학생들은 이 스토리의 일부분이 되지요. 만약 그런 것들이 없다면, 이 스토리는 지속될 수 없을 거예요. 학생들은 또한 정말로 게임하기를 좋아해요. 제가 학생들에게 학교가 '생명의 전당'과 같다고 말하면서 저는 '투아우프의 경고문'을 들려줘요. 학생들과 저는 모두 노 모양의 인형을 만드는 것을 좋아해요. 처음에는 남학생들은 노 모양의 인형 좋아하지 않을 것이라고 생각했었어요. 하지만 남학생들도 작은 정사각형 위에 무늬 만들기를 즐기지요.

마이클: 선생님이 가장 좋아하는 활동들과 문제들은 무엇인가요?

도리스: 저는 개인적으로 곱셈을 좋아합니다. 학생들도 즉각적으로 2배를 알 수 있기 때문에 좋아하지요. 제가 고대 이집트 아이들은 구구단을 배울 필요가 없었다고 말할 때, 제가 담당하고 있는 6학년 학생들은 매우 좋았겠다고 생각하지요. 학생들은 저에게 "고대 이집트 학생들은 더하기만 하면 됐어."라고 말해요. 저는 학생들에게 곱셈을 포함하고 있는 '야자수 나무 게임'을 하도록 하는 것을 좋아해요. 이 게임은 학생들에게 새로운 방법으로 연습할 기회를 줍니다.

마이클: 고대 곱셈과 현대 곱셈을 비교하는 것과 같은 활동을 할 때 학생들은 어떻게 하나요?

도리스: 학생들은 그 둘을 비교하라는 요청을 받아본 적이 없기 때문에, 일반적으로 천천히 출발하지요. 학생들은 수학을 항상 이해하려고만 했기에, 수학을 비평하는 것은 익숙하지 않은 어떤 것이지요. 그래서 저는 한 가지 제안을 하면서 이것을 시작합니다. 예를 들어, 저는 "여러분은 고대 이집트 시대의 아이들이 구구단을 배워본 적이 없다는 것을 알고 있어요. 그것이 한 가지 차이예요."라고 말할 수 있겠지요. 마리아와 레지가 이미 '이집트 스토리' 속에서 이것을 들려주었기 때문에, 이것은 제가 그들에게 정보를 주는 것과는 달라요. 마중물을 붓는 것과 같죠. 그러면 학생들은 시작하지요. 모둠별로 협동하여 활동해요. 모둠을 구성할 때, 저는 모든 모둠에 많은 노력을 해야 하는 아이 1명과 영특한 아이 1명이 있도록 해요. 누군가는 무엇인가 다른 것을 발견하지요. 그러고 나서 이것에 대해서 이야기를 해요. 제가 교실을 돌아다니는 중에 학생들이 과제에서 벗어나기 시작하는 것을 제가 알아차렸을 때, 저는 "너희들 이제 이야깃거리가 바닥이 났구나. 더 이상 생각해낼 것이 없나 보구나."라고 말한 후, "좋아요. 1모둠은 무엇을 찾았어요?"라고 말하지요. 저는 각 모둠에게 그들이 생각한 것에 대해 질문해요. 이 질문은 다른 모둠들이 좀 더 많은 비교를 하며 생각해보도록 도와주지요. 그러고 나서, 저는 이 모둠들에게 활동을 계속하라고 말해요. 학생들이 활동을 마친 후, 학생들은 모든 것을 써내려 가요. 그리고 우리는 이 결과를 마리아와 레지에게 보낼 수 있어요. 하지만 학생들이 모둠에서 이것에 대해 토론하도록 하고, 학생들에게 아이디어를 제공하고, 학생들이 이것에 대해서 좀 더 이야기하도록 격려하고, 모둠들이 서로 아이디어를 공유하도록 하고, 그런 후 학생들에게 좀 더 토론하도록 격려함으로써, 일반적으로 학생들은 많은 아이디어를 얻게 돼요.

마이클: 선생님이 모둠들과 함께 활동을 하고 있을 때, 선생님은 모둠들 사이를 많이 순회

하고, 마중물을 부어주는군요.

도리스: 그렇죠. 다른 모둠이 좀 더 진전하도록 하기 위해서 한 모둠이 학급의 나머지 구성원들과 함께 공유하도록 하지요.

마이클: 도리스 선생님, 인터뷰에 응해주셔서 감사합니다.

도리스: 천만에요.

Chapter 09

문제해결

수학적 그리고 다문화적 측면

'이집트 스토리'는 **다문화적**이면서 **문제해결**을 위한 구두 스토리이다. 이 장에서는 다문화적이고 문제해결적 차원에서 그 이야기를 검토할 것이며, 문제해결에 좀 더 비중을 둘 것이다. 이 장은 '이집트 스토리'의 수학 문제들에 대해 토론하면서 시작한다. 그렇게 하면서 후에 논의될 다문화적 이슈들을 소개할 뿐만 아니라 수학적 문제해결을 이해하기 위한 한 가지 모델에 대해 설명한다.

수세기 동안 교사들은 학생들에게 해결해야 할 수학 문제를 제시해왔지만, 대략 1950년 이후에 이르러서야 수학교육자들은 수학교육과정에서 학습된 내용과는 구분되는 독립적인 주제로서 문제해결을 지도하는 방법을 탐구해왔다. 그리고 대략 1980년 이후에 이르러서야 문제해결의 지도 방법이 보편화되었다. NCTM은 1980년대 이후의 10년간을 문제해결에 대해 몰두했고(Krulik, 1980, p. xiv), 문제해결을 NCTM의 새로운 수학 규준들 중 첫 번째 규준으로 꼽았으며(NCTM, 1989), 1990년대에 이르러서는 문제해결을 장려하였다. 일부 수학교육자들은 이 주제를 거의 경외의 대상으로 만들었다. 그들은 문제해결을 수학자들이 생각하는 방식과 동일시하였고(Schoenfeld, 1992, pp. 334-335), 때때로 이것을 수학자들이 수세기 넘게 발견하고 축적해 온 지식과 알고리즘보다 더 가치 있게 여겼다.

세대 문제(1일째)

'이집트 스토리' 속에 나오는 첫 번째 문제는 3,500년 전의 안납으로부터 오늘날의 마리아에 이르기까지의 세대들의 수를 계산하는 것이다. 매년 나는 도리스에게 이 문제를 계속해서 사용하는지를 묻는다. 왜냐하면 이 문제는 내가 생각하기에 '이집트 스토리'에서 빼버려도 무방한 문제이기 때문이다. 그러나 도리스는 이 문제를 계속 낼 것이라고 하며 학생들이 이것을 좋아한다고 말한다. 이 문제를 제공한 후, 도리스는 오늘날과 비교하여 고대 이집트 사람들이 몇 살에 결혼하는지, 첫 아이를 언제 갖는지, 자녀를 몇 명 낳는지, 자신들이 배우자를 선택했는지 혹은 이들의 부모가 배우자를 선택했는지, 죽는 시기가 언제인지와 같은 문화적 이슈들에 대해 학생들이 이야기를 주고받는 것을 듣는다. 도리스는 이것이 자신에게 있어서 다문화 수학 수업의 일부가 되며, 다른 문화와 자신의 문화에 관한 통찰을 얻는 데 있어서 수학이 어떻게 사용될 수 있는지에 대해 이해할 수 있는 것이라고 말한다.

삶의 맥락에서 학습

다문화적 구두 스토리텔링을 통해 학생들은 다른 문화에 대한 모험에 몰입하게 되며, 다른 문화권에 대한 정보에 빠져들게 된다. 이러한 현상은 도리스의 학생들이 마리아와 레지의 시각을 통하여 세대 문제와 관련된 문화별 비교 자료들을 접하게 되면서 나타난다.

'이집트 스토리'를 통해 다문화적 이슈들이 겉보기에는 우연인 것처럼 자연스럽게 발생할 뿐만 아니라, 학생들이 배우는 수학도 사실상 본질적으로는 수학적으로 보이지 않는 상황에서 자연스럽게 발생한다. 학생들은 단지 교사의 요구를 충족시키기 위해서가 아니라 자신들의 모험을 통해 스토리의 등장인물들이 계속해서 진행해나갈 수 있도록 돕기 위해서 수학을 배워야 하고 수학적 과제를 수행해야 한다. 스토리의 맥락에서 일어나는 수학적 활동을 통해 학생들은 이해와 기능을 형성하기 위한 연습을 하게 될 뿐만 아니라 도리스의 학생들은 다른 사람들을 이해하고 배려하려고 시도하게 된다. 도리스의 학생들은 등장인물들의 삶에 자신들을 투영하고 그들과 함께 모험을 하고 살아가면서, 자신의 모험을 공유해야 하며, 이때 다른 사람들에 대한 이해와 배려를 해야 한다.

학생들은 자신들의 삶의 맥락에서 수학을 사용하는 경험을 해야 할 필요가 있다. 즉, 학생들은 엄밀한 수학적 체계 외부에 근원을 갖는 수학적 질문들에 대해서 답을 구해볼 필요가 있다. 왜냐하면 학교 밖에서 학생들이 수학에 대해 행하는 노력의 대부분은 자신에게 유용한 방식으로 이루어지기 때문이다. 도리스는 학생들이 자신의 삶 속에서 발생하는 실생활 문제들을 수학을 이용하여 해결할 수 있다는 것을 인식하게 되기를 원하며, 이런 수학 문제들을 해결하려고 노력하는 자주성과 자신감을 획득하기를 원한다.

개방형 문제

세대 문제를 해결하면서, 도리스의 학생들은 이 문제를 해결하기 위해 자신이 알아야 할 수에 대한 정보들이 무엇인지를 결정해야만 한다. 대부분의 수학문제들은 학생들에게 그 문제를 해결하는 데 필요한 일련의 수들을 제공하며, 하나의 정답만을 가진다. 세대 문제는 이러한 문제들과는 다르다. 세대 문제는 해결에 필요한 명확한 수들이 제시되지도 않았고 또한 정답이 하나로 정해져 있지도 않다. 때때로 **개방형**이라는 단어가 이러한 유형의 문제를 설명하는 데 사용된다. 개방형 문제는 다양한 방법으로 풀 수도 있고 몇 가지 서로 다른 답을 가질 수도 있는데, 학생들은 문제에서 어떤 자료들을 사용할 것인지 결정해야 한다. 학생들이 학교 밖에서 접하는 많은 문제들이 이런 유형이기 때문에, 이런 유형의 문제들을 학교에서 접할 필요가 있다.

되돌아보기 그리고 내다보기[1)]

세대 문제에서 중요한 한 가지 측면은 도리스의 학생들이 자신들의 답을 서로 공유한 후, 모든 학생들의 해결방안을 검토하고, 시간 여행을 통해서 안납에게 보내기에 가장 좋은 답이 어떤 답인지에 대해서 공동으로 의사결정을 한다는 것이다. 도리스는 모든 학생들에게 어떤 문제의 해결 방법을 기록하도록 한 후, 이 풀이 전략을 다른 학생들에게 설명하는 과정을 밟도록 한다. 그 결과 학생들은 주어진 문제를 풀면서 자신들이 성취한 것을 보다 잘 이해할 수 있다고 생각한다. 또한 이 과정을 통해 학생들은 수학적 증명의 본질과

1) 'looking back'을 '되돌아보기'로, 'looking forward'를 '내다보기'로 번역할 수 있다. 'looking back'은 풀이 과정이나 결과 등을 반성하는 것이며, 'looking forward'는 풀이 과정이나 결과 등을 자신의 앞으로의 삶과 관련시키고 적용하는 것을 의미한다. 이 책에서는 'looking back'을 문맥에 따라 '되돌아보기' 혹은 '반성하기'로 번역한다.

가치를 발견하게 된다. 이것은 문제해결 중 **되돌아보기**(looking back) 단계라고 불린다. 도리스의 관점에서는 반성하는 과정, 한 문제에 때때로 여러 가지 풀이과정이 있음을 아는 것, 각 풀이과정의 장단점을 살펴보기 위해서 서로 다른 풀이과정들을 비교하는 것, 그리고 여러 가지 풀이 전략들의 적절성을 판단하는 것과 같은 모든 노력들은 학생들이 참여해야 할 중요한 문제해결 요소들이다.

내다보기(looking forward)는 일반적으로 여러 문제해결 모형들의 '되돌아보기' 과정에서 언급되지 않는 부분이면서도 매우 중요하게 고려되어야 할 사항이다. 이는 문제의 해를 구하는 동안 얻은 정보 그리고 문제를 해결하는 동안 사용된 문제풀이 전략들이 어떻게 문제해결자의 삶에서 사용될 수 있는지를 검토하는 것과 관련된다. 즉 그 문제를 벗어난 또 다른 상황에 처하게 되었을 때 이러한 것들을 어떻게 사용할 수 있는지를 검토하는 것이다. 세대 문제를 해결하면서 얻은 정보의 결과를 활용하여, 자신의 삶에 관해 질문을 제기하게 되고, 주어진 문제를 해결하는 동안 경험한 결과를 활용하여 자기 자신의 삶에 대한 통찰을 얻게 되며, 문제를 해결하는 동안 얻어진 이러한 정보를 '내다보기'를 통해 자신의 삶에 적용하게 된다. 이와 관련하여 도리스의 학생들은 결혼 연령, 중매결혼, 수명에 대해 질문하게 될 수도 있다. 또한 언제 올림이나 버림(한 세대의 절반과 같은 것을 다룰 때)을 하여야 하는가의 문제와 같이, 장래에 응용하게 될 수학에 대한 통찰력을 얻을 수도 있다. 문제해결 과정에서 '내다보기' 활동이 이루어지려면, 특정한 문제를 해결하기 위해 시도했던 것들이 어떤 사람의 삶과 어떻게 관련지어지는지에 대해 의문을 가질 필요가 있다. 여기에는 학습자의 삶과의 관련성 그리고 학습자의 삶에의 응용성이라는 쟁점들이 포함된다. 즉, 이것은 "주어진 문제를 푸는 과정이 나의 삶에 대해 어떤 새로운 통찰력을 제공하게 되고, 어떤 새로운 능력을 주게 되는가?"라는 질문을 포함한다.

'되돌아보기'는 실제로는 문제해결에서 '되돌아보기와 내다보기'라는 문구로 사용되어야 한다. 그러나 '되돌아보기' 활동 속에는 '되돌아보기와 내다보기'라는 더 넓은 의미를 포함하더라도, 이 책에서는 '되돌아보기'를 '반성하기'라는 좀 더 전통적인 측면에서 사용할 것이다.

해결할 문제 찾기

마리아가 태어날 때까지 안납이 얼마나 많은 후손을 두었는지에 대한 문제를 해결하는 과정에서, 어떤 일들이 발생했는지에 대해 많은 사람들이 궁금해할 수도 있을 것이다. 도리스는 가끔 학생들에게 이 문제를 혼자 힘으로 풀어봐야 한다고 말은 하면서도, 이 문제를 풀라고 하지 않는다. 왜 선생님은 어떤 문제를 학생들에게 지나가는 말로 언급을 하면서도 그들에게 이것을 풀라고는 하지 않는 것일까?

한 가지 이유로는, 교사로서 해야 할 일 중의 하나가 학생이 자신의 삶 속에서 많은 문제들을 발견하는 것을 배울 수 있도록 돕는 것이고, 자신이 발견한 문제들을 해결하는 데 있어서 솔선수범하는 것을 배울 수 있도록 돕는 것이기 때문이다. 이것을 **'해결할 문제 찾기'**라고 부른다. 해결할 문제 찾기는 문제해결을 위한 노력에서 중요한 단계이다. 사실 이것은 전문 수학자들이 항상 하는 것이다. 어떤 문제를 해결하는 동안, 수학자들은 해결할 필요가 있는 다른 문제들을 자주 만들어낸다. 학생들도 동일한 활동들을 배울 필요가 있다. 학생들은 해결할 만한 가치가 있는 수학 문제들을 찾는 것을 배울 필요가 있다. 한 문제를 해결하면서, 학생들은 다른 재미있는 문제들을 찾는 방법을 배워야 하며, 처음에 제시된 문제를 해결하고자 노력한 결과로서 새로운 문제가 나타나게 된다.

이집트 숫자 쓰기 문제(2일째)

두 가지 접근

보통 다문화적 교육과정 자료를 활용하여 학생들에게 고대 이집트 숫자를 제공하는 방식은 다음과 같이 이루어진다. 먼저 고대 이집트의 상형문자로 표현된 숫자와 그 옆에 아라비아 숫자가 있는 사진을 보여주고, 다음에 학생들에게 상형문자로 표현된 숫자를 자릿값에 의한 아라비아 숫자로 변환하게 하며, 마지막으로 학생들에게 현재 사용하는 숫자를 상형문자 숫자로 변환하여 표현하도록 요구함으로써 진행된다(Lumpkin, 1997b; Krause, 2000). 여기서 수학은 정보와 절차로 이루어졌고 수학을 배우는 것은 정보와 절차를 통달하는 것임을 알게 된다.

도리스가 자신의 학생들에게 상형문자로 표현된 수들을 제시한 방식은 전통적인 관행을 벗어난다. 도리스는 어떤 패턴에 따라 배치된 일련의 상형문자가 적힌 레지의 노트를 학생들에게 이해하도록 요구함으로써 상형문자로 표현된 숫자들을 도입한다. 도리스의 학생들은 이 수학적 패턴을 이해함으로써 이 상형문자로 표현된 숫자가 어떻게 구성되었는지를 알게 된다. 일단 이 수들이 어떻게 구성되어 있는지를 이해하고 나면, 이 수들에 대한 자신들의 지식을 연습할 수 있는 '보아뱀 게임'을 한다. 이 게임을 하는 동안, 학생들은 문제에 대한 답을 점검하기 위해서 상형문자로 표현된 수와 오늘날의 수를 서로 바꾸어 번역해야 한다.

교수에 대한 이러한 두 가지 접근에서 중요한 점이라면, 수학의 본질에 대한 개념형성과 수학 학습의 본질에 대한 개념형성에 있어서 두 가지 다른 관점이 있다는 것이다. 숀펠트(Schoenfeld, 1992)는 이 두 가지 개념형성을 다음과 같은 방식으로 설명하고 있다.

> 이 스펙트럼의 한쪽 끝에서, 수학 지식은 양(quantity), 크기(magnitude), 형태(form), 그리고 이들 사이의 관계를 다루는 기초적인 지식들과 절차들로 여겨지고, 수학을 아는 것은 이들 기초적인 지식들과 절차들을 통달하는 것으로 여겨진다. 이 스펙트럼의 또 다른 한쪽 끝에서, 수학은 경험적인 학문인 '패턴의 과학'으로 개념화될 수 있으며, 이는 경험적인 증거를 토대로 패턴을 찾는 것을 강조하는 과학과 유사하다. (pp. 334-335)

도리스의 학생들은 상형문자로 표현된 수들이 어떻게 구성되어 있는지를 알아내기 위해서, 학생들은 레지의 노트를 검토하면서 수학에 대한 **패턴 찾기** 접근법을 사용한다. 나중에, 보아뱀 게임을 하면서 학생들은 수학에 대한 **기초적인 지식과 절차 통달하기** 접근법을 사용한다. 모든 수학교육학자들은 종종 극단적인 입장을 취하며, 이 스펙트럼의 한쪽 끝 또는 다른 한쪽 끝만이 추구할 만한 가치가 있다고 가정한다. 이 두 가지 접근법이 '이집트 스토리'에 모두 나타나 있다.

다문화 교육에 대한 또 다른 관점이 '이집트 스토리'에 존재한다. 예를 들어, 도리스의 학생들이 고대 이집트의 상형문자로 표현된 수 체계를 우리가 오늘날 사용하는 자릿값 체계와 비교할 때는, 현장조사를 하는 인류학자들이 하는 것처럼, 학생들은 패턴 찾기 접근법을 사용하면서 문화에 대해 학습한다. 도리스의 학생들이 여러 가지 고대 이집트의 측정 단위들에 대해서 배우게 되는 또 다른 시기에는, 학생들은 기초적인 지식과 절차 통달하기 접근법을 사용하면서 다문화적 연구를 하게 된다.

'이집트 스토리'에는 수학교육에서뿐만 아니라 다문화 교육에서 패턴 찾기와 기초적인 지식과 절차 통달하기라는 두 가지 접근법을 모두 포함한다. 더군다나, 수학교육과 다문화 교육에 있어서 서로 다른 접근들은 다양한 방법으로 결합될 수 있다. 때때로 '이집트 스토리'를 통해 기초적인 지식과 절차 통달하기 접근법을 사용하면서 다문화적 연구를 하게 되고 동시에 패턴 찾기 접근법을 사용하면서 수학을 학습하게 된다. 또한 다른 시기에는 두 접근에 대한 다른 조합을 사용하기도 한다.

예를 들어, 도리스의 학생들이 보아뱀 게임을 할 때, 수학적 관점에서 학생들은 상형문자로 표현된 숫자들을 쓰고 계산하는 연습을 한다. 동시에, 문화적 관점에서 학생들은 고대 이집트 사람들의 삶에 나타나는 고유한 패턴에 대한 감각과 그들의 삶이 오늘날의 삶과 어떠한 관계를 갖는지에 대한 감각을 익힌다. 보아뱀 게임은 고대 이집트 게임에 근원을 두고 있으며, 이러한 게임을 통해 고대 이집트 아이들도 오늘날의 아이들이 하는 것과 유사한 노력을 했음을 학생들에게 설명하는 데 사용되고 있기 때문이다. 보아뱀 게임판이 그림으로 발견된 곳은 고대 이집트 제3대 왕조 시대(기원전 2868 - 2613년)의 무덤이며, 실제 게임판은 그 이후 시대의 무덤들에서 발견되었다(Bell, 1979). 고대 이집트 아이들과 오늘날 아이들의 문화적 노력의 유사성은 도리스의 학생들에게서도 나타났다. 도리스는 학생들에게 기초적인 수학 지식들을 연습시키기 위해서 나선형 게임을 이용한다. 그리고 많은 학생들은 이 게임의 최신 버전인 '뱀과 사다리(snakes and ladders)' 게임을 한다(Love, 1978; Love, 1979; Bell, 1979).

교육과정 통합

교육과정 통합에 대해 수학교육학자들이 집필한 문헌에서는 문화적 경험이 수학적 탐구를 위한 출발점 역할을 하기 때문에 학습 초기에 문화적 경험을 학생들에게 제공해야 한다고 종종 언급한다. 이런 형식의 교육과정 통합에서는, 아이들에게 수학 문제를 소개하면서 어떤 문화적 경험을 제공하며, 다음에 주어진 문제에 대한 활동을 진행하는 과정에서는 문화적 경험에의 참여는 사라진다. '이집트 스토리'에서는 이와 같은 것이 발생하지 않는다. 여기서는 어느 정도, 문화적인 차원과 수학적인 차원의 경험들이 학생들의 활동 과정에 뒤얽혀 있다. 여기서의 다문화 수학은 학생들이 수학과 문화를 동시에 학습하는 방식이며, 이것은 수학과 문화에 대한 학습을 통합하는 것으로 보인다. 다문화 수학이란 어떤 것을 학습하기 위한 도입부로서 다른 것을 사용하는 것도 아니며, 또한 학생이 어떤 것을 학습하는 데 주목하도록 하기 위한 도구로 다른 것을 사용하는 것도 아니다.

맥락화

도리스의 학생들이 레지의 노트를 해석하고 보아뱀 게임을 하는 과정에서, 학생들은 자신들이 고대 이집트에서 일어날 것이라고 상상하는 사건들의 맥락 속에서 수학적 의미와 문화적 의미를 구성한다. 학생들은 지적 맥락 속에서 학습하는데, 이것이 구두 스토리텔링의 중요한 부분이다. 도리스의 학생들은 '이집트 스토리'의 사건들과 동떨어진 외부인의 관점에서 고대 이집트 수학과 문화를 배우는 것이 아니다. 오히려 고대 이집트인들의 삶의 맥락에서 발생한 모험에 학생들 자신이 관련되어 있는 내부자라는 개인적 관점에서 배운다. 학생들은 이러한 판타지가 실제로 발생한 것처럼 생각하면서 마리아와 레지가 살았음직한 방식으로 생활하며, 마치 자신들이 고대 이집트에 있는 마리아와 레지가 된 듯이 생각하면서, 레지의 노트에서 패턴을 찾고 보아뱀 게임을 한다. 수학과 문화연구[2]를 맥락화하면서, 학습자들은 자신들이 배우고 있는 것에 대하여 개인화된 시각을 갖는다.

학습의 사회적 맥락

레지의 노트 문제와 보아뱀 게임에 대한 문제에 대하여, 도리스는 학생들에게 문제를 모둠으로 풀도록 한다. 스토리를 진행하면서, 도리스는 의미의 개별적 구성보다는 의미의 사회적 구성을 강조한다.

'이집트 스토리'를 진행하면서, 도리스는 학생들이 협력적인 사회적 노력을 통해 수학적 문제해결을 배우기를 원한다. 학생들이 자신의 통찰과 문제해결 노력을 서로 공유한다면, 도리스는 학생들이 혼자서 활동하는 것보다는 더 훌륭한 수학적 지식과 다문화적 지식을 획득할 것이라고 믿는다. 또한 학생들이 다른 학생들과 공동으로 문제를 해결하는 경험을 하기를 원하며, 그래서 건설적인 집단 문제해결 행동을 유발하는 행동 레퍼토리[3]를 만들어가기를 원한다. 도리스의 학생들이 학교 밖의 일상생활에서 수학적 문제와 마주치게 되었을 때, 도리스는 이들이 서로에게 도움을 요청하고, 도움을 받고, 함께 문제를 해결할 수 있다는 것을 믿게 되기를 원한다.

학생들이 모든 수학 교실의 사회적 맥락 속에서 수학적 의미를 구성하고 있다는 것이 중요하다. 학생들이 혼자서 학습한다고 해도 혹은 교실 문화가 문제해결 전략이나 해답의 공유를 용납하지 않는 분위기라 하여도, 이 또한 여전히 사회적 맥락이다. "우리들 각자는 자신의 방식으로 존재하기에, 죽이 되든 밥이 되든 혼자서 해결하여야 한다."는 전제에서 형성된 사회적 맥락은 "우리 모두는 함께여야 하기에, 다른 사람을 도와야 하며 스스로를

2) 문화연구(cultural study)는 1950년대 후반 영국의 학자들에 의해 처음으로 개발되었으며, 문화에 대해 이론적이고 정치적이고, 경험적인 분석을 시도하는 분야이다.
3) 행동 레퍼토리(behavioral repertoire)란 특별한 노력을 기울이지 않아도 반복적으로 일어날 수 있는 행동 양식을 의미한다.

도와야 한다."와 같은 전제에서 형성된 사회적 맥락과는 매우 다르다. 교사들은 수학 학습이 발생하는 사회적 맥락을 주의 깊게 고려해야 하고, 이 맥락이 장점으로 작용하는지 아닌지를 결정해야만 한다. 도리스에게 있어서 문제는 "우리가 수학 학습을 사회적 맥락에서 발생하는 것으로 볼 것인가 아닌가?"가 아니다. 오히려 문제는 "내가 나의 목적을 달성하기 위해서 나의 학생들이 배우고 있는 사회적 맥락을 어떻게 이용하기를 원하는가?"이다.

안납의 무덤 문제들(3일, 4일째)

안납의 무덤 문제는 2개의 관련된 하위 문제들로 구성되어 있으며, 그것은 무덤에 무엇을 둘지를 결정하는 것과 무덤의 축소 모형을 만드는 것이다.

유물

안납의 무덤과 관련된 문제들을 통해 고대 이집트 유물을 학생들에게 소개하고, 또한 학생들에게 이 유물들을 물리적으로 조작하도록 하면, 그 결과 학생들은 고대 이집트에 대해서 배울 수 있다. 실제 유물들을 이용할 수 없기 때문에, 유물이 그려진 그림과 축소 모형들을 제공한다. 다문화적 유물을 물리적으로 다룰 수 있는 기회를 학생들에게 제공하는 이유는 많은 6학년 학생들이 여전히 피아제가 구체적 조작기라고 칭한 시기에 있음을 고려한 것이다. 이 시기에 있는 학생들은 구체물(또는 구체물의 시각적 표현)을 대상으로 물리적으로 행동함으로써 (또는 지능적으로 조작함으로써) 가장 잘 배운다. 이 경우에, 도리스의 학생들은 구체물의 시각적 표현인 무덤 카드를 물리적으로 조작하고 '이집트 스토리'에서의 수학적 내용들을 만족시키는 안납 무덤의 축소 모형을 실제로 만든다. 학생들은 유물을 조작하면서 다양한 수학적 문제해결 양식, 사고 양식, 학습 양식(감각적, 시각적, 예술적)을 사용하게 된다.

맥락화된 학습

도리스의 학생들은 마리아와 레지의 고대 이집트 모험이라는 맥락에서 수학 문제들을 접하고 고대 이집트 사람들의 문화에 대해 배운다. 이것은 현재의 개인적 경험의 망에 폭넓게 기초한 맥락화된 지식이 탈맥락화된 정보보다 학생들에게 더 의미 있다는 가정에 따른 것이다. 도리스의 학생들은 마리아와 레지의 고대 이집트 모험이라는 맥락에서, 수학 문제들을 접하고 고대 이집트 사람들의 문화에 대해 배운다.

안납의 무덤과 관련된 2개의 수학 문제들은 또한 안납의 삶과 고대 이집트 사람들의 종교적 신념 체계라는 맥락에 놓여 있다. 이들 두 문제를 해결하기 위해서는 고대 이집트 사람들의 신념에 관한 의미 있는 문화적 정보를 심도 있게 제공할 필요가 있는데, 그러한 정보는 지중해권 문화에서 수천 년 전에 사용되었던 예술적 형태의 합창 드라마(choral drama)인 '무덤의 희곡'에서 발견된다. 이 희곡은 무덤 문제를 해결하는 데 필요한 문화적 정보를 제공할 뿐만 아니라, 또한 무덤 문제를 위한 무대도 마련해준다. 더구나, 도리스의 학생들이 이 연극의 대본을 읽고 리드미컬하게 합창을 하면서, 학생들이 이 두 문제를 지능적으로, 정서적으로, 사회적으로 수행하고 참여하게 된다는 점은 흥미로운 일이다. 이렇게 하면서 어느 정도는, 도리스의 학생들이 마음속으로 고대 이집트 사람들이 했던 것처럼 행동하고 있다고 생각하게 된다.

교실 안에서는, 학생들이 진정으로 그들 자신을 다른 문화 속으로 투영하고 그러한 문화의 구성원으로서 그 문화를 경험한다는 것은 사실상 불가능하다. 그러나 다문화 수학 수업이 이루어지는 동안 학생들은 최대한 그들 자신이 다른 문화에 있다고 상상하고, 그들 자신이 그 문화의 가치와 신념을 수용하고 있다는 것을 상상하고, 그 문화의 구성원들에게 중요한 수학 문제들에 자신이 마주하고 있다는 것을 상상하도록 할 수 있으며, 학생들이 그러한 경험에 몰입하도록 함으로써 우리는 가능한 한 다른 문화에 가깝게 접근할 수 있다.

문제해결

이제 수학적 문제해결을 개념화하기 위한 모델을 소개할 것이다. 이후에 문제해결자의 문화적 배경이 그들의 문제해결에 어떻게 영향을 미치는지에 대해서 알아볼 것이다. 주목할 점은 다문화적 수학 문제해결은 다문화적이라는 점이다. 그 이유는 문제가 문화적 맥락에서 존재하기 때문이기도 하고, 문제해결자의 문화적 기반지식[4]이 문제해결을 위한 노력

4) 'knowledge base'를 '기반지식'으로 번역하였다. 'knowledge base'는 문제해결에 필요한 수학적 지식뿐만 아니라 문제해결에 대한 지식, 메타-인지적 지식, 그리고 수학 학습과 관련된 자신의 능력에 대한 신념, 태도, 감정 등을 포괄하는 개념이다.

에 영향을 미치는 것으로 생각되기 때문이기도 하다.

안납의 무덤에 무엇을 놓을지에 관한 문제에 대해 도리스의 학생들이 해결하는 방식을 살펴본다면, 수학적 문제해결에 대한 모델을 이해할 수 있다. 여러 모둠의 학생들이 진행한 방식은 다음과 같다.

먼저, 학생들은 자신들이 '무덤의 희곡'에서 배웠던 것과 안납의 사무실에서 안납과 함께 마리아와 레지가 토론한 것에 기초하여, 안납의 무덤 속에 들어가야만 하는 품목들의 목록에 대해 토론한다. 이러한 토론을 통해 학생들은 주어진 문제의 본질을 이해하게 되고, 이 문제를 풀기 위해 자신들이 무엇을 해야 할지에 대해 이해하게 된다. 다음으로 학생들은 주어진 문제를 해결하는 방법에 대해 계획을 세운다. 이러한 계획에 따라 보통 안납의 무덤에 들어갈 품목에 대한 초기 목록을 작성하게 되며, 이 목록에는 안납의 요구사항이 반영되어 있다. 다음에 학생들은 자신들의 계획을 실행에 옮기면서 자신들이 얼마나 많은 돈을 소비했는지를 계산하게 된다. 다음에 (a) 학생들은 자신들이 2000디벤에 얼마나 근접하게 소비했는지를 알아보기 위해서, 그리고 (b) 자신들이 이 무덤에 필요한 모든 품목들을 취득했는지를 알아보기 위해서 되돌아보기를 한다. 보통 다시 조사를 하면서 그들이 소비한 것이 2000디벤에 근접하지 못했음을 알게 된다.

결과적으로, 도리스의 학생들은 안납이 요구한 사항과 자신들이 고대 이집트에 대해서 알고 있는 것에 비추어서, 무덤에 들어갈 품목에 대해 자신들이 만든 초기 목록을 점검하고, 자신들이 만든 초기 목록의 품목들에 추가해야 할 것들과 대체해야 할 것에 대해서 토론한다. 이렇게 함으로써 문화적 차원과 수학적 차원에서 주어진 문제에 대한 추가적인 이해가 가능하게 된다. 학생들의 토론을 토대로, 새로운 계획, 즉 새로운 목록이 만들어진다. 다음에 학생들은 두 번째 계획을 실행에 옮기고, 고쳐진 목록에 있는 품목들의 가격을 계산한다. 두 번째 계획을 실행에 옮길 때 학생들은 주어진 문제의 요구사항들을 마음에 담아 두게 되며, 문제를 해결하는 방향으로 진행이 되고 있는지를 (자신들의 노력을 되돌아보면서) 모니터링하게 되고, 계획의 실행 과정에서 계획을 변경하기도 한다. 학생들은 품목들의 누적 비용이 얼마인지에 대한 합산 결과에 따라, 자신들의 무덤 내용물에 대한 목록에서 품목을 더하거나 빼는 것과 일을 하면서, 자신들의 계획을 바꾼다. 학생들이 두 번째 계획에 대한 실행을 마칠 때 쯤, 학생들은 자신들이 (2000디벤 사용하기라는) 주어진 문제를 얼마나 적절하게 풀었는지 알아보기 위해 되돌아보기를 한다. 다음에 학생들은 품목들을 더하거나 제거하거나 대체하면서 자신들의 풀이를 수정하여 가능한 한 2000디벤에 가깝게 소비하려 하며, 그 과정에서 학생들은 자신들이 한 행동의 결과들을 되돌아보고 자신들의 노력을 모니터링한다.

주어진 문제를 이해하고, 계획을 세우고, 그 계획을 실행하고, 반성하는 이러한 순환주기는 주어진 문제에 대한 자신들의 풀이가 만족스러울 때까지 반복되며, 문제해결 과정의 각 단계에서 얻은 임시적인 결론은 다음 단계에서 하게 될 활동에 영향을 미친다. 무덤에 다른 품목을 포함시켰을 때의 장점과 단점에 대해 학생들이 토론하고, 다른 학생의 계산을 각자가 서로 점검하고, 다른 학생이 선정한 품목들을 각자가 모니터링하는 과정에서, 문제해결의 전 과정을 경험하게 된다.

그림 9.1 폴리아의 문제해결 과정의 단계

문제 이해
↓
문제해결을 위한 계획 수립
↓
계획 실행
↓
반성

도리스의 학생들이 무덤 내용물 문제를 해결한 방법에 대한 앞의 설명은 폴리아(Polya, 1957)가 제안한 문제해결을 위한 모델과 유사하다. Polya의 4단계 모델은 풀어야 할 문제를 이해하기, 주어진 문제를 해결할 계획 세우기, 세운 계획을 실행하기, 세운 계획의 유효성을 알아보기 위해 반성하기의 단계들을 포함하고 있다. Polya의 4단계 방법은 미리 정해진 문제해결 전략들 혹은 문제의 해를 얻는 데 필요한 알고리즘을 제공하지는 않는다. 오히려 이 모델은 문제해결 과정을 이해하기 위한 모델이다. 그리고 이 모델은 체계적인 방법으로 문제들에 접근하는 방법에 대한 시사점을 갖고 있다. 폴리아 모델의 주요한 4단계는 [그림 9.1]에 제시되어 있으며, 아래에서 설명하겠다.

문제 이해하기. 폴리아(1957)에게 문제 이해하기는 주어진 문제를 '반복해서 읽어야 하고', '주어진 문제를 유창하게 진술할 수 있어야 하며', '주어진 문제의 주요 부분들, 즉 미지인 것, 자료, 조건을 지적할 수 있어야 함(pp. 6-7)'을 포함한다. 문제 이해하기는 주어진 문제가 발생한 맥락에 대하여 필요한 배경 지식을 얻는 것을 포함한다. 왜냐하면, 폴리아가 계획 세우기에 대해서 말했듯이, '우리가 그 주제에 대한 지식을 거의 갖고 있지 않다면 좋은 아이디어를 떠올리기 어렵고, 우리가 아무런 지식이 없다면 좋은 아이디어를 갖는다는 것은 불가능(p. 9)'하기 때문이다. 문제 이해하기는 또한 주어진 문제를 분석하는 것과 가능하다면 주어진 문제를 작은 문제들의 요소로 분해하는 것을 포함하고 있다.

계획세우기. 문제를 해결하기 위해서 문제해결자는 주어진 문제의 본질을 탐구해야만 하고

표 9.1 잘 알려진 문제해결 전략

폴리아	바루디	번스	호혜붐과 굿나우	이웬
적절한 기호 도입	식 세우기	식세우기	실행하기 또는 물건 사용하기	일반성을 잃지 않으면서 특수화하기
		사물 사용하기		
	실행하기, 모델 만들기, 그림으로 나타내기, 도표 그리기	실행하기		컴퓨터 사용하기
		모델 만들기		
그림으로 나타내기		그림으로 나타내기	그림이나 도표로 나타내기	시각적으로 표현하기
	목록, 표, 또는 차트로 자료 정리하기 그리고 패턴 찾기	표 작성하기	표 사용하기	순서대로 배열하기
		조직화된 목록 작성하기	조직화된 목록 작성하기	
	구체적인 예를 조사함으로써 패턴 찾기	패턴 찾기	패턴 찾기와 활용하기	패턴 찾기
	논리적 추론 사용하기		논리적 추론 활용하기	연역 추론하기
	거꾸로 풀기	거꾸로 풀기	거꾸로 풀기	거꾸로 풀기
	문제 단순화하기와 패턴 찾기	더 간단하거나 유사한 문제 풀기	간단하게 하기	더 단순한 유사한 문제 풀기
관련된 문제 검토하기	새로운 문제를 익숙한 문제들과 관련짓기			극단적인 경우 고려하기
				모든 가능성 설명하기
	추측하고 점검하기	추측하고 점검하기	추측하고 점검하기	지적 추측하고 검증하기
			브레인스토밍	다른 관점 취하기
				필요조건과 충분조건 결정하기

계획을 세워야만 한다. 많은 교육학자들은 문제를 탐구하고 계획 세우기 단계에서 사용할 목적으로 수학적 문제해결을 촉진시킬 수 있게 설계된 전략들을 제시해왔다. 물론, 이들 전략들은 문제해결의 다른 단계들에서도 유용하다. 폴리아는 '그림으로 나타내기', '적절한

기호를 도입하기', '관련된 문제를 검토하기'와 같은 것들을 제안하고 있다(1957, pp. 7-9). 다른 교육학자들은 식 세우기, 그림으로 나타내기, 표 작성하기, 실제로 해보기, 패턴 찾기, 주어진 문제를 익숙한 문제들과 관련짓기, 거꾸로 풀기, 논리적 추론 사용하기, 추측하고 점검하기, 모델 만들기, 모든 가능성 설명하기, 극단적인 경우 고려하기, 브레인스토밍 등과 같은 전략들을 제시한다. 바루디(Baroody, 1993), 번스(Burns, 1992), 호헤붐(Hoogeboom)과 굿나우(Goodnow, 1987), 이웬(Ewen, 1996)이 제시한 문제해결 전략의 범주들을 [표 9.1]에 제시하였으며, 유사한 전략들은 나란히 배치하였다.

세운 계획 실행하기. 계획을 세우는 것과 계획을 실행에 옮기는 것은 별개이다. 계획을 세우는 것은 아동에게 문제를 풀기 위한 방법을 구상해보도록 요구한다. 세운 계획을 실행에 옮기는 것은 아동에게 이 계획을 실행에 옮기는 데 필요한 계산, 그래프 그리기, 조작, 또는 다른 과제들을 실제로 실행함으로써 문제해결 과정에 참여하도록 요구한다. 계획을 실행에 옮기는 동안, 아이들은 자신의 계획이 바람직한 결과를 갖게 될지, 주어진 문제에 대한 새로운 관점이 필요한지, 또는 자신들의 목적을 달성하기 위해 좀 더 쉽거나 나은 방법을 찾을 수 있는지를 결정하기 위해서 자신들의 노력을 관찰해야 한다. 계획을 실행에 옮기고 수정하는 동안, 계획을 성공적으로 실행에 옮기기 위해서는 중간 결과를 평가하는 것이 중요하다.

반성하기. 학생들은 문제에 대한 임시적인 또는 최종적인 답에 도달했을 때, 자신들이 성취한 것을 반성하고 살펴보는 것이 중요하다. 폴리아(1957)는 이 '반성하기' 단계를 다음과 같이 설명하고 있다.

> 상당히 우수한 학생이라 할지라도, 이들이 주어진 문제의 해답을 얻고 논거를 정연히 적고 나면, 이들은 자신들의 책을 덮어버리고 그 밖의 다른 무엇인가를 찾는다. 완결된 풀이 과정을 반성하고, 그 결과와 이 결과에 이르게 된 경로를 재고하고 재검사함으로써, 이들은 자신들의 지식을 견고하게 하고 문제를 해결하는 자신들의 능력을 발달시킬 수 있다. (pp. 14-15)

앞에서 논의한 것처럼, '반성하기'는 아마도 '되돌아보기 그리고 내다보기'로 불려야 할 것이다.

완성된 것을 이해하기 위한 되돌아보기 과정을 거치지 않고, 또한 학습한 것이 얼마나 자신들의 일상적인 삶과 관련되어 있는지를 이해하기 위한 내다보기 과정을 거치지 않은 채, 아이들이 완성된 결과물을 단순히 옆으로 치워놓는다면, 자신들의 노력으로부터 얻을 수 있는 많은 이점들을 놓치게 된다. 성취한 것에 대해 반성을 한다면, 학생들은 미래에 유사한 문제들에 직면하였을 때 종종 유용한 통찰력, 심도 있는 이해, 그리고 일단의 진일보한 조직자를 제공받을 수 있다. 또한, 문제를 해결하는 동안 경험한 것에 대해 반성을 함으로써, 우리 삶에 대한 향상된 통찰과 이해, 우리의 삶에 대한 향상된 관점, 그리고 우리의 삶에 대한 강화된 힘을 제공받게 된다.

앞의 논의로부터 폴리아의 모델에 부가적인 단계를 추가할 필요가 있다. 세대 문제에 대한 논의에서 이 단계를 '해결할 문제 찾기'라고 불렀다. 이 단계에 대한 설명이 아래에 있다.

해결할 문제 찾기. 수학 수업이 이루어지는 동안 일반적으로 교사들은 학생들에게 해결해야 할 문제를 제공한다. 학생들은 스스로가 해결할 필요가 있다고 느끼는 문제들을 발견해야 하고, 이 문제들의 본질과 그 해의 본질을 정의하고, 이 문제들을 해결하기로 마음먹고, 지속적으로 해결해보는 것이 중요하다. 이는 학생들이 스스로 어떤 문제들이 풀 만한 가치가 있는 문제들인지 아닌지를 판단하고, 어떤 것들이 자신들이 풀 수 있는 것인지에 대해 판단하는 것까지 포함하고 있다. 스스로 해결할 문제들을 찾고 이 문제들을 해결하려고 노력하는 것은 학생들이 해야 할 중요한 부분들이다(Brown & Walters, 1983; Schiro, 1997).

도리스의 학생들이 안납의 무덤에 필요한 품목들을 제시하는 문제를 어떻게 해결하였는지에 대해 앞에서 설명했던 것처럼, 학생들이 문제해결 과정의 각 단계를 단 한 번씩만 거치면서 선형적인 방법으로 진행되지 않았다는 것은 분명하다. 오히려 학생들은 각 단계를 여러 차례 거쳤으며, 그전의 단계들을 되돌아봄으로써 얻은 피드백을 이용해서 다음 활동을 계획한다. 이런 요소들을 우리의 모델에 통합하기 위해, 폴리아 모델의 선형적 특성을 좀 더 순환적으로 변경할 필요가 있다. 그리고 단계들 간의 피드백을 허용하는 메커니즘이 도입될 필요가 있다.

수학적 문제해결을 위해 수정된 모델이 [그림 9.2]에 제시되어 있다. 그림에서 진한 선은 문제를 푸는 동안의 일반적인 행동의 방향을 나타내고, 연한 선은 한 유형의 활동과 다른 유형의 활동 간의 피드백을 나타낸다.

몇 가지 부가적인 요소가 이 문제해결 모델에 추가되어야 한다. 하지만 우선 문제해결에 관한 몇 가지 관찰 결과를 소개할 필요가 있다.

그림 9.2 단계들 간의 순환과 피드백을 설명하기 위해 조정된 문제해결 모델

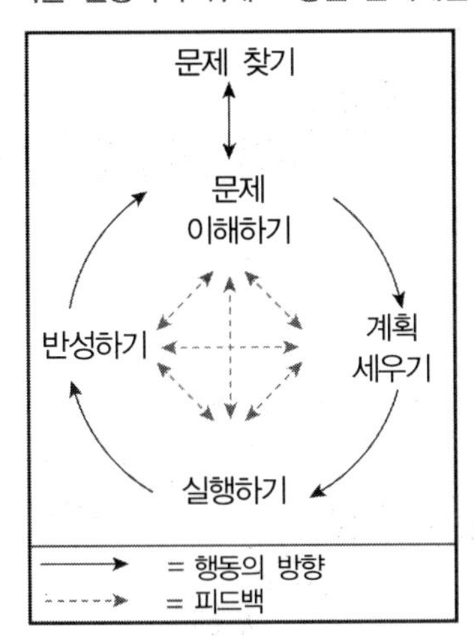

문제해결 기반지식

숀펠트(1989, 1992)는 초보자와 전문가가 어려운 비정형문제들을 풀 때 문제해결의 여러 단계들을 거치면서 어떻게 진행되어 가는지를 조사했다. 자신의 연구에서 숀펠트는 여기에 사용된 단계와는 약간 다른 단계들을 사용한다. 숀펠트가 제시한 단계는 읽기, 분석하기, 탐구하기, 계획 세우기, 실행에 옮기기, 그리고 검증하기이다. 그가 제시한 단계들은 여기서 사용된 단계들로 쉽게 바꾸어놓을 수 있다. 그가 제시한 읽기와 분석하기 단계는 우리의 이해하기 단계에 대응하고, 그가 제시한 탐구하기와 계획 세우기 단계는 우리의 계획 세우기 단계에 대응하며, 그가 제시한 실행에 옮기기 단계는 우리의 세운 계획을 실행에 옮기기 단계에 대응하고, 그가 제시한 검증하기 단계는 우리의 반성하기 단계에 대응한다.

숀펠트가 발견한 것은 초보자와 전문가 사이에는 문제해결에 사용하는 시간이 다르다는 점이다. [그림 9.3]에 설명되어 있는 것처럼, 초보자들은 빠르게 읽으면서 문제에 대한 초기 이해를 한 후, 주어진 문제를 풀기 위한 전략을 빠르게 선택하는 것으로 나아가고, 마지막으로 선택한 전략(종종 부적절한 전략)으로 문제를 풀려고 무진 애를 쓴다. 심지어 자신들이 세운 계획이 해결해야 할 문제에 유용하지 않다는 것이 입증되었을 때조차, 이들은 초기에 선택한 전략을 포기하려고 하지 않거나 문제해결에 대한 계획을 바꾸지 않는다.

그림 9.3 비정형 문제를 푸는 동안 초보자의 진행에 대한 시간 그래프

이해
계획
실행
반성

시간 →

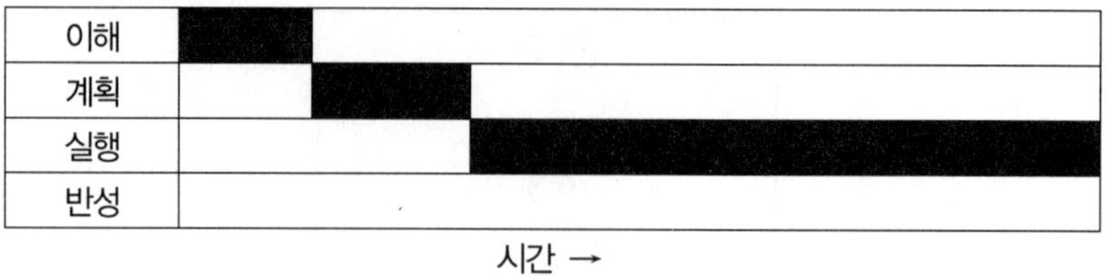

그림 9.4 비정형 문제를 푸는 동안 전문가의 진행에 대한 시간 그래프

이해
계획
실행
반성

시간 →

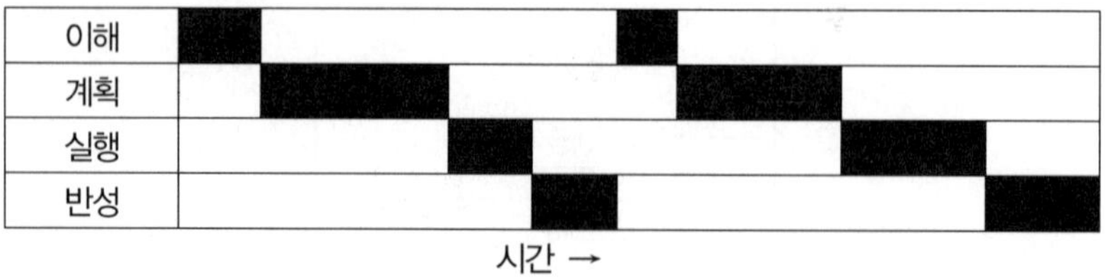

따라서 숀펠트(1992, p. 356)는 이런 전략을 '빠르게 읽고, 빠르게 결정하고, 그리고 지옥이나 높은 물을 만나도 한길로 가기'라고 설명하고 있다.

대조적으로, 전문가는 문제 이해하기와 문제해결의 방법에 대한 계획을 세우는 데 많은 시간을 보낸다. 이때 이들은 사용할 전략을 선택하기 전에 미리 여러 가지 전략들의 가치를 검토하고 평가한다. 그러고 나서 전문가는 사용하기 위해 선택한 전략을 실행에 옮긴다. 이때 전문가는 선택한 전략의 유용성을 끊임없이 모니터링하고, 이 전략에 의해 요구되는 결과를 산출하지 못하면 이것을 포기한다. 전문가는 현재까지 성취된 것을 검토하기 위해 반성하기를 하며, 주어진 문제에 대한 또 다른 통찰을 얻기 위해 주어진 문제를 이해하려는 시도를 반복하고, 다른 전략을 사용하여 해를 산출할 수도 있는지 다시 탐구하고, 다른 전략을 선택하여 주어진 문제를 해결하려고 한다. 전문가는 해를 구할 때까지 또는 문제를 단념할 때까지 문제 이해하기, 계획하기, 실행하기, 그리고 반성하기의 순환을 반복한다(그림 9.4 참고).

숀펠트의 연구에서 초보자와 전문가 사이에 주요한 차이들이 발견된다. 첫 번째는 문제를 해결하는 데 사용하게 될 어떤 전략을 선택하기 전에, 이들이 탐구하는 문제해결 전략들의 범위가 다르다는 점이고, 두 번째는 특정한 전략이 해를 산출하는 데 유용한 전략인지 아닌지를 결정하는 것과 관련해서 발생하는 자기 모니터링의 정도이며, 세 번째는 문제를 푸는 데 유용하지 않다고 결정된 전략을 포기하고 다른 좀더 유용한 전략들의 가능성을 탐구하고 사용하기까지 걸리는 시간이다. 이들 행동들은 문제해결자가 자신의 수학적 사고

과정을 모니터링하고, 이를 통제하고, 자기조절하는 능력과 밀접하게 관련되어 있다.

여기서 주목해야 할 중요한 점은 전문가의 기반지식은 해결할 문제에 관한 지식 이상을 포함하고 있다는 것이다. 전문가의 기반지식은 여러 가지 문제해결 전략에 대한 지식뿐만 아니라 그 전략을 능숙하게 사용하는 것에 대한 지식을 포함하고 있다. 이 기반지식에는 문제해결에서의 자기조절 기능을 포함하며, 이런 문제해결 기능으로 인해서 문제해결자는 실행에 옮길 하나의 전략을 수용하기 전에 여러 가지 문제해결 전략들을 탐구하기, 문제를 풀면서 자신이 실행한 것에 대해 자주 반성하기, 선택한 전략으로 요구되는 결과를 산출하지 못하는 경우 그 전략을 포기하고 다른 전략들을 탐구하여 새로운 전략을 선택하고 실행에 옮기기를 할 수 있다. 문제해결자의 기반지식에는 수학적 문제해결 능력, 수학적인 사고 능력, 수학 학습 능력에 대한 신념, 태도가 포함되며, 그리고 지금까지 논의하지는 않았지만 감정 역시 포함된다.

다문화 수학교육자들은 성별, 사회 경제적 지위, 문화적 배경과 관련하여 학습자의 기반지식에 대해 많은 중요한 의문을 제기한다.

첫째, 서로 다른 문화적 배경과 사회 경제적 배경을 가진 학생들은 문제해결에 필요한 정보의 양과 유형이 서로 다른가에 대한 문제가 제기되는데, 이는 학생에 따라 특정한 문제를 이해하는 데 필요한 정보가 매우 익숙할 수도 있고 덜 익숙할 수도 있기 때문이다. 예를 들어, 야구 타자의 평균 타율에 관한 문제를 푸는 데 있어서 어린 시절에 리그제 야구 게임을 해본 경험이 있는 학생들은 야구에 대해 전혀 들어본 적이 없는 학생들에 비해 유리한가?

둘째, 성별, 문화, 사회 경제적 배경이 다른 학생들은 문제해결을 위해 사용하는 여러 가지 문제해결 전략들의 범위와 기능에 있어서 차이가 있는가에 대한 문제가 제기되는데, 이는 학생들의 가정이나 공동체에서 제시하거나 사용하는 여러 가지 전략이 다를 수 있기 때문이다. 예를 들어, 연구 결과에 따르면 여자들은 언어적이고 구두적인 표현에 의해 문제해결 전략을 사용하는 경향이 두드러지며, 남자들은 시각적이고 공간적인 문제해결 전략을 사용하는 경향이 두드러진다(Casey, Nuttall, Pezaris, & Benbow, 1995). 이와 같은 남자와 여자의 능력은 다른 유형의 문제를 해결하는 데 있어서 어떤 영향을 미칠까?

셋째, 사회 경제적 배경과 문화가 서로 다른 학생들의 경우에 이들이 사용하는 언어의 유창성(특히 추상적, 연역적, 논리적 수학 언어와 언어 구조)에 있어서 차이가 있는가에 대한 문제가 제기된다. 예를 들어, 고상한 문자 문화에 매우 익숙한 가정, 공동체, 문화적 배경을 지닌 학생들에게 유용한 문제해결 전략들과 비교하여, 구두 문화에 보다 익숙한 가정, 공동체, 문화적 배경을 지닌 학생들에게 유용한 문제해결 전략은 무엇인가? 왜냐하면 수학적 구조는 학생들이 자신의 가정과 공동체에서 학습한 언어적 특성과 관련되기 때문이다. 그렇다면 학생들이 학습한 의사소통 방식(학생들끼리 또는 다른 사람들과의 의사소통하는 방식)에 대한 문화적 차이는 수학적 사고에 대한 성공적인 학습 능력에 어떤 영향을 미치는가?

넷째, 문제해결의 메타 인지적 구조를 사용하는 데 있어서 문화적·사회 경제적 배경에 차이가 있다면 아이들의 경험, 성향, 경향에 차이가 발생하는가에 대한 문제가 제기된다. 예를 들어, 가정과 공동체에서 자신의 사고를 스스로 모니터링하고 스스로 조절해야 한다고 배운 학생들과 비교하여, 자신의 가정과 공동체에서 더 감성적이거나 덜 감성적으로 사고하도록 배우는 학생들은 어떤 집단일까? 그리고 자신들의 사고 과정을 모니터링하는 방식으로 학습하는 문화는 수학 문제를 해결하는 능력에 있어서 혹은 수학의 강력한 사용자가 되는 데 있어서 어떤 영향을 미치는가?

이 질문들은 다문화 수학교육자들이 관심을 갖고 있는 학습자의 기반지식에 관한 질문 유형이다. 이들 질문들이 우리의 문제해결 모델에 간략하게 통합될 것이고 이후 장들에서 좀 더 깊이 있게 탐구될 것이다.

수 체계를 비교하는 문제(3일, 4일째)

다문화에 대한 가설들

넷째 날에는 다문화 수학에 대한 세 가지 가설을 강조한다.

- 여러 가지 수학 체계가 존재한다.
- 다른 문화에서는 다른 수학 체계를 가질 수 있다.
- 한 문화의 수학 체계는 그 문화의 기저에 있는 사회적, 예술적, 정치적, 경제적, 과학적, 종교적 신념들을 반영한다.

'이집트 스토리'는 이 가설들을 반영하고 있으며, 고대 이집트 사람들의 수 체계와 우리의 현재 수 체계를 비교할 때 학생들이 이 가설들에 따라서 행동할 것을 요청한다.

'이집트 스토리'는 고대 이집트 사람들의 수학이 서로 다른 두 가지 수 체계(상형문자와 성용문자)를 포함하고 있었다는 점에 주목함으로써 이 가설들을 반영한다. 하나는 왕족을 위한 것이고 다른 하나는 평민을 위한 것이다. 고대 이집트의 기저에 있는 사회적, 종교적, 정치적 원칙은 이원적 사회에 대한 신념이었으며, 각 집단은 서로 다른 법, 특권, 묘지, 그리고 수학적 체계를 가져야 한다는 것이다. (파라오와 귀족들은 신과 관련되어 있고, 그 외는 모두 평민이다.) 이것은 마리아가 안납에게 다음과 같이 말한 것처럼 오늘날 미국에서의 수학적 신념이나 문화적 신념과는 크게 다르다.

> "미래에 모든 사람은 평등한 대우를 받아야 한다고 믿어요. 우리는 왕족이 없어요. 오직 한 가지 사회적 계층만 있지요. 어떤 사람은 다른 사람보다 더 부자이기는 하지만요. 누구나 같은 묘지에 묻히고 누구나 같은 법을 지켜야 해요. 그리고 우리는 오직 한 가지 수 체계만 갖고 있지요."

이러한 다문화적 가설들을 담고 있는 부분은 안납이 "어떤 문화의 본질은 그 문화에서 사용하는 수 체계와 쓰기 체계에 반영되어 있다."고 말한 부분으로, 안납은 한 문화의 고유한 수학 체계와 이 문화의 기저에 있는 고유한 신념들 사이의 관계에 대해 자신의 신념을 진술한다.

꼬마 수학 인류학자 되기

'이집트 스토리'는 이들 다문화에 대한 세 가지 가설들을 강조하는 데서 그치지 않는다. 스토리에서는 학생들에게 꼬마 수학 인류학자(다문화 수학자)처럼 행동할 것을 요구하며, 수학 인류학자가 할 일은 어떤 문화에서의 수학 체계와 수학 체계의 기저에 있는 문화적 신념 사이의 연결 관계를 밝혀내는 것이다.

이런 수업 실제의 기저에는 학생들이 다문화 수학자들의 연구 결과를 관찰하는 것뿐만 아니라 마치 자신들이 다문화 수학자인 양 사고하고 행동함으로써 다문화 수학을 배운다는 것을 가정한다.

이런 수업 실제와 더불어, 다문화 수학은 단순히 내용만으로 이루어진 것은 아니라는 신념이 있다. 이것은 또한 수학자들이 자신의 세계에서 문제들을 살펴보고, 의사소통하고, 사고하고, 의미를 부여하고, 배우는 방식과 관련된다. 여기에서 수학은 수학 고유의 사회적, 과학적, 예술적, 정치적, 언어적, 의사소통적 신념과 관행을 가진 소문화로 볼 수 있다. 여기에서 학생들이 다문화 수학을 배우는 방식은 학생들이 다문화 수학의 원리에 따라 내면화되는 방식이며, 이는 다문화 수학을 스스로 행하고 또한 다문화 수학자들이 만든 내용 지식을 학습함으로써 달성된다고 가정한다.

이러한 교수학적 신념에 따르면, 학생들을 다문화 수학자가 되도록 하는 데 있어서 어떤 유형의 문제가 필요한지 생각해보아야 한다. 수 체계를 비교하는 문제가 그러하다. 도리스는 자신의 학생들에게 고대 이집트와 오늘날 미국의 수 체계를 비교하도록 요구하고, 이들 수 체계가 각자의 문화적 신념을 어떻게 반영하고 있는지에 대해 판단하는 것이 가능한지에 대해 생각해보도록 요구하는 과정에서, 학생들에게 꼬마 다문화 인류학자로서, 그리고 꼬마 수학 인류학자로서 행동할 것을 요구하는 것이다.

일반적인 수학 문제들은 학생들에게 이러한 것을 행하도록 요구하지는 않는다. 다문화 수학 문제에서는 일반적으로 학생들에게 다음 사항을 요구한다.

- (도리스가 학생들에게 원의 넓이를 구하는 고대 이집트 사람들의 방법을 보여준 후에, 도리스의 학생들이 했던 것처럼) 학생들에게 다른 문화의 수학 체계를 실행하는 방법을 보여준 후, 이 체계를 사용하도록 하기
- (도리스의 학생들이 레지의 노트를 검토하면서 고대 이집트 사람들의 수 체계가 어떻게 실행되는지 이해한 후, 학생들이 했던 것처럼) 다른 문화의 수학 체계가 실행되는 방법을 이해하기
- (고대 이집트 사람들의 직물에 있는 디자인을 검사하면서, 도리스의 학생들이 했던 것처럼) 다른 문화권의 학생들이 사용하는 수학 체계의 차이를 평가하기
- (세대 문제의 사례에서처럼) 오늘날의 수학을 사용하여, 다른 문화권에 사는 사람들을 이해하기
- (국가들 간의 유아 사망률의 차이를 구하기 위해, 그리고 다른 문화권에 비해 어떤 문화가 더 건강하고 살기 좋은지를 결정하기 위해 수학을 사용한 것처럼) 오늘날의 수학을 사용하여, 여러 문화들 간의 차이를 발견하고 이들 차이에 대한 가치를 판단하기

만약 학생들에게 (다른 문화권의 수학자가 지니고 있는 문화적 행위, 태도, 내용 지식으로 구성되는) 다문화 수학을 배우도록 하고자 한다면, 학생들은 자신이 꼬마 수학 인류학자가 된 것처럼 행동하면서 문제들을 해결할 기회를 가질 필요가 있다. 이러한 문제의 예로, 학생들에게 어떤 문화에서의 수학 체계와 사회적 신념 간의 연결고리를 밝혀내도록 요구할 수 있으며, 학생들에게 서로 다른 두 집단의 사람들이 사용하는 두 종류의 수학 체계와 문화 체계를 비교하고 대조하도록 요구할 수도 있다.

수학적 문제해결 모델

이번 논의에서는 수학 문제를 해결하는 학생들의 문화가 지금까지 제안된 문제해결 모델과 어떻게 관련되어 있는지에 대해 다루겠다. 수학적 본질, 해결할 가치가 있는 수학 문제 유형의 본질, 사용할 만한 문제해결 전략의 유형, 그리고 심지어 사용되는 수 체계와 알고리즘의 본질 등 이러한 모든 것은 가족의 문화 또는 공동체의 문화에 의해 영향을 받게 되는데, 이에 대해 학생들이 어떤 문화적 가설을 가지는가에 따라, 학생들이 문제를 해결하는 방법에 영향을 미치는 것은 아닐까? 문자 문화에서 성장한 학생들과 문맹률이 매우 높은 문화에서 성장한 학생들은 수학 문제해결에 대한 서로 다른 기반지식을 가지고 있는 것은 아닐까? 브라질 열대우림의 미개척 아메리카 원주민 마을에 사는 아이들은 샌프란시스코 근교의 문자 문화 환경에서 성장한 아이들과는 다른 수학적 기반지식을 가지고 있는 것은 아닐까? 보스턴 근교의 문자 문화 환경에서 성장한 아이는, 보스톤 대도시에 살면서 같은 인종, 같은 종교적 배경을 가지고 있지만 주로 구두 문화 환경의 가정 출신이면서 사회 경제적으로 계층이 다른 아이와 비교한다면, 다른 수학적 기반지식을 가지고 있는 것은 아닐까? 모든 공동체의 수학적 문제해결에 대한 관점은 그 공동체에 기반이 되는 사회적, 경제적, 예술적, 문화적, 정치적, 그리고 종교적 신념에 의해 영향을 받는다. 마찬가지로 이러한 모든 문화적 관점은 수학적 문제해결 기반지식에 영향을 받는다. 문화가 수학을 실행하는 학생들의 능력에 어떻게 영향을 미치는지에 대해서는 이후의 장에서 검토될 것이다.

현재 우리가 당면한 문제는, 지금까지 제안된 문제해결 모델 내에서, 학생이 수학을 실행할 때 학생들 자신이 문화적 맥락 내에서 수학을 실행하고 있다는 점을 알도록 하는 방법을 찾는 것이고, 또한 학생들은 또 다른 문화적 맥락에서도 수학을 실행할 수 있다는 것을 알도록 하는 방법을 찾는 것이다. 이러한 관점과 지금까지 제안된 문제해결 모델을 통합하기 위해서 우리는 이러한 문제해결 모델을 개별화할 필요가 있다. 앞서서 제시한 문제해결 모델을 폐곡선으로 둘러싼다면 우리는 문제해결 모델을 개별화하게 되는 것이다. 이 폐곡선은 개개인의 근접발달영역을 표시할 것이다. 한 개인의 **근접발달영역**은 종종 그 사람이 자신의 노력의 결과로써 혹은 교사 또는 좀 더 많은 지식을 가진 다른 사람과의 상호작용의 결과로써 배울 수 있는 것들을 포함한다고 생각된다(Vygotsky, 1978; Davis, 1996; Albert, 2000). 개개인이 서로 다른 근접발달영역을 가지고 있다면, 즉 개개인이 자신들의 수학적 발달의 어떤 시점에서 배울 수 있는 것들이 서로 다르다면, 이는 다른 형태의 폐곡선으로 이해될 것이다.

그렇다면 문화적이고 수학적인 기반지식에 영향을 받은 개개인을 이해하기 위해서, 우리는 폐곡선 내부에 음영을 넣을 수 있다. 폐곡선 내에서 음영이 서로 다르다는 것은 학생들이 문화적으로 또 다른 기반지식의 영향을 받은 것으로 이해될 것이다. [그림 9.5]는 지금까지 제안된 문제해결 모델을 그림으로 나타낸 것이며, 어떤 아이의 근접발달영역을 그 아이의 문화적 배경이나 기반지식 맥락으로 조정하여 개발하기 위한 것이다.

고대 이집트의 곱셈 학습(5일, 6일째)

다섯째 날에 도리스의 학생들은 자신들이 상형문자 숫자에 대해 배웠던 것과 같은 방식으로 고대 이집트의 곱셈을 배웠다. 먼저 학생들에게 수학적 패턴이 제시되고, 작은 모둠에서의 협력학습을 통해 이러한 패턴을 분석한 결과로써, 학생들은 그러한 연산이 어떻게 작동하는지를 이해하게 된다. 어떤 알고리즘의 학습에 있어서 강의식 수업(didactic lesson)으로 이루어져 왔던 것이 문제해결 활동으로 변화하게 된 것이다. 그 후로, 도리스의 학생들은 고대 이집트 사람들의 무덤에서 발견된 게임판에서 야자수 나무 게임을 한다. 이전에 했던 것과 마찬가지로, 도리스는 수업 중에 다루지 않았던 재미있는 문제를 학생들에게 제시하는데, 이는 (모든 양의 정수를 2의 배수들의 합으로 쓰는 것이 가능한지 아닌지의 경

그림 9.5 개개인의 문화적 배경과 기반지식의 맥락에서 개개인의 근접발달영역을 설명하는 개별화된 문제해결 모델

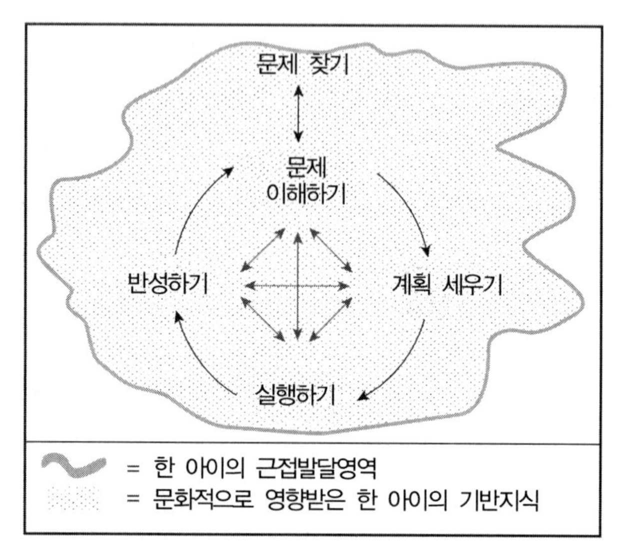

우에서처럼) 학생들 스스로가 해결할 문제를 찾고 해결하는 방법을 배울 필요가 있다는 신념을 가지고 있기 때문이다.

비형식적 학습

도리스의 학생들은 '이집트 스토리'를 들으면서 고대 이집트 사람들의 문화와 수학에 관한 다량의 정보를 비형식적으로 받는다. 학생들은 고대 이집트 사람들의 측정 단위를 배우며, 이들 측정 단위가 파라오의 몸과 어떻게 관련되는지 배우고, 고대 이집트에서 측정된 여러 유형의 물건들에 대해 배운다. 학생들은 고대 이집트 사람들의 게임판을 가지고 수학 게임을 하고, 고대 이집트 어린이들의 스포츠에 대해 배우며, '투아우프의 경고문'을 듣는다. '투아우프의 경고문'은 대영박물관에 소장되어 있는 《*Satire of Trades*》(1993년 번역)와 《*Teaching*》(1986년 번역)이라는 제목의 고대 이집트 문헌을 자유롭게 재구성한 것이다. 이 책에서는 고대 이집트에서 행해지고 있는 여러 형태의 무역에 대해 설명하고, 또한 3,500년 전 서기들이 학생들에게 자신들의 무역 방식이 다른 나라의 무역 방식에 비해 우월하다는 것을 납득시키는 과정을 기술하는데, 이는 오늘날의 교사들이 학생들에게 인문학 교과를 배워야 하는 이유를 납득시키기 위해서 사용하는 방법과 유사하다.

이러한 모든 문화적 지식은 주의 깊게 가공되고, 추상적이고, 형식적이고, 교훈적인 몇 마디 진술로 요약되었으며, 기억해야 할 객관적 지식으로서 직접적으로 학생들에게 전달되었다. 그러고 나서 학생들은 자신의 능력에 대해 평가를 받게 되는데, 이들 진술을 제공받은 후 얼마 지나지 않아서 객관식 검사를 통해 이 진술들에 대해 기억한 내용을 표현하여야 했다. 그러나 도리스의 수업에서는 이러한 일이 발생하지는 않았다. 대신에 학생들은 고대 이집트 사람들의 문화와 수학에 대한 정보를 비형식적으로 제공받고, 정보가 풍부한 환경에 들어가서 그들 자신의 개인적 의미를 구성할 기회를 갖게 되며, 제시된 정보를 표현해보도록 하는 어떠한 형식적 검사도 이루어지지 않는다.

협력학습 모둠

도리스의 학생들은 문제를 풀 때, 소규모 협력 모둠으로 활동한다. 학생들은 자신들의 모둠에서 서로서로 문제 푸는 것을 도와주고, 이때 학생들은 기록자로서 역할을 수행하는 학생 1명(혹은 여러 명), 자신들이 발견한 것을 전체 학급에 발표하는 발표자 역할을 하는 학생 1명(혹은 여러 명)과 함께 자신들의 노력에 대한 보고서를 함께 준비한다. 이들 모둠들의 역동성은 앞의 장에서 논의되었다.

소규모 협력 모둠 활동을 통해 문제해결을 배우는 것은 사람들이 전통적인 수학 교실에서 얻어진 결론을 알게 되는 것과는 다르다. 일반적으로 사람들은 학생들이 자신의 공부를 스스로 한다고 생각한다. 마찬가지로 수학자들도 이러한 방식으로 문제를 해결한다고 생각하며, 수학자들은 자신의 개인 연구실에서 남들과 접촉하지 않으면서 문제를 해결한다고 생각한다. 그러나 수학자들은 종종 수학 문제들을 함께 연구한다. 그리고 지난 30년 동안 교육학자들은 학생들에게 함께 문제를 해결할 것을 요구하기 시작했는데, 이는 수학자들 사이에서 통용되는 연구 방식을 반영한 것이다. 이 과정에서 교육학자들은 (학생들이 개인적으로 문제를 해결하면서 배우게 되는 가치뿐만 아니라) 학생들이 협력 모둠에서 문제를 해결하면서 배우게 되는 가치를 발견하였다.

학생들에게 수학적 문제해결을 배우도록 하는 데 있어서, 교육학자들은 협력 학습이 강력한 수업 도구라고 생각하게 되었는데, 여기에는 상호 연관된 이유들이 몇 가지 있다.

- 협력 학습은 수학 성취도를 향상시킨다.

  실제로 협력 학습을 경쟁학습 및 개인 학습과 비교한 연구들에서, 협력 학습이 다른 두 방법보다 더 높은 수학 성취도를 촉진시킨다는 것을 볼 수 있다. 학생들은 수학 문제를 더 성공적으로 해결하고, 수학 개념들을 더 성공적으로 배우고 파지한다. 그뿐만 아니라, 협력 학습을 통해 고등 사고를 더 많이 사용하게 되고, 종종 더 많은 발견을 하게 되며, 더 새로운 아이디어와 해결 전략을 내게 되고, 문제해결에 관해 모둠에서 학습했던 것을 개별적인 문제해결 상황으로 더 잘 전이하는 결과를 가져온다(Hartman, 1996, p. 403).

- 협력 학습을 통해서, 학생들은 여러 가지 유형의 문제들에 대해 수학적 아이디어를 서로 교환할 수 있고, 서로에게 질문을 던질 수 있고, 서로의 행동을 모니터링할 수 있고, 여러 가지 문제해결 전략들의 적절성을 비교할 수 있고, 서로에게 자신들의 사고를 정당화할 수 있고, 인내심을 갖고 계속하는 동안에 좌절을 수용하며 견딜 수 있고, 서로에게 건설적인 비판을 제공할 수 있다. 학생들은 문제를 푸는 동안 '자신과 친구들이 만들어낸 여러 가지 오류들을 감지하고 수정하기' 때문에, 협력 학습은 학생들 자신의 측면에서는 학습에 대한 통제를 강조하고, 문제해결자 측면에서는 자기의존성, 자기 모니터링, 자존감의 증진을 촉진시킨다(Hartman, 1996, p. 402). 그렇게 하면서, 협력 학습은 모둠 수준에서 자기 모니터링, 높은 수준의 사고, 인내, 그리고 독립적인 의사

결정을 위한 모델을 제공한다. 개별 구성원들은 이런 것들을 내면화할 수 있게 되고, 나중에 혼자서 문제를 풀게 되었을 때 이를 모방할 수 있다.

- 동료와 함께 관찰하고 참여하려 노력하는 모둠 속에서 문제를 해결하는 것은 "문제해결 과정을 이해하기 쉽게 해주고 수학 불안을 줄여줄 수 있다. 수학 불안은 수학에 대한 자아 개념을 빈약하게 만들고, 수학적 문제해결에서의 성공을 방해할 수 있다 (Hartman, 1996, p. 403)."
- 협력적인 문제해결의 사회적 본질은 문제해결을 재미있게 하고 동기를 부여한다. 이것이 학생들을 적극적으로 학습에 참여하게 이끈다.
- 자기 자신과 유사한 지식, 언어, 사고 방식을 가진 또래가 가르쳐주는 것이 학습을 촉진시킬 수 있다.
- 무엇인가를 다른 사람에게 가르치는 것은 스스로 그것을 학습하는 최선의 방법 중의 하나이다. 이것은 다른 사람이 부분적으로만 또는 직관적으로만 이해한 것을 완전히 이해할 수 있게 말로 설명하는 것을 포함하고, 그 과정에서 가르치고 있는 아이디어를 더 깊이 있게 탐구하는 것을 포함한다. 이것은 이전의 아이디어에 비해 더 형식적인 방식의 또 다른 아이디어로 가르쳐질 수 있다는 것과 관련되며, 더 높은 이해 수준에서 수학적 개념과 절차를 재구성하고, 부가적인 관점에서 자신만의 의미를 탐구하고, 가르치고 있는 것에 대해 자신의 생각들을 좀 더 체계적으로 조직한다(Pressley, Wood, Woloshuyn, King, & Menke, 1992; Schiro, 1997).
- 협력 학습을 통해 서로 다른 문화적 배경과 능력을 가진 또래들이 함께 어울려 노력하면서 각자가 기여를 하고 있다는 점을 이해하게 된다(Johnson & Johnson, 1990).

문제해결의 공유

서로 다른 성별, 문화적 배경, 사회 경제적 상태를 갖고 있는 학생들이 문제를 함께 해결하려고 할 때, 서로서로 (문화적으로 학습된) 수학에 대한 기반지식을 강화시키게 되며, 이들은 서로의 문제해결 능력에 기여하게 된다. 이는 서로 다른 기반지식을 가진 어떤 학생들이라도 그렇게 할 수 있다. [그림 9.6]은 (불규칙한 모양의 폐곡선으로 나타낸) 서로 다른 근접발달영역과 서로 다른 문화로부터 영향을 받은 (폐곡선의 서로 다른 내부로 음영을 주어 나타낸) 기반지식을 가지고 있는 2명의 학생이 함께 문제를 풀고 있는 것을 그림으로 보여주는 문제해결 모델을 제시한 것이다. 이 모델에서 학생들은 자신의 것과는 다른 근접발달영역과 수학 기반지식을 가진 누군가와 문제를 푸는 것으로부터 혜택을 본다. 왜냐하면 위에서 언급한 이유뿐만 아니라, 두 사람이 기반지식을 공유하여 접근하는 것이 개별적으로 접근하는 것보다는 범위가 넓기 때문이다.

그림 9.6 서로 다른 근접발달영역과 서로 다른 기반지식을 가진 두 개인이 함께 어떤 문제를 해결할 때 이 두 개인에게 개별화된 문제해결 모델

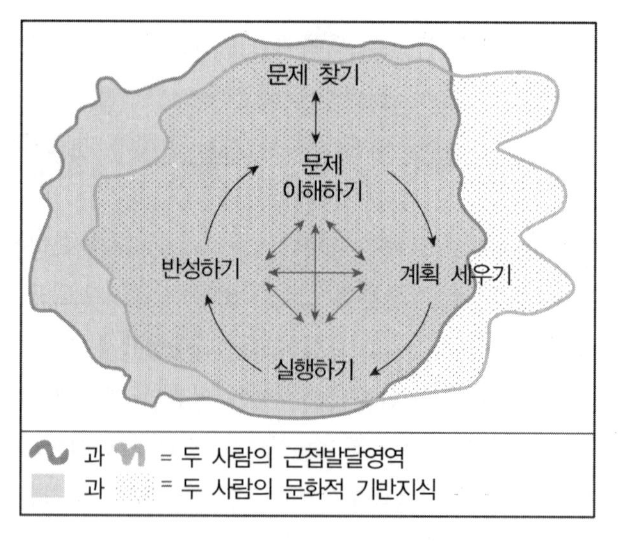

이것이 어떻게 발생하는지 살펴보자. 서로 다른 근접발달영역과 기반지식을 갖고 있으며 또한 서로 다른 문화적(성별 또는 사회 경제적) 배경을 가진 두 학생이 함께 문제를 해결한다고 가정하자. 이들의 서로 다른 문화적 배경과 기반지식 때문에, 우리는 이들이 주어진 문제에 다르게 접근할 것이라고 가정할 것이다. 주어진 문제를 해결하려고 할 때, 그들은 자신들의 서로 다른 관점을 공유할 것이다. 예를 들어, 한 학생이 "내가 한 것을 너에게 **말해줄게.**"라고 말하고 다른 학생이 "내가 한 것을 너에게 **보여줄게.**"라고 말한다면, 이들은 주어진 문제를 보고, 계획을 세우고, 문제의 해를 찾는 과정에서 사용한 서로 다른 방법들을 공유하게 되는 것이다. "내가 한 것을 **말해줄게.**"라고 말한 학생은 언어적이며 구어적인 추론에 기반한 문제해결 절차를 사용하고 있는 것이다. 반면에, "내가 한 것을 너에게 **보여줄게.**"라고 말한 학생은 좀 더 시각적이고, 공간적이며, 도표적인 사고에 근거한 문제해결 전략을 이용하고 있는 것이다. 이 두 학생들이 서로 자신들의 관점을 공유할 때, 이들은 주어진 문제를 이해하고, 계획을 세우고, 문제의 해를 구하고, 구한 것을 반성하는 두 가지 서로 다른 방법으로부터 혜택을 볼 수 있을 것이다. 즉 주어진 문제를 이해하는 데 있어서 각기 다른 방식을 가진 두 학생은 주어진 문제에 대한 서로의 방식을 풍부하게 이해하도록

해준다. 이 경우 (도리스가 요청했던 것처럼) 두 학생은 서로 충분히 잘 경청해야만 하고 서로가 주어진 문제를 푸는 방법을 충분히 잘 이해해야만 하고, 그래서 한 사람은 기록자로서의 역할을 하면서 자신들의 서로 다른 해를 모두 정확하게 기록하고, 다른 사람은 이 기록된 내용을 읽고 이것들을 학급구성원들에게 마찬가지로 정확하게 설명할 수 있다면 그 효과는 더 커진다.

여기서 두 가지가 중요하다. 첫째, 수학 문제에 접근하는 이 두 학생의 서로 다른 방법들은 자신들의 가족과 공동체 내에서 학습된 것일 수도 있고 문화적 요인들과 연관성이 있을 수도 있다는 것이다. [그림 9.6]에 묘사된 문제해결 모델에서 문화적으로 학습한 학생들의 기반지식이 매우 두드러진 역할을 하게 되는 것은 이러한 이유이다.

둘째, 학생들은 함께 활동을 해야만 하고 함께 의사소통을 원활히 해야 하며, 그래서 한 사람은 기록자로서 역할을 하고 다른 사람은 이 기록자가 기록한 것을 읽고 이것을 설명할 수 있어야 한다. 그래서 도리스가 학생들을 협력 문제해결 모둠으로 구조화하는 작업은 모둠 구조화의 요소가 되며, 기반지식의 공유를 강화시키게 된다. 이 구조화 요소에 의해 한 학생의 수학 문제해결 기반지식이 다른 학생의 기반지식에 영향을 주면서 공유를 촉발시킨다.

우리의 곱셈법과 고대 이집트의 곱셈법, 무엇이 더 좋은 방식인가?(7일째)

지식 〉〉 평가 〉〉 가치 〉〉 행위

일곱 번째 날에, 도리스의 학생들은 안납이 레지와 마리아에게 제시한 두 문제("21세기 오늘날의 곱셈 알고리즘과 고대 이집트 사람들의 곱셈 알고리즘 중 어느 것이 더 좋은가?" 그리고 "안납과 다른 고대 이집트 사람들은 오늘날의 곱셈 알고리즘을 배워야만 하는가 혹은 배우지 않아도 되는가?")를 해결한다.

이 두 질문에 답하기 위해서, 도리스의 학생들은 네 가지 유형의 수학적 노력을 시작하게 되며, 이를 통해 다문화적 수학 수업에 대한 접근법을 명확히 이해하게 되고, 동시에 수학교육과정에서 보기 힘든 중요한 유형의 수학 문제를 도입하게 된다.

첫째, 학생들은 고대 이집트 사람들의 곱셈과 오늘날의 곱셈을 배우고(그래서 두 가지 방법에 대한 수학 알고리즘, 원리, 체계를 이해하게 되고), 이것들을 비교하고, 이들 사이의 유사점과 차이점을 비교한다.

둘째, 학생들은 각 알고리즘이 사용되었던 문화적 배경과 사회적 기반지식의 맥락에서 각 알고리즘(또는 수학적 원리)의 장단점을 평가한다.

셋째, 학생들은 자신들의 (가장 인간적이고, 가장 공정하고, 가장 정감 있고, 가장 올바른 것이 무엇인지에 대한) 개인적 가치를 토대로, 오늘날의 곱셈 알고리즘(또는 다른 수학적 원리)을 고대 이집트 문화(혹은 또 다른 문화)의 사람들에게 소개할 것인지 혹은 소개하지 않을 것인지를 결정한다. 이러한 가치 결정은 오늘날의 곱셈이 고대 이집트 사람들에게 끼칠 가능한 영향(또는 어떠한 혁신이 한 문화에 살고 있는 사람들의 삶에 미칠 수 있는 영향)에 대한 학생들의 분석을 토대로 한다.

넷째, 학생들은 자신들이 내린 가치 결정에 기초한 행동에 책임을 가져야 하고, 가능하면, 자신의 결정을 실제로 행동에 옮김으로써 사람들(이 경우 고대 이집트 사람들)의 삶을 개선해야 한다.

이들 네 가지 유형의 수학적 노력을 검토해 보자.

지식. 제기된 문제를 해결하기 위해서, 도리스의 학생들은 고대 이집트 사람들의 곱셈과 오늘날의 곱셈을 이해해야만 한다. 여섯째 날에, 학생들은 고대 이집트 사람들의 곱셈을 배운다. 학생들은 이미 오늘날의 곱셈을 알고 있다. 학생들은 이제 이 두 곱셈 알고리즘의 차이점과 유사점에 주목하면서 두 알고리즘을 비교한다. 오늘날의 수 체계에서 우리는 직접적으로 0~9까지의 숫자들 각각을 곱하는 반면에, 고대 이집트 알고리즘에서는 2의 배수만 사용한다는 데 차이점이 있다.

평가. 그러고 나서 도리스의 학생들은 자신들의 문화적 맥락에서 각 알고리즘의 장단점을 평가한다. 이때, 학생들은 꼬마 수학 인류학자처럼 행동함으로써 그러한 일을 한다. '자신들의 문화적 맥락에서'라는 수식어가 매우 중요하다. 다문화적 수학에 대한 이러한 관점을 통해 수학을 더 큰 문화적 노력의 한 부분으로 보게 되며, 현존하는 문화와 독립적인 지식체로서 수학을 보지는 않는다. 여기서 도리스의 학생들은 오늘날의 학생들이 많은 곱셈구구를 외워야 하지만, 고대 이집트 어린이들은 곱셈 구구를 그렇게 많이 외우지 않아도 된다는 사실에 주목한다.

가치. 도리스의 학생들은 이제 가치 판단을 해야 한다. 즉, 자신들이 오늘날의 곱셈을 고대 이집트에 소개해야 하는가? 혁신적인 방법이 고대 이집트 사람들에게 끼칠 수 있는 영향을 고려하여 이러한 결정을 한다. 사람들을 위해서 무엇이 더 나은 것인지에 대해 가치 판단을 하는 것은 이런 유형의 다문화적 문제해결에서 중요하다. 여기서 '더 나은'이라는 기준은 삶의 질 문제와 관련이 있다. 여기서 도리스의 학생들은 현대적인 곱셈이 고대 이집트 사람들의 알고리즘보다 좀 더 빠르게 그리고 적게 쓰면서 계산될 수 있으며 작업량이 적다는 점에 주목한다. 또한 학생들은 많은 곱셈 구구를 기억하는 것은 '고문'이라는 점에도 주목한다.

행위. 마지막으로, 가능하다면, 도리스의 학생들은 자신들의 가치 결정에 기초한 행동에 책임감을 가지며, 고대 이집트 사람들이 가장 관심을 갖는 것은 무엇인지를 결정하려고 할 것이다. 이런 유형의 다문화 문제해결에 있어서는, 더 나은 삶에 대한 전망을 토대로 사람들의 삶을 개선시키려는 행동이 요구된다. 이런 다문화적 접근을 이용하는 교육학자들은 남아메리카의 토착민들에게 새로운 수학을 가르쳤으며, 그래서 이들이 자신들의 조상들의 고향 땅에 대한 소유권을 획득할 수 있었고, 자신들의 삶의 방식을 보존할 수 있었고 (Knijnik, 1997), 또한 그들은 도시 학생들이 환경오염을 척결하는 정치 행위 캠페인을 개최하도록 도왔다(Ladson-Billings, 1995; Frankenstein, 1995).

학생들은 다문화 문제해결에서 이런 접근을 해볼 수 있는 기회를 갖는 것이 중요하다. 학생들이 학교를 졸업하고 사회 구성원이 되고 나면, 그들은 자신들의 삶과 공동체의 삶을 개선하기 위해 수학을 사용하게 될 것이다.

원의 넓이와 수학적 증명(8일, 9일, 10일째)

8일, 9일, 10일째에, 도리스는 3,500년 전의 기법을 사용해서 사람들이 원의 넓이를 어떻게 계산하는지에 초점을 둔다. 그렇게 하면서, 도리스는 일련의 네 가지 활동을 제공하는데, 이는 문제해결을 위한 한 가지 유형의 방법이다. (이것은 많은 다른 수업 상황에서 사용될 수 있다.)

첫째, 도리스는 학생들에게 오늘날의 공식이나 기법을 사용하지 않으면서 지름이 9로드인 원의 넓이를 계산하라고 요구한다. (학생들은 수업을 하기 전에 자신들이 스스로 창안한 방법들을 이용해서 어떤 문제를 풀어보려고 시도한다.)

둘째, 도리스는 원의 넓이를 구하는 고대 이집트 알고리즘을 소개한다. 도리스의 학생들은 이 알고리즘을 이용해서 마리아와 레지가 문제를 풀도록 돕는다. (수업이 이루어지고, 학생들은 이해와 기능을 익히기 위해서 자신들이 배운 것을 연습한다.)

셋째, 이 알고리즘을 증명해준다. 이 증명은 《*Rhind Mathematical Papyrus*》에 실제로 있는 것이다. 재미있게도, 레지는 이 증명에서 두 가지 오류를 발견한다. 도리스는 학생들에게 이 오류를 찾아보라고 요구하고, 고대 이집트 사람들의 수학적 증명과 수학 교과서에 제시되어 있는 오늘날의 수학적 증명 사이의 차이에 대해 토론하라고 요구한다. (가르친 것에 대한 증명과 분석이 이루어진다.)

넷째, 안납은 자신이 살았던 시기의 여러 지역에서 원의 넓이를 구하는 (그리고 증명하는) 몇 가지 방법들, 즉 3,500년 전에 존재했던 방법들과 증명들을 수집했는데, 마리아와 레지는 안납과 함께 이러한 방법들에 대해 토론한다. 그러고 나서 도리스의 학생들은 원의 넓이를 구하는 방법들을 몇 가지 탐구하고, 그중 자신들이 가장 마음에 들어하는 방법을 결정한다. 이 과정에서 학생들은 서로 다른 문화적 맥락에서 좋은 증명은 무엇인가라는 질문에 대해 고민하게 된다. (올바른 이해와 깊이 있는 이해를 얻기 위해서 학생들은 대안들을 비교하고 차이를 분석한다.)

수학과 문화

수학자들은 여러 다른 문화에서 활동을 해왔다. 이들 수학자들은 오늘날의 수학자들이 생각하는 것처럼 객관적, 연역적, 논리적 방법으로 생각했을까? 또는 그들의 문화가 그들이 생각하는 방식에 영향을 미쳤을까?

위의 표현이 암시하는 것처럼, '오늘날의 수학자들은 객관적이고, 연역적이고, 논리적인 방법으로 생각하고 있다는 것' 그리고 '문제에 대한 이들의 증명과 해결방법은 영원히 참이라는 것', 이러한 두 가지 통념에 대해 잠시 멈추어 서서 생각해보아야 한다.

문제를 해결하고 증명을 구성하는 활동은 창의적인 노력이다. 수학자들이 창의적인 노력을 시도할 때, 그들은 광범위한 창의적인 방법들을 사용한다. 이들이 사용하는 방법이 늘 이성적이거나 논리적인 것만은 아니며, 직관, 공상, 유추도 사용한다(Hadamard, 1945). 엡(Epp)이 말한 것처럼, 최근에 수학자들은 우리에게 그 비밀을 알려주기 시작했다.

> 수학자들이 하는 연구에서 그들이 하는 종류의 사고는 수학 교과서에서 발견되는 우아한 연역적 추론과는 확연하게 다르다. 공공연하게 드러내는 이 시대에, 사람들은 한때 자신들의 위신을 손상시키는 것으로 보일 수도 있는 대상들을 거리낌 없이 인정한다. 수학적 발견 과정을 토론할 때, 수학자들은 논쟁에서 비논리적 비약이 있었다는 것, 막다른 골목에서 배회했다는 것, 제자리를 맴돌았다는 것, 자신들의 연구에서 형식화된 설명에 숨겨진 유추나 예를 토대로 추측을 형성했다는 것들을 지금은 공개적으로 인정한다.(1994, p. 257)

만약 문제를 해결하고 증명하는 수학자들의 방식이 논리적이거나, 연역적이거나, 합리적인 것이 아니라면, 이러한 사실은 수학자들이 창안해낸 수학적 내용, 수학적 사실과 증명에 대해서 무엇을 말하는 것인가?

수학적 사실과 증명의 타당성은 자신을 수학자라고 부르는 사람들의 공동체(소문화권)에 의해 결정된다는 점을 인정할 필요가 있다. 불행히도 그런 수학 공동체들의 구성원들은 수학에 대한 동질의 문화적 성향을 공유하는 소문화권을 형성한다. 종종, 짧은 기간이기는 하지만 이들의 집단적 판단은 부정확한 적도 있었고, 종종 긴 시간에 걸쳐 이들의 문화적 성향은 바뀌고 진화한다. 결과적으로, 오늘날 우리 문화에서 인정되는 수학적 증명 또는 사실로 다루어지는 것이 내일 또는 다른 문화에서 반드시 적절한 것으로서 보이지 않을 수도 있다는 것이다. 숀펠트(1994)가 요약한 것처럼, "수학적 진리로서 인정받는 것은 사실 수학자 공동체가 가지는 최선의 집단적 판단이며, 이 판단은 오류로 판명될 수도 있다."

예를 들어, 일차적으로, 최근까지 널리 수용되고 있던 죠르단(Jordan) 곡선 정리의 증명이 부적절한 것으로 밝혀졌으며, 많은 논쟁이 있었던 4색 정리의 증명은 최근 인정되고 있다(Schoenfeld, 1994, p. 60). 또 다른 측면으로, 과학에서 과학적 진리의 관점에 대해 패러다임의 전환이 이루어지고 있듯이(Kuhn, 1962) 수학에서도 역시 그러하다고 인정하기 시작했다. 숀펠트는 수학과 과학을 비교하면서 다음과 같이 말했다.

> 현재 수학은 다르다는 고정관념이 있다. 정의 또는 공리로부터 시작하며, 나머지 모든 것들은 필연적으로 뒤따르게 된다고 생각한다. 그러나, …… 그것은 실제로 일어나는 방식이 아니다. 다면체에 대한 '자연스런' 정의는 오랫동안 수학 공동체에 의해 인정되었고, (그 정의를 만족시키지만 오일러의 공식을 만족시키지 못하는 입체들을 수학자들이 발견할 때까지는) 오일러의 공식을 증명하는 데 사용되었다. 이 공동체는 이 문제를 어떻게 해결했을까? 궁극적으로, 정의를 바꾸었다. 즉, 이론에 대한 배경(즉, 그

> 체계의 기초를 이루는 정의들)이 자료에 근거하여 바뀌었다. 그것은 나에게 확실히 이론의 변화가 이루어진 것처럼 보인다. 새로운 형식화는 과거의 형식화를 대체했으며, 기본 가정들(정의와 공리)은 자료가 나타나면서 변화한다.(1994, p. 59)

이러한 사실은 놀라운 것이다. 수학은 소위 객관적, 연역적, 논리적 과정을 통해서 필연적으로 창조되는 것은 아니다. 수학적 노력, 증명, 진리는 원래 사회적 활동이며, 특정한 문화적 맥락에 살며 연구하는 수학자 집단에 의해 인정받는 것이다. 수학자들의 문화적 성향은 자신들이 진리 그리고 증명이라고 인정하는 것에 영향을 미친다. 오늘날 우리가 확실하고 보편타당한 것으로 인정하는 진리와 증명은 사실 다른 문화권의 구성원들에게는 의미 있게 이해되거나 인정되기 어려운 문화적 구성체일 수도 있다.

이제 우리에게 중요한 점은 수학이 어느 정도 문화적 산물이라는 사실을 이해하기 시작했다는 점이며, 다른 문화권에 있다면 혹은 같은 문화권이긴 하지만 변화 과정에서 다른 시대에 있다면 우리는 수학을 다른 관점에서 볼 수도 있다는 것을 받아들이기 시작했다는 점이다. 즉, 그들은 수학을 진리로 받아들일 수도 있으며, 그러한 진리를 창조하고 증명하는 방식으로 받아들일 수도 있다.

문화적 맥락 속의 지식과 증명

고대 이집트 사람들이 다른 옷을 입고 다른 언어를 사용하고 다른 문자를 사용하며 다른 종교적 신념을 가졌던 것처럼, 고대 이집트에서는 오늘날 우리가 하는 것과는 다르게 수학을 증명했고, 또한 다른 공식을 가지고 있었다는 것을 도리스의 학생들이 발견하게 되면서, 학생들은 유사한 이슈들을 탐구하게 된다. (이집트인들은 일반화 가능한 정의와 공리가 아닌 구체적이고 특수한 것에 근거하여 수학적 대상들을 증명했으며, 원의 넓이에 대한 이집트인들의 공식은 우리들의 공식과는 달랐다.)

도리스의 학생들 중 상당수가 3,500년 전에 존재했던 원의 넓이를 구할 수 있는 다양한 방법들을 시도하고, 자신이 가장 좋아하는 것이 어느 것인지를 결정할 때, 문화적 차이가 계속해서 강조된다. 학생들이 다소 다른 결론에 이르게 되는 서로 다른 여러 가지 수학적 설명들에 직면하게 되었을 때, 자신들이 생각하기에 어떤 것이 가장 좋은지를 결정하도록 하는 활동은 학생들에게는 중요한 문제해결 노력의 하나이다. 이러한 활동에 의해, 증명, 설명, 알고리즘을 제시하는 데 있어서 수학자들이 선호하는 '미'의 형태가 무엇인지에 대한 이슈가 제기될 뿐만 아니라, 다른 집단들이 수학적 증명과 추론을 위해 사용하는 표준적인 방법은 무엇인지에 대한 이슈가 제기된다.

도리스의 학생들이 여러 가지 증명, 공식, 알고리즘을 비교하고 수학적으로 아름다운 것에 대한 이슈를 생각하면서, 학생들은 '반성하기'라고 불리는 문제해결 국면에 참여하게 된다. 도리스는 자신의 학생들이 수학적 노력들을 반성하도록 하기 위해서 열심히 노력한다.

이것은 도리스가 자신의 학생들에게 그들이 반성한 것을 글로 기록하도록 하고, 구두로 자신들의 학급 구성원들에게 발표하도록 한 이유이며, 이는 마치 수학자들이 자신의 문제해결 노력들을 검토하고, 수학적으로 아름다운 증명 방식으로 이것들을 기록하고, 학술지에 글의 형태로 적거나 발표대회에서 구두로 발표하면서 동료들에게 설명하는 것과 같다. 만약 학생들이 수학자처럼 행동하길 원한다면, 즉 문제를 해결한 후에 반성하고, 자신들의 노력의 결과를 동료들(학급 구성원들)에게 명료하고 설득력 있는 방법으로 발표하는 행동이 이루어지기를 원한다면, 학생들에게 그렇게 할 수 있는 기회를 제공할 필요가 있다.

노 모양의 인형 문제(11일째)

'이집트 스토리'의 마지막 날, 도리스는 자신의 학생들에게 고대 이집트 사람들의 옷, 도자기, 정사각형의 모눈에 만들어진 무덤 문양들을 탐구하도록 한다. 각 학생은 노 모양의 인형(바비 인형과 유사한 고대 이집트 사람들의 인형) 옷의 패턴을 디자인하고, 이 패턴들을 노 모양의 인형 복제품에 옮기면서, 탐구는 절정에 이르게 된다.

수학과 패턴

시각적 패턴은 고대 이집트 어디에나 있었다. 시각적, 수적, 대수적, 그리고 다른 형태의 패턴들 또한 현대 수학에서 어디서나 존재한다. 패턴은 수학에서 매우 중요한 요소이기 때문에, 일부 교육학자들은 심지어 수학은 패턴의 과학이고, 수학적 문제해결은 수학적 패턴을 밝히고, 탐구하고, 분석하고, 이해하는 것을 포함하는 노력이라고 주장하기도 한다.

얼핏 보기에, 도리스의 학생들은 기하 패턴이 들어 있는 문제들을 해결하고 있는 것처럼 보인다. 그러나 이러한 기하문제들을 풀기 위해서, 도리스의 학생들은 이 문제에 숨어 있는 수 사이의 패턴을 분석해야 한다. 수에 대한 이러한 문제들을 해결하기 위해서, 학생들은 수표(numerical table)를 만들어야 하고, 수들 사이의 관련성을 보여주는 대수식을 찾아야 한다. 종합하자면, 패턴은 수학적으로 중요한 주제인 수학적 함수에 대한 탐구를 포함한다.

문화적 패턴

초보 관찰자가 다양한 문화들 사이에 존재하는 차이점을 인식할 수 있는 가장 쉬운 방법 중의 하나는 여러 문화의 사람들의 삶을 둘러싼 시각적 패턴에 관심을 갖는 것이다. 어떤 문화의 의상 디자인, 양탄자 디자인, 도자기 디자인, 종교적 디자인, 다른 예술적 표현들에 나타난 기하 패턴의 특이성과 독창성을 관찰하기는 쉽다. 그런데 이들 디자인에 수학적 패턴과 함수가 들어 있다는 것은 널리 알려져 있지 않다. 이러한 수학적 함수는 어떤 문화의 구성원들이 수학을 개념화하는 방식과 매우 깊이 있게 관련될 수 있다는 사실이 거의 간과되고 있다. 마찬가지로 이러한 패턴과 함수를 사용한다면 다른 문화권의 아이들에게 쉽게 수학을 배우는 방법을 제공할 수도 있다는 사실 또한 거의 검토되지 않고 있다. 예를 들어, 원형 패턴이 보이는 것은 어떤 시기에 있는 어떤 문화에서의 감각이 원형적이라는 것과 관련 있을 수 있으며, 선형 패턴이 보이는 것은 어떤 시기에 있는 어떤 문화에서의 감각이 선형적이라는 것과 관련 있을 수 있다는 사실은 중요한 문화적 차이이다. 그리고 학생들이 처한 문화적 관점이 원형적인지 혹은 선형적인지에 따라, 오늘날 대부분의 학교에서 다루고 있는 서구식 측정 개념을 학습하는 학생들의 능력에 영향을 미치게 되며, 다양한 문화적 배경을 갖는 학생들과 함께 활동하는 교사들이 이러한 사실을 이해하는 것은 매우 중요하다.

앞으로의 탐구

이 부분은 이후의 장에서 다루는 이론적 논의에 대한 것이다. 이러한 이론적 논의를 통하여 학생 자신의 가족과 공동체에서 경험하는 문화들이 자신들의 기반지식과 앎의 방식에 어떤 영향을 미치는지에 대해 탐구하고자 한다. 이러한 논의를 통해서 학생들의 기반지식과 앎의 방식이 학교 수학의 학습을 어떻게 촉진하는지 혹은 방해하는지에 대해 탐구하게 될 것이다. 특히 20세기 중반 이후로 대부분의 학교에서 가르치고 있는 학교 수학은 추상적이고 연역적이며 선형적이다. 학생들은 그들이 자란 가정이나 공동체 문화의 영향으로 인해 불평등을 겪어야만 했는데, 그러한 불평등에 대하여 우리는 무엇을 해야 하는지에 대해 탐구하게 될 것이다. 그리고 우리의 방식과 다른 앎과 기반지식에 대한 수학적 방식을 어떻게 평가할 수 있는지에 대해 탐구하게 될 것이며, 우리와는 다른 문화권의 학생들이 갖고 있는 독특한 재능, 통찰력, 문제해결 양식을 어떻게 길러줄 수 있는지에 대해 탐구하게 될 것이다.

Chapter 10

수학과 문화

도리스는 고대 이집트를 자신의 사회과 교육과정의 일부에서 다루고 있으며, 그래서 자신의 6학년 학생들을 위해 고대 이집트에 대하여 수학 및 사회교과를 통합한 간학문적 구두 스토리를 창작해달라고 나에게 제안하였고, 나는 고대 이집트 사람들의 수학에 관해서 읽기 시작했다.

나는 곧 다른 문화의 수학을 공부하는 것이 새롭지 않다는 점을 발견했다. 전통적으로 서구의 수학과 문화에 대한 성공을 찬미할 의도를 갖고 집필된 수학사에 관한 책들이 다수 있었으며, 그러한 책들에서는 서구의 수학과 문화가 좀 더 원시적인 문화의 산물에 비해서 얼마나 우월한지를 보여주고자 하였다. 사실, 최근까지도 많은 수학사는 비서구권 문화가 수학적으로 중요한 기여를 했다는 것을 부정하는 듯했다(Nelson, Josephs, Williams, 1993). 그러나 나는 최근의 여러 연구들을 통해 수학과 문화의 관계에 대한 새로운 관점이 형성되고 있으며, 특히 비서구권 문화에서 발전시킨 의미 있는 수학이 존재한다는 점을 발견했다. **다문화 수학, 토착 수학, 사회 수학, 자생적 수학, 억압받는 수학, 민간 수학, 문화적으로 관련된 수학, 민속 수학**과 같은 용어들은 내가 발견한 극히 일부일 뿐이며, 비유럽권에서 수학에 대해 공헌을 했다는 것을 강조하기 위한 노력의 일환으로 만들어진 신조어들이다.

비서구권에서 수학적으로 공헌한 것에 대한 가치를 강조하려는 노력에서 근본적인 것은 수학이 사회적 맥락과 별개로 존재하는 추상적이며 객관적인 사실들의 집합체라는 관점보다는 수학이 창안되고, 이용되고, 가치를 인정받는 사회적·경제적·종교적·문화적 맥락에

* 이 장에서 저자 각주는 '*'로 표기한다.

서 수학이 가장 잘 이해될 수 있다는 관점으로 보는 것이다. 카이저(Keyser, 1932)와 와일더(Wilder, 1950, 1968, 1981)는 사회문화적 산물로서의 수학관에 대해 처음으로 논의하였다. 최근에, '다인종 사회(melting pot)[1]', '우수 인종' 지향과 같은 다양한 용어를 **교육에 대한 다문화적 관점**이라는 용어로 대체함에 따라, 사람들은 자신들의 고대 문화에 숨어 있는 수학의 힘에 대해 감사하는 마음을 가지려 하는 광범위한 노력들을 하게 되었으며, 이러한 노력은 전 세계적으로 일어났다(Powell, Frankenstein, 1997c). 이것이 '이집트 스토리'에 상당한 영향을 미쳤다.

일반적으로, 현재 다문화적인 수학적 노력을 추구하는 교육자들의 주요 집단은 적어도 세 부류가 존재하는 듯하다. 서구의 학문적 수학이 전 세계 학교에서 지도되고 있는 수학이라는 사실은 이들의 노력에 영향을 미치고 있다.

첫 번째 집단은 주로 비서구권에 있는 전통적인 민족에게서 만들어진 수학 체계의 본질을 탐구한다(Ascher, 1991, p. 1). 이 집단은 또한 이들 수학적 체계와 이 체계가 존재했던 혹은 존재하는 문화 간의 관계에 관심이 있으며, 또한 그런 문화권의 학생들이 학교에서 서구의 학문수학을 배울 때 겪는 어려움들(자신의 공동체 문화와 학교 수학에 깔려 있는 문화적 전제 사이에서 발생하는 모순들로 인해 나타나는 어려움들)에 관심이 있다. 최근에 이 집단의 교육학자들은 서구 사회 안팎의 여러 동질적 문화 집단들이 수행하였던 수학에 대해 연구하기 시작했는데, 이런 문화 집단들은 학교 수학과는 다른 수학적 체계를 개발해 왔다. 이런 집단은 노동자 집단, 특정 연령대의 아이들, 도시 빈민, 정부 지정 보호지역의 나바호족을 포함한다(D'Ambrosio, 1985). 인류학적, 수학적, 교육학적 측면을 결합하여 탐구한 대표적인 예로 마샤 아셔(Marcia Ascher, 1991)의 연구를 들 수 있다.

두 번째 집단은 학교에서 가르치는 서구 수학을 학습하는 데 어려움을 겪고 있는 비서구 문화권 사람들을 대상으로 수학을 지도하는 것에 관심을 갖고 있다. 이들이 직면한 문제는 많은 비서구 문화권 구성원들이 서구 수학을 배우는 데 어려움을 느끼게 되는 수학적 기반지식(언어적, 개념적, 정보적, 논리적, 초인지 체계)을 갖고 있다는 점이다. 이 집단의 목표는 이들 문화의 구성원들이 그들 자신의 문화에 대한 가치를 포용함으로써 서구 세계관으로부터 벗어나서 강력한 수학 이용자가 되도록 하는 것이며, 학교 수학과 자신들의 토착 수학을 함께 배울 수 있도록 돕는 것이다. 팔레스타인에 사는 패셰(Fasheh, 1982)의 연구가 해방 교육과 수학 수업을 결합한 대표적인 예이다.

---

1) 'melting pot'은 온갖 인종이 융합해서 사는 곳으로, 보통은 미국을 가리킨다. 여기서는 일반적인 의미를 담고 있으므로 '다인종 사회'로 번역하였다.

세 번째 집단은 비유럽 문화 출신의 사람들이 혼재해 있는 유럽이나 미국 문화에서 수학을 지도하는 것에 관심을 갖고 있다. 이러한 예로는 인디언들에게 도움을 주고자 하는 영국의 교육학자들이나 히스패닉계 미국인들에게 학교 수학과 그들의 고대 토착 문화의 수학을 모두 배울 수 있도록 돕고자 하는 미국 교육학자를 들 수 있다. 그들은 독창적인 수학적 아이디어를 창안해낸 문화에서 출발하고 있는 신진 수학자들이라는 점에서 스스로에게 자부심을 가지며, 자신의 기원으로 삼을 수 있는 문화와 현재의 자신들이 속한 문화 사이에서 조화를 이루도록 하면서 수학을 사용한다는 점에서 강력함을 느낀다. 영국의 넬슨, 조지프, 윌리엄스(Nelson, Joseph, Williams, 1993)와 미국의 재슬러브스키(Zaslavsky, 1996)의 연구는 이러한 집단의 전형적인 예다. '이집트 스토리'는 이 세 번째 유형의 대표적인 사례이다.

탈문화적 수학 또는 문화에 얽매인 수학

고대 이집트 사람들의 수학에 관한 글을 읽던 중, 나는 수학과 문화에 관련된 세 가지 통념에 직면했다.

- 통념 1: 수학에는 문화적 제약을 받지 않는 보편적 진리와 추론 체계가 있다.
- 통념 2: 현대 수학은 유럽과 북미에 사는 사람들의 창작물이다.
- 통념 3: 현대의 학교 수학은 전 세계 모든 문화에 깔려 있는 사회적·정치적·종교적·언어적·개념적 전통과 일치하며, 모든 문화 출신의 아이들이 수학을 동일하게 쉽게 배우고 활용할 수 있다.

이제 이런 통념들을 검토해볼 것이다.

통념 1: 수학에는 문화적 제약을 받지 않는 보편적 진리와 추론 체계가 있다.

이 통념은 '이집트 스토리'에서 여러 차례 강조된다. 도리스의 학생들은 우리가 현재 사용하는 수 체계와는 달리 고대 이집트 수 체계에는 파라오 및 그의 가족을 위한 것과 일반 국민을 위한 것의 두 종류가 존재하며, 이는 그들의 경제적·사회적·정치적 신념과 파라오를 신으로 보는 그들의 종교적 믿음의 자연스런 영향이었다는 점을 발견한다. 고대 이집트의 측정 체계가 파라오의 신체 부분들의 길이를 근거로 한다는 점, 우리가 사용하는 원의 넓이에 대한 공식과 고대 이집트 사람들이 사용한 공식이 다르다는 점, 우리의 곱셈 알고리즘이 그들의 것과 다르다는 점, 수학적 증명에 대한 우리의 방법과 고대 이집트 사람들이 사용한 방법이 다르다는 점(일반화된 추상 개념에 연역적인 방법을 적용하는 것과 구체적이고 특수한 상황을 통해 설명하는 것)에 대해 학생들은 발견하게 된다. 이를 통해 학생들은 다른 수학 체계들이 존재한다는 점, 한 문화의 수학적 체계는 그 문화의 종교적·사회적·정치적·경제적·문화적 신념의 영향일 수 있다는 점, 즉 수학이 어떤 문화적 제약으로부터 자유로운 보편적 진리의 집합체가 아니라 수학 속에는 그 문화의 핵심이 반영되었다는 점을 배우는 것이다.

어떻게 이런 일이 일어날 수 있을까? 관찰자들의 관점과 해석에 따라 차이가 발생하는 역사와는 달리 수학에서는 '맞다' 혹은 '틀리다'라고 대답하지 않는가? 프랑스에서든 중국에서든 혹은 달에서든, 모든 삼각형의 내각의 합이 180도가 되고, 1+1=2, 7+5=12가 되지 않는가?

그렇지만 모든 삼각형의 내각의 합이 항상 180도가 되는가? 이것은 지구 표면 위에서도 참이라고 할 수 있는가? 한 꼭짓점은 북극에 있고 다른 두 꼭짓점은 적도에 있으며, 두 변이 샌프란시스코와 뉴욕을 가로지르는 하나의 삼각형을 생각해보자. 그리고 이 삼각형을 한 꼭짓점은 북극에 있고, 2개의 꼭짓점은 적도에 있으며, 두 변이 샌프란시스코와 런던을 가로지르는 두 번째 삼각형과 비교해보자. 적도 위에서 두 삼각형의 밑각은 동일하지만 북극에서의 각도는 다르다. 놀랍지 않은가! 삼각형의 세 내각의 합은 같지도 않고 180도로 일치하지도 않는다!

또한 모든 환경에서 1+1=2이고 7+5=12가 되는 것일까? 십진법을 사용하지 않았던 고대 문화들에서는 어떠했을까? 이진기수법(이 경우 1+1=10)을 사용하는 컴퓨터 언어나 12진법(이 경우 7+5=10)과 같이 특수한 현대수학 체계에서는 어떠한가? 그리고 24시간 체계를 사용하는 군대 시간에서는 '11:00 + 2시간=13:00'이라고 하는 데 비해, 12시간 체계를 사용하는 일상생활에서는 '1:00'이라고 하는 이유는 무엇일까?

안타깝게도, 모든 문화, 모든 시대, 모든 상황에 적합하면서도, 부정할 수 없는 단일한 진리 집합을 포함하며, 보편적이라고 할 수 있는 유일한 수학 체계는 존재하지 않는다. 그리고 상황은 훨씬 더 복잡하다. 예를 들어, 힌두-아라비아의 십진기수법이 강력하다고 하지만, 사람들은 어째서 힌두-아라비아 수가 아닌 로마 수를 이용하려고 하는 것일까? 대략 기원후 1200~1350년 사이에, 유럽인들은 힌두-아라비아의 십진기수법을 '악마의 작품'이라고 부르며 이용하기를 꺼려했는데. 이는 아마도 '쉬운 계산 방식이 널리 쓰이게 되면 유럽의 상공인들이 교회로부터 더욱 독립적이게 될 것'으로 보았던 바티칸에서 힌두-아라비아 수를 비난했기 때문인 듯하다(Anderson, 1997, p. 301). 우리가 '보편적이고 절대적인 것'이라고 생각해온 수학적 진리와 추론 체계는 어떠한 문화적·종교적·정치적·경제적·기술적 제약으로부터 자유롭지 않은 것이다.

심지어 우리의 다문화적 목표에 있어서 보다 중요한 점은, 일상에서 사람들이 일관성 없는 수학 체계에 접하게 될 수 있다는 점이다. 예를 들어, 캐러허, 캐러허, 슐리만(Carraher, Carraher, Schliemann, 1985; 1987)은 브라질의 노동자 계층 자녀들이 두 가지의 다른 수학적 하위문화 속에서 일상 문제를 수행한다는 것을 확인하였다. 한 가지 예로 부모가 운영하는 상점에서 일하는 학생들은 돈과 관련된 덧셈과 뺄셈 문제를 머릿속으로 계산한다. 이 경우, 수학적 정확도와 계산 속도가 중요하며, 수학은 구체적인 사회적 맥락 안에 놓이게 된다. 또한 이 학생들은 다양한 덧셈 및 뺄셈 알고리즘을 배우는 학교 수업에도 참석한다. 이들의 학교 수학은 종이에 연필로 쓰는 수학이고, 의도적으로 탈맥락화되고 일반화되어 있다. 학교와 가정이라는 이들 두 하위문화는 공존하며, 아이들은 두 곳에서 모두 덧셈과 뺄셈을 한다. 그러나 수학적 알고리즘, 수학의 활용에 대한 태도, 수학적 의미를 구성하는 방식, 계산이 이루어지는 일반성의 수준, 계산을 위해 사용된 도구(암산 대 종이와 연필)에 있어서 현저히 다르게 나타난다(Carraher, Carraher, & Schliemann, 1985, 1987; Carraher, 1988; Nunes, Schliemann, & Carraher, 1993). 더욱이, 두 가지 수학 체계가 심리적으로 양립하기 어려움에도 불구하고, 두 수학 체계는 동등하게 실행되고 있다.

중요하게 인식해야 할 점은 수학이 어떤 문화적 제약으로부터 자유로운 보편적 진리로 구성되어 있지 않다는 것이다. 수학은 전제에서부터 출발하고, 전제에 대한 사소한 변형이 매우 다른 수학 체계를 생성할 수 있다. 불행인지 다행인지 모르겠지만, 수학에 관한 문화적 전제에 약간의 변형이 이루어지게 되면 다른 문화의 수학적 기반지식(그리고 그 문화에서 성장하는 아이들의 기반지식)에 엄청난 변화가 이루어질 수 있다.

통념 2. 현대 수학은 유럽과 북미에 사는 사람들의 창작물이다.

이와 관련된 한 가지 통념은 수학이 두 시대에 생성되었다는 것이다(한 시대는 고대 그리스 시대인 기원전 600년과 300년 사이의 시기이고, 다른 한 시기는 유럽과 북미에서의 약 기원후 1400년 이후 시기를 말한다. 그리고 이 두 시기를 분리하는 시기를 암흑기라 하며 이때는 수학의 침체기라고 한다).

'이집트 스토리'는 고대 그리스 수학이 번성하는 시기 이전의 고대 이집트 사람들의 수학을 보여줌으로써 이러한 통념에 맞선다.

이런 통념이 부정확하다는 것은 피타고라스 정리에 대한 가장 오래된 증명들이 고대 중국의 문헌 《주비산경(周髀算經)》과 고대 인도의 문헌 《술바수트라스(*Sulbasutras*)》에서 발견된다는 점이 주목받게 되면서 명확해지기 시작한다. 각 문헌의 출판연대는 대략적으로 피타고라스가 태어나기 이전인 기원전 1000년과 600년 사이로 거슬러 올라간다(Nelson, Joseph, & Williams, 1993, p. 13). 게다가, 유클리드, 프톨레마이오스, 헤론, 디오판토스, 테온, 히파티아, 탈레스, 피타고라스, 플라톤과 같은 많은 위대한 고대 그리스 수학자들은 그리스가 아닌 이집트에서 연구하고 공부했으며, 이로 인해 많은 이들은 그들의 창작물의 기원이 고대 이집트 사람들의 수학에 있다고 본다(Bernal, 1992, p. 88; Lumpkin, 1997b, pp. 106-107).

사실, 수학의 역사는 이집트, 인도, 바빌로니아, 중국에 그 기원을 두며, 그리스인, 인도인, 중국인, 페르시아인, 아랍인들은 후에 중요한 공헌을 하였다. 이슬람 문화가 이들의 창작물을 아프리카를 거쳐 유럽에 전파하였고, 시실리와 스페인을 경유하여 유럽으로 들어갔다. 그리고 서구 유럽이 매우 두드러지게 공헌한 시기는 겨우 최근 몇백 년 동안뿐이다(Nelson, Joseph, & Williams, 1993, Ch. 1). 현대 수학은 다양한 문화적 배경을 가진 사람들의 노력의 결과이다. 수학은 진정한 다문화적 교과인 것이다.

다문화 수학교육자들의 목표 중 하나는 수학사에 대한 우리의 이해의 폭을 넓히고 그 진화 과정에 대한 부정확한 통념을 종식시키는 것이다. 수학의 진화에 대한 부정확한 신념은 다음과 같다.

- 수학은 단지 단순한 수 세기 체계를 지닌 원시적인 비서구권 문화에서 시작되어 풍부한 수학적 체계를 갖춘 서구 문화로 진화하였다.
- 수학은 구체적인 사고 방식을 이용하여 수학을 다루던 문화로부터 시작되어 추상적 사유를 이용하는 문화로 진화하였다.
- 수학은 논리 이전의 문화로부터 시작되어 논리적인 문화로 진화하였다.
- 수학은 수학을 맥락화하는 문화로부터 시작되어 수학을 탈맥락화하는 문화로 진화하였다.

이러한 유럽 중심의 통념으로는 수학사를 정확하게 설명하기 어려운데, 이는 지구가 우주의 중심이라는 아이디어를 이용하여 오늘날 천문학의 관점을 정확하게 설명하지 못하는 것과 같다.

'이집트 스토리'를 마치게 되었을 때, 학생들은 유명한 고대 그리스 수학자들 이전에 유럽 외 지역의 많은 수학자들도 적극적으로 활동하고 있었다는 점을 잘 이해한다. 아마도 고대 그리스 수학자들은 이전의 문화에서 활동했던 많은 위대한 수학자들의 업적을 형식화하고 확장했던 인물이라고 보다 정확하게 기억될 것이다.

통념 3. 현대의 학교 수학은 전 세계 모든 문화에 깔려 있는 사회적·정치적·종교적·언어적·개념적 전통과 일치하며, 모든 문화 출신의 아이들이 수학을 동일한 방법으로 쉽게 배우고 활용할 수 있다.

'이집트 스토리'를 배우는 아이들은 마리아와 레지가 고대 이집트 아이들에게 우리의 곱셈 알고리즘을 가르쳐야 하는지 가르치지 않아도 되는지를 결정하게 되었을 때 이러한 통념에 직면하게 된다. 적어도 도리스의 학생들은 그렇게 하도록 하지는 않았는데, 그 이유는 우리의 문화와 고대 이집트 사람들의 문화 간 차이로 인해 발생하게 되는 지적 어려움을 학생들이 인지하고 있었기 때문이다.

이러한 통념이 문제가 되는 이유는 최근 연구에서 특정 문화들은 현대 학교 수학과는 극적으로 다른 형태로 나타나며, 그러한 문화권에 있는 구성원들의 방식으로 언어, 논리체계, 세계관, 공간과 시간의 관계에 대해 교육이 이루어지고 있음을 지적하고 있기 때문이다. 게다가, 연구에서는 그러한 차이로 인해 현대의 학문적 수학(이것은 서구의 종교, 언어, 철학, 논리, 개념적 전통을 기반으로 한다)을 학습하는 것이 비서구권 문화 출신의 어린이들에게는 어려울 수도 있다는 점을 지적하고 있다(Atweh, Forgasz, & Nebres, 2001; Powell & Frankenstein, 1997b; Trentacosta & Kenney, 1997).

다음과 같은 학생들에게 다음과 같은 활동을 하도록 하는 것이 얼마나 의미 없는지 생각해보자. 즉, 야구에 대해 들어본 적이 남아메리카 사람들에게 야구 관련 기록에 대한 문제를 해결하도록 하는 것, 동그란 형태의 단층집에 살고 있는 아프리카 사람들에게 그들이 들어본 적이 없는 직사각형 모양의 고층건물의 부피를 구하도록 하는 것, 확률 게임을 해본 적이 없는 아이들에게 주사위를 이용한 확률을 학습하도록 하는 것 등을 생각해보자. 낯선 문화적 정보를 토대로 수학적 지식을 구성하라고 아이들에게 요구한다면, 아이들은 기존에 가지고 있던 의미에서 시작하여 새로운 이해를 구성하는 데 방해를 받을 수 있다.

여러 문화에서 사용하는 참조물은 구체적인 것에서 추상적인 것에 이르기까지 추상의 수준에 있어서 다양하게 나타나고 있으며, 이는 또한 아이들이 학교 수학을 배우는 능력에 영향을 미칠 수 있다. 예를 들어, 와퀸아베테(Waqainabete, 1996)는 자신의 친구인 피지인들에게 맥락적 역할로서 추상의 수준이 미친 영향에 대해 다음과 같이 언급한다.

> 피지 교육 체계에서 …… 수학교육과정은 너무 추상적이고 서구화된 문화에 맞추어져 있다. 일반적으로, 학교에서 배운 수학과 마을 수준에서 사는 삶 사이에 아무런 상관이 없기 때문에, 피지 학생들은 수학 시험에서 낙제하거나 형편없는 성취도를 받는다 (p. 315).

와퀸아베테에 있어서 이 말의 의미는 교육과정에 있는 참조물의 추상 수준에서 생활하는 문화권의 아이들에 비해서 피지제도 아이들은 학교 수학을 더 어려워하며, 이는 참조물의 추상 수준 때문이라는 것이다. 와퀸아베테는 피지제도 사람의 측정법, 나무 조각술, 직조술, …… 천 염색, 도자기, 카누, …… 가정용 물건의 장식, 그리고 주택 건설 활동과 같은 피지제도 토착 문화에 친숙하고 구체적인 요소들이 교육과정에서 언급되는 대상, 행동, 지식과 연결되어야 한다고 말한다(Stillman & Balatti, 2001, p. 315).

게다가, 한 문화의 언어가 지닌 의미론적, 구문론적 구조가 학교 수학의 구조와 얼마나 일치하는지는 아이들이 얼마나 수학을 쉽게 배우고 사용하는지에 영향을 미친다. 예를 들어, 중국에서 자국의 언어를 사용하는 학생들은 "7,612,439와 같은 여러 자릿수를 읽는 데 어려움을 경험하며, 각 숫자의 자릿값을 오른쪽에서 왼쪽으로 가리키면서 자릿값의 이름을 말하지 않으면 백만 자리에 있는 '7'과 나머지 숫자들을 읽는 방법을 알지 못한다(Powell & Frankenstein, 1997a, p. 251)."[2] 파월(Powell, 1986)은 이들이 쓰는 언어의 의미론적, 구문론적 구조는 네 자리마다 구분기호를 부과하는데, 이는 세 자리마다 구분기호를 부과하는 서구의 언어 구조와는 매우 다르기 때문에 이와 같은 현상이 일어난다고 주장한다. 영어를 사용하는 사람이 자신에게 익숙한 자릿값 언어를 이용하여 567,567,567을 읽는 것과 비교하여 이 사람이 다른 누군가의 자릿값 언어(네 수를 묶음으로 읽는 언어)를 이용하여 5678,5678,5678을 읽어야만 한다면 그는 어떻게 행동할 것인가? 이 사람이 천 모형, 백

2) 동양권에서는 '일, 만, 억, 조'와 같이 네 자리 단위로 새로운 단위가 만들어지는 데 비해, 서양권에서는 'one, thousand, million'과 같이 세 자리 단위로 새로운 단위가 만들어진다. 따라서 서양권 사람은 '7,612,439'와 같은 수를 읽기 위해 콤마의 개수만 확인한 후 수를 읽는 데 비해, 동양권 사람은 오른쪽부터 왼쪽으로 '일, 십, 백, 천 ……'과 같이 각 숫자의 단위를 읽기 시작하여 '7'의 단위를 확인한 후에 주어진 수를 읽게 된다.

모형, 낱개 모형만으로 이루어진 십진 블록을 사용하여 5678,5678,5678을 정확하게 표현해야 한다면 이 사람은 어떤 개념적 어려움을 겪을 것인가? 이것은 어떤 문화의 언어적 구조로 인해 그 문화의 구성원들이 서구의 학문적 수학을 배우게 되면서 인지적, 언어적 어려움을 겪게 되는 유형의 한 예이다.

기하학 분야의 한 가지 예를 검토해보자. 해리스(Harris, 1991)는 오스트레일리아 원주민들이 방향과 위치를 어떻게 판단하는지를 알아보기 위해 이들의 하위문화 일부를 연구했다. 서구 수학에서는 앞, 뒤, 좌, 우와 같은 **국소적인** 상대적 방향 체계를 사용하며, x축과 y축 위에서 양의 방향과 음의 방향을 가진 데카르트 좌표와 같은 **보편적인** 상대적 방향 체계를 사용한다. 오스트레일리아 원주민들은 자신들로부터 단 몇 피트 떨어져 있는 대상들을 다룰 때조차도 절대적인 방향 체계로서 동, 서, 남, 북만 이용한다. (자신의 **북쪽**으로 3피트 떨어져 있다고 말하며, 결코 자신의 **앞쪽으로** 3피트 떨어져 있다고 말하지는 않는다.) 이들의 토착 언어와 문화는 상대적으로 국소적인 혹은 보편적인 방향 체계와 위치 체계를 지원하지 않는다. 이들이 수학 교실에 들어가게 되었을 때, 이들은 서구의 학교 수학에 의해 지원되는 상대적 체계로 인해 큰 어려움을 겪게 되며, 자신들의 절대적 체계를 사용하기를 원한다.

보다 깊이 들어가면, 어떤 문화의 기반지식과 학교 수학의 기반지식 사이에는 주요한 개념 차이가 존재할 수 있다. 예를 들어, 나바호족의 시간 개념과 공간 개념은 학교 수학에서 가르치는 서구의 개념과 부합되지 않는다. 서구인들은 지루할 때보다는 흥분된 상태에서 5분을 더 짧게 느낄 수 있다는 점을 알고 있으면서도, 수학적 시간은 진리이고 심리적 시간은 우리의 상상으로 만든 허구라고 생각한다. 유사하게, 서구인들은 우리가 지쳤을 때보다는 힘이 넘칠 때 혹은 길을 잃었을 때보다는 어디에 있는지 알고 있을 때, 걸어야 할 5마일이 짧게 보일 수 있다는 것을 알고 있으면서도, 수학적 거리는 진리이고 심리적 거리는 우리의 상상으로 만든 허구라고 생각한다. 시간과 거리는 일정한 눈금이 있는 측정 장치(즉, 그날의 위치나 시각과는 독립적으로 작동하는 기계식 시계와 놓인 위치에 따라 길이 또는 단위가 증가하거나 감소하지 않는 자)에 의해 측정된다고 생각한다. 그러나 나바호족 문화에서는 그렇지 않다. 나바호족 문화에서는 여러분이 어디에 있는가에 의해서 그리고 무엇을 하고 있으며 어떤 느낌을 가지고 있는가에 의해서 측정되며, 여러분이 차고 있거나 주머니에 넣고 다니는 비인간적인 기계에 의해서 결정되지 않는다(Pinxten, 1997, p. 394). 나바호족들에게 시간, 공간, 거리는 절대적 기준에 의해 임의적으로 정의되기보다는 오히려 서로의 관계에 의해 순환적으로 정의되며, 따라서 이들이 집에 가까이 있을 때와 멀리 있을 때의 5분과 5마일은 다를 수 있다. 자신들의 가족과 공동체에서 나바호족 개념을 배운 나바호 사람들이 학교 수학을 배워야만 할 때, 나바호족 사람들에게 무슨 일이 벌어질까? 핀스텐(Pinxten)에 따르면, 서구의 수학과 나바호족의 수학이 중첩되면서 인지적 혼란을 야기하고, 그 결과는 '나바호 아이들과 어른들의 수학적 오해와 사회문화적 그리고 심리적 소외'로 나타난다(1997, p. 394).

우리가 문화적으로 학습된 메타 인지적 문제해결 전략을 고려한다면, 학교 수학은 모든 세계의 문화와 양립될 수 없다는 것을 이해할 수 있으며, 또한 학교 수학과 문화 사이에 어느 정도의 불일치가 존재하는가에 따라서 아이들은 수학을 더 쉽게 느끼기도 하고 더 어렵게 느끼기도 하는데, 이러한 현상은 아이들 자신의 가족과 공동체에서 배운 메타 인지적 문제해결 전략과 사고 전략들이 어떤 것이냐에 의존한다는 사실을 이해할 수 있다.

앞 장에서 논의했듯이, 전문적인 문제해결자와 초보적인 문제해결자 사이에서 나타나는 주요한 차이는 자신의 사고를 스스로 조절하고 모니터링할 수 있는 정도와 관련된다. 미국의 어떤 동일한 도시에 살고 있는 세 집단의 공동체에 관한 히스(Heath, 1983)의 연구는 자기 조절에 대한 다양한 접근법을 보여준다. 어떤 공동체의 아이들은 강도 높은 자기 조절법을 배웠고, 또 다른 공동체에서는 보통 수준의 자기 조절법을 배웠으며, 또 다른 공동체에서는 자신들의 사고와 행동이 즉흥적이고, 자발적이며, 충동적이고, 열정적이어야 한다고 배웠다. 만약 적절한 정도의 자기 조절과 자기 모니터링(실행에 옮길 한 가지 전략을 정하기 전에 다양한 문제해결 전략들을 탐구하는 것과 같은 행위)이 수학에서 성공하기 위한 필수조건이라면, 그리고 태어나면서부터 가족과 공동체 문화의 일부로서 이런 것들이 학습된다면, 메타 인지적 정도가 수학적 성공에 부합하는 공동체에서 성장한 아이들과 비교했을 때 '과도하게' 자기조절을 하도록 혹은 '과도하게' 즉흥적이 되도록(수학에서 성공을 위해 요구되는 것과 비교해서) 배운 아이들은 학교에서 얼마나 잘할 것이라고 기대할 수 있을까? 사실, 히스의 연구에서는 자기조절을 매우 강도 높게 하거나 혹은 즉흥적으로 자기조절을 하는 공동체에서 성장한 아이들은 다른 아이들에 비해 학교에서 그리 잘하지 못했다는 점을 지적하고 있다.

전 세계적으로 학교에서 가르치고 있는 서구적 관점의 수학은 전 세계 모든 문화에 대한 사회적, 정치적, 종교적, 언어적, 그리고 개념적 전통과 근원적으로 부합될 수 없다. 사실 서구적 관점의 수학은 특정 문화와는 양립할 수 없으며, 이런 차이로 인해 학교에서 수학을 배우는 학생들의 능력에 심각하게 지장을 줄 수도 있고, 학교 밖에서의 아이들의 정상적인 지적 기능에 지장을 줄 수도 있다.

주의사항

앞서의 논의 및 앞으로의 논의와 관련해서, 다섯 가지 주의사항을 언급할 필요가 있다. 첫째, 일부 사람들은 만약 교사들이 문화적, 사회경제적, 그리고 성별이라는 배경을 보지 않고, 그래서 학생들 사이의 차이를 보지 않게 되면 교사들은 모든 학생들을 동일하게 가르칠 것이고 모든 학생들은 동등하게 잘 배울 것이라고 믿는다. 모든 학생들이 동등하게 잘 해내지 못하는 이유는 교사들이 특정 학생들을 호의적으로 대하기 때문이라고 생각하면서 이러한 믿음은 생겨난다. 그러나 연구에서는 수학에서의 동등한 성취와 관련된 요인은 교사가 학생들을 호의적으로 대하는 것과는 그다지 상관관계가 없고, 그보다는 학교 수학의 본질 및 학교 교육 환경과 상관관계가 있음을 보여주고 있다(Ambrose, Levi, & Fennema, 1997). 교육자들은 이런 것들을 외면해서는 안 되며, 학교 수학과 학교 환경에 숨어 있는 문화적 편견이나 이에 대한 학생들의 태도에 민감해져야 한다. 그러면, 아마도 교육자들은 학생들의 특성에 맞게 학교 교육을 조절하는 방법을 파악할 수 있을 것이다.

둘째, 학생의 문화와 학교 수학의 문화 사이의 상관관계는 수학적 성취에 영향을 미치는 유일한 요인이 아니다. 사회적, 정치적 환경에 감춰진 편견 때문에, 어떤 학생들은 다른 학생들보다 수학을 배우면서 어려워한다. 학생들의 가족과 공동체 문화에 깔려 있는 사회적, 정치적 가설과 학교에서의 사회적, 정치적 환경에 깔려 있는 가설은 서로 맞지 않을 수 있다.

셋째, 이 장에서는 문화와 수학 사이의 관계를 다루었는데, 사람은 가정 교육 및 생물학적 유전 특성에 의해 만들어지므로, 이 두 가지가 아이들의 학습 능력에 영향을 미친다.

넷째, 교육자들은 학생들을 유형화하는 것을 경계해야 하며, 모든 학생들을 특정한 프로파일(profile)에 맞출 수 있다고 생각하는 것을 경계해야 한다. 지난 30년 동안 연구자들은 학생의 성취와 관련한 사회경제적, 문화적 집단들의 프로파일을 제공했다. 예를 들어, 셰이드(Shade, 1989), 힐리어드(Hilliard, 1989), 스티프(Stiff, 1990), 스티프와 하비(Stiff, Harvey, 1988)는 다음과 같은 아프리카계 미국인들의 속성 때문에 아프리카계 미국인 문화는 학교 수학의 문화와 양립할 수 없다고 주장했다. 그들은 대인관계를 중요시하는 사회적 집단 속에서 일을 함으로써 배우고, 자신들이 하는 일과 관련이 없어 보이는 이야기를 즉흥적으로 말하며, 학습이 이루어지는 동안 움직이면서 신체적인 활동이 이루어지고, 읽기나 쓰기보다는 오히려 구두적 담론을 통해 학습한다.*3)대조적으로, 학교 수학은 다음과

* 유사하게, 콕스와 라미레스(1981), 바스케즈(1991)의 연구에서 멕시코계 미국인들은 대인간 또는 포괄적인 학습 양식을 선호한다고 결론지은 반면에, 셰이드(1989), 모어(1990), 베르트와 베르트(1992)의 연구에서 아메리칸 원주민들은 시각적, 반성적(reflective), 맥락적 학습 양식을 선호한다고 결론지었다.

같은 학생들의 특징이 요구되는 것으로 여겨진다. 그러한 학생들은 혼자서 공부하며, 매우 구조적이면서 정돈된 형태로 공부하고, 앉은 상태에서 공부하며, 읽기, 쓰기, 도표와 같은 문자 매체의 수업을 통해 학습한다. 학생들을 유형화할 수 있고, 특정한 집단의 모든 학생들이 위와 같은 프로파일에 적응하리라고 생각하는 것은 위험하다. "한 집단 내에서 개개인 간의 차이는 그들 간의 공통성만큼이나 크기 때문에", "어떤 집단의 사람들에 대해 일반화를 시도하면서 그 집단에 속한 개별 구성원들에 대해 잘못된 추측을 할 수도 있고", 그래서 개별 구성원들에게 큰 피해를 끼치게 된다는 사실을 깨달아야 한다(Guild, 1995, pp. 17, 19).

다섯째, 학생들이 문화적으로 영향을 받은 수학적 기반지식과 학교 수학의 기반지식 사이의 부조화로 인한 결과는 이 글에서 제시하는 것 이상으로 복잡하다. 예를 들어, 아프리카계 미국인들의 문화에서는 사회적 집단 규범에 따라야 한다. 그래서 이러한 부조화의 결과로 (앞의 예와 관련하여) 많은 아프리카계 미국인들이 정서적 기능장애를 겪고 있다는 점에 대해 여러 학자들은 걱정한다. 그 결과로 수학을 잘 수행할 수 있는 많은 아프리카계 미국인들이 수학을 어려워하는 동료들과의 유대를 유지하기 위해 수학 공부를 선택하지 않으며, 반면에 수학 공부를 선택한 아프리카계 미국인들은 수학을 못하는 동료들에게 신의를 잃고 결과적으로 사회적 거부, 고립, 소외를 당하게 된다(Moody, 2001).

오늘날 많은 수학 체계가 존재한다

오늘날 많은 수학적 기반지식이 우리의 세계에 존재한다. 어떤 하나의 사회 내에서도 보건 전문가들, 변호사들, 회계사들, 경찰관들은 자신들만의 특수한 의사소통 방식을 갖고 있으며, 각 집단은 자신들의 세계에 의미를 부여할 수 있는 특수한 언어, 기반지식, 세계관을 갖고 있다. 마찬가지로 수학자들도 수학에 관해 서로 대화하는 데 있어서 독특한 방식을 갖고 있다.

게다가, 보건 전문가들만 생각해보더라도, 그 집단에는 별개의 하위집단들이 많이 존재하고, 각 집단마다 고유의 하위문화가 있음을 발견하게 된다. 예를 들어, 일반 개업의사, 외과 의사, 물리치료사, 심리치료사, 크리스천 사이언스 간호사[3], 한의사, 약초 전문가들의

3) 크리스천 사이언스(Christian Science)는 1879년 메리 베이커 에디(Mary Baker Eddy)에 의해 미국 매사추세츠 주 보스턴에 설립된 기독교 계통의 신흥 종교이며, 크리스천 사이언스 간호사는 그곳에서 간호 활동을 하는 사람이다.

관점은 서로 매우 다르다. 마찬가지로 대부분의 현대 문화 내에는 매우 다른 시각으로 수학을 보려고 하는 다수의 하위 집단 사람들이 존재하며, 서로 다른 수학적 기반지식을 가지고 있는 다수의 하위 집단 사람들이 존재한다. 어떤 단일한 문화권 내에도 혹은 여러 문화 사이에도 수학에 관해 의사소통하고 사고하는 방법이 두 가지 이상 존재할 수 있으며, 이러한 사실은 본 논의에서 매우 중요하다.

앞서 언급한 바와 같이, 캐러허, 캐러허, 슐리만의 연구에서는 브라질에 서로 다른 형태의 수학적 기반지식 두 가지가 현존하고 있음을 강조하고 있다. 하나는 시장과 직업에서 발생되는 실제적이고 수학적인 노력과 관련되며, 구두로 익힌 암산이 표준이다. 여기서 수학은 고도로 직관적이고, 경제적 생존에 중요하며, 이것이 발생하는 특정한 상황과 관련되어 있다. 수학적 아름다움의 표준은 정확성과 실용성이라는 기준에 의존한다.

또 다른 수학적 기반지식은 학교에서 가르치는 것이다. 이 수학은 주로 탈맥락화되었으며 종이와 연필로 작업이 이루어지고, 수학적 체계 자체의 내적인 논리적 관계가 가장 중요하다. 그러한 수학의 아름다움의 표준은 추상적 공리로부터의 연역적 추론이며 더 큰 수학적 체계 내에서의 일관성이다(Carraher, Carraher, & Schliemann, 1985, 1987; Carraher, 1988; Nunes, Schliemann, & Carraher, 1993). 수학에 대한 이러한 두 가지 서로 다른 접근이 브라질에 존재하고 있었던 것처럼, 이러한 접근들은 세상의 다른 곳에서도 많이 존재한다. 이것을 인정한다면, 우리는 다음의 세 가지 사항들을 다루어야 한다.

- 매우 다른 문화에 기반을 둔 수많은 수학 체계들이 과거에도 존재했고 현재 세계에도 존재하고 있다.
- 이들 각각의 수학 체계들은 그 체계 내에서 고유의 기반지식 및 그에 수반되는 문화적 가치들을 갖는다.
- 현재 각급 학교 내에서는 가능성 있는 여러 수학 체계 중에서 하나만을 촉진하고 그것만을 가치 있게 여기는 것이 관행이다.

이미 소개한 바 있는 이러한 사항들에 대해 좀 더 깊이 있게 설명할 필요가 있다. 왜냐하면, 한 가지 수학 체계(최근에 학교에서 가르치고 있는 체계)만 접한 많은 사람들에게는 우리의 기반지식과 좀 더 직접적으로 관련된 사항들이 필요할 수도 있기 때문이다. 그렇게 하기 위해서, 우리는 지난 세기 동안 사용되었던 다섯 가지 뺄셈 알고리즘을 설명할 것이고 현재의 뺄셈 알고리즘을 왜 사용하게 되었는지에 대한 역사를 보여줄 것이다. 여기서 이렇게 하는 목적은 위에서 언급한 세 가지 사항들을 설명하는 데 있다. 하지만 몇 가지 유용한 방법들이 존재했음에도 불구하고, 어떻게 해서 학교 수학이라는 단 한 가지 방법에 의해서만 수학교과를 개념화하게 되었는지에 대해서도 관찰할 것이다.

뺄셈 모델

다음에 나오는 각 뺄셈 알고리즘에 대한 설명을 할 때, 한 아이가 알고리즘을 사용하면서 기록한 활동지(written work) 내용과 그 아이가 활동지에 기록하면서 중얼거린 내용(utterances)을 가지고 설명하겠다. 중얼거린 부분 중에서 괄호 속의 단어들은 현재 일어나는 일에 대해 독자들이 이해하기 편하도록 하기 위해 추가된 것이며, 아이가 정말로 중얼거리는 것은 아니다.

교환모델

그림 10.1 교환 모델

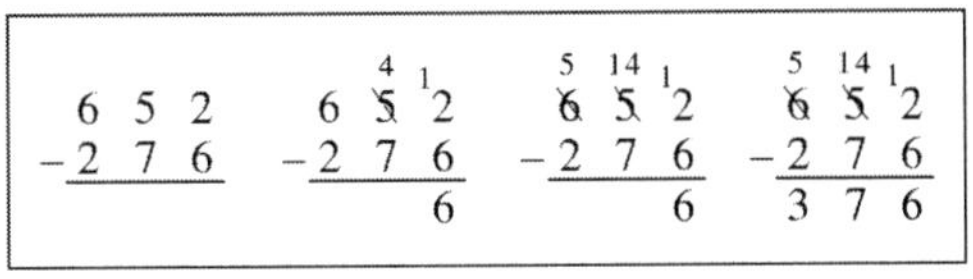

	4 1	5 14 1	5 14 1
6 5 2	6 ~~5~~ 2	~~6~~ ~~5~~ 2	~~6~~ ~~5~~ 2
−2 7 6	−2 7 6	−2 7 6	−2 7 6
	6	6	3 7 6

652에서 276을 뺀다. 먼저 2에서 6을 빼야 한다. 이것을 할 수 없으니, 십의 자리에서 교환해야 한다. (십의 자리) 5를 지운다. (십의 자리) 5를 (십의 자리) 4로 만들고 나서, (일의 자리) 2를 (일의 자리) 12가 되도록 교환한다. 이제 12에서 6을 뺄 수 있으며, 6이 남는다. 6을 적는다. 이제 (십의 자리) 4에서 (십의 자리) 7을 빼야 한다. 이것을 할 수 없으니, 백의 자리 수를 교환할 필요가 있다. (백의 자리) 6을 지운다. (백의 자리) 6을 (백의 자리) 5로 바꾸고 나서, (십의 자리) 4를 (십의 자리) 14가 되도록 교환한다. 이제 (십의 자리) 14에서 (십의 자리) 7을 뺄 수 있고 (십의 자리) 7이 남는다. (십의 자리) 7을 적는다. (백의 자리) 5에서 (백의 자리) 2를 뺄 수 있으며, (백의 자리) 3이 남는다. (백의 자리) 3을 적는다.

교환 모델(trading model)은 오늘날 학교에서 가르치는 가장 일반적인 뺄셈 알고리즘이다. 이 모델에서는 모든 종류의 교환[4](즉, 가르기, 재배열하기, 모으기)이 652에서 이루어진다. 652는 '6개의 100 + 5개의 10 + 2개의 1'로 생각하게 되고, 다시 (수학자들에 의해) $6\times10^2+5\times10^1+2\times10^0$으로 생각하게 된다. 이것($A\times10^2+B\times10^1+C\times10^0$와 같이 추상화되고 일반화된 형태)은 수학자들이 수를 표기하는 표준적인 방법이며, 뺄셈에서 이러한 방법이 적용된다는 것을 설명하기 위해서 수학자들은 일반화된 대수적 증명을 사용하고, 사실상 뺄셈에서의 이러한 증명을 다른 산술 연산들에서의 증명에도 적용한다. 652와 같은 수에서 이 수의 값을 유지하면서 자릿값 사이에 교환(가르기, 재배열하기, 모으기)이 이루어진다는 증명(그 증명은 여기서 제시한 것보다 좀 더 일반화된 대수적 기호로 제시된다)은 아래와 같이 진행될 수 있다.

652
= 6개의 100 + 5개의 10 + 2개의 1
$= 6\times10^2+5\times10^1+2\times10^0$
$= 6\times10^2+(5-1)\times10^1+(2+10)\times10^0$ (10개짜리 1을 낱개의 10으로 교환하기)
$= 6\times10^2+4\times10^1+12\times10^0$
$= (6-1)\times10^2+(4+10)\times10^1+12\times10^0$ (100개짜리 1을 10개짜리 10으로 교환하기)
$= 5\times10^2+14\times10^1+12\times10^0$

수학자들이 선호하는 보다 추상적이고 일반적인 형태로 표현하면, 이 기호는 다음과 같이 제시된다.

$$A\times10^2+B\times10^1+C\times10^0$$
$$= (A-1)\times10^2+(B-1+10)\times10^1+(C+10)\times10^0$$

이러한 뺄셈 알고리즘이 수학자와 교육자들에게 인기를 얻게 된 것은 이런 형태의 대수적 기호가 가지고 있는 위력 때문이며, 또한 이런 형태의 추상적·공리적·연역적 증명에

4) '교환'에는 '가르기, 재배열하기, 모으기'가 모두 포함된다. 구체적인 예를 들면 다음과 같다.
$6\times100+5\times10+2 = (5+1)\times100+(4+1)\times10+2$ (가르기)
$= 5\times100+(10\times10+4\times10)+(10\times1+1)$ (재배열하기)
$= 5\times100+14\times10+12$ (모으기)

의해서 현재 학교에서 사용하고 있는 모든 산술적 방법들을 하나의 일관된 방식으로 증명하는 것이 가능해졌기 때문이다. 지난 수백 년 동안에 수학에서 이룩한 위대한 업적 중 하나는 이러한 뺄셈 알고리즘을 할 수 있게 되었다는 점이다. 이런 이유로 수학자와 수학교육자들 사이에 이러한 방법이 인기를 얻게 되었고, 이들은 이러한 알고리즘이 학교에서 가르쳐야 하는 유일한 방법이 되어야만 한다고 교육 공동체를 설득하게 되었다. 수학자들의 조언을 받아들여, 교육학자들은 다른 방법들을 제치고 이 방법을 장려하였고, 60년도 안 되어 이 방법은 학교 교육과정의 표준이 되었다. 많은 사람들이 잘못 알고 있는 부분은 이러한 전통이 수백 년에 걸쳐 학교 교육과정에서 이어져왔다고 생각하는 점이다.

동수 덧셈 모델

그림 10.2 동수 덧셈 모델

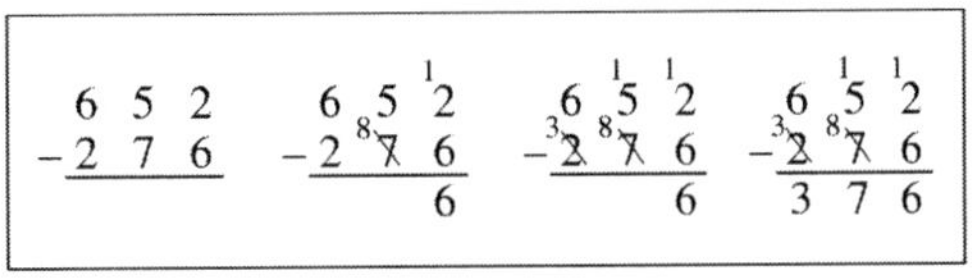

6 5 2	6 5 ¹2	6 ¹5 ¹2	6 ¹5 ¹2
−2 7 6	−2 ⁸7̸ 6	−³2̸ ⁸7̸ 6	−³2̸ ⁸7̸ 6
	6	6	3 7 6

652에서 276을 뺀다. 먼저 2에서 6을 뺄 필요가 있다. 이것을 할 수 없어서, (윗줄의 일의 자리에 있는) 2에 10을 더해주어서 12를 얻고, (아래 줄의 십의 자리에 있는) 7(십)에 1(십)을 더해주어서 8(십)을 얻는다. 이 7(십)을 지우고, 그 옆(십의 자리 옆)에 8을 적고, 1을 2옆에 적어서 이것이 (일의 자리) 12임을 나타낸다. 이제 (일의 자리) 12에서 (일의 자리) 6을 뺄 수 있고, 6을 얻는다. 이 6을 적는다. 이제 (십의 자리) 5에서 (십의 자리) 8을 빼야 한다. 이것을 할 수 없어서 (윗줄의 십의 자리에 있는) 5(십)에 10(십)을 더해서 15(십)을 얻고, (아래 줄의 백의 자리에 있는) 2(백)에 1(백=10십)을 더해서 3(백)을 얻는다. 2(백)를 지우고 그 옆(백의 자리 옆)에 3을 적고, 5(십의 자리) 옆에 1을 적어서 이것이 15(십)임을 나타낸다. 이제 15(십)에서 8(십)을 뺄 수 있고, 7(십)을 얻는다. 7(십)을 적는다. 이제 6(백)에서 3(백)을 뺄 수 있고, 3(백)을 얻는다. 3(백)을 적는다.

동수 덧셈 모델(equal additional model)은 약 반 세기 전까지 가르치던 매우 일반적인 모델이었다. 이 모델이 아이들의 자연스런 지적 과정과 좀 더 가깝게 부합되었기 때문에, 교환 절차보다는 동수 덧셈 절차가 아이들이 이해하기에 쉽다고 믿었으며, 그래서 1980년대에 일부 교육청에서 잠깐 부활되었다. 어떤 뺄셈 문제에서 감수와 피감수에 같은 양(이 경우는 10 또는 100)을 더해도 주어진 문제에 변화가 생기지 않으며, 이러한 뺄셈 알고리즘의 근저에는 이러한 사실[$a-b=(a+x)-(b+x)=a+x-b-x=a-b$]이 간단히 증명될 수 있다는 점을 가정한다. 그래서 10을 더할 때에는, 피감수의 일의 자리에 10을 더하고 감수의 십의 자리에 1을 더할 수 있으며, 100을 더할 때에는, 피감수의 십의 자리에 10(십)을 더하고 감수의 백의 자리에 1(백)을 더할 수 있다. 이러한 뺄셈 알고리즘에서는 교환 모델에 비해 많은 필기를 요구하지 않으며, 교환 모델에 비해 더 많은 지적 활동을 요구하지 않는다. 하지만 수학자들은 대수를 사용하여 일관된 방식으로 기본적인 산술 연산을 증명하고자 하였으며, 동수 덧셈 모델은 이와 같은 새로운 방식에 부합되지 않았기에 교환 모델이 이를 대체하였다.

왼쪽부터의 모델

그림 10.3 왼쪽부터의 모델

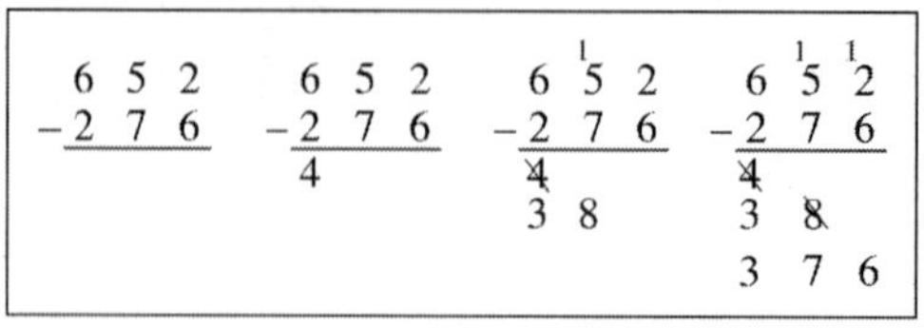

```
                            1         1 1
  6 5 2      6 5 2      6 5 2      6 5 2
- 2 7 6    - 2 7 6    - 2 7 6    - 2 7 6
             4          4̸          4̸
                        3 8        3 8̸
                                   3 7 6
```

652에서 276을 뺀다. 먼저 6(백)에서 2(백)를 뺀다. 4(백)를 얻는다. 이것을 적는다. 이제 5(십)에서 7(십)을 빼야 한다. 이것을 할 수 없어서, 4(백)를 3(백)과 10(십)으로 가른다. 4(백) 아래에 3(백)을 적고, 5(십)에 10(십)을 더해서 15(십)을 얻는다. 이제 15(십)에서 7(십)을 뺄 수 있다. 8(십)을 얻는다. 3(백) 옆에 8(십)을 적는다. 이제 2(낱개)에서 6(낱개)을 빼야 한다. 이것을 할 수 없어서, 38(십)을 37(십)과 10(낱개)으로 가른다. 38 아래에 37(십)을 적고 10(낱개)과 2(낱개)를 더해서 12(낱개)를 얻는다. 이제 12에서 6을 빼고, 6을 얻는다. 37 옆에 6(낱개)을 적으며, 답은 376이다.

왼쪽부터의 모델(left-handed model)은 교환 모델과 꽤 비슷하다. 차이점은 제일 높은 자릿값의 숫자부터 계산한다는 것이다. 이것은 제일 낮은 자릿값부터 시작하는 것보다 더 이해하기 쉬워 보인다. 예를 들어, 돈과 관련된 실제 세계에서 사람들은 항상 동전의 수보다 지폐의 수에 관심을 보인다. 아이들에게 자기 자신만의 고유한 방법으로 뺄셈을 하도록 하였을 때 아이들은 이와 유사하게 왼쪽부터 오른쪽으로 계산하는 뺄셈 알고리즘을 창안하였으며, 이러한 사실에 주목한 교육학자들은 이러한 실제적인 방식의 뺄셈을 최근에 부활시켰다. 피감수에만 조작이 이루어지는 이러한 방식의 절차는 추상적이고 대수적인 현대 수학의 증명 방식과 부합되지 않기 때문에 이러한 방식 또한 학교에서 교환 모델에 의해 대체되었다. 다시 '일반화 가능한 현대 수학적 증명 방법'에 익숙한 수학자들의 가치가 실제적인 방식의 절차와 관련된 가치 또는 아이들이 창안한 수학적 구조에 부합하는 가치를 누르고 승리하였다.

점원 모델

그림 10.4 점원 모델

```
  6 5 2           6 5 2           6 5 2
- 2 7 6         - 2 7 6         - 2 7 6
-------         -------         -------
                      4               4
                    2 0             2 0
                  3 0 0           3 0 0
                    5 2             5 2
                -------         -------
                                  3 7 6
```

이 뺄셈 문제에서 652를 얻기 위해서 276에 얼마를 더해야 하는지를 알아야 한다. 276에 4를 더하면 280이 되므로 4를 적는다. 280에 20을 더하면 300이 되므로 20을 적는다. 300에서 300을 더하면 600이 되므로 300을 적는다. 600에 52를 더하면 652가 되므로 52를 적는다. 652에 도달하였으며, 그래서 적은 수들을 더한다. 4+20+300+52는 376이다. 따라서 376을 적는다.

점원 모델(shopkeeper's model)은 전 세계적으로 대중적인 모델이다. 자동 현금 등록기 또는 종이와 연필을 사용하지 않는 매장에 들어가면, 종업원이 거스름돈을 계산하기 위해서 이 모델을 사용하는 것을 들을 수 있다. 종업원이 먼저 페니(1센트짜리 동전), 다음에 다임(10센트짜리 동전), 마지막에 달러를 손님에게 전달하면서 다음과 같이 말하는 것을 듣게 될 것이다. "손님에게 5.00달러를 받았습니다. 손님이 산 가격은 2.76달러이고 거스름돈은 이것입니다. 0.01달러+0.01달러+0.01달러+0.01달러 하면 2.80달러, 여기에 0.1달러+0.1달러 하면 3.00달러, 여기에 1.0달러+1.0달러 더해서 5달러가 됩니다."* 점원 모델에

* 이것에 대한 변형으로는 "손님이 저에게 5.00달러를 주었고, 손님이 산 가격은 2.76달러입니다. 2.76달러, (4센트를 주면서), 2.80달러, (20센트를 주면서) 3.00달러, (1달러를 주면서) 4.00달러, (1달러를 주면서) 5.00달러"와 같이 말하는 것을 들을 수도 있으며, 또는 종이에 적지 않고 "2.76달러, 2.80달러, 3.00달러, 4.00달러, 5.00달러"와 같이 말하는 것을 들을 수도 있다.

의한 뺄셈은 매우 실용적이고 편리한 방법이며, 계산을 할 때 주로 구두적 방법을 사용한다. 이 모델은 상인들이 상품을 거래하면서 거스름돈을 계산하는 실제적인 문제에서 주로 사용된다. 이 모델은 구두적 방법의 형태이며, 브라질에서의 캐러허, 캐러허와 슐리만의 연구(1985, 1987)에 기술되고 있다. 또한 이 모델은 아이들이 학교가 아닌 시장에서 배운 형태이다. 이러한 계산 방법의 모델 역시 모든 산술적 알고리즘을 하나의 일관된 방법으로 통합하여 접근하는 현대 수학에서의 추상적·대수적 방법과 부합하지 않기 때문에 교환 모델로 대체되었다. '사용의 용이성'에 대한 가치는 최근에 개발된 수학적 증명 방법에 부합하면서 무모순적·추상적·대수적 방법에 의해 모든 산술 연산을 다루어야 한다는 가치에 종속되었다.

보수 모델

그림 10.5 보수 모델

$$\begin{array}{r} 6\ 5\ 2 \\ -\ 2\ 7\ 6 \\ \hline 3\ 7\ 6 \end{array}$$

652에서 276을 뺀다. 10–6은 4이고 4+2는 6이며, (일의 자리에) 6을 적는다. 이제 9–7은 2이고, 2+5는 7이며, (십의 자리에) 7을 적는다. 마지막으로 9–2는 7이고, 7+6은 13이며, 이 10을 버리고 3이 남는다. 이 3을 (백의 자리에) 적는다. 답은 376이다.

보수 모델(Complementary model)은 대부분의 다른 모델들에 비해 보다 효과적이고 오류가 적다. 이 문제의 내적 가치는 종이와 연필을 사용하지 않고 전적으로 계산된다는 점이며, 조용히 혼잣말을 하면서 또는 소리 내어 말을 하면서 계산된다. 게다가, 우리는 단지 9 또는 10으로부터 0부터 9까지의 수를 빼는 방법만 알면 되고, 10보다 큰 수에 대한 뺄셈 구구(예를 들어 13–5)는 어느 것도 암기할 필요가 없다.

이러한 절차가 이루어지는 동안 무슨 일이 일어날까? [그림 10.6]에 있는 것처럼, 보수 모델 사용자는 652와 276 사이에 숫자 '9, 9, 10'이 있다고 상상한다(실제로 적지는 않는다). 주어진 문제를 해결하기 위해, 보수 모델 사용자는, 각 자리별로, 중간 수에서 감수를 빼고, 그 차를 피감수에 더하고, 그 결과를 각 자리의 아래에 적는다. 주어진 문제의 일의 자리에서, 보수 모델 사용자는 "10–6은 4이고, 4+2는 6이고, 6을 아래에 적는다."라고 생각한다.

그림 10.6 보수 모델 역학

```
 6  5  2
 9  9  10
-2  7  6
 3  7  6
```

10의 자리에서 보수 모델 사용자는 "9–7은 2이고, 2+5는 7이고, 7을 아래에 적는다."라고 생각한다. 100의 자리에서, 보수 모델 사용자는 "9–2는 7이고, 7+6은 13이며, 10을 버리면 3이 남는다. 3을 아래에 적는다."라고 생각한다. 이 모델은 매우 간단하고, 수의 크기에 상관없이 성립한다. 사람들은 일의 자리에는 10을, 그리고 다른 모든 자리에는 9를 상상하기만 하면 된다.

그림 10.7 보수 모델 증명

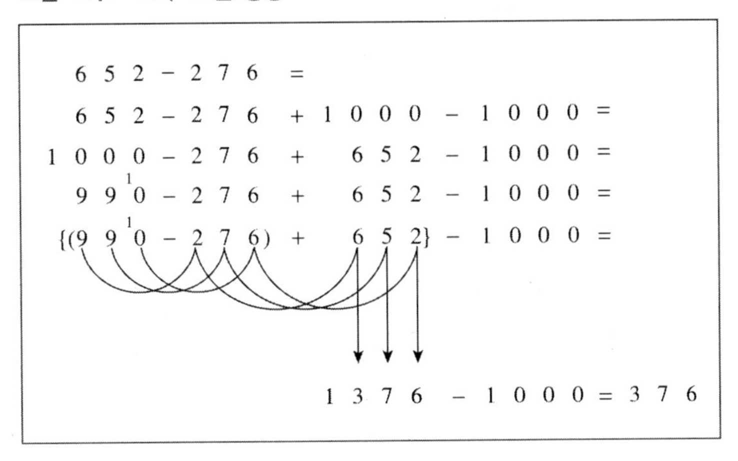

왜 이 모델이 성립하는 것일까? [그림 10.7]의 계산을 보면 무엇이 일어나고 있는지를 알 수 있다. 2단계에서, 1000을 더하고 뺀다면 등식이 변하지 않는다. 3단계에서, 수들이 재배열되었으며, 등식은 변하지 않는다. 4단계에서, 1000을 $99^{1}0$으로 다시 적었다(1000을 '가르기, 재배열하기, 모으기'를 하여, 일의 자리 숫자가 10이 되도록 하였다). 5단계에서, 화살표를 따라 자릿값별로, 수를 묶음지어 계산한다. 10–6+2=6이므로 일의 자리에 6을 적고, 9–7+5=7이므로 십의 자리에 7을 적고, 9–2+6=13이므로 백의 자리에 13을 적으면 1376이 된다. 1376에서 1000을 빼면 376이 된다.

보수 모델에 대해서 세 가지를 언급할 필요가 있다. 첫째, 이런 유형의 증명은 한때 수학사에서 매우 적절한 증명으로 생각되었다. 이 모델은 구체적인 수에 대한 증명이면서, 약간의 상상만으로도 어떻게 일반화되는지를 이해할 수 있다. 하지만 이런 유형의 증명은 더 이상 적절하지 않다. 왜냐하면 이 모델은 구체적인 상황에 의존하며, 모든 범자연수로 쉽게 일반화할 수 없기 때문이다. 일반화를 위해서는, 대수적 기호에 따른 추상적이며 연역적인 증명 방법을 사용할 필요가 있다. 둘째, 알고 있어야 할 원칙(patch)이 있다. 문제의 어떤 자리에서 최종 합이 9를 넘는다면, 10을 다음 자리와 교환하면 된다. 예를 들어, 6543−1828에서, 10−8+3=5이므로 일의 자리에 5를 적고, 9−2+4=11이므로 십의 자리에 1을 적고 백의 자리에 10을 교환해주며, 9−8+5+1(교환해온 것)=7이므로 백의 자리에 7을 적고, 9−1+6=14이므로 천의 자리에 14에서 1을 뺀 4를 적는다. 최종 답은 4715이다. 셋째, 보수 모델은 모든 모델 중에서 지적 부담이 가장 적으며, 최소한으로 필기를 하면서 가장 빠르게 답을 구하는 모델임에도 불구하고, 보수 모델은 교환 모델에 의해 대체되었다. 왜냐하면 교환 모델은 현대 수학에 가장 부합되기 때문이다.

학교 수학에서 교환 모델이 다른 모델들을 대체한 이유를 좀 더 충분히 이해하기 위해서는 이들 다섯 가지 뺄셈 모델을 역사적 맥락에서 논의할 필요가 있다.

역사적 맥락

역사를 이해하기 위해서는 고대 이집트 시대로 거슬러 올라갈 필요가 있다. 고대 이집트 시대에는 수학 문제에 대해 정확한 답을 구할 수 있다면 어떠한 방법이라도 사용되었던 것 같다. 같은 유형의 문제를 푸는 데 두 가지 서로 다른 방법이 이용 가능하다고 하고, 그 방법이 성립하는 이유가 제시될 수 있다고 한다면, 둘 중에서 최선의 답을 제공해줄 수 있는 방법이 사용되었던 것 같다. 구체적인 예들을 토대로 설명이 이루어지며, 그러고 나서 일반화가 이루어졌다.

고대 이집트 사람들은 ‘신의’ (‘학문적’) 수학과 ‘실용’ 수학을 구분하려 하였다. 이것은 파라오(신) 및 그의 학문적 조언자들에게 적합한 것과 평민에게 적합한 것 사이에는 차이가 있다는 그들의 생각을 반영한 것이다. 고대 그리스 사람들도 노동자들이 사용하는 실용 수학과 집권층을 위한 이론적 수학을 구분하면서 계속해서 수학을 두 갈래로 나누었다(D’Ambrosio, 1997b, p, 16). 또한 (아마도 이집트 시대의 파라오에 대한 우월성의 연장인 듯한데) 그리스 사람들에게 “수학은 신의 영역이다.”, “세상은 수학적 원리 위에 형성되었다.”, 그리고 “수학은 완전하고, 일관성 있고, 그리고 이해 가능한 과목이다.”라는 신념이 보편적으로 받아들여졌다.

불행하게도, 그리스 수학자들은 자신들이 설명할 수 없는 수학적 역설을 몇 가지 발견했으며, 예로서 그들은 한 변의 길이가 1인 정사각형의 대각선의 길이를 정확하게 구하지 못했다. (지금은 이와 같은 '무리수' 길이를 루트 2라고 부른다.) 또한 그리스 수학자들은 비밀 집단을 형성하였으며, 수학적 지식과 역설이 수학적 지식이 없는 사람들에게 알려지는 것을 막았다. 그 이유는 아마도 수학자들과 수학은 매우 존중받는 위치에 있어야 한다는 신념이 일반 대중들 사이에서 받아들여지도록 하려고 했기 때문이라고 추측할 수 있다.

시간이 흐르면서, 유럽의 수학자들은 여러 문화에서 아이디어들을 받아들였으며, 허수와 같이 자신들이 설명할 수 없는 많은 수학적 사실들을 발견하였다. (허수가 존재할 수 있다는 것은 상상조차 할 수 없었지만) 그 수학에 대한 완벽한 설명이 가능하지 않을지라도, 문제해결에 유용한 수학이라고 판단되면 그 수학은 인정되었다.

고대 이집트 사람들은 적용된 수학이 엄밀하게 증명되지 않았을지라도, 어떤 정보나 알고리즘이 문제에 대한 정답을 제공할 수 있을 것으로 보인다면 그러한 정보나 알고리즘을 수용하고 사용하였으며, 이러한 관행은 유럽에서도 지속되었다. 결국 시간이 흐르면서 유럽의 수학은 별개의 알고리즘, 정보, 추측을 모아놓은 것에 불과했기 때문에 어떠한 일관된 방법에 의해 서로를 관련지을 수 없었다. 수학은 완벽하고, 증명 가능하고, 수학자들에 의해서 완벽하게 이해될 수 있는 특별한 학문이라는 것을 대중들에게 믿도록 하는 관행이 고대 그리스에 있었는데, 이는 유럽에서도 지속되었다.

18세기경, 유럽의 수학자들은 엄밀한 증명이 이루어지지 않은 별개 지식의 집합체인 수학 때문에 상당한 고민에 빠졌고, 그래서 수학을 재구성하기 시작하였다. 이들은 엄밀한 증명, 기호, 기초가 되는 공리와 같은 방법을 이용하여, 분리되어 있는 모든 수학적 지식이 하나의 일관된 방식에 의해 서로 관련되기를 원했다.

20세기 초에, 수학자들은 상당히 들떠 있었다. 수학을 추상화하고, 탈맥락화하고, 모든 수학적 지식을 다른 수학적 지식과 관련시키는 과정을 통해 수학을 통합하고, 엄밀하게 증명하고, 일반화하게 되는 의미심장한 발전을 이룩했기 때문이다. 수학자들은 수세기간 이어진 수학적 산물에 대한 혼란을 해소할 수 있게 되었다.

20세기 중반에, 수학자들은 자신들에게 전해진 혼란한 상황을 해소하는 작업이 거의 완성되었다고 생각했다. 새로운 수학에 대한 열망으로, 그들은 학교 수학을 개정할 것을 독려하였고, 그래서 전문 수학자의 기반지식, 방법, 알고리즘이 학교 수학에서의 기반지식, 방법, 알고리즘에 반영되었다.

교환하기에 의한 뺄셈은 일관성을 가진 새로운 체계, 즉 엄밀하게 증명된 추상 수학과 잘 부합하였다. 그 결과, 20세기 중반에 생겨난 '새로운 학교 수학[5]'에서는 교환하기에 의

한 뺄셈이 다루어지게 되었다. 새로운 학교 수학이 전 세계적으로 확산되면서, 교환하기에 의한 뺄셈이 기존의 다른 모델들을 대체하였다.

수학과 가치

한 알고리즘(그리고 이 알고리즘에 대응하는 수학적 기반지식 체계)이 다른 것을 대체하게 되면, 단순히 알고리즘을 바꾸는 것 이상의 많은 일이 발생하게 된다. 수학적 가치 체계 및 교육적 가치 체계에서도 역시 중대한 변화가 일어나며, 이러한 변화는 하나의 수학적 패러다임을 다른 수학적 패러다임으로 대체하는 것과 유사하다. 엄밀성, 일관성, 일반화 가능성에 기초한 가치가 다른 가치를 대체했다. 이러한 새로운 가치는 정확성(점원 모델), 효율성과 속도(보수 모델), 정보의 가치가 가장 작은 것보다는 정보의 가치가 가장 큰 것에 주의를 기울이는 실제적인 방법(왼쪽부터의 모델), 필산보다는 암산(점원 모델), 또는 자연스런 지적 과정과 부합하는 것(동수 덧셈 모델)을 강조하는 여타의 가치보다도 더 중요하게 여겨졌다.

오늘날 학교 수학에서 교환 모델을 사용하는 것은 우연이 아니다. 이것은 특정한 기반지식 및 특정한 가치를 의도적으로(아마도 부지불식간일지라도) 포용한 결과이다. 통합된 지식체에서의 엄밀한 증명, 추상적이고 일반화 가능한 기호주의, 설명의 일관성 등은 다른 어떠한 가치보다도 더 중요한 가치로 여겨진다.

이런 가치들이 우리가 포용해야만 하는 가치들은 아니다. 이 가치들은 우리가 선택적으로 포용한 가치들이다. (사실, 일부 사람들은 학교 수학에서 '기초로 돌아가기'를 원하는데, 그 이유는 엄격한 연역적 수학적 증명보다는 정확성 또는 효율성을 강조하는 가치 체계로 돌아가기를 갈망하기 때문이다.)

여기서 중요한 점은 **매우 다른 문화에 기반한 다양한 수학 체계가 과거에도 존재했고, 현재도 우리 세계에 존재하고 있다는** 점이다. 현재 제시되고 있는 뺄셈 알고리즘은 지난 수백 년 동안 존재했던 다섯 가지 수학 체계 중 일부에 불과하다. 대부분의 알고리즘도 세계의 각지에서 수백만 명의 사람들에 의해 여전히 사용되고 있다. 게다가 다양한 수학 체계가 우리의 문화 내에서도 여전히 존재하고, 세계의 다른 문화권에도 여전히 존재한다. **이들 각각의 수학**

5) 20세기 중반에 일어난 '새수학 운동'의 영향을 받아 학교 수학에 현대 수학적 요소들이 반영되었다. 그 결과 학교 수학에서는 엄밀한 기호의 사용 및 증명의 과정이 강조되었다. '새로운 학교 수학'이란 '새수학 운동'의 영향을 받은 학교 수학을 의미한다.

체계에는 고유한 기반지식 및 그에 따른 문화적 가치가 있다. 흔히 학교 수학의 기반지식과 가치는 특정한 가족, 공동체, 또는 문화에서의 기반지식 및 가치와 일치하지 않는다. 이러한 요인으로 인해, 그리고 학교 내에서 가능한, 많은 수학적 체계들 중 단 하나의 가치만을 장려하고 가치 있게 여기는 현재의 관행 때문에, 이들 특정 가족, 공동체, 그리고 문화 출신의 아이들은 종종 심각한 학습 장애를 겪는다. 대부분의 교사들은 단 한 가지의 알고리즘과 가치만을 배웠다. 많은 학교에 재학 중인 다양한 학생들을 적절히 만족시키고자 한다면, 교사들은 이러한 맥락을 이해할 필요가 있다.

Chapter 11

다문화 수학교육

도리스와 내가 '이집트 스토리'에 대해 말하면서, 우리는 그 내용 및 방법을 어떻게 제시할지에 대해서 이야기한다. '내용'에 관해 말하면서, 우리는 고대 이집트 사람들의 알고리즘 또는 공식과 같은 것들에 대해서 논한다. 교육적인 '방법들'에 대해 말하면서, 우리는 학습 활동 및 구두로 제시하는 방식과 같은 것들에 대해서 논한다.

이번 장에서는 다문화 수학의 지도 방법을 주제로 다룬다. 전통적인 학교 수학과 비교하면서 '이집트 스토리'의 방법론적 관점들을 검토하는 것에서 시작하여, 특정한 가족, 공동체, 문화 출신의 아이들이 학교 수학에서 뛰어난 모습을 보이기 어려운 이유에 대해 논의를 진행하고, 다문화 교육에 관련된 교육학적 주제들을 논의하면서 결론을 맺는다.

방법론적인 문제들

'이집트 스토리'

도리스가 '이집트 스토리'를 말할 때, 다문화 수학 스토리와 관련하여 다섯 가지 특징에 대해 상술하고 있다.

이 장은 《*Ways with Words: Language, Life, and Work in Communities and Classrooms*》(S. B. Heath, 1983)를 참고하였다.

첫째, 도리스가 구두 스토리텔링을 이용하여 가르치는 방법은 고대 이집트인들이 자신들의 문화에 대해 한 세대에서 다음 세대로 전해주었던 가장 중요한 방법들 중 하나와 유사하다. 고대 이집트 문화의 주된 교육 매체는 아마도 구두 스토리텔링이었을 것이다. 그것은 학교 수학에서 문자를 교육 매체로 사용하는 것과는 상당한 차이가 있다. 문자 언어와 비교해볼 때, 일상적인 의사소통의 주된 형태가 구두적 상호작용을 통해서 이루어지는 문화에서의 특색은 준-구두 매체[1])를 사용한다는 점이다. 고대 이집트는 그러한 문화였다.

도리스가 사용한 교수 매체가 비슷한 내용을 가르칠 때 고대 이집트인들이 사용했던 매체와 같다고 해서, 전달해야 할 아이디어에 대해 교육 매체가 같은 효과를 미쳤는지는 의문이다. 그러한 아이디어가 창안되거나 사용된 문화적 맥락 속에서 아이디어를 이해하는 것이 바람직하다면, 준-구두 문화에서 개발된 아이디어를 고상한 문자(또는 시각적인) 문화로 번역하여 전달하였을 때 무슨 일이 일어날 것인가?

둘째, '이집트 스토리'에서, 도리스는 자신이 사용한 근본적인 교육 방법에 있어서 학생들의 가족이나 공동체에서 많이 사용한 교육방법과 맞추려 했으며, 그래서 전통적 수학교육에서 단순히 고상한 문자 문화의 교육 매체만 사용했을 때와 비교하여 학생들이 훨씬 더 쉽게 접근할 수 있는 수학을 만들 수 있었다.

이것은 교육 방법과 매체를 학생의 학습 방식과 사고 방식에 맞추는 문제와 관련된다. 사회문화적 관점에서 볼 때, 가족, 공동체, 문화 집단은 젊은이들에게 자신들의 가족이나 공동체 문화를 용이하게 배울 수 있도록 하는 학습 방식과 사고 방식을 가르친다. 그러나 가정에서 습득한 학습 방식과 사고 방식은 학교 수학교육에서 필요한 것과는 차이가 있을 수도 있고 부합되지 않을 수도 있다. '이집트 스토리'는 가정에서의 교육 매체와 학교 수학 교실에서의 교육 매체 사이에 지적인 가교 역할을 하므로, '이집트 스토리'는 다문화적 노력이라고 볼 수 있다. 다문화 수학교육자들의 관심사 중 하나는 가정에서의 문화와 학교에서의 문화를 연결하는 가교를 어떻게 만드는가에 있다.

셋째, '이집트 스토리'는 수학과 문화를 동시에 보여주므로 수학에 대한 다문화적 접근을 제공한다. 많은 다문화 수학교육과정에서는 수학 문화만을 제시하며, 다른 문화의 측면들과 관련시키지 못한다. 예를 들어, 다문화 학습지를 보면 고대 이집트 문화에 대한 언급은 거의 없고, 고대 이집트의 기수법만을 따로 떼어 제시하는 것이 보통이다. 반면에 도리스는 고대 이집트 수학을 제시하면서, 고대 이집트의 이원적 사회, 종교적 믿음, 건축 양

1) 'more oral media'를 '준-구두 매체'라 번역하였다. 나중에 다시 언급되지만, 'oral culture'라는 용어에는 '문맹인 문화'라는 의미도 들어 있는데, 문맹은 아니면서도 의사소통의 주요 도구가 'oral'인 문화를 구분하기 위해서 본 책에서는 'more oral'이라는 용어를 사용한다.

식, 의상 무늬, 그리고 게임에 대한 정보를 제시한다. '이집트 스토리'에서는 수학을 문화와 별개인 것으로 다루지 않고 문화의 한 부분으로 다룬다.

다문화 수학교육자들은 문화와 수학 모두에 초점을 맞추려 한다. 부분적으로 이것이 의미하는 바는 (현대의 학교 수학이라는 생소한 문맥에서가 아닌) 토착 문화의 맥락 속에서 수학을 제시한다는 것이다.

넷째, '이집트 스토리'는 수학에 대한 다문화적 접근법을 제공한다. 왜냐하면 도리스는 학생들에게 객관적 실재에 대한 이해를 잠시 보류하고, 상상, 판타지, 그리고 직관을 이용하여 (그 문화의 본질 및 잠재적인 한계에 대해 자신이 이해한 범위 내에서) 고대 이집트 아동이 경험했을 것으로 생각한 방식에 따라 고대 이집트 문화를 경험해보라고 지시하기 때문이다.

도리스는 학생들에게 그들 자신을 다른 문화에 투영해보도록 하고, 그 문화를 직접 체험하는 것처럼 상상해보도록 하며, 그 문화의 구성원들이 겪었을 법한 것들과 유사한 활동에 개인적으로 참여해보도록 요구한다. 도리스는 학생들에게 고대 이집트 수학을 추상적이고 정감 없는 탈맥락화된 형태로 배우라고 요구하지 않는다. 대신에 학생들에게 고대 이집트인들이 풀었던 것과 같은 문제를 풀도록 하고, 고대 이집트인들이 했던 것과 같은 수학 게임을 하도록 하며(보아뱀 게임 판이 고대 이집트인의 무덤에서 발견되었다), 고대 이집트에서의 숙련과정에 있는 서기가 들었던 것과 같은 잔소리를 듣고['투아우프의 경고문'은 대영 박물관에 소장된 고대 이집트 문헌 *The Satire of the Trades*(Olivastro, 1993, pp. 32, 33)와 *Teachings*(Stead, 1986, p. 21)를 각색한 것이다.], 고대 이집트인들이 만들었을 법한 옷감 무늬를 만들고, 그들이 보았을 법한 수학 마술 공연을 자신이 보고 있다고 상상하라고 한다. 이것을 통해, 하나의 문화에 속한 아동이 또 다른 문화를 마치 그 문화의 내부자가 보는 것처럼 보게 하여, 아동이 다른 문화에 대해 더 좋은 감정을 느낄 수 있도록 돕는다.

다섯째, '이집트 스토리'는 다문화적이다. 도리스는 (가능한 한) 고대 이집트인들에게 익숙했던 물건, 공예품, 신화, 아이디어, 풍습, 믿음, 수학적 과정, 그리고 기반지식을 이용하여 학생들의 학습을 도와주기 때문이다. 도리스는 (추상적이고 탈맥락화된 지필 학습지와 같은) 오늘날 학교 수학에서처럼 고상한 문자로 이루어진 교육 자료만을 사용하지 않는다. 학생들은 고대 이집트인들이 (보아뱀 게임을 사용하여) 했던 것과 같은 게임 판을 사용하여 수학 게임을 하고, 그들이 도안했을 법한 노 모양의 인형[2]의 옷을 도안하며, 그들이 사용했을 법한 것과 같은 측정 단위를 사용하고, 고대 이집트인들이 했을 법한 [*The Rhind*

2) 고대 이집트의 무덤에서 발견된 여성 형태를 가진 주걱이나 노 모양의 인형(제7장 참조).

Mathematical Papyrus(1927)의 41, 42, 43, 48, 50번 문제에 있는] 원의 넓이에 대한 증명을 공부하며, 고대 이집트인들에게 친숙한 종교적 형상을 가지고 활동한다(무덤 카드에는 고대 이집트로부터 내려온 실제 그림과 조각상들이 그려져 있다). 어떤 민족에게 친숙한 물건, 공예품, 사회적 관습과 풍습들을 이용하여 **다른 사람들**이 그들 문화에 대해 배우도록 하는 것은 다문화 수학에 대한 교육 방법 중 하나이다. 여기에는 그 민족에게 익숙한 물리적·문화적 환경에 수학을 맥락화하는 것을 포함하며, 이를 통해 학생들은 그 민족에 대해 학습하는 것이다.

학교 수학의 기반지식이 어떤 문화와 부합되지 않을 때, 어떤 민족에게 익숙한 물건, 공예품, 사회적 관습이나 풍습들을 이용하여 **그들**에게 학교 수학을 배우도록 하는 것 역시 다문화 수학교육 방법들 중 하나이다. 여기에는 학교 수학을 배우게 될 학생들에게 익숙한 물리적·문화적 환경에 수학을 맥락화하는 것을 포함하며, 이는 학생들에게 그들의 토착 문화와 학교 수학 문화 사이의 가교를 제공하는 것이다.

전통적 학교 수학 교수법

전통적 수학 교수법은 구두 스토리텔링 교수법과는 매우 다른 교수 방법을 사용한다. 전통적 수학 교수에서는 설명하고, 활동지/숙제가 제시되고, 복습을 하고, 시험을 본다.

설명이 이루어지는 동안, 교과서나 교사는 이론적 수학 정보를 형식적으로 제시한다. 교과서에 제시된 수학은 보통 추상적 기호나 정의에 초점을 두고 있다. 교사가 수학을 설명할 때, 그들은 교과서 내의 정보를 다시 설명하는 방식으로 수업을 하는 경향이 있으며, 교과서에서와 동일한 추상적·기호적·이론적 방식을 취한다. 설명은 매우 선형적이고 정돈된 방식으로 진행되며, 이때 제시되는 설명은 단계적으로 이루어지고 연역적 논리에 기반한 추론과 관련된다. 설명은 보통 부분에서 전체로 진행되고, 그들은 수학에 대한 모습을 '진리'를 나타내는 객관적 과목으로 표현한다. 그들은 보통 학습자의 특성은 고려하지 않은 채 진행한다. '실세계 응용'에 대한 예제를 통해 '이론적 수학의 실제'를 설명하며, 보통 그 이후에 맥락적 주제들을 고려하게 된다. 실세계의 예제, 도표, 그리고 그림을 통해, '순수 수학'의 의미, 영향력, 중요성을 설명하고, 이에 주목하도록 하며, 이를 강조한다. 이러한 응용 수학은 '이론 수학'과 비교하여 열등하다고 생각하고, 보통 의미 있는 수학적 탐구를 위해서라기보다는 기계적인 연습을 위해서 '실제 수학'의 응용문제를 예로서 제시한다.

활동지/숙제는 일반적으로 설명이 이루어진 이후에 제시된다. 활동지/숙제를 하는 동안,

아이들은 보통 읽거나 쓰는 활동에 참여하며, 그 활동에서 아이들은 관련성이 없는 많은 문제들을 순차적으로 해결한다. 또한 그러한 문제들의 경우 종종 단 하나의 정답만을 가지거나 단 하나의 해법만을 용인한다. 활동지/숙제는 대체로 '실습'을 제공하기 위한 목적의 '연습문제들'로 구성되며, 설명에서 제시된 수학적 알고리즘을 수행하거나 개념을 명확히 하기 위한 것이다. 보통 '실세계' 맥락과는 동떨어진 문제들을 먼저 해결하게 되고, 다음에 서로 관련성이 없는 일련의 실세계 응용문제들을 해결하게 된다. 학생들은 실세계 문제가 최근에 학습한 수학내용에 대한 직접적 응용을 포함한다고 생각한다. 누네스(Nunes), 슐리만과 캐러허는 다음과 같이 지적한다.

> 형식적 설명이 이루어진 다음에 절차의 응용에 대한 연습이 이루어진다. 응용에 있어서, 방금 배운 절차가 적절히 활용된다고 생각한다. 그러므로 학생들은 수학적 모델과 경험적 상황 사이의 어떤 관련성에 관한 논의에 집중하지 않는다.(1993, p. 86)

복습 활동에서, 학생들은 활동지 또는 숙제의 답들을 제시하고, 종종 판서를 통하여 교사와 친구들은 제시된 답들을 검토한다. 제시된 답이 논리적이고 정돈된 단계에 따라 순차적으로 나열되었는지, 그리고 정확한지 확인하고 문제에서부터 답에 이르기까지의 과정에서 쓰인 기호가 적절한지도 따져본다.

시험은 보통 학생들이 문제에 대한 답을 기록하는 지필 활동이다. 학생들의 시험에 대해서는 일반적으로 올바른 답인지 그리고 문제 풀이과정에서 올바른 절차를 사용했는지의 두 가지 모두에 대해 평가하게 된다. 답안지를 올바른 절차로 구성하였다는 것은 수학적 기호를 적절한 계열로 구성하였으며, 논리적이고 정돈된 방식에 따라 기록하였으며, 문제부터 답까지 연역적으로 전개하였다는 것을 의미한다.

전통적인 학교 수학 교수의 본질은 다음과 같이 요약할 수 있을 것이다. 기호적이고, 글로 쓰고, 논리적이고, 연역적이고, 해석적이고, 이론적이고, 추상적이고, 탈맥락화되었고, 탈개인화되었고, 선형적이고, 고상한 문자로 이루어졌으며, 객관적 실재와 주관적 실재는 분리되어 있다고 생각하면서 객관적 실재에만 관심을 가지며, 학습되는 전체는 그 요소들의 합이기에 지식은 이산적인 요소들로 쪼개서 객관적으로 제시될 수 있다고 생각한다. 이러한 특징을 가진 문화를 고상한 문자 문화라고 부른다(Ong, 1982).

스토리텔링, 학교 수학, 그리고 준-구두 문화

구두 스토리텔링에서의 교수 매체 및 방법은 전통적인 학교 수학에서의 교수 매체 및 방법과는 다르다. 조금 전 설명한 차이점 중 몇 가지는 [표 11.1]의 맨 왼쪽 두 열에 요약되어 있다.

표 11.1 구두 스토리텔링, 전통적 학교 수학, 준-구두 문화에서 교육 매체의 속성

구두 스토리텔링	전통적인 학교 수학	준-구두 문화
구두적 교수 매체인 구두 스토리텔링을 사용한다.	고상한 문자 문화의 교수 매체를 사용하며, 교과서나 설교적인 강의에 기반한다.	준-구두 교수 매체를 사용하며, 사람들 사이의 개인적 상호 작용에 기반한다
중요한 학습은 주로 듣기와 말하기를 통해 일어난다.	중요한 학습은 주로 읽기와 쓰기를 통해 일어난다.	중요한 학습은 주로 듣기와 말하기를 통해 일어난다.
지식은 구두로 형성된 시각적인 이미지와 구체적이고 물리적인 대상, 이미지, 사건, 활동에 대한 경험으로부터 만들어진다.	지식은 추상적 수학 기호와 이론적 상황으로부터 만들어진다.	지식은 말, 시각적 이미지, 직접적 경험으로부터 언어적으로 구성되며, 이는 구체적인 물리적 대상, 이미지, 사건, 활동과 관련된다.
학습은 개인적으로 호감이 가는 경험에 몰두하면서 일어난다. 개인적 경험이란 수학을 일상적인 문화적 경험으로 맥락화한 것이다.	학습은 탈개인적, 탈맥락적, '이론적'인 수학에 대한 숙고, 분석, 관찰을 통해 일어난다.	학습은 문화적으로 맥락화된 일상의 경험에 개인적으로 몰두하면서 일어난다.
학습은 판타지, 상상, 직관을 집중적으로 사용한다.	학습은 연역적 사고, 논리적 추론, 체계적 분석을 필요로 한다.	학습은 판타지, 상상, 직관을 집중적으로 사용한다.
주관적인 현실과 객관적인 현실을 모두 중요하게 여긴다.	객관적 현실을 중요하게 여긴다.	주관적인 현실과 객관적인 현실을 모두 중요하게 여긴다.

이러한 차이점들은 그것 자체로는 중요하지 않다. 그러나 많은 아동들이 그들의 가족과 공동체에게서 배운 학습 양식, 사고 양식, 문제해결 양식은 전통적인 학교 수학에서의 그것과는 다를 뿐만 아니라, 종종 부합되지 않기 때문에 이러한 차이점에 대해 생각하는 것은 중요하다. 만약 아동의 가정 문화와 학교 수학의 문화 사이를 잇는 지적 가교를 아동에게 제공하지 않는다면, 아동은 학교 수학을 배우면서 어려워할 수 있다. 구두 스토리텔링은 지적 가교 유형의 한 예이며, 준-구두 가족 혹은 공동체 문화로부터 전통적인 학교 수학이라는 고상한 문자 문화로 이행하도록 학생들을 도울 수 있다. 이러한 논의에서 몇 가지

문제들을 명확히 제기할 필요가 있다.

현재 전 세계 거의 모든 지역의 전통적인 학교 수학에서는 앞에서 언급한 문자에 의한 방법과 매체를 사용하여 학교 수학을 가르친다. 학교 수학에서 사용하는 교육 방법과 매체는 지난 수백 년간 서양 수학자들이 육성한 문화적 기반의 학습 양식, 사고 양식, 문제해결 양식, 교수 양식, 교육 매체, 기반지식을 반영한 것이다. 교수에 대한 이러한 접근을 '문자에 의한' 접근이라 부르며, 그러한 접근은 대부분의 서양 문화에서 취하고 있는 문자에 의한 측면(결코 모든 서양 문화가 그렇다는 것은 아니다)을 반영한 것이다(Ong, 1982). 여기에서 **문자에 의한**(literate)이라는 단어는 읽기와 쓰기를 이용한다는 의미이고, **고상한**(highly)이라는 단어는 매우 탈맥락적이고, 추상적이고, 기호적이라는 의미이면서 매우 논리적이고, 연역적이고, 분석적인 형태의 사고를 요구한다는 의미이다(일부 교육자들은 **유럽 중심 수학**이라는 말을 선호한다. 그러나 이러한 접근을 특정 지역과 연관시키기보다는, 이 접근을 그 특징과 연관시키는 것이 더 좋을 것이다).

서로 다른 형태의 다양한 문화들이 존재한다. 고상한 문자 문화, **준-구두** 문화, 시각적 문화 등이 그 예이다. 그들 문화 속에서 아동은 자신의 기반지식, 그들이 중요하게 여기는 종류의 지식, 다른 이들과 상호 작용하고 의사소통하는 방법, 그리고 사고 방법과 학습 방법과 문제해결 방법을 포함한 많은 것들을 그들의 가정과 공동체로부터 배운다. 아동이 학교에 입학하기 전에 배우는 이러한 요소들은 아이들이 학교에서 배우고 의미를 만드는 데 있어서 중요한 역할을 한다. 아동이 초기 언어와 문화적 경험 속에서 기초적인 교양을 습득하는 것처럼, 마찬가지로 초기 가정과 공동체 문화 속에서 기초적인 수학적 이해, 사고, 학습, 그리고 문제해결 방법을 습득한다. 이러한 기초적인 것들이 학교 수학이라는 고상한 문자 문화와 상당히 다르거나 또는 부분적으로 부합되지 않을 때, 아동의 문화와 학교 수학 사이의 문화적 차이를 인식하지 않고 또한 학생들 자신의 가정 문화로부터 학교 수학이라는 고상한 문자 문화로의 전이를 돕는 지적 가교가 제공되지 않는다면, 학교 수학을 배우는 아동의 능력을 촉진하거나 저해하는 데 있어 엄청난 영향을 미칠 수 있다.

이 책에서는 **구두적** 교수 방법으로서 스토리텔링에 관심을 갖고 있기 때문에, 그리고 구두적-청각적 매체에 기반한 형태의 교육 방법을 사용하는 문화가 많이 존재하기 때문에, 이 장에서는 **준-구두** 문화가 학교 수학이라는 고상한 문자 문화와 어떻게 차이가 나는지에 대해 살펴볼 것이다. 또한 구두 스토리텔링이 **준-구두** 문화 출신의 아동에게 두 문화 사이의 지적 가교 역할을 어떻게 제공하는지, 즉 가정과 공동체에서 **준-구두** 문화를 배운 아동이 전통적인 학교 수학의 문화 속에서 쉽게 활동하도록 하는 가교 역할을 어떻게 제공하는지에 대해 살펴볼 것이다. 따라서 여기서 말하는 것은 주로 **준-구두** 문화와 관련될 것이다.

이는 서로 다른 유형의 문화에 대해 어떻게 생각하도록 할지 그리고 그러한 문화 출신의 아이들을 도와서 학교 수학으로 어떻게 옮겨 가도록 할지에 대한 모델을 제공한다.

많은 교육자들은 **구두 문화**라는 용어를 구성원의 대다수가 읽기와 쓰기를 하지 못하는 문화라는 의미로 사용해왔다(Ong, 1982; Luria, 1976). 이 장에서는 부모가 읽기와 쓰기를 할 수 있는 가정의 아동에 대해서 그리고 구성원의 대부분이 읽기와 쓰기를 할 수 있는 문화에 대해서 언급할 것이기 때문에, **구두적**이라는 용어를 사용하는 것은 부적절한 것처럼 보인다. 그럼에도 불구하고 그들의 학습 방식, 사고 방식, 교육 방법, 그리고 교육 매체는 고상한 문자 문화의 것이라기보다는 구두적 문화의 것과 더 유사하기 때문에, 이러한 문화를 고상한 문자 문화와 대비시키기 위해 '**준-구두**' 문화라는 이름을 붙일 것이다. 여기서 **준-구두**라는 용어는 어떤 문화의 구성원들이 읽고 쓰는 방법을 알고 있다 할지라도 그들의 주된 의사소통과 교육의 도구는 고상한 문자 문화의 것이라기보다는 구두적 문화의 것과 더 유사하다는 사실을 의미한다.

준-구두 문화는 우리 세상에 매우 많다. 세계적 관점에서 보면, 최근까지도 세상의 많은 문화들에서 교육을 위한 의사소통의 도구로서 구두적-청각적 매체를 주로 사용해왔다. 이러한 문화 중에서 상당수는 부분적으로 문자 문화이다. 즉 그 구성원의 상당수가 읽고 쓰기를 배웠으나, 가정과 공동체 내에서의 의사소통과 교육의 주된 매체로 사용되는 것은 여전히 구두적-청각적인 것이다. 국소적 관점에서 보면, 많은 대도시의 중심부에 거주하는 주민들은 매우 다양한 문화적·언어적 배경을 가진 사람들로 구성된다. 이러한 도시 거주자들 사이에도 차이점을 보이는데, 그들이 의사소통이나 교수를 위해 사용하는 방법이나 매체가 본질적으로 **준-구두적인** 것일 수도 있고 혹은 좀더 고상한 문자 문화의 것일 수도 있다. 많은 이들은 **준-구두적인** 가정 혹은 공동체 출신이다. [표 11.1]의 오른쪽 열에 **준-구두** 문화의 교육 방법과 매체에 대한 몇 가지 특징을 나열하였다. 도리스가 '이집트 스토리'에서 사용했던 구두 스토리텔링에서의 교육 방법이나 매체가 이러한 특징과 얼마나 유사한지에 주목하자. 부분적으로는 구두 스토리텔링은 **준-구두** 문화와 학교 수학이라는 고상한 문자 문화 사이의 지적 가교를 제공할 수 있기 때문이다.

이제 우리는 **준-구두** 문화가 고상한 문자 문화와 어떠한 점에서 차이가 있는지 검토할 것이며, 그러한 차이가 학교 수학을 배우는 그 구성원들의 능력에 어떠한 영향을 미치는지 검토할 것이다.

준-구두 문화의 수학적 기반지식

연구자들은 준-구두 문화의 기반지식과 고상한 문자 문화의 기반지식을 조사하였다. 이러한 연구의 예로 세 가지를 들 수 있다. 바로 논리적 과정에 대한 루리아(Luria, 1976)의 연구, 분석적 사고에 대한 히스(Heath, 1983)의 연구, 그리고 기호 체계에 대한 누네스, 슐리만과 캐러허(1993)의 연구가 그것이다. 이러한 연구는 몇 가지 이유에서 중요하다. 첫째, 이것은 준-구두 문화와 고상한 문자 문화 사이에서 아동의 사고 방식에 대한 차이점을 설명해준다. 둘째, 이러한 차이점들은 학교 수학에서 요구하는 사고 방식과 어떻게 관련되는지를 설명해준다. 셋째, 몇몇 차이점들은 준-구두 문화 출신의 아동이 수학에서 왜 어려움을 겪게 되는지를 설명하는 데 도움을 준다. 넷째, 만약 가정 문화가 어떻게 수학 성취를 가능하게 하는지 혹은 저해하게 되는지를 알게 된다면, 아이들을 도와서 가정에서 수학 교실로 옮겨갈 수 있도록 하는 지적 가교를 구축하는 방법에 대해 생각할 수 있게 된다.

《*Cognitive Development: Its Cultural and Social Foundations*》(1976)라는 책에서, 저자인 루리아는 우즈베키스탄에 살고 있는 고상한 문자 문화의 사람들과 **준-구두** 사람들의 차이점을 연구했다. 이러한 차이점들 중 몇몇은 고상한 문자 문화에서 그리고 **준-구두** 문화의 가정이나 공동체에서 성장하면서 아이들은 학교 수학교육을 위해 어떻게 준비를 하는지와 관련된다.

루리아에 의하면, **준-구두적인** 가정이나 공동체 출신의 사람들은 기하학적 모양들에 대해 자신의 일상 세계에서 발견한 구체적 사물의 이름을 붙여 판별하며, 결코 원, 정사각형, 또는 삼각형과 같은 추상적인 수학적 실체로 판별하지는 않는다. 예를 들어, 원의 그림을 보여주면, **준-구두적인** 공동체 출신의 사람들은 주로 그것을 **접시**, **바구니**, 또는 **달**이라고 말하였다. 그들은 자신들이 알고 있는 구체적인 실제 사물로 표현하면서 그것을 설명하였다. 대조적으로, 고상한 문자 문화의 사람들은 기하학적 모양들에 대해 **원**, **정사각형**, 또는 **삼각형**이라는 더 추상적이면서 덜 구체적인 용어로 판별하였다(1976, pp. 32-39).

루리아는 **준-구두적인** 공동체 출신의 사람들이 추상적이고 범주적인 사고와는 대조적으로 더 구체적이면서 상황과 결부된 사고를 이용하는 경향이 있다는 점을 발견했다. 예를 들어, 4개의 사물 그림을 보면서, 그중 3개의 그림이 같은 그룹에 포함되고 나머지 그림이 다른 그룹에 포함된다고 생각했지만, 준-구두적인 공동체 출신의 사람들은 고상한 문자 문화의 사람들과는 다르게 각각의 사물들을 연관시켰다. 망치, 톱, 통나무, 그리고 손도끼의 그림을 보여주었을 때, 고상한 문자 문화의 사람들은 도구의 관점에서 그룹을 만들었으며, 통나무는 다른 그룹의 사물이라고 말하였다. 그들은 더 추상적이고 범주적인 추론을 이용하면서 사물의 속성에 초점을 두었으며, 상황을 고려한 추론을 이용하지는 않았다. 상대적으로, **준-구두적인** 사람들은 그룹을 만들 때 주로 실제적인 상황의 관점에서 사물들을 생각했으며, 이것은 그들이 관찰했거나 관여하였던 개인적인 경험들과 관련되었다. 그들이 통나무, 톱, 그리고 손도끼를 함께 묶었을 경우, 그것은 통나무를 자를 때 톱과 손도끼를 사용하였기 때문이다. 통나무, 망치, 그리고 톱을 함께 묶었을 경우, 집을 지을 때 손도끼보다는 망치, 톱, 그리고 통나무를 사용하였기 때문인데, 이는 손도끼로 나무를 자르면 작은 조각으로 나누어져 쓸모가 없어지기 때문이다(1976, pp. 56-74).

루리아는 또한 형식적인 연역적·삼단논법적·추론적 논리를 사용하는 사람들의 능력에 차이점이 있다는 것을 발견하였다. 추론은 독립적이고 닫힌 체계 내에서 이루어지며, 실세계의 경험과는 아무런 관련이 없고, 전제로부터 결론이 유도된다. 예를 들어, 루리아는 다음과 같은 문제를 제시한다. **멀리 북쪽 끝에는 눈이 쌓여 있고 모든 곰들이 하얗다. 젬블라는 멀리 북쪽 끝에 있고 그곳에는 항상 눈이 쌓여 있다. 젬블라에 있는 곰은 무슨 색인가?** 준-구두적인 가정 출신인 사람의 전형적인 대답은 "나는 잘 몰라요. 나는 검은 색 곰을 본 적이 있어요. 나는 다른 곰을 본 적이 없는데 …… 각 지역에는 그곳만의 동물들이 있지요"였다(1976, pp. 108-109). 여기서의 추론은 개인적인 경험의 관점에서 이루어지며, 연역적이고 삼단논법적 논리의 관점에서 이루어지지는 않는다. 문자 문화의 사람들은 다음과 같이 대답하였다. "당신의 말에 따르면, 곰들은 모두 하얀색이어야 합니다."(1976, p. 114) 개인적이고 실제적인 경험과 비교하였을 때, ("당신의 말에 따르면"이라는) 논리를 펴는 문자 문화의 사람은 연역적이고 삼단논법적 논리를 사용하는 능력이 있다는 점이 부각되기는 하지만, 개인적인 실세계 경험을 직접적으로 언급하지 못하고 또한 그러한 경험과 연결시키지 못하기 때문에 여전히 믿기 어려운 추론이 될 위험성이 있다. 일상적인 이야기 속에서 형식적이고 연역적인 추론 논리를 사용하는 가정이나 공동체에서 성장한 문자 문화의 사람은 추론 문제를 완성하여 젬블라의 곰들은 흰색이라고 답할 수 있다.

립(Leap, 1988)은 **준-구두적인** 가정 출신이면서 유타(Utah) 주의 중학교에 다니는 유트(Ute) 부족의 학생들 중에서 (추론은 독립적이며 닫힌 체계 내에서 이루어지고 결론은 실세계 경험과 아무런 관련 없이 전제로부터 유도되는) 추론적 논리를 다루는 데 있어서 비슷한 어려움이 있다는 것을 발견하였다. 예를 들어, 수학적 문제해결 수업의 한 부분으로 유트 부족의 한 아동에게 만약 그의 형이 소형 트럭을 운전하여 목적지에 갈 때 얼마의 기름 값을 지불해야 하는지를 구하라고 물었더니, 그 아동은 "우리 형은 소형 트럭을 가지고 있지 않아요"라고 간단히 대답하였다. 부족의 관습에 따라, 그 아동은 문제에 대한 답을 구하려고 하기 전에 명제의 진릿값을 평가하였으며, 만약 그 명제가 참이 아니라면 그 아동은 문제해결을 계속하지 않을 것이다. 립에 따르면, 부족의 관습 또는 실세계의 사실에 비추어 '사물이 존재하는 방식'과 대립하는 어떠한 제안도 고려 대상에서 제외하는 것이 유트 부족의 관습이다. 수학적 문제에서 명제의 진릿값을 확인한 후에 문제해결을 시도하기 때문에, 유트 부족의 아동에게는 학교 수학에서의 두 가지 중심적 요소인 추론적 논리나 가설적 사고를 하는 것이 쉽지 않다.

전통적인 수업에서는 추상, 탈맥락적 대상, 연역적 논리를 이용한 교육 방법에 의해 아이들이 이야기를 나누고 배울 수 있다고 생각하는데, 우즈베키스탄(혹은 그 밖의 다른 지역)에 살고 있는 준-구두적인 가정이나 공동체 출신의 아이들은 어떻게 제대로 학습할 수 있을까? 그들이 생각하고 배우고 의미를 만드는 방식을 가정에서 배웠다면, 특히 고상한 문자 문화의 가정에서 자란 급우와 비교했을 때, 학교 수학을 학습하는 데 있어서 지대한 영향을 받는 것은 아닐까? 만약 준-구두적인 가정 출신과 고상한 문자 문화 가정 출신의 아동들에게 학교 수학에 접근할 기회를 동등하게 제공하고자 한다면, 동등한 접근 기회를 보장할 수 있는 지적 가교를 구성하는 방법을 생각해볼 필요가 있다.

《*Ways With Words*》(Shirley Brice Heath, 1983)에서 저자는 캐롤라이나의 피드먼트 지역에서 아주 가까이 살고 있는 세 집단의 미국인 공동체를 조사하였다. 하위 계층의 백인 공동체(로드빌), 하위 계층의 아프리카계 미국인 공동체(트랙톤), 그리고 중간 계층의 백인 및 아프리카계 미국인 공동체(타운스피플)가 그것이다. 세 공동체 모두 문자 문화이기는 하지만, 로드빌과 트랙톤 사람들은 준-구두적이고, 반면에 타운스피플 사람들은 고상한 문자 문화 사람들이다.

이러한 공동체들 간의 차이점 중 하나는 학교 수학에서 매우 강조되는 사고 과정인 분석적 사고를 아이들에게 준비시키는 방식이다. 분석적 사고를 하기 위해서, 사람들은 어떤 부분의 (구두적인 또는 기록된) 상황과는 별개로 자신을 바라보면서 탈맥락화된 문맥 속에서 그 상황을 객관적으로 검토할 수 있어야 하고, 그 상황을 '단일한' 여러 부분들로 쪼갠 후 각 부분을 독립체로서 객관적으로 검토할 수 있어야 하며, 어떤 부분의 상황을 변화시켰을 때 다른 부분의 상황에 미치는 영향을 조사할 수 있어야 하고, 그 상황으로 되돌아가서 그것을 반복적으로 재검토할 수 있어야 하며, 전체적인 상황에서뿐만 아니라 부분적인 다른 상황에서도 내적 일관성과 타당성을 가지는지에 대한 의문을 제기할 수 있어야 한다.

타운스피플 사람들

타운스피플 사람들의 경우, "가정과 직장 모두에서, 대화를 위한 주제 또는 배경으로서 글자로 기록된 자료를 거의 지속적으로 사용하고 있다"(Heath, 1983, p. 225). 이러한 대화의 대부분은 읽기와 쓰기라는 고상한 문자 방식과 부합되며 분석적 사고를 사용한다. 히스는 어떤 측면의 분석적 사고들이 미취학 아동에게 자연스러운 방식으로 상호작용하면서 가정에서 어떻게 가르쳐지는지에 대해 설명한다.

> 타운스피플 사람들은 …… 그들의 자녀가 참여하게 될 사회적 활동들을 계속해서 의식적으로 만들어내며, 자녀가 이러한 사회적 활동에 관심을 갖도록 특별히 초점을 맞춘다. 마치 드라마 속의 삶인 것처럼, 타운스피플의 부모들은 어떤 장면에서 정지시키고 프레임[2] 하나를 선택하여, 그 안의 사물 또는 사건에 아동의 관심을 집중시킨다. 아이들은 지시 대상물에 이름을 붙이면서 정렬을 하고, 정돈된 순서에 따라 이 지시 대상물에 대해 함께 이야기하며, 그러고 나서 그 장면을 설명한다. 언어로 명확히 하는 과정에서, 어른들은 아이들이 처한 환경 속에 잠재적인 자극을 만들어냄으로써 아동과 지속적으로 협력하면서 검토하고 이야기를 한다. 아동은 미리 선택된 지시 대상물에 집중하는 법을 배우고, 기호 표현과 의미 사이의 관계를 터득하며, 그 지시 대상물에 집중하여 대화하면서 교대로 말하는 기술을 배운다. 결과적으로 이야기를 들으면 도움을 얻게 된다고 생각하게 되고, 결국 지시 대상물을 다른 맥락적 상황에 배치할 수 있는 이야기를 만들어낼 것으로 기대된다.(p. 350)

> 본질적으로, 이러한 과정을 통해 아이들은 새로운 지시 대상물을 탈맥락적으로 바라볼 수 있게 되고, 특성이나 속성에 대해 탈맥락화된 이름을 붙임으로써 그 지시 대상물에 다가가게 되며, 명백하게 기술된 사건이나 상황과 결부시키는 것과 같이 맥락적인 반응만을 보이지는 않게 된다. …… 또한 가정생활을 통해 그들은 폭넓은 스토리와 상황을 접할 수 있게 되며, 아동과 어른들은 상상을 통해 환경을 조작하게 되고 다른 모든 측면들은 그대로 둔 채 맥락의 한 가지 면을 변화시켰을 때 나타나는 영향에 대해 대화를 나눌 수 있게 된다.(p. 352)

---

2) 프레임은 비디오나 영화와 같은 영상 매체를 화면에 보여주기 위해 만들어진 한 장, 한 장의 그림을 말한다. 예를 들어, 필름을 이용하여 영화를 보여줄 때, 필름에 그려진 한 장, 한 장의 그림을 프레임이라 한다.

> 아동은 어떤 구두적인 문장이나 기록된 문장을 글자 그대로 해석해서는 안 된다는 것을 배운다. …… 기록된 자료는 자신만의 고유한 맥락을 가지며, 실세계의 사물, 사람, 사건과 직접적으로 연결되어 있지는 않다. …… 타운스피플의 아이들은 맥락화된 직접 경험과 탈맥락적으로 표현된 경험 사이의 차이를 배우기 때문에, 그들은 읽는 능력이 생기기 이전에 글을 읽고 쓸 수 있는 사람처럼 행동하게 된다.(p. 256)

여기서, 타운스피플의 아동들은, 심지어 미취학 연령의 아동들 까지도, 일부 문장에서 자신을 분리시키는 법을 배우며, 그래서 그들은 탈맥락화된 상황에서 객관적으로 그것을 검토할 수 있고, 그 문장을 '단일한' 여러 부분들로 쪼갠 후 단일체 자체로서 각 부분에 집중할 수 있다. 또한 단일한 부분을 개별적으로 분석할 수도 있고 글 전체와 관련지어 분석할 수도 있으며, 그 문장의 어떤 부분을 바꾸었을 때 그 문장의 다른 부분에 미치는 영향을 조사할 수 있고, 그 문장으로 되돌아와서 반복적으로 재조사할 수 있다. "타운스피플 사람들은, 무의식적인 자아 정체성의 일부로서, 기록된 자료를 읽고, 쓰고, 말할 때, 미묘하면서도 드러나지 않는 여러 가지 규범이나 습관, 가치를 가지고 있다"(Heath, 1983, p. 262). 그래서 그들은 아이들에게 분석적 사고 방식을 전해줄 수 있으며, 분석적 사고 방식을 통해 아이들은 가정이나 공동체 문화에 자연스럽게 적응하게 된다.

"하지만, 트랙톤과 로드빌의 아동들에 있어서, …… 타운스피플 사람들의 방법은 자연스러움과는 거리가 멀고, 확실히 낯설게 보인다"(Heath, 1983, p. 262). 비록 아동의 부모가 읽고 쓰는 법을 알고 있다 하더라도, "그러한 공동체 출신의 아동은 결코 자신의 부모가 산문[3]을 읽거나 쓰는 것을 본 적이 없고"(p. 348) 또한 부모가 읽거나 쓴 글을 유심히 살펴보면서 분석적 사고를 사용해본 적도 없다.

로드빌 사람들

로드빌 주민들은 문자 문화에 속한다. 그러나 그들의 세계관은 구두적 방법으로 의미를 만드는 것의 지대한 영향을 받았다.

"어떤 종류의 글쓰기를 하고 있는지 질문했을 때, 처음에 로드빌 주민들은 편지와 노트라고 말했다"(Heath, 1983, p. 216). 이러한 편지와 노트는 분석적인 문서 조각이 아니라, 기록자의 마음속에서 구두적으로 형성된 짧은 대화이며, "마치 구두적 대화의 일부인 것처럼, 대화 속에서 언급되는 단어인 '이야기하다', '말하다', '대답하다'와 같은 용어를 사용

3) 산문(prose)이란 리듬이나 운율에 구애받지 않고 생각이나 느낌을 자유롭게 쓴 글을 말한다.

하여"(pp. 213, 214) 기록하였다. 로드빌 사람들은 글쓰기 과정의 일부로서 분석적 사고로 훈련을 받지는 않는다. "로드빌 주민들은 필요할 때에만 글쓰기를 사용하며, 글쓰기는 일상에서 필요한 도구라고 생각한다. 즉 기억을 돕고, 물건을 사거나 팔 때 도움이 되고, 가족이나 친구들과 연락을 유지하는 데 도움이 된다고 생각한다."(p. 231)

읽기는 쓰기에 비해 더 열악하다. "모든 사람들이 읽기에 대해 말하지만, 읽기를 하는 사람은 거의 없다"(Heath, 1983, p. 220). "로드빌에서는 미취학 아동이 가정에서 기대할 수 있는 대부분의 읽기 활동은 잠자리에서의 이야기이다"(p. 223). 아이들이 자라서 "만 3세가 되었을 때부터는, 부모나 주일학교 교사는 모두 아이들이 자리에 가만히 앉아서 이야기를 들어주기를 바라며, 이야기를 하는 동안, 언어적으로나 신체적으로 참여하는 것을 바라지는 않는다."(p. 225) 읽기 활동의 목적은 아이들이 가만히 앉아서 수동적으로 '귀를 기울여 듣는 법을 배우도록'(p. 226) 가르치는 것이다. 어른이 아이들에게 문장에 대해 질문을 할 때에는, '대본에 쓰여 있는' 것을 기억해내어 그대로 대답하기를 기대하며, 그 문장에 대한 분석, 해석, 부연설명을 요구하지 않는다. 히스는 다음과 같이 말한다.

> 로드빌에서, 어른들이 공통적으로 노력하는 부분이라면 인쇄된 자료에 있는 규범적 담화를 아이들에게 가르치거나 그러한 내용을 수동적으로 듣도록 가르치는 것이다. 모든 부모들은 책에 있는 내용에 대해 질문을 하면서 자녀가 대답하기를 기대하지만, 다른 사람이 책을 읽어줄 때 자녀가 조용히 듣고 있기를 바란다. 질문에서 요구하는 것은 거의 대부분 무슨 설명인지에 대한 것이고, 어른의 마음속에는 이미 결정된 답이 있으며, 아이들이 이에 대해 대답하기를 기대한다. 질문에 대한 답으로서 부모가 특정한 용어를 지칭하지 않았다면, 책 속에서 말하는 개는 그냥 '개'일 뿐이며, 잡종도, 사냥개도, 검둥이도 아니다.(p. 227)

로드빌의 아이들은 기록된 단어에 대하여 질문을 해서는 안 된다고 배운다. 그들은 누군가 읽고 있는 것을 수동적으로 듣고 있어야 하며, 기록된 단어는 자신보다 권위가 있다고 생각해야 한다. 그들은 기록된 것에 대해 캐묻거나, 질문하거나, 또는 유심히 살펴서는 안 된다. 문장에 대한 질문에 답할 때에는 문장에 제시된 단어를 분석하거나 자세히 설명해서는 안 되며, 문장에 제시된 단어를 질문자에게 그대로 말해야 한다. 히스는 다음과 같이 말한다. "로드빌의 아이들은 …… 규범적으로 실천하도록 가르침을 받는 것 같다. 부모들은 아이들을 위해 '책을 들고 있고', 아이들은 이름을 붙이고, 묘사하고, 질문에 답하는 것이 자신의 역할이라는 것을 배운다."(p. 346)

아이들은 문장과 관련된 질문에 대해, 철저히 기술되어 있는 방식 그대로 답하도록 교육을 받을 뿐만 아니라 그 방식으로 삶을 살도록 교육을 받는다. “로드빌의 부모들은 드라마와 같은 삶 속에서 자녀들을 양육한다. 아이들은 자신이 해야 할 역할에 대해 주의 깊게 기록하고 연습해야 한다.”(p. 346) 기록된 문장, 삶이나 학교에서 마주치게 되는 권위들, 삶 자체, 이러한 것들에 대해서는 질문해서도 안 되고, 분석해서도 안 되며, 논쟁해서도 안 되고, 이의를 제기해서도 안 된다.

기록된 글이나 부모 혹은 교사에 대한 권위로 인하여, 그리고 삶에서 나타나는 또 다른 권위로 인하여, 아이들은 문장(혹은 삶에서 나타나는 권위)을 조사하고, 분석하고, 질문하고, 반박하고, 부연설명하고, 상세히 설명하고, 윤문할 수 있다는 생각을 하지 못한다. 따라서 아이들이 분석적 사고를 할 수 있도록 하는 바로 그 마음의 창이 로드빌 사회에는 빠져 있다. 히스는 다음과 같이 상술한다.

> 로드빌에서는 기록된 것에 관해 절대적인 방식으로 말하며, 이는 기록된 것에 관해 교회에서 말하는 방식과 일치한다. 기록된 단어 뒤에는 권위가 있고, 문장을 벗어난 분석이 이루어져서는 안 되며, 그러한 범위 내에서만 해석될 수 있는 메시지가 문장이며, 문장은 통상적으로 경험과 일치한다. 새로운 종합이나 다각적인 해석은 고정된 역할, 규칙, 그리고 ‘정의’에 도전하여 만들어지는 대안이다.(p. 235)

> 로드빌에서는 기록된 문장의 권위로부터 벗어나기에 한계가 있다. …… 젊은이들은 어른들 앞에서 기록된 단어에 대해 해석하지 않을 것이다. 그들은 수동적인 관중의 역할을 하여야 하며, 자료를 기억하거나 특정한 질문에 답해야 한다.(p. 349)

트랙톤 사람들

트랙톤 주민들도 문자를 사용하지만, 이곳은 본질적으로 문자 문화라기보다는 **준-구두적**이다. 따라서 읽기와 쓰기는 **구두적 메시지를 대신하기 위해** 사용된다(Heath, 1983, p. 200).

트랙톤에서 개개인이 문장을 사용할 때, 문장은 보통 짧은 단문 조각으로 이루어지며, 구두적 신호를 대체하거나 순전히 도구적 기능만을 갖는 몇 개의 단어로 이루어진다. “어른과 아이들은 일상생활에서의 실제적 문제들을 해결하기 위한 목적으로 읽을거리를 읽는다. 가격표, 교통 신호, 주소, 청구서, 계산서 등이 그것이다. 쓰기가 가장 빈번하게 일어나는 경우는 트랙톤의 가족 구성원들이 자신의 기억을 믿을 수 없다고 말할 때”이거나 자신을 위해 짧은 메모를 할 때이다.(Heath, 1983, pp. 199-200) 이렇게 문장을 사용하는 것은 분석적 사고에 도움을 주지 못한다.

좀 더 긴 문장을 사용하는 경우는 편지나 정부 발표문과 같은, 트랙톤에 살지 않는 사람들과 의사소통을 할 때이다. 이렇게 좀 더 긴 문장에 대해서는 개별적으로 읽지는 않으며, 집단 안에서 구두적으로 읽는다. 트랙톤 주민이 일부 문장(예를 들어, 편지)을 읽고자 한다면, 그들은 사람들이 모여 있는 집단으로 가져가서 큰 소리로 읽으며, 그 집단은 그 의미를 사회적으로 구성하여 그 문장을 공동으로 이해한다. 이러한 과정은 즉흥적인 연극이 이루어질 때 발생하는 현상과 유사하다. 히스는 다음과 같이 상세히 말한다.

> 공동체의 문자 활동은 공개적이고 사회적이다. 트랙톤에서는 기록된 정보를 결코 그 자체로 내버려두지 않는다. 어른과 아이들은 기록된 정보를 구두적 형태로 재조직하거나 재진술하며, 기록된 문장 덩어리를 그들의 말로 통합한다.(p. 200)

> 트랙톤의 어른들에게, 읽기는 하나의 사회적 활동이다. 여기에서 어떤 것을 읽으면, 거의 항상 내러티브, 농담, 곁길로 새는 이야기를 유발하며, 기록된 문장의 의미에 대해 청자들 사이에서 적극적인 협의가 이루어진다. 기록된 단어의 권위는 단어 그 자체에서 생기는 것이 아니라, 그 집단의 경험에 의해 협의된 의미 속에서 나타난다.(p. 196)

문장을 읽으면, 그 문장은 읽는 이에 의해 구두적 언어로 변형되고, 그 의미는 읽는 이와 청자들이 공동으로 벌이는 '즉흥적인 연극'을 통해 구성된다. 여기에서 문장의 의미는 그 문장 자체에 대한 반성으로부터 나오는 것이 아니라, 그 집단 구성원들의 공유된 경험으로부터 나온다. 여기에서 문장은 사회적 상호작용으로 변화하게 된다.

> "이것은 무엇을 의미하는가?"라는 질문에 대해, 그들은 인쇄된 정보에 의해 답변을 할 뿐만 아니라 문장에 대한 그 집단의 공유된 경험에 의해 답변을 하였다. 릴리는 기록된 문장을 큰소리로 읽으면서 이해하였지만, 그녀의 친구와 주위 사람들은 각자 자신의 경험을 통해 그 문장의 의미를 해석하였다.
>
> 어떤 개인의 경험은 그 집단의 공통된 경험이 되어야 했으며, 그러한 결과는 모든 구성원들이 자신의 경험을 1명씩 이야기함으로써 달성되었다. 그렇게 1명씩 말하면서, 장면을 재창조했고, 진리를 미화했으며, 참여한 모든 개개인의 성격을 설명하게 되었고, 가능한 최대 범위까지 그 경험 자체로 청중을 끌어들였다.(Heath, 1983, p. 197)

문장을 읽자마자 원래의 문장을 잊어버린다면, 즉 문장 자체로부터 그 문장의 의미를 이해하지 않고, 그 문장으로 인해 발생된 사회적 논의를 통해 그 문장의 의미가 이해된다면, 어떻게 문장을 체계적으로 분석할 수 있을까? 분석적 사고가 이루어지기 위해서는 한 편의 (구두적 혹은 기록된) 문장으로부터 자신을 분리할 수 있어야 하며, 탈맥락화된 문맥에서 객관적으로 그 문장을 검토할 수 있어야 한다. 그러나 이것은 트랙톤에서의 문자사용 방식이 아니다.

또한 분석적 사고를 위해서는 '일정 시간 동안 문장을 동결시켜야 하며', 그래서 문장을 재검토할 수 있어야 한다. 그러나 트랙톤에서는 일단 문장을 읽게 되면, 문장 자체와는 별개의 의미를 갖게 되며, 그 집단에서 사회적 상호작용을 통해 문장을 해석하기 때문에, 트랙톤에서 이러한 일이 일어난다는 것은 불가능하다.

여기서 각자가 '읽은' 문장은 사회적 상호작용에 따라 다른 결과로 이어지고, (사회적 구성 측면에서) 그 의미는 각자가 읽은 것에 따라 변한다. 히스(1983)는 다음과 같이 말한다.

> 트랙톤의 아이들은 긴 시간 동안 어른의 무릎과 딱딱한 교회 의자 위에서 배우며, 자유로운 시간의 흐름 속에서 …… 종이 위에 기록된 단어는 각자의 시간과 각자의 공간에 따라 다시 만들어지고, 각자의 행위에 따라 새롭게 창조된다.(p. 349)

> 종이에 단어로 새겨진 생각들은 각자의 시간과 각자의 공간에서 다시 만들어진다. 기록된 단어로 남기 위해서는 각자의 청중과 각자의 설정에 따라 새롭게 창조하는 행위를 제한해야 한다. 틀림없이 기록된 문장 속의 어떤 의미는 안정적으로 유지되지만, 설교자가 "낱말은 살아 있어야 합니다."라고 말하면 행위자와 청중은 비슷하게 그 단어를 자신의 개인적 경험에 통합시켜야 하고, 그 단어에 대해 자신이 이해한 의미로 표현하여야 한다.(p. 233)

또한 분석적 사고를 위해서는 문장을 단일한 부분들로 쪼개어 그것을 탈맥락화해야 한다. 그러나 트랙톤의 주민들은 분석을 위해 문장을 단일한 부분들로 분할하지 않는다. 그것은 총체적[4](holistic) 행위의 일부이다. "그들에게는 인쇄물에 대해서 총체적 통일성이 있는 듯이 보이는데, 그것은 개별적인 요소에 의존하지 않는다는 것이다." 또한 트랙톤의

4) 'holistic'에 대한 의미는 다양하다. 의학계에서는 "육체와 정신을 하나로 보는"으로 해석하고, 언어학적 측면에서는 "교사와 학생이 함께하는"으로 해석한다. 과학에서는 "부분을 전체와 연관시켜 파악하는"으로 해석될 수 있다. 본 문장에서는 "의미는 상황과 분리되어 있지 않은"으로 이해된다.

주민들은 문장을 탈맥락화하는 데 어려움을 느끼며, 문장을 사회적 상호작용과 분리시키는 데 어려움을 겪는다. "그들은 어떤 장면이나 용도를 재창조하면서 인쇄물을 기억한다."(Heath, 1983, p. 233) 각자가 인쇄물을 다시 읽게 된다면, 새로운 읽기 작업을 하는 것이자, 새로운 행위를 하는 것이며, 새로운 사회적 의미를 만드는 것이다.

트랙톤에서는 (고상한 문자 문화에서는 이해되는) 분석적 사고가 전혀 존재하지 않는다.

히스의 연구에 의하면, 고상한 문자 문화인 타운스피플의 경우 그 구성원들은 자신의 가족의 문화에 융화되는 과정을 통해 자연스럽게 분석적 사고를 할 수 있게 된다. 그에 반해, 준-구두 문화인 트랙톤이나 로드빌에서는 분석적 사고가 뒷받침되지 않는다. 로드빌의 아이들은 자신의 분수를 알아야 한다. 그들은 아주 어렸을 때부터 매우 관습적이고 규범적인 방식으로 문장을 받아들여야 한다고 배우며, 그래서 기록된 단어에 대해서 세밀하게 검토하거나 해석하거나 도전하는 것을 용납하지 않는다. 트랙톤에서 문장의 의미는 즉흥적인 연극을 통해 사회적으로 구성되며, 문장은 대개 의미 생성 과정의 뒤편으로 사라지게 된다. 그 결과 로드빌이나 트랙톤 출신의 아이들은 보통 분석적 사고에 익숙하지 않으며, 분석적 사고를 자신의 공동체 문화와는 부합하지 않는 이해할 수 없는 시도로 생각하게 된다. 이러한 세 공동체 출신의 아동들이 (분석적 사고를 필요로 하는) 학교 수학에 접근하는 데 있어서 동등하다고 할 수 있을까? 히스의 연구에 따르면 그렇지 않다.

《*Street Mathematics and School Mathematics*》(Nunes, Schliemann, Carraher, 1993)에서 저자들은 좀더 구두적인 노동자 계층에 있는 브라질 가정 출신 아이들이 가정에서 숫자 계산 방법을 배우고 학교에서 다른 방법을 배울 때 어떤 일이 일어나는지에 대해 논의한다. 그들이 관찰한 것을 살펴보자. 낮에는 학교에 가고 방과 후(2시간)와 주말에 아버지의 가게에서 일하는 10살짜리 아동을 상상해보자. 그 아동이 아버지의 가게와 학교에서 1.75달러+2.58달러를 계산하는 모습을 상상해보자.

가게에서 손님이 아이에게 2개의 물품을 보여주며 "얼마니?"라고 묻는다. 아동은 물건의 가격을 본다. 물건의 가격은 1.75달러와 2.58달러이다. 그때 아이는 혼자서 조용히 중얼거리면서 머릿속으로 계산한다. 다음은 그가 속으로 중얼거린 내용이다. "1달러와 2달러는 3달러가 되고, 7다임과 5다임은 12다임이고 이건 1달러와 2다임이야. 그래서 지금까지 총 4달러와 2다임이야. 이제 5페니와 8페니는 13페니이고 이건 1다임과 3페니, 그래서 4달러 3다임 3페니가 돼, 그래서 가격은 4달러 33센트야." 또한 그 아이는 "이 손님이 그 물건들을 산다면 우리 집에 2달러 정도 이익이야"라고 생각한다.

학교에서는 교사가 칠판에 1.75달러+2.58달러라고 쓰고, 학생들에게 이 문제를 풀라고 지시한다. 아이는 종이와 연필을 꺼내서, [그림 11.1]과 같이 식을 적는다.

그림 11.1

$$\begin{array}{r} 1.75 \\ +\ 2.58 \\ \hline \end{array}$$

이제 아이는 어떠한 말도 하지 않고 연필을 사용하여 더하기를 한다. 먼저 덧셈 5+8을 하고, 8 밑에 3을 적고, 7 위에 1을 적는다. 그러고 나서 덧셈 1+7+5를 하고, 5 밑에 3을 적고, 1 위에 1을 적는다. 이제 덧셈 1+1+2를 하고, 2 밑에 4를 적는다. 그 다음에 그는 손을 든다. 이를 본 교사는 그의 책상으로 와서, 그가 기록한 종이를 보고, 답을 검산한다.

가게에서 아이는 아버지에게 덧셈하는 법을 배우게 된다. 아버지는 실제 돈을 가지고 설명하면서 덧셈하는 방법을 구두로 지도하며, 아이는 그의 아버지의 구두적인 말투를 흉내내게 된다. 또한 아마도 아버지는 (a) 만약 원래 가격보다 낮게 계산했다면 그의 가족은 손해를 볼 것이고, (b) 더 높게 계산했다면 손님은 그를 도둑이라 부르고 다시는 그 가게에 오지 않을 것이라고 강조하였을 것이다.

학교에서 아이는 선생님에게 덧셈을 배우게 된다. 선생님은 칠판에 문제와 답을 적고, 문제에 적힌 수에서 답으로 기록한 수가 어떻게 유도되는지 설명한다. 또한 그 아이는 만약 자신이 실수하면 종이 위에 맞았다는 표시 대신 X 표시를 받게 될 것이고, 만약 계산하는 동안 크게 소리를 내면 벌을 받게 된다는 것을 학교에서 배운다.

이러한 관찰을 통해, 누네스, 슐리만, 그리고 캐러허(1993)는 노동자 계층의 아이들이 서로 다른 두 가지 수학적 체계에 노출되어 있다는 것을 알았다. 그것은 구두 수학(소위, 거리 산술)과 기록된 수학(소위, 학교 산술)이다(p. 27). 아이들이 이러한 수학적 체계를 사용하는 상황은 서로 다르고, "이러한 두 가지 상황이 발생하는 맥락들은 일치하지 않는 경향이 있으며", "거리 수학과 학교 수학에서 사용되는 기호 체계의 유형들도 다르기 때문에 …… 아이들은 (각 체계에 연관된 계산) 활동을 다른 방식으로 구성한다."(pp. 28-29) 더욱이 "구두적 산술과 기록된 산술에 내재된 원리를 분석해본다면, 동일한 아이가 다른 상황에서 근본적으로 다른 계산을 수행하게 되는 이유는 …… 사용되는 기호 체계의 관점에서 설명될 수 있다."(p. 45)

누네스, 슐리만, 그리고 캐러허(1993)는 구두적(거리 또는 집) 산술 기호 체계와 기록된(학교) 산술 기호 체계 사이에 중요한 차이점이 세 가지 있다고 설명한다. 그것은 다음과 같다.

> 첫째, 구두적 절차와 기록된 절차는 계산 방향이 다르다. 기록된 알고리즘은 일의 자리에서 시작하여 십의 자리, 백의 자리로 진행하면서 계산하는 반면에 구두적 절차는 백의 자리에서 시작하여 십의 자리, 일의 자리로 진행한다.
>
> 둘째, 구두적 형태에서는 수들의 상대적 크기가 보존된다. 우리는 "이백 그리고 이십이"라고 말한다. 기록된 형태에서 상대적 크기는 상대적인 자리에 의해 표현된다. 우리는 222라고 기록한다. 기호 표현에서의 이러한 차이는 계산하는 동안에도 유지된다. 구두적 절차에서는 상대적 크기가 보존된다. 기록된 절차에서 상대적 크기는 일단 제쳐 둔다.(p. 45)
>
> 셋째, 거리 수학은 구두적이며, 직접적으로 상황에 대한 많은 의미를 보존한다. 학교에서의 수학적 연습은 기록하는 것이며, 일반화에 대한 노력의 일환으로 가능한 한 상황에 대한 구체적인 것들이 많이 배제된다.(p. 49)

기호 체계에 대한 세 번째 차이점이 중요하다. 거리 수학은 본질적으로 구두적이며, 문제해결 상황의 의미를 보존하며, 아이들은 수학적 계산을 실행하는 과정에 참여한다. (예를 들어, 위에서 언급한 1.75달러+2.58달러 문제에 대해, 구두적 계산에서는 달러, 다임, 페니라는 화폐의 구체적 단위를 지속적으로 참조하면서 의미를 유지한다.) 반면에, 학교 수학은 본질적으로 기록하는 것이며, 일반화에 대한 노력의 일환으로 문제해결 상황에 대한 구체적인 것들이 많이 배제된다. (예를 들어, 위에서 언급한 1.75달러+2.58달러 문제에 대해, 기록하는 계산에서는 달러, 다임, 페니에 의한 화폐 거래라는 구체적인 의미를 배제함으로써 일반화를 하게 된다. 약간 다르게 표현하자면, 구두적 산술 기호 체계는 구체적이고, 맥락화되고, 개인화되는 반면에, 기록하는 산술 기호 체계는 추상적이고, 탈맥락화되고, 탈개인화된다.

누네스, 슐리만, 그리고 캐러허(1993)는 구두적 기호 체계와 기록된 기호 체계의 차이를 다음과 같이 심도 있게 구별하였다:

> 지금까지 발전된 거리 수학의 모습은, 그것이 문제해결에 대한 **구문론적** 접근이라기보다는 **의미론적** 접근에 기반한다는 것을 보여준다. …… 의미론적 접근을 사용한다는 것은 문제 상황과의 관련성을 기초로 수학적 모델을 생성한다는 것을 의미한다. 그러고 나서 문제해결이 이루어지는 동안, 상황과의 관련성을 기초로 한 이 모델은 계산을 인도하는 데 이용된다. 주체들은 자신의 활동 전반에 걸쳐서 내재된 의미를 지속적으로 인식한다. 반면에, 학교 수학은 구문론적 접근으로 설명하며, 문제해결이 이루어지는

동안, 구문론적 접근에 따라 수에 대한 일련의 연산 규칙이 적용된다. 의미는 일반화라는 목적을 위해 일단 제쳐둔다.(p. 103) [의미론적·구문론적 차이에 대해서는 레즈닉(Resnick, 1982)의 연구를 보라.]

구두적인 산술과 기록된 산술 사이에는 타협점이 있는 듯하며, 이는 의미의 보존 및 일반화 가능성과 관련된다. 구두적 산술 과정에서와 같이 의미의 보존을 더 강조한다면, 주체가 다룰 수 있는 수의 범위 또는 상황의 범위는 제한된다. 마찬가지로, 절차를 수정하지 않으면서 다룰 수 있는 상황의 범위나 수의 범위를 확장하려 한다면, 기록된 절차에서와 같이 의미의 상실로 이어진다.(p. 54)

누군가는 질문할 수도 있다. 학교 수학을 배운 후에도 아이들은 왜 거리 수학을 버리지 않는 것일까? 누네스, 슐리만, 그리고 캐러허는 두 가지 이유를 제시한다. 첫째, 학교 수학보다 거리 수학을 사용할 때 수학적 오류가 더 적게 일어난다. 둘째는 다음과 같다.

학생들이 (기록된) 수학적 알고리즘을 배우기 전부터, 일상의 (구두적) 절차는 이미 학생들에게 유용한 듯하며, 구두적 절차는 알고리즘과 서로 대립된다. 일상적인 지식으로 사용하는 계산절차에서는 변수를 분리된 상태로 유지하며, 이러한 이유로 충돌이 일어난다. 변수들 간에는 어떠한 계산도 실행되지 않는다. 학교에서 가르치는 절차는 이러한 원칙을 깨뜨린다. 그래서 학교에서 가르치는 절차는 학생의 사전 지식과 쉽게 조화를 이루지 못한다.(1993, p. 126)

본 연구에서 의도하는 주요한 주제는, 많은 브라질의 노동자 계층 아이들이 집에서는 구두적 수학을 배우며, 학교에서는 기록된 수학을 배운다는 점이다. 이러한 두 가지 수학 체계의 기초를 이루는 기호 체계는 매우 다르고('구체적으로 맥락화된 것' 대 '추상적으로 탈맥락화된 것'), 실생활에서의 용도와 장점 측면에서 두 체계는 다르며(예를 들어, '계산의 정확성과 의미의 투입' 대 '일반화 가능성'), 학교 수학은 가정이나 공동체에서 학생들이 배운 '학생들의 사전 지식과 쉽게 어울리지' 않는다는 것이다. 덧붙여, 더욱 중요한 점은, 가정에서 아이들에게 수학을 가르치는 데 사용되는 (구두적이고 개인화되고 구체적인) 교육 매체나 방법이 학교에서 사용되는 (기록되고 탈개인화되고 추상적인) 매체나 방법과 다르다는 점이다.

누네스, 슐리만, 그리고 캐러허가 브라질에서 기록한 내용은 세계의 여러 나라에서 주목을 받았다. 가정이나 공동체에서 흔히 가르치는 구체적이고, 맥락화되고, 준-구두적인 수학은 학교에서 가르치는 추상적이고, 일반화되고, 고상한 문자 수학과는 다르다.

요약하면, 루리아(1976), 히스(1983), 그리고 누네스, 슐리만과 캐러허(1993)의 연구에서는 준-구두적인 가정이나 공동체 문화와 학교 수학의 고상한 문자 문화 사이에 존재하는 차이점을 강조한다. 연역적 논리에 대한 능력, 분석적 사고 능력, 추상적이고 탈맥락화되었으며 기록된 기호 체계를 유연하게 사용하는 능력 등에서 차이점이 있다. 또한 이들 연구에서는 가정과 학교에서 아동을 어떻게 가르치고 아동이 어떻게 배우기를 기대하는지가 매우 다를 수 있음을 넌지시 알려줬다. 이러한 차이점들은 사소한 것이 아니고, 아이들에게 중대한 장애를 야기할 수 있다. 우리가 맞서야 할 질문은 다음과 같다. "준-구두 문화 출신의 너무나도 많은 아이들이 고상한 문자 문화의 수학 교실에 들어서면서 학습에 어려움을 겪게 되는데, 이러한 결과에 대해 무엇을 할 수 있는가?"

문화적 차이와 교육 매체

이번 절에서는 두 가지 관심사에 대해 살펴본다.

- 학교 수학과는 다른 교육 환경에서, 다른 교육방법을 통해, 다른 기반지식 맥락으로 학습한 이후에 입학한 아이들이 학교 수학을 배우는 데 있어서 교육자는 어떤 도움을 줄 수 있는가?
- 아동이 자기 문화에서의 수학과 학교 수학이 서로 모순되고 일관성이 없다는 것을 알게 되었을 때, 아동에게 두 가지 수학을 혼합한 형태로 가르치기 위해서 어떤 교육 방법이 도움이 될 것인가?

가정 문화와 학교 문화의 차이점으로 인해 아이들이 학교 수학을 배우는 능력에 있어서 중대한 영향을 줄 수 있다는 것을 알게 된다면, 교육 방법에 대한 이러한 문제들이 제기된다.

불행히도, 다문화 수학교육 방법에 관해 저술된 자료는 거의 없었다. 이 장의 초반부에 있는 '이집트 스토리'에 대한 논의는 기존 자료에서 언급되지 않은 것이다. 논의를 확장하기 위해, 교육 방법에 관한 두 가지 견해를 살펴볼 것이다. 첫째, 비서구권 문화에서 연구하는 수학교육자들의 견해인데, 이곳에서 대다수 국민이 학습하는 양식은 문화적으로 습득된 것이며 학교 수학에서 요구하는 학습 양식과는 다르다. 둘째, 문화적 다양성을 가진 서구 국가들의 견해인데, 이곳 국민들은 매우 다양한 문화적 배경을 가지고 수학 수업에 들어온다.

비서구권 문화에서의 다문화 교수 방법

게르데스(Gerdes, 1997a)는 비서구권 문화에서 연구하는 교육학자들의 견해에 대해 논의한다. 그는 '기계적 암기와 가혹한 훈련에 기반을 두는' 교육 방법들로 인해 아이들이 수학 공부를 하면서 어떻게 소외감을 느끼게 되는지에 대해 논의하며, 아이들의 '고유한' 기반지식과 맞지 않는 문제나 참조물을 이용하여 수학을 가르치게 되면서 "학교 밖에서 습득한 실제적인 수학적 지식이 학교 안에서 어떻게 '억압되고', '혼란스럽게 되는지'를 논의한다(p. 225). 또한 아동의 자연스러운 수학적 능력이 학교에서 배운 수학에 의해 어떻게 파괴되는지에 대해 논의하며, 심리적 장애의 결과로 인해 그리고 아동 자신의 문화적 수학과 학교에서 학습되는 수학 사이에 존재하는 충돌로 인해, 문화적 맥락에서 배운 자연스러운 수학이 어떻게 억압되고 잊히게 되는지를 논의한다. 그러고 나서 묻는다. "어떻게 하면 이렇게 '불화를 낳고 사회문화적·심리학적 소외를 야기하는 완전히 잘못된 교육'을 피할 수 있을까? 자생적이고, 자연스럽고, 비형식적이고, 토착적이고, 민속적이고, 비표준적이고, 잠복되어 있는 (민족지학적[5]) 수학을 이런 식으로 '밀쳐내고' '전멸시키는' 것을 어떻게 하면 막을 수 있을까?"(p. 225)

게르데스는 방법의 문제가 아닌 내용의 문제에 대해 주로 언급하면서, "어떻게 할 수 있는가"의 질문에 답을 한다. 그러나 "심리학적 방해를 피하기 위해 민족지학적 수학을 교과과정에 편입시키는 것이 필요하다"고 강조하면서도 다음과 같은 입장을 지지한다.

> 이러한 '토착 수학'으로부터 출발하여 학교에서 도입될 새로운 수학으로 갈 수 있는 효과적인 가교를 만들기 위해서는, 먼저 '토착 수학'을 조사할 필요가 있다. …… 교사

5) 'ethnomathematics'은 브라질 수학자 Ubiratan D'Ambrosio가 만들어 낸 용어로서, '민속수학', '민족수학'이라고도 번역되며, 이를 주미경은 '민족지학적 수학'이라 번역하였다. '민족지학적 수학'은 유럽의 학문적 수학과 다른 수학 체계에 대한 인류학적 탐구에서 출발하였으며, 수학 체계를 문화적 맥락 속에서 탐구함으로써 수학의 문화성에 대한 인식을 가능하게 하였다.(민족지학적 수학과 다문화적 수학교육: 수학교실에서의 다양성에 대한 교육적 담론. 대한수학교육학회. <학교수학> 제11권 제4호. p. 625, 2011.)

는 토착 문화의 소재들을 가지고 시작해야 하며, …… 그곳에서부터 시작하여 새로운 학교 수학으로 진행시켜야 한다.(Gay, Cole, p. 225)

이러한 방법을 진술하는 데 있어서 세 가지 중요한 요소가 있다.

첫째, 교육자들이 이해할 필요가 있는 내용 요소를 들 수 있으며, 이는 자기 학생들의 문화와 관련된 '토착 수학'을 의미한다. 이것은 다문화 수학교육자들 대부분이 초점을 맞추고 있는 것이다. 여러 문화에 대한 토착 수학을 밝혀내면서 진전이 이루어지고 있다. 또한 두 번째 내재적 내용 요소로서, '새로운 학교 수학'을 들 수 있다. 종종 교육자들은 새로운 학교 수학을 깊이 이해하지 못하고 있으며, 그러한 이해의 부재로 인해 아동이 의미 있게 수학을 배우도록 돕지 못하고 있다. 여러 문화에서의 문제점이라면 교사가 가지고 있는 지식이 적절한지에 대한 것이다.

둘째, 출발점을 구성하는 것에 대한 방법론을 들 수 있으며, 여기서 출발점이란 아동 자신이 토착 문화의 구성원으로 존재하고 있는 출발점을 의미한다. 이를 위해서 교육자들은 많은 것들을 알아야 하고 토착 문화의 소재들을 이해하여야 한다. 이러한 '소재들'을 폭넓게 살펴보아야 하며, 여기에는 문화 속 게임들, 예술과 공예, 기술뿐만 아니라 수학적 언어나 기호 체계들도 포함된다. 이러한 예는 '이집트 스토리'에서 살펴볼 수 있다. 다문화 수학교육자들이 진전을 이루면서, 토착 문화에 대한 소재들을 확인하게 되었고, 소재가 수학과 어떻게 결합되어야 하는지 그리고 소재를 통해 수학을 어떻게 말하는지에 대해 알게 되었다.

그러나 '아동이 존재하고 있는 출발점'이란 이보다 훨씬 많은 것을 의미한다. 그것은 어떤 문화의 수학이 그 문화적 가설과 어떻게 연관되는지에 대해 이해하는 것을 의미한다. (예를 들면, '이집트 스토리'에서 두 가지 숫자 체계가 존재하는 것을 보고 이집트에 두 사회적 계층이 존재하기 때문이라는 것을 이해하여야 한다.) 그것은 그들의 토착 사회 속에서 생각하고 배우는 법을 아이들에게 어떻게 가르쳤는지에 대해 이해하는 것을 의미한다. (예를 들면, 브라질의 예에서처럼, 그들이 준-구두적인 방식으로 생각하도록 하는지 혹은 고상한 문자적 방식으로 생각하도록 하는지에 대해 이해하여야 한다.) 그리고 그것은 아동의 토착 사회 속에서 사용된 교육 방법들에 대해 이해하는 것을 의미한다. (예를 들면, 브라질의 예에서처럼, '좀더 개인적인 도제 방법' 대 '탈개인적인 강의 방법'에 대해 이해하여야 한다.) 다문화 교육자들은 이제 막 이러한 것들에 대한 글을 쓰기 시작했다.

셋째, 교육자들은 이러한 토착 수학으로부터 출발하여 새로운 수학으로 나아갈 수 있는 효과적인 가교를 만들어야 하며, 교육자들은 "그러한 토착 문화의 소재에서 출발하여, ……

그곳으로부터 새로운 학교 수학으로 나아가야 한다"는 요구가 있다(Gerdes, 1997a, p. 225). 토착 문화와 학교 수학 사이에 많은 다양한 형태의 지적 가교가 구축될 필요가 있으며, 이를 바탕으로 학교 수학은 학생들이 자신의 토착 문화에서 학교 수학의 문화로 이행하도록 도움을 주어야 한다. 이는 하나의 기반지식에서 다른 기반지식으로 연결된 가교, 한 무리의 친숙한 문화적 소재들로부터 다른 무리의 문화적 소재들로 연결된 가교, 한 가지 사고 양식, 학습 양식, 문제해결 양식으로부터 다른 양식으로 연결된 가교, 한 가지 교수 방법으로부터 다른 교수 방법으로 연결된 가교를 의미한다.

내용과 소재들을 포함하는 지적 가교에 대한 것들을 서술해왔다. 교육학적 방법, 사고 양식, 학습 양식, 문제해결 양식 사이를 연결하는 가교들은 이제 막 고려되기 시작하였다. 예를 들면, 교육자들은 흔히 다양한 문화 속에서의 의류 디자인, 바구니 디자인, 도자기 디자인에 나타난 기하학적 패턴들에 대해 서술하고 있으며, 그것들을 학교 수학에 어떻게 관련시키는지에 대해 서술하고 있지만, 그러한 디자인을 만드는 방법을 공동체 구성원에게 가르쳐주기 위해 사용된 **교육 방법**이 학교 수학의 **교육 방법**과 어떻게 관련되는지에 대해 서술된 것은 거의 없다.

교육 방법들 사이의 가교를 구축하는 문제에 대해 설명하려면, 그리고 아이들이 더욱 쉽게 그리고 의미 있게 학교 수학을 배우도록 도움을 주려면, 다음에 나오는 형태의 토착 교육 방법들을 어떻게 이용할 수 있는지에 대한 문제를 고려할 필요가 있다.

- 구두 스토리텔링으로서, 스토리 속의 등장인물이 몇몇 장애물을 극복하면서 수학에 대해 자세히 설명한다. (이는 이 책에서 지지하는 것이다.)
- 부모, 숙련된 어른, 또는 형이나 누나와 함께 공부하는 실습생 관계로서, 경제적 여건에 영향을 주면서 그 문화와 관련된 수학 문제를 해결하는 동안 아동은 그들에게 도움을 받는다.
- 수학적 관계에 대한 시각적인 모래 그림을 관찰하고 구성하는 것으로서, 사회적 게임이나 가입 의식의 일부로서 아이들은 청중들에게 이를 시연하거나 설명하게 된다.
- 동료, 형이나 누나, 또는 어른과 함께 수학적 관계에 대해 구두로 설명하는 것으로서, 부분적으로는 정치적인 혹은 경제적인 생존에 대해 폭넓게 토론하게 되고, 수학적 의미에 대한 성공적인 구두 표현의 결과에 따라 사회적 입지가 부여된다. (브라질에서의 무토지 농민들의 운동에 대해 연구할 때, 네이닉(Knijnik, 1997)이 옹호하고 사용했던 방법이다.)

방법론적 가교를 구축하려고 생각한다면, 다음과 같은 질문을 제기하는 것이 중요하다. (1) 가르치거나 배우는 데 있어서 토착 교육 방법이 존재하는가? (2) 만약 그러한 교육 방법이 존재한다면, 다른 교육 방법에 비해 그 토착 문화의 학습을 더 쉽게 만들어주는가? (그러한 방법은 그 문화와 개념적으로 일관되기 때문에 아마도 그럴 것이다.) (3) 만약 그러한 방법이 존재한다면, 그러한 토착 교육 방법이 학교 수학을 보완할 수 있고, 그 문화 (또는 다른 문화)의 구성원을 대상으로 다른 교육 방법에 비해 학교 수학을 더 쉽게 학습할 수 있도록 하는가? (4) 현재의 학교 교육 맥락에서 그러한 방법을 사용하는 것이 교육학적으로, 사회적으로, 정치적으로, 그리고 경제적으로 실현 가능한가? 현재까지의 민족지학적 수학에 대한 연구 문헌에서는 그러한 주제들을 이론적으로 고찰한 것들이 거의 없다.

물론, 이 책 전체는 교육 방법의 문제에 관한 것이다. 그것은 서사적 구두 스토리텔링이 수학교육을 어떻게 용이하게 할 수 있는가를 다룬다. 구두 스토리텔링이 가지는 힘 중 하나는 '교육학적 가교'를 제공할 수 있는 힘이 있다는 점이며, 좀더 구두적인 가정이나 공동체 출신의 아동이 학교 수학에서 필요로 하는 고상한 문자 방식의 학습과 사고로 이행하는 데 도움을 줄 수 있다는 점이다.

만약 우리가 교육학적 가교를 구성하는 방법을 알아내지 못한다면, 아동이 자신의 토착 문화에서 학교 수학의 문화로 이행할 수 있도록 도움을 주는 데 있어서 거의 진전을 이루지 못할 것이다. 예를 들면, 아동이 (이 장의 서두에서 논의한 것과 같이) 연역적 논리를 사용하는 법, 분석적으로 생각하는 법, 또는 추상적인 수학 기호를 사용하여 추론하는 법을 배우지 못한 상태에서 수학을 공부해왔다면, 학교 수학에 대해서 진정으로 무엇을 이해한 것일까? 아이들이 시험에서 수학적 알고리즘을 맹목적으로 수행하고, 수학적 사실과 공식을 기계적으로 생각해내고, 신중한 생각 없이 수학적 개념을 적도록 훈련시킨 것 말고 교육자들이 무엇을 하였다고 할 수 있는가? 이것은 우리가 아이들에게서 진정으로 원하는 것이 아니다. 우리는 그들에게서 훨씬 더 많은 것을 원한다.

서구 문화에서의 다문화 교육 방법

유럽과 아메리카에 있는 많은 나라들에는 다양한 문화 출신의 사람들이 살고 있고, 그 아이들은 서로 다른 문화적 배경을 가진 상태에서 수학 수업에 들어온다. 결과적으로, 이러한 국가의 교육자들이 다문화 수학교육을 바라보는 관점은 수업 구성원이 동질 집단인 (비서구) 국가의 교육자들이 바라보는 관점과는 다르다. 미국의 재슬러브스키와 유럽의 넬슨, 조지프 그리고 윌리엄스의 연구는 이러한 집단의 교육자들을 대표한다.

《*The Multicultural Math Classroom: Bringing in the World*》(Claudia Zaslavsky, 1996)에서 저자는 책 제목을 통해 독자들에게 집필 의도를 알 수 있도록 하고 있다. 저자는 학교 수학이 서양의 학문적 수학인 고상한 문자 문화로만 지속적으로 구성되는 것을 바라지 않는다. 대신에, 인류 역사에 있어서 서로 다른 많은 민족들이 실제로 행한 수학적 노력들을 교실 속으로 가져옴으로써 학교 수학을 개선하기를 바란다. "전 세계의 모든 지역에 살고 있는 사람들, 그리고 역사적으로 모든 시대에 살았던 사람들은 자신의 하루하루 생존에 필수적인 문제를 해결하여야 했으며, 이를 위해 수학적 사고를 발전시켜 왔다는 것을 학생들은 알고 있어야 한다."(p. 29)

더 나아가 재슬러브스키(1996)는 '수학교육에서의 공평성 문제'에 관심이 있다고 말하면서 자신의 의도를 명확하게 밝히는데(p. vii), 다음과 같이 주장한다. "백인 남성을 수학적 엘리트로 키우는 동안 나머지 국민들이 뒤처지게 되는 것을 더 이상 받아들일 수 없다. 학생 구성원의 다수를 차지하는 여성과 유색인종의 수학적 전통을 더 이상 무시할 수 없다."(p. ix) "다문화 수학교육은 모든 사람들을 위한 것이다. 민족적·인종적 전통, 성별, 사회경제적 지위는 중요하지 않다."(p. 2)

교실을 다문화적으로 만드는 한 가지 방법은 여러 문화의 수학을 교실 속으로 가져오는 것이라고 생각하며, 자신이 세계 각지에서 수집한 다양한 교수 방법과 자료를 독자에게 소개한다. 다음은 재슬러브스키의 저서에서 소개하고 있는 내용의 일부이다

1. 학교 공동체의 구성원을 이용하는 것이다. 구성원들은 자신의 토착 문화유산의 실례를 학교에 가져오며, 자신의 문화에서 어떻게 수학적으로 사고하는지 혹은 수학을 어떻게 사용하는지에 대해 다른 학생들과 공유한다.
2. 어떤 문화에서의 토착적인 자료, 공예품, 그리고 무늬를 사용하여, 수학적 아이디어를 제시하는 것이다.
3. 전 세계 여러 지역의 아동(또는 성인) 문학 작품을 이용하는 것이다. 문학 작품을 통해 "아동은, 멀리 있거나 가까이 있는, 혹은 먼 과거에 있거나 현재에 있는, 혹은 실제 세계에 있거나 상상 속의 세계에 있는, 그런 사람들의 삶에 참여하고 있다고 느끼게 되며", 이는 '수학적 연구를 위한 도약대'의 역할을 하게 된다(Zaslavsky, 1996, p. 45).
4. 세계 각지에 있는 게임이나 레크레이션 활동을 이용하는 것이다. 이를 활용하여 수학을 가르치게 되며, 또한 다른 문화에서는 수학적 성과를 어떻게 사용하였는지에 대해

시연하면서, 서로를 맞아들이고 즐기게 된다.

5. 인류학적인 연구나 고고학적인 연구 방법을 활용하는 것이다. 이러한 방법에 의해 아동은 어떤 문화(또는 가족)의 예술 작품이나 공예품을 검토하게 되며, 작품 속에 들어 있는 수학적 의미는 학교에서 다듬게 된다.
6. 다른 가족, 다른 공동체, 다른 나라, 또는 다른 문화들에 대한 수학적 자료를 이용하거나 자료 분석 활동을 이용하여 (그들의 인구 통계, 결혼 관습, 건강 수칙, 그리고 폐기물 관리 시설을 포함한) 다양한 문화에 대해 탐구하는 것이다.
7. 간학문적 단원을 이용하는 것이다. 이를 통해 수학, 과학, 역사, 예술, 문학, 그리고 문화를 동시에 탐구하게 된다.
8. (벽화 그리기와 건축 모형 만들기와 같은) 예술 활동을 이용하는 것이다. 이를 통해 다른 문화의 수학적 아이디어를 탐구하고 설명하게 된다.
9. 수학을 활용하여 학급 토론을 하는 것이다. 이를 통해 (인종 차별과 같은) 최근에 대두된 사회 문제를 고대의 방법이나 세계의 다른 지역 해법에 비추어 탐구하게 된다.

이상과 같이 광범위한 종류의 수학교육 방법과 매체가 있다. 재슬러브스키는 이러한 것들을 수집하는 데 있어서 커다란 발자취를 남겼다. 게다가, 자신의 책에서 이러한 방법들을 사용하여 서로 다른 여러 문화에서 비롯된 여러 종류의 수학적 내용을 어떻게 탐구할 수 있는지에 대해 예를 들어 제시하고 있다.

재슬러브스키의 연구(그리고 다문화 수학에 대해 비슷한 접근을 취하는 다른 사람들의 연구)에는 두 가지 한계점이 있다. 첫째, 아이들 자신이 태어난 본토의 가족, 공동체, 그리고 문화 속에서 배운 (사고 방식, 학습 방식, 문제해결 방식을 포함한) 기반지식으로 인해, 아이들이 학교 수학을 공부하는 데 있어서 도움을 받게 될 수도 있고 방해를 받게 될 수도 있는데, 이때 어떤 방식으로 도움을 받게 되는지 혹은 방해를 받게 되는지에 대해 다루고 있지 않다. 예를 들어, 아동은 자신의 가족이나 공동체로부터 논리, 분석적 사고, 그리고 수학적 기호를 다루는 방식을 배우게 되며, 이러한 방식으로 인해 학교 수학(이 장의 서두에서 논의되었던 주제들)을 배우는 데 영향을 받게 되는데, 이때 어떤 방식으로 영향을 받게 되는지에 대해 고려하지 않고 있다. 둘째, 재슬러브스키의 권고에 따른 교육 방법을 우리가 사용한다고 했을 때, 그것이 (a) 책에서 소개한 방법에 의한 다문화 수학과 조화를 이루게 될지 아닐지, 혹은 (b) 그러한 방법으로 학습하게 될 아동의 문화와 조화를 이루게 될지 아닐지에 대해서는 검토하고 있지 않다. 예를 들면, 준-구두적인 가정 출신의 아이들에게 시각적 교육 방법을 사용한다고 했을 때, 재슬러브스키는 무슨 일이 발생하게 될지에 대해서는 전혀 고려하고 있지 않는 듯하다. 불행하게도, 재슬러브스키는 20세기 동안 강력하다고 판명된 모든 교육 방법들을 수집하였고 다문화 수학의 내용을 폭넓게 수집했다는 인상을 주기는 하지만, (어떤 문화에서 비롯된) 특정 내용을 (문화적 배경이 다른) 특정 아동에게 가르치는 데 있어서 어떤 방법이 최선인지에 대해서는 체계적으로 분석했다고 보기 힘들다.

만약 우리가 미국이나 유럽에 있는 다문화 수학교육과정 개발자의 저서들을 본다면, 그들이 사용하는 교육 방법이나 매체가 자신들의 교육과정 속의 다문화적 내용을 전달하기에 적절한 것인지에 대해 깊이 있게 심사숙고하지 않은 것 같다는 사실을 발견하게 된다. 넬슨, 조지프와 윌리엄스(1993)의 브리튼[6] 지역에 대한 연구가 그러한 예에 속하는데, 브리튼 지역 학교에는 서로 다른 여러 문화 출신의 이민자 아이들이 입학한다.

넬슨, 조지프와 윌리엄스(1993)의 연구 덕분에, 우리는 세계 각지에 있는 문화가 수학에 기여했다는 것을 이해할 수 있게 되었으며, 현재의 수학적 기반지식의 역사(초기의 아프리카와 중동의 업적에서 시작하여, 그 이후에 인도와 중국에서의 업적, 그 다음 이후에는 중동과 북아프리카에 있는 이슬람 국가들에서의 업적까지 점진적으로 발전하였으며, 최근에 이르러서야 유럽과 미국의 업적으로 발전되었다)를 이해할 수도 있게 되었다.

덧붙여서, 그들은 다음과 같이 기술한다. “교육 과정을 짜는 데 있어서 중요한 한 가지 요소는 다양한 교수 방법 및 관련 소재들에 대한 교사의 활용 능력이다.”(1993, p. 27) 그러고 나서 그들은 다음과 같은 여러 방법들을 나열하면서, 자신들이 가지고 있는 다문화적 아이디어를 제시한다.

> (1) 직접적인 교수와 직접적인 설명, (2) 안내된 발견과 토론, (3) 학생 주도의 연구. …… 이 목록에 통합교육과정 계획과 더불어 부모나 지역 공동체의 다른 구성원이 참여하는 프로젝트도 포함시켜야 한다.(p. 27)

또 다른 접근 방법은 과거의 주도적 인물들뿐만 아니라, 세계에서 가장 빠른 암산 능력자인 샤쿤탈라 데비(Shakuntala Devi)와 같은 유명인을 이용한 접근이다. 중대한 사건이나 대중적인 행사는 또 다른 가능성을 제공한다. 올림픽 경기는 흥미로운 데이터를 얻을 수 있는 분명한 자원이 될 수 있다. 기하학적 장식이나 리듬에 대한 연구도 또

6) 브리튼(Britain)이란 잉글랜드, 웨일즈, 스코틀랜드 지역을 말한다. 이에 비해 UK란 ‘United Kingdom’의 줄임말로 잉글랜드, 웨일즈, 스코틀랜드, 북아일랜드뿐만 아니라 부속 도서 및 군도를 포함한 지역을 말한다.

> 한 미술이나 음악 과목과 관련시킬 수 있다. 중앙아메리카의 마야 수학에 대한 연구는 역사나 지리 학습에 연결될 수 있다. 마지막으로, 흥미로우면서도 가능성이 있는 잘 알려지지 않은 접근 방법은 원문을 이용하는 것이다. 여기서 교사는 실제 문장을 번역하여 수업에서 사용하는 것이다. (pp. 40-41)

이러한 목록이 어떻게 전통적인 것이라 할 수 있는지, 그리고 대부분의 항목들이 어떻게 수학자들이 이용한 방법과 매체를 반영한 것처럼 보인다는 것인지를 살펴보는 것은 흥미로운 일이다.

다른 다문화 수학교육자와 마찬가지로, 넬슨, 조지프와 윌리엄스는 역사적으로 세계 각지의 여러 시기에 존재했던 수학 내용이나 증명 방법에 대해 자세하게 논의한다. 그러나 그들은 다음 단계로 넘어가지 않았으며, 그러한 내용을 가르치기 위해 사용될 수 있는 교수 방법에 대해서도 논의하지 않았다. 마치 그들이 논의하고 있는 다문화 수학은 그들 자신의 학문적 사고 방식에 갇혀 있는 듯하며, 교과 과정의 내용은 교육학적 방법과 분리되어 있고, 교육과정 내용의 기초가 되는 수학적 진리에 집중하게 되면서 수학적 진리를 제시하기 위해 사용되는 방법이나 매체에 대해서는 고려하지 않는다.

예를 들어, 앞에서 인용한 부분의 장에서 넬슨, 조지프와 윌리엄스는 수학적 내용으로써 대수적 사고 방식에 의한 알-콰리즈미(Al-Khwarizmi)의 우아한 방법(기원후 9세기경)과 처음 n개의 자연수의 합에 대한 추-스제(Chu Shih-chieh)의 시각적인 증명(기원후 13세기경)에 대해 논의하고 있다. 그러나 알-콰리즈미의 방법이나 추-스제의 수학에 대해 논의하는 공간에 비해 교수 방법에 대해 논의하는 공간은 별로 없다. 게다가, 방법론적인 측면에서 알-콰리즈미의 우아한 방법이나 추-스제의 시각적 접근이 어떤 시사점을 줄 수 있는지에 대해서 심층적으로 탐구하고 있지 않다는 점은 명백하다.

만약 추-스제와 알-콰리즈미가 발견한 수학적 내용을 제시하는 데 그치지 않고, "추-스제의 **시각적 증명에 의한 방법**이나 알-콰리즈미의 **대수학적 사고에 의한 우아한 방법**이 방법론적인 측면에서 학교 교육과정에 어떤 시사점을 제공하겠는가? 그리고 이러한 방법을 사용한다면 고상한 문자 문화의 수학 전통에 익숙하지 않은 아이들이 얼마나 더 쉽게 학교 수학에 접근하게 되겠는가?"라고 넬슨, 조지프와 윌리엄스가 의문을 가졌다면, 그들이 무엇을 발견하게 되었을지 궁금할 뿐이다. 예를 들어, 그들이 추-스제의 시각적 증명 방법에 대해 검토를 하였다면, 시각적 증명 방법이 어떻게 학교 수학을 풍요롭게 할 수 있는지에 대해 질문하였을 수도 있다. 만약 그들이 이러한 질문을 제기하였다면, 최근에 시각적 증명이 얼마나 인기를 얻고 있는지를 알게 되었을 것이다. 이러한 현상은 부분적으로는 마리아 몬테소리(Maria Montessori)와 같은 교육학자들의 덕분이기도 하다. 이러한 교육학자들은 지난 세기 초반에 십진 블록과 유사한 촉각적인 학습 교구를 개발했으며, 이를 통해 이탈리아의 가난한 도시 아이들은 수학을 학습하는 데 도움을 받았다. 문화적인 혜택을 받지 못하여 특별한 교육이 필요했고 공동체에 지장을 주었던 아이들이 학교에서 공부하는 데 도움을 주고자 몬테소리는 노력했다. 만약 다문화 수학을 탐구하면서 시각적 증명을 사용하는 것에 대한 시사점을 얻을 수 있었다면, 다문화 수학교육자들은 몬테소리보다도 훨씬 더 많은 기여를 할 수 있었을 것이다(Lane, 1976).

확실히 수학교육을 풍부하게 할 수 있으면서도, 지금까지 발견되지 않았거나 또는 아직까지도 대중적이지 않은 교육방법이나 자료가 존재한다. 구두 스토리텔링이 그러한 방법 중 하나라는 것이 이 책의 주제이다. 기나긴 인류 역사에서, 누적된 지식과 전통에 대한 문화를 자신의 구성원에게 전해주기 위해 사용한 주요 매체가 구두 스토리텔링이었을 것이다. 수학적인 서사 구두 스토리텔링은 교육 방법으로서 상당한 관심을 받을 가치가 있다. 특히 준-구두 문화적 배경 출신이면서, 고상한 문자 문화 양식의 담론을 배우지 못한 아이들에게 필요하다.

문화적 다양성과 구두 스토리텔링

세계 각지의 학교에서 가르치는 수학을 살펴보면, 그 속에서 고상한 문자의 교육과정이 상당히 획일적으로 운영되고 있음을 보게 된다. 세계 각지의 교실에 있는 아이들을 살펴보면, 아이들이 다양하다는 것을 알게 된다. 언어적, 종교적, 신체적, 문화적, 사회적으로 다양한 계층이 있으며, 상상할 수 있는 모든 종류의 다양성이 존재한다. 유사하게, 미국이나 브리튼과 같은 나라에서는 지난 세기 동안 수많은 이민자가 생겨났으며, 그러한 나라의 거의 모든 도시 학교를 살펴보면, 학교 아이들 사이에서 다양성을 찾을 수 있는데, 그 다양성은 국제적이라고 할 만큼 엄청나다. 교육자들이 직면한 문제는 놀라울 만큼 획일적인 방식으로 교육과정을 다루고 있다는 점이며, 그것을 배우는 학생들의 다양성과는 너무나도 극적으로 대비된다는 점이다.

이 문제에 대한 한 가지 답은 아동이 처한 다양한 문화 속의 수학을 검토하는 것과 그 문화의 맥락 속에서 학교 교육과정의 수학 일부를 도입하는 것에서 찾을 수 있다. 그러나 이러한 일은 학교에 다니는 아이들의 다양성을 수용하기 위해서 취해야 할 여러 단계 중 하나일 뿐이다.

또한 교육학자들은 많은 학생들의 가정 문화가 학교수학의 기초를 이루는 문화와 어떻게 다른지, 그리고 그러한 차이가 아동의 수학 성취에 어떤 영향을 미치는지의 문제를 다루어야 한다. 이 장에서 우리는 연역적 논리, 분석적 사고, 추상적이고 탈맥락적으로 기록된 기호를 다루는 능력과 관련하여 차이점들을 검토하였다. 또한, 픽스텐(Pixten)이 나바호족의 사례에서 기술했듯이, 아이들은 교육학자와는 다른 방식으로 시간이나 공간에 대한 기본적 개념들을 바라본다. 그리고 누네스, 슐리만과 캐러허의 연구에서 시사하듯이, 준-구두적인 가족이나 공동체 출신의 아이들은 학교 수학에서 고상한 문자로 기록된 교육 매체로 학습하기보다는 주로 준-구두적인 교육 매체와 준-구두적인 담화 양식으로 학습하는 법을 배웠을 수도 있다.

이러한 형태의 차이점들은 학교 수학의 문화와는 다른 아이들의 가정 문화로부터 발생한 것이다. 이러한 차이점으로 인해 아이들의 수학 학습 능력을 억제하거나 촉진하는 데에서 엄청난 영향력을 미칠 수 있다. 일부 교육학자들의 노력 덕분에, 우리는 이러한 사실을 이해할 수 있게 되었다.

또 다른 교육자들은 아이들의 (가족이나 공동체의) 토착 문화와 학교 수학 사이의 교육적 가교, 즉 아동이 자신의 토착 문화에서 학교 수학의 문화로 전이하는 데 도움을 줄 지적 가교를 구축하는 방법에 대해 생각하기 시작하였다. 이 책의 주요한 관심사 중 하나는 이러한 노력에 대한 것이었다. 즉 수학 교수가 이루어지는 동안에 사용될 교수 방법을 어떻게 확장하면, 아동이 자신의 가정 문화에서 학교 수학의 문화로 전이하는 데 도움을 주게 될 것인지에 대한 것이다.

수학 교실에서 사용된 교육 매체의 범위는 지난 세기 동안 여러 번 확장되었다. 한때 십진 블록과 같은 높은 수준의 시각적이고 조작 가능한 교구들의 도입으로 확장되었다. 그리고 컴퓨터, 교육적 소프트웨어, 그리고 다른 전자 매체의 도입으로 다시 한 번 확장되었다. 또한 협력 학습을 도입함으로써 또 다른 방식으로 확장되었다. 수학교육학자들이 이용할 수 있는 교육 매체가 확장되었기 때문에, 좀더 시각적이고 좀더 조작적이며 좀더 상호 작용하는 형태로 학습하고 사고하고 문제를 해결하면서 성장해온 아이들에게, 고상한 문자 문화의 학교 수학 속에 훨씬 더 잘 적응할 수 있도록 하는 가교를 제공할 수 있게 되었다.

많은 학생들이 준-구두적인 가정 공동체 출신이라면, 아이들이 자신의 토착 (가정) 문화로부터 고상한 문자 문화의 학교수학으로 전이하는 데 도움을 주는 준-구두적인 교육 방법과 매체를 찾을 수 있는지를 확인해야 하지 않을까? 수학적 서사 구두 스토리텔링은 그러한 교육 방법의 한 가지 예로 제안된 것이다. 구두 스토리텔링은 모든 아이들에게 신나는 수학 학습 방법을 제공할 뿐만 아니라, 준-구두적인 가정 출신의 아동이 수학에 더 쉽게 접근하도록 하는 잠재력이 있다.

다행히 다문화 수학교육학자들은 세계 각지의 그리고 인류 역사 전반에 걸쳐서, 여러 민족의 토착 문화를 계속해서 탐구하고 있기 때문에 그들은 더 많은 교육 방법과 매체를 찾을 수 있을 것이다. 의학 연구자들이 다른 문화의 전통 의학에서 찾을 수 있었던 것과 같이, 그들은 다른 문화의 수학적 실제 속에서 그와 같은 풍부한 자료를 발견할 수 있을 것이다. 그리고 바라건대, 그러한 방법들을 통해 교육자들은 모든 아동들이 (그들의 민족적·인종적 유산, 성별, 또는 사회경제적 지위가 무엇이든 간에) 자신의 토착 수학으로부터 새로운 학교 수학으로 나갈 수 있도록 하는 가교를 만들 수 있을 것이다.

Chapter 12

스토리텔링, 다문화 수학, 그리고 이데올로기

모든 책에는 그 내용이 어떻게 만들어지게 되었는지를 말해주는 스토리가 담겨 있다. 나는 여러 자릿수의 덧셈을 가르치기 위해 십진 블록을 어떻게 사용할 수 있는지에 대해 몇몇 교사에게 시연하던 때에 이 책을 집필하기 시작했다. 우리가 불도저가 된 것처럼 생각하자고 제안하였고, 불도저가 어떻게 더하기를 해 나가는지를 시연해 보였다. 이어서 교사들에게 불도저가 되었다고 생각해 보도록 하였으며, 십진 블록을 사용하여 몇 개의 덧셈 문제들을 풀도록 하였다. 이러한 수업을 진행하는 동안 도리스도 참여하였다.

도리스는 학교로 돌아가서 4학년 학생들에게 불도저 덧셈을 시도해 보았다. 이러한 시도는 성공적이었으며, 아동용 대중도서를 이용하여 수학 교수에 도움을 줄 목적으로 내가 정기적으로 만나서 토론하던 수학 교사들의 모임에서 도리스는 이러한 성공 사례를 보고하였다. 이 모임의 교사들은 도리스의 성공에 흥분을 감추지 못했고, 나에게 불도저 덧셈에 관한 아동 서적을 집필할 것을 권유하였다. 교사들도 수학을 가르치는 데 도움이 되는 스토리들을 만들어 내고 그 스토리를 학생들에게 들려준다면, 나도 그렇게 하겠다고 말했다. 나는 교사들에게 스토리들을 써 보도록 격려하면서 이 일을 시작했으며, 아동 도서를 실제로 집필하는 것과 비교하여 스토리를 만들어내고 아이들에게 이를 들려주는 일은 그리 어렵지 않았다.

교사들은 수학에 관한 스토리들을 만들어 내고 이를 학생들에게 들려주기 시작했으며 스토리들은 아주 훌륭했다. 매달 수학 및 문학 교사들의 모임이 이루어졌는데, 그 모임에서 교사들은 자신이 만든 스토리에 대해 설명하였고 그 스토리를 들려주었을 때 교실에서 무슨 일이 일어났는지에 대해 보고하였다. 미취학아동, 초등학교 학생 그리고 고등학교 학생들에게 스토리들을 들려주었다. 우리 모임에서 처음에는 수학을 가르치는 데 있어서 아동용 대중 도서를 어떻게 사용할지에 대해 토론하였으나, 오래지 않아 아이들이 학습하여야 할 수학을 가미한 구두 스토리를 어떻게 만들고 들려줄지에 대해 토론하게 되었다는 것을 깨닫게 되었다.

우리의 구두 스토리들은 아동용 대중도서가 지닌 많은 문제점들을 해결해 주었다. 첫째로, 이를 통해 우리는 아이들에게 가르치고 싶었던 수학에 대한 스토리를 만들어낼 수 있었고, 우리가 원했던 교육 방식으로 그러한 수학을 가르칠 수 있었으며, 그러한 방식은 학생들의 요구와 우리의 요구를 모두 충족시켜 주었다. 그렇게 된 이유는 우리가 한 번도 만나지 못했고 또한 우리 학생들과도 친분이 없는 어떤 저자의 스토리가 아니라, 우리가 수업을 조절하면서 자신이 만든 스토리이기 때문이다. 우리 모임에서 다룬 아동용 대중 도서들의 문제점 두 가지는 우리가 가르치고 싶었던 수학 내용을 담은 책을 찾기 어려웠다는 점과 그러한 도서를 통해 우리가 원하는 방식으로 수학을 전혀 가르칠 수 없었다는 점이다. 정말로, 우리가 원하는 방식으로 우리가 가르치길 원했던 내용을 가르칠 수 있다는 것은 얼마나 멋진 일인가!

둘째로, 우리의 스토리들은 종종 며칠 동안 지속되었는데, 그 이유는 우리가 가르쳤던 수학 내용을 아이들이 배우는 데 여러 날이 걸렸기 때문이다. 스토리들은 장대한 서사시였다. 많은 아동용 대중도서들에 대한 우리 모임의 불만 중 하나는, 그러한 도서들이 주제들을 소개해놓고는 숙달에 필요한 일련의 활동들을 아이들에게 제공하지 않았다는 것이다. 며칠 동안 지속되는 스토리를 사용하게 되면서, 우리는 장기간의 교육 연속물들을 계획할 수 있었다. 얼마나 감동적으로 느꼈겠는가!

셋째로, 우리가 만든 스토리를 통해, 우리는 자신의 목소리로 말하였고, 수학에 대한 우리 자신의 이미지를 공유할 수 있었으며, 수학에 대한 우리 자신의 개인적인 열정을 표현할 수 있게 되었다. 아동용 대중도서를 이용하여 수학을 가르치는 것에 대한 우리 모임의 또 다른 불만 사항은 우리가 다른 누군가의 언어·생각·이미지를 사용해야 한다는 점이었다. 우리는 항상 저자의 것이 아닌, 우리 자신의 언어와 이미지를 사용하여 아동용 도서를 다시 집필하기를 원했다. 이제, 우리는 이를 실현할 수 있게 되었다. 얼마나 자유로운 일인가!

넷째로, 우리가 만든 스토리들을 통해 우리는 말하는 동안 학생들을 똑바로 쳐다볼 수 있었고 스토리텔링을 하는 동안 서로를 쳐다보고 있었기 때문에 그들과 훨씬 더 친밀한 관계를 쌓을 수 있었다. 우리 모임에서 아동용 대중도서를 사용하였을 때 여전히 남은 불만 사항은 항상 책이 교사와 학생 사이를 가로막았으며, 가르치는 동안 우리는 학생들의 눈이 아닌 책의 단어들을 쳐다보아야 했다는 것이다. 이제 우리는 학생들과 훨씬 더 가까워졌음을 느꼈다. 이러한 친밀감을 통해 우리는 고무되었고 교실이 더 인간적인 장소가 되었다는 느낌을 받을 수 있었다.

다섯째로, 스토리를 우리가 만들었기 때문에, 교실에서 일어나는 사건들을 활용하고 스토리에 포함시킬 수 있다는 장점이 있었다. 수학 수업에서 아동용 대중도서를 사용하는 것에 대한 우리 모임의 또 다른 불만 사항은 교실에서 어떠한 일이 발생하여도 우리가 바꿀 수가 없으며, 다른 누군가가 쓴 대본대로 진행을 해야 한다는 점이었다. 이제 스토리를 들려주는 동안, 우리는 스토리들을 마음대로 바꿔도 되며, 이를 통해 학생들의 반응에 대응할 수 있었다. 이제 스토리에 학생들 및 교실에서 발생하는 일들을 마음대로 포함시킬 수 있었다. 얼마나 신나는 일인가! 이런 식으로 학생들과 즐거움을 나누는 것은 너무나도 신선한 일이었다.

우리 모임에서는 아이들과 함께 만들고 사용했던 스토리들에 대해서 회의를 하였고, 우리는 많은 것들을 논의하였다. 스토리 속에서 학습 도구들을 사용하는 법, 스토리를 하는 동안 소모둠을 형성하는 법, 스토리를 들려줄 때 도와달라고 하면서 학생들을 참여시키는 법, 각기 다른 학습 방식과 사고 방식을 스토리 속에 구축하는 법, 그리고 스토리 내의 판타지와 상상에서 학생들이 맡아야 할 배역 등에 대하여 논의하였다. 우리의 토론은 매우 흥미로웠다. 왜냐하면 우리가 수학 교수에서 새로운 방식을 찾았음을 깨달았기 때문이고, 또한 이러한 논의를 통해 우리는 우리 수업에서 일어나게 될 흥미진진한 일들을 곰곰이 생각하고 공유할 수 있었기 때문이다.

수학 구두 스토리텔링 모임은 결국 내게 '마법사 스토리'를 집필하게 했다. 그래서 수학적 서사 스토리텔링의 교육학적 그리고 철학적 근본을 조사하게 되었다. 나는 많은 주제들을 발견하였고 이에 대한 스토리를 집필하였다.

- 아동의 삶에서 스토리의 중요성
- 구두로 제시되는 스토리의 위력
- 아동의 삶에서 판타지의 역할과 아동의 흥미를 끄는 데 있어서 판타지의 위력
- 수학을 의미 있는 맥락으로 연결하는 데 있어서 구두 스토리의 힘
- 며칠간 지속될 수 있는 (서사) 스토리들의 장점
- 구두 스토리텔링이 진행되는 동안의 아동·교사·수학 사이의 구조적 관계
- 구두 스토리가 협동 학습을 통해 바람직한 학급 문화를 조성하는 데 어떻게 도움이 될 수 있는가에 대한 것

4학년 아이들에게 전 과목을 가르치던 도리스는 몇 년 후 6학년, 7학년 그리고 8학년 아이들에게 수학과 사회 과목을 가르치게 되었다. 우리 모임에서 도리스와 또 다른 6학년 교사는 나에게 수학적 문제해결과 고대 이집트 문화를 통합하는 스토리를 만들어 달라고 부탁하였다. 두 개의 주제는 6학년 교육과정에 포함되어 있는 것이었다.

나는 고대 이집트에 관한 책들을 읽기 시작하였으며, 이어서 수학사, 민족지학적 수학, 그리고 다문화 수학교육에 관한 것을 읽게 되었다. 얼마나 놀라운 일인가!

이를 통하여 수학적 서사 구두 스토리텔링과 수학 자체에 대해 새로운 관점인 문화적 관점에서 보기 시작했다.

또한 다문화 교육용 도구로서 수학 서사 구두 스토리텔링을 어떻게 사용할 수 있는지에 대해 알기 시작하였다. 그 이유는 많은 아이들의 가족이나 공동체에서 준-구두적인 학습 방식이나 사고 방식을 사용하고 있을 뿐만 아니라 다른 여러 문화에서도 준-구두적인 특성이 나타나고 있기에, 구두적 교육 매체는 이러한 점에 부합될 수 있기 때문이다. 또한 수학과 문화를 동시에 보여줄 수 있고, (어느 정도는) 아동이 자신이 속하지 않은 다른 문화에 자신을 투영할 수 있게 해주며, (어느 정도는) 자신이 속하지 않은 다른 문화의 사물·유물·신화·관습·기반지식을 활용하여 학습할 수 있게 해주기 때문이다.

나는 또한 고상한 문자 문화가 학교 수학의 근간을 이루고 있다는 것을 알기 시작하였고, 학교에서 가르치는 고도의 추상적이고 상징적이며 연역적인 수학의 본질을 이해하기 시작하였으며, 수학을 탈문화적 과목으로 생각하는 통념을 꿰뚫어 보기 시작하였다.

게다가 나는 많은 아이들의 가족이나 공동체 문화가 학교 수학의 문화와는 다르고, 아이들이 성장한 가족 문화의 본질과 학교수학 문화의 본질이 일치하는지 혹은 일치하지 않은지에 따라, 아동의 수학 학습을 용이하게 하기도 하고 저해하기도 한다는 것을 알게 되었다. 나는 고상한 문자 중심의 가족이나 공동체 및 문화 속에서 자란 아이들이 학교 수학에서 어떻게 더 쉽게 성공할 수 있는지를 이해하게 되었다. 그 이유는 그들이 속한 고상한 문자 중심의 가족이나 공동체 및 문화의 특성으로 인해, 아이들은 어려서부터 학교 수학의 능력을 발달시키는 데 필요한 많은 지적 기술들을 제공받았기 때문이다. 그리고 준-구두적 환경에 있는 가족이나 공동체 및 문화의 아이들이 고도의 상징적이고 분석적인 학교 수학을 학습하는 데 얼마나 더 많은 어려움을 겪을 수 있는지를 알게 되었다. 그 이유는 준-구두적인 환경의 가족이나 공동체 그리고 문화의 특성으로 인해, 학교 수학의 능력을 발달시키는 데 필요한 많은 지적 기술들을 제공받지 않았기 때문이다.

수학적 구두 스토리텔링은 모든 아이들에게 강력한 교육 도구가 될 뿐만 아니라, 준-구두적인 환경에 있는 가족이나 공동체 및 문화 출신의 아이들이 자신의 준-구두적인 가정 문화로부터 고상한 문자 문화인 수학 교실로 이동하는 데 있어서 특히 더 강력한 교육 도구라고 할 수 있다. 얼마나 중요한 발견인가! 그것은 아이들의 가정이나 공동체 문화가 그들이 학교 수학을 학습하는 데 있어서 얼마나 강력한 영향력을 지니는지에 대한 발견이었다. 또 학교 수학 문화가 아이들이 수학을 학습하는 데 있어서 얼마나 심오한 영향력을 지니는지에 대한 발견이었다. 그리고 수학 구두 스토리텔링이, 학교 수학 문화와 몇 가지 면에서 서로 어긋나는 상황에 있는 가족이나 공동체 문화 출신의 아이들에게 학교 수학을 가르치는 데 도움을 주는 지적 가교 역할을 어떻게 제공하는지에 대한 발견이었다. 아이들이 고상한 문자 문화 국가의 출신이든, 혹은 준-구두적인 환경의 비서양권 문화 출신이든 상관없이, 수학 구두 스토리텔링이 어떻게 해서 다문화 교육 도구가 될 수 있으며, 그 도구를 이용하였을 때 수학 때문에 고충을 겪는 많은 아동들에게 그 과목을 어떻게 더 쉽게 학습할 수 있게 도움을 주는지에 대한 발견이었다.

이러한 다문화적 발견들은 두 가지 이유로 나에게 있어 매우 중요했다. 첫째, 다문화 수학교육에 대한 이론서에서는 학교 수학 문화와 여러 사회의 문화 사이에 불일치가 존재하며, 이러한 불일치 때문에 아이들이 지적 어려움을 겪게 된다는 점에 대해 언급한다. 그러나 이러한 이론서에서는 아이들 자신의 고유문화와 학교 수학 문화 사이의 격차를 줄일 수 있도록 아이들에게 도움을 줄 수 있는 지도 방법은 거의 제공하지 않는다. 수학적 구두 스토리텔링은 이를 보충할 수 있는 훌륭한 지도 방법이 될 것이다.

둘째, '다문화 교육자'라고 자칭하는 K-12학년 교사들과 대화를 나누었을 때, 그들은 나의 아이디어에 대해 그리고 이러한 아이디어를 그들이 가르치는 학생들에게 적용시키는 것에 대해 매우 흥미를 보였다. 그들은 주로 최근에 미국으로 온 이민자들이 수학 학습의 장애요인으로 작용하는 언어적 문제를 극복하도록 돕는 것에 관심이 있었다. 그들은 이 책에서 검토하였던 개념적인 문제들에 대해서는 거의 이야기하지 않았다. 심지어 그들은 가족문화와 학교 수학 문화 사이에 존재하는 개념적 특성에 대한 격차를 줄이기 위해 아이들을 어떻게 도울지에 대해서도 거의 이야기하지 않았다. 영어를 모국어로 사용하는 아이들과 영어를 제2외국어로 사용하는 아이들이 가족 고유의 문화와 학교 문화 사이에서 경험하게 되는 개념적 불일치의 정도가 동일한지에 대해 이야기해 달라고 하자, 이 교육자들은 두 집단 사이에 관찰되는 불일치의 정도가 유사하였다고 답했다. 이들은 개념적 불일치에 대해서 그리고 수학적 서사 구두 스토리텔링 방법에 대해서 항상 더 많은 것을 알고 싶어 한다. 내가 이 책을 쓰면서 발견했던 아이디어가 교사들을 위해 빛을 발하게 되기를 바라며, 영어를 모국어로 사용하는 사람과 영어를 모국어로 사용하지 않는 사람들 모두가 수학을 배우면서 겪을 수 있는 문화적 문제 유형들에 대해 교사들이 이해하게 되기를 바란다.

또한 내가 문화에 기반한 이러한 유형의 개념적 문제들에 대처하는 데 도움이 되는 방법인 수학적 서사 구두 스토리텔링을 발견하면서 느꼈던 희열을 다른 교육자들도 느끼길 바란다.

나는 수학적 서사 구두 스토리텔링이 다문화 수학교육에 대한 이론적 연구에서뿐만 아니라 학급 교사들의 일상적 수업에서 모두 기여할 수 있을 것이라는 사실에 매우 감격하였다.

이러한 과정에서 나는 마지막 한 가지 문제를 알게 되었다. 내가 수학적 구두 스토리텔링과 다문화 수학교육에 관해 읽고, 쓰고, 또한 교육자들과 대화하면서, 한 가지 문제를 다루어야 한다는 점을 깨달았다. 일반적인 수학교육자들뿐만 아니라 다문화 수학교육자들 역시 교육의 목표와 목적에 대해서 매우 상이한 몇 가지 개념들을 갖고 있었다. 이렇게 상이한 개념들에 대해서 검토할 필요가 있다.

수학교육자들의 다문화적 의도

20세기에 들어서, 미국의 교육자들은 학교 교육의 목적에 관해 두 번에 걸쳐서 중대한 논쟁을 하게 되었다. 첫 번째 논쟁은 20세기 전반기에 일어났으며, 이는 1960년에서 1980년 사이에 벌어진 두 번째 논쟁의 토대가 되었다. 교육자들은 현재 수학교육의 목적을 결정하려고 시도하면서, 그리고 다문화적 관점과 수학교육을 왜 통합해야 하는지 또한 어떻게 통합해야 하는지를 결정하려고 시도하면서, 유사한 논쟁을 다시 벌이고 있다.

이러한 논쟁이 이루어지면서, 4가지의 이데올로기적 입장이 표면화되었다. 이러한 입장 각각에 대해 '학자들의 학문적 이데올로기', '사회적 효율성 이데올로기', '아동 학습 이데올로기', '사회적 재구성 이데올로기'라 이름을 붙이겠다(Schiro, 1978).

학자들의 학문적 입장에서는 수세기에 걸쳐 우리의 문화가 중요한 지식을 학문적 교과로 조직하여 축적해 왔다고 믿는다. 즉, 수학이라는 학문적 교과는 수학적인 유산을 구체화한 것이다. 학자들의 학문적 입장에 따르면, 교육의 목적은 아동이 학문으로서의 교과지식(여기서는 수학)을 학습하도록 돕는 것이다. 수학을 이해하게 되면, 아이들은 수학적 정보, 수학적 가설을 증명하는 방법, 수학자들의 개념적 구조 등을 학습하게 되는 것이다. 교사들은 수학에 관해 풍부한 지식을 갖추어야 하고(즉 꼬마 수학자가 되어야 하며), 그래서 종종 직접적으로 지도하거나 안내된 탐구를 유도하여 아이들에게 지식을 분명하게 그리고 정확하게 전달할 수 있어야 한다.

1890년대에, 10인 위원회[1](미국 교육 협회, National Education Association, 1894)에서

는 영어, 역사, 과학, 그리고 외국어와 함께 수학 과목이 학교 교육과정의 기본 과목에 포함되어야 한다고 결정을 내렸다. 20세기 중반에, 학교수학연구회(SMSG, School mathematics Study Group)와 같은 조직에서 학교의 수학교육과정을 개편하고자 하였으며, 전문 수학자들이 이해하고 있는 최신의 수학을 학교 수학교육과정에 반영하고자 하였다. 1990년대에, 매사추세츠와 같은 몇몇 주에서는 수학의 이해를 매우 중요하게 생각하였고, 그래서 아이들은 수학 시험을 통과해야 고등학교를 졸업할 수 있었다.

사회적 효율성의 지지자들 입장에서는, 학교 교육의 목표가 사회적 요구에 효율적으로 부합되도록 하는 것이며, 따라서 미래의 발전된 사회에 공헌하는 구성원이 되도록 젊은이들을 훈련시켜야 하고, 구성원들은 사회가 요구하는 많은 작업들을 수행함으로써 사회가 지속적으로 번영하는 데 도움을 주어야 한다. 여기에서 목표는 아이들에게 일터와 가정에서 필요로 하는 (수학적) 기능들을 훈련시킴으로써, 생산적인 삶을 살도록 하는 것이다. 교사들은 효율적으로 설계된 교수전략을 선별하고 이를 활용하여 지도하면서, 교육과정에서 명시된 수학적 활동들을 아이들이 습득할 수 있도록 도와주어야 한다. 지도는 행동 목표와 강화를 통해 진행되며, 학생들이 수학적 기능을 습득하기 위해서는 반복적인 연습이 필요할 수도 있다.

20세기 초에, 보빗(Bobbitt, 1913, 1918)은 아이들이 성인이 되어서 미래의 사회에 기여하는 구성원으로서 역할을 할 수 있도록 학교 교육과정을 구성해야 한다고 주장하였다. 20세기 중반에, 가네(Gagne, 1963, 1965)는 아이들이 습득해야 할 수학적 과정 기능들을 구체화한 행동 목표들을 과학적으로 선별하고 계열화하는 작업을 교육자들이 하여야 한다고 주장하였다. 같은 시기에, 스키너(Skinner)는 행동주의 심리학을 제시하였으며, 사회적 효율성을 옹호하는 사람들은 행동주의 심리학을 바탕으로 한 능력 기반의 교수법 혹은 개별적인 처방 교수법을 통해 아이들에게 필요한 수학적 행동을 형성시켜 주어야 한다고 주장하였다. 최근 미국에서 아동과 교사를 위한 시험의 문제 및 학교의 책무성에 대한 문제가 뜨겁게 달궈지면서, 사회적 효율성을 옹호하는 사람들은 '기능' 대 '이해와 의미'에 대한 교육적 논쟁에 다시 초점을 맞추고 있다.

아동 학습 옹호자들은 학교가 아동이 자신의 내적 본성에 따라 자연스럽게 발달하는 즐거운 장소여야 한다고 믿는다. 여기에서 교육의 목표는 개개인의 성장이며, 각자가 자기 자신만의 고유한 지적·사회적·정서적·신체적 속성과 조화를 이루는 것이다. 아동 학습

---

1) 10인 위원회(Committee of Ten)는 미국의 고등학교 교육과정 표준화를 위해 1892년에 설립한 연구 집단으로, 위원은 총장, 교장, 교수 등 고등교육을 대표하는 10인으로 구성되었다.

옹호자들의 입장에서는 아동의 요구와 관심에 수학적 경험을 집중시켜야 한다고 믿는다. 적절한 교육 환경과 격려가 주어진다면, 아동은 수학에 대한 강력한 사용자가 될 것이고, 수학적 의미를 구성하는 사람이 될 것이며, 수학자로서 스스로에 대해 자신감을 갖게 될 것이라고 생각한다. 교사들은 풍부하면서도 반응을 유도하는 지적·사회적·신체적·정서적 환경을 조성하여 학습과 성장을 도울 수 있으며, 다양한 지도 방법과 구체적 자료들을 사용하여 아이들이 수학적 의미를 구성하도록 촉진시킬 수 있다.

1890년대에, 파커는 "모든 교육의 중심은 …… 아동이다"라고 선언하였다(Parker, 1894, p. 383). 그는 교육의 중심에 교육 내용이 아닌 아동이 있기를 원했다. 20세기 중반에, 교육개발센터[2]에서는 패턴블록, 탱그램, 속성블록, 지오-블록을 고안하였으며, 아이들이 수학을 '가지고 놀면서' 자신만의 수학적 의미를 만들어내고 즐길 수 있도록 하였다(초등과학연구, 1970). 오늘날 아동 학습 옹호자들은 '발달에 적합한 실제'[3]나 구성주의를 옹호하며, 교육 계획의 중심에 아동의 요구와 본성을 두어야 한다고 주장한다. 학교에서 아이들이 습득해야 할 가장 가치 있는 형태의 수학적 지식은 주변 환경에 대한 자신의 경험을 바탕으로 개인적인 의미를 스스로 구성하는 것이라고 주장하며, 아이들이 구성한 수학적 지식은 사회적으로 가치를 인정받은 전통적인 수학적 지식과 일치할 수도 있고 아닐 수도 있다.

사회적 재구성을 옹호하는 사람들은 우리 사회의 문제점을 인식하고 있으며 구성원들에게 이루어지는 불평등에 대해서도 인식하고 있다. 그러한 불평등은 인종적·성별·문화적·사회적·경제적 불공정성에서 초래되고 있다. 그들은 학교 교육의 목적이 보다 공정한 사회를 만들도록 돕는 것이라고 생각하며, 그러한 사회에서는 구성원 모두가 최대의 만족을 느끼게 된다고 생각한다. 수학을 학습하면서 아이들은 강력한 도구들을 습득하게 되는데, 그러한 도구를 통해 아이들은 사회 문제를 더 잘 이해할 수 있으며, 어떻게 행동해야 가장 공정하면서 가장 평등한 사회를 만들 수 있는지를 보다 체계적이고 지적인 방식으로 찾을 수 있게 된다. 학생들이 실제의 사회적 위기들에 직면하게 되고 그 위기를 개선하기 위해 수학의 도움을 얻어야 하는 상황에 놓이게 되었을 때, 교사는 수학을 가르치고 학생들은 수학을 학습하는 과정에서 교사와 학생은 협동하게 된다.

---

2) 교육개발센터(Education Development Center)는 교육 분야에 대한 정부의 투자가 이루어지면서 대학의 학자와 연구자 중심으로 1958년에 설립되었다. 현재는 교육, 건강, 경제 개발 분야 등의 시급한 사안에 대한 해법을 연구하고 있다.

3) '발달에 적합한 실제(developmentally appropriate practice)'는 1987년 전미유아교육협회(NAEYC)에서 발달 이론을 유아 교육에 적용하려고 시도하면서 제시된 것이며, 초기에는 유아의 발달에 적합한 실제로 국한되어 해석되었으나 최근에는 유아의 발달뿐만 아니라 개인적 특성과 사회·문화적 맥락을 포함하는 광범위한 개념으로 해석된다.

1930년대에, 카운츠(Counts, 1932)는 교사들이 사회 문제에 맞서고 분석해야 한다고 주장했으며, 이러한 분석을 토대로 학교는 현재보다도 더 공정하고 더 평등한 사회 질서를 새롭게 창조해야 한다고 주장했다. 20세기 중반에, 교육자들은 아이들이 수학 학습을 통해 학교 내 인종차별, 베트남 전쟁, 환경오염, 핵 확산과 같은 사회 문제를 이해하고 개선할 수 있도록 도와주었다. 교사들은 아이들에게 수학을 가르치면서 더 나은 사회를 구축하기 위해 노력하였고, 아이들이 먼저 사회를 이해하고 사회를 개선시키는 데 초점을 맞추면서 능동적인 사회 변화의 행위자가 되는데 있어서 필요한 과목이 수학이었다. 오늘날 교육학자들은 수학교육의 사회경제적·민족적·언어적·인종적·성별 불평등에 관한 많은 글을 쓰고 있으며, 교사들에게는 불평등을 없애기 위해 자신의 교육 방식을 바꾸고 사회를 바꾸도록 노력하여야 한다고 주장하고 있으며, 그 결과 모든 아이들에게 성공적인 수학 학습에 대한 공평한 기회를 제공할 수 있게 된다면 보다 공정하고 평등한 사회를 만들게 된다고 주장한다(Zaslavsky, 1996; NCTM, 2000).

다문화 수학에 대한 이데올로기적 입장

위에서 설명한 네 가지 이데올로기적 접근법에 대응하는 다문화 수학에 대한 유사한 네 가지 접근법이 있다.

다문화 수학에 대한 학자들의 학문적 입장

다문화 수학교육에 대한 한 가지 접근법은 학자의 학문적 이데올로기에서 비롯된다. 이들은 수학적 지식의 진정한 본질에 관심이 있으며, 여러 문화가 우리의 수학적 기반지식에 공헌한 부분에 관심이 있다. 이러한 관점에서 교육의 목적은 아동이 가능한 한 가장 통찰력 있는 방식으로 수학적 지식을 학습할 수 있도록 도와주는 것이다. 이러한 관점에서는 "학생들은 학습할 수 있는 상당한 역량을 가지고 있으며, 만약 적절하게 (가르치고,) 동기를 부여하고, 격려한다면, 스펀지처럼 (수학적) 아이디어들을 흡수하게 될 것"이라고 가정한다(Keynes, 1995, p. 64).

현재 수학의 본질에 대해 우리가 가지고 있는 개념을 재검토하려고 노력하고 있으며, 서양 관점에서 동질의 획일적인 학문 영역으로 수학을 바라보는 것이 아니라, 다양한 문화의 기반지식들을 활용하는 학문 영역으로 수학을 바라보고 있다. 그 의도는 수학의 역사적·문화적 기반에 대한 정확한 모습을 제시하는 것이며, 여러 민족이 여러 방면에서 수학을 연구하면서 축적한 풍부한 수학적 문화유산에 아이들이 적응하도록 하는 것이다. 여기에서 아이들은 각기 다른 많은 민족들이 발견한 수학적 내용들을 학습할 뿐만 아니라 그들이 이용했던 광범위한 여러 증명 방법들도 학습한다. 예를 들어, 아이들은 고대 이집트 사람들이 사용했던 문맥적이고 예시적인 증명 방법도 배우고, 천 년 전 페르시아인들이 사용했던 구두-청각적 방법에 의한 담화적 증명 방법도 배우며, 중국인들이 사용했던 시각적이고 설명적인 증명 방법도 배울 뿐만 아니라 지난 몇 백년간 유럽에서 유행했던 공리적이고 연역적인 증명 방법들에 대해서도 학습한다(Nelson, Joseph, & Williams, 1993, pp. 9-11). 이제 다음과 같은 사실을 가정할 수 있다. "다른 문화에 대한 지식과 이해는 그 자체로 가치 있는 일이다. 자신의 문화를 이해하기 위해서는 다른 문화에 대한 지식이 요구되는데, 그 이유는 자신의 문화를 다른 문화와 비교할 수 있으며, 이를 통해 우리가 당연하게 받아들였던 것이 무엇인지를 이해할 수 있기 때문이다(Nelson, Joseph, & Williams, 1993, p. 3)."

이러한 입장에서는, 두 가지 교육 목표가 존재한다. 하나는 아동이 다른 세계의 문화에서 만들어진 수학적 지식을 이해하고 평가할 수 있도록 돕는 것이다. 다른 하나는, 여러 문화의 수학을 이해하게 되면 자기 자신의 문화 속에서의 수학을 더 잘 이해하고 평가할 수 있다는 가정에 의해, 아이들이 자신의 문화 속에서의 수학을 더 잘 이해하고 평가할 수 있도록 하기 위한 것이다.

평등에 대해서는 두 가지 측면에서 강조될 수 있다. 여기에는 수학적 기반지식에 대한 정확한 모습을 제공하는 것과 다양한 문화에서의 업적을 제공하는 것을 포함한다. 첫째 유형의 평등으로는 전혀 다른 문화에서 발생된 지식을 정확하게 묘사하고 가치를 매기는 것이다. 이러한 입장에서는 "모든 문화가 수학적 활동에 참여하고 있으며, 어떠한 하나의 문화도 수학적 성취를 독차지할 수 없다는 점을 모든 학생들에게 인식시킬 수 있는 기회를 수학교육과정에서 반드시 제공하여야 한다"는 신념에 따라 움직이게 된다(Nelson, Joseph, Williams, 1993, p. 19). 둘째 유형의 평등으로는 인종·성별·문화적 배경·사회 경제적 지위에 상관없이 모든 학습자들이 수학적 지식에 접근하는 데 있어서 공평한 기회를 제공받는 것이고, 수학적 지식을 학습하는 데 있어서 탁월성을 인정받을 수 있는 기회를 공평하게 제공받는 것이다. 그러므로 취약 집단에 편향성을 보이는 지도 관행 때문에, 취약 집단이 수학적 지식에 접근하는 데 있어서 공평한 기회를 박탈당해서는 안 된다. 이러한 입장에서는 아동은 엄밀하고 확실한 수학 내용을 제공받아야 한다고 생각하고, 수학적으로 탁월성을 인정받기 위해서는 높은 기준을 통과하여야 한다고 생각하며, "모두를 위한 공평성은 모두에 대한 탁월성을 필요로 하기에, 기대 수준이 높을수록 공평성과 탁월성 모두 보증할 수 있다"고 생각한다(National Research Council, 1989).

다문화 수학에 대한 사회적 효율성 입장

다문화 수학교육에 대한 또 다른 접근법은 사회적 효율성에서 찾을 수 있다. 이러한 전통에서는 아동이 가장 효율적이고 가장 효과적인 방식으로 수학적 기능을 학습하도록 도와주는 것이 교육의 목적이며, 성인이 되어 직장과 가정의 삶에서 발생하는 문제들을 효율적으로 해결할 수 있게 하는 것이라고 강조한다. 여기에서의 주안점은 '학생의 수행'과 '학생들의 수학적 사고 및 추론 기술 습득'에 있다(Silver, Smith, & Nelson, 1995, p. 16, 10). 이러한 관점에서는 다음 두 가지의 다문화적 관심사를 생각할 수 있다.

첫째, 아이들에게 수학적 기능을 효율적으로 가르치기 위해서는, 성인이 되어서 필요로 하게 될 수학적 기능이, 아이들이 학교에 입학할 때 가지고 있었던 다양한 문화적 기반의 개념적 틀과 조화를 이룰 필요가 있다고 믿는다. 여기에서는 (가족 및 공동체에서 습득한) 아동의 기반지식의 특성을 확인할 필요가 있으며, 그러한 기반지식을 고려하고, 수용하고, 보충하기 위해 과학적으로 수학교육과정을 구성하여야 하고, 장래의 직장이나 가정생활에 필요한 수학을 효과적으로 가르치고 배워야 한다고 믿는다. 여기에서 공평성 문제는 아이들이 수학적 기술을 얼마나 효율적이고 효과적으로 학습하는가와 관련된다.

둘째, 이 접근법에서는 아이들이 현재 함께 살고 있는 다문화 이웃들과 성인이 되어서 함께 살게 될 다문화 세계를 고려한다. 이러한 두 환경 모두에서 생산적으로 기능하는 데 필요한 수학적 기술들을 아이들에게 제공하는 것에 관심이 있다. 우리는 다문화 사회에서 생산적으로 기능하는 데 필요한 수학적 기술을 찾아내어야 하며, 앞으로 어른이 될 아이들이 그러한 기술을 배워서 현재의 사회와 미래의 사회에서 효율적이고 효과적으로 기능하도록 하여야 한다는 것이 이러한 접근법에서의 신념이다. "사회에서는 구성원 각자가 성공할 수 있고 사회적·경제적 이익에 기여할 수 있는 기회를 제공하여야 하는데, 그러한 사회를 만들기 위한 다양한 노력 중의 일부"로 수학교육을 바라보게 된다(Silver, Smith, & Nelson, 1995, p. 10).

여기에서 평등의 문제는 (빈곤한 노동자 계층의 아이들, 여자 아이들, 특히 자신이 살고 있는 사회에서 정치적·경제적·사회적으로 지배적인 역할을 하는 집단과는 다른 문화적·민족적·인종적 집단의 아이들과 같이 소외된) 아이들이 수학 기술을 학습함으로써 능력 있고 성공적인 사회적 위치에 도달하도록 도움을 주는 것과 관련된다. “더 나은 직장에 들어가고 더 나은 교육을 받기 위한 관문을 통과하기 위해서는 수학이나 다른 과목들을 학습하여야 하는데, 그러한 수학이나 다른 과목들을 학습할 정당한 기회를 모든 아이들에게 제공하지 못하였기 때문에, 이 나라의 문화적 다양성이 가지고 있는 잠재성을 충분히 개발하지 못하였고”, 그래서 이러한 관심을 갖게 되는 것이다(Silver, Smith, & Nelson, 1995, p. 9). 수학이 본질적으로 그리고 그 자체로 학습할 만한 가치가 있는 과목이기 때문에 수학 학습을 강조하는 것이 아니라, 좋은 직장을 얻고 사회적 명성을 얻으며 사회적으로 가치 있는 활동에 생산적으로 참여할 수 있는 기회를 얻을 수 있도록 하는 도구로 아이들에게 제공되기 때문에 수학 학습을 강조하는 것이다.

다문화 수학에 대한 아동 학습 입장

다문화 수학교육에 대한 세 번째 접근법은 아동 학습 전통에서 찾을 수 있다. 여기에서 수학교육의 목적은 아동이 자기 문화의 고유한 특성과 자신만의 고유한 특성에 따라 지적·사회적·정서적으로 성장할 수 있도록 돕는 것이라는 점을 강조한다. 이것을 성취하기 위해, 교육자들은 사회 내의 강력한 사회적 및 경제적 세력들(이 세력은 숨겨진 학교 교육과정을 통해 어떤 사회적·인종적·경제적·성별 집단을 자신이 지배하는 공간에 두려고 한다.)이 아동의 수학적 잠재력의 자연스러운 성장을 막거나 제한하거나 왜곡하지 못하도록 해야 하며, 아동 각자가 수학적 의미의 강력한 창조자가 되어서 수학자로서 자기 자신에게 만족을 느끼게 되는 것을 방해하지 말아야 한다.

여기서 교육자들은 문화적 및 사회적 집단(더 확대한다면, 국가 내에서의 소수 집단이나 세계 문화 내에서의 여러 국가도 포함된다.)의 수학적 유산을 인식하고 존중한다. 이 교육자들은 이러한 집단의 구성원들이 자신의 수학적 문화유산을 인식하고, 이에 참여하며, 존중하고, 참여하도록 도와주기를 원한다. 이러한 과정에서, 교육자들은 개개인이 자신의 문화적 배경에 따라 수학적 의미를 구성하고 수학적 직관력을 발달시키도록 용기를 준다. 이렇게 함으로써, 아동은 자신의 수학적 배경에 대해 자신감과 자부심을 갖게 될 뿐만 아니라, 자신만의 고유한 수학적 의미를 개발하게 되고 자신의 문화유산과 조화를 이루는 수학적 의미를 만들게 된다. 그렇게 함으로써, 아동으로 하여금 통합적이고 전체적이고 논리적이고 강력한 수학적 관점을 갖게 할 뿐만 아니라, 교육계에서도 교수, 교육과정, 지식에 대한 보다 전체적이고 통합적인 접근법을 이끌어낼 수 있다고 믿는다. 예를 들어, (어떤 문화에서의 수학은 그 문화의 종교, 예술, 공예, 역사와 관련된다고 이해하게 되는 것과 마찬가지로) 각기 다른 과목에 대한 지식은 서로 분리된 것이 아니라 서로 관련성이 있는 것으로 이해하게 되며, (아이 자신의 부모가 운영하는 가게에서 학습한 수학이 학교에서 학습한 수학과 관련성이 있다고 이해하게 되는 것과 마찬가지로) 학교와 공동체에서 습득한 지식은 서로 모순되는 것이 아니라 통합적인 것으로 이해하게 된다. 넬슨, 조지프, 윌리엄스는 다음과 같이 언급한다.

> 만약 학생들이 살고 있는 사회적 및 물리적 환경에서의 학생들의 경험에 교수법을 맞추어야 한다는 원칙을 받아들인다면, 수학은 이러한 경험과 여러 소수 집단의 수학적 유산을 이용하여야 한다. …… 또한 이러한 집단의 문화를 인정하고 존중해야 한다는 것을 지적하면서 이러한 집단의 전통을 이용한다면, 그 문화가 평가절하 되어 역사적으로 고착되는 것을 막는 데 도움이 될 것이다.(1993, p.14)

공평성의 관점에서, 이러한 접근법은 아이들이 자신만의 고유한 방식을 발견하여 수학적 의미를 구성하도록 용기를 주며, 이렇게 만들어진 수학적 의미는 자신만의 고유한 또는 문화적으로 습득된 지적·사회적·정서적 본성 및 기반지식과 조화를 이루게 된다. 이러한 입장에서의 관심사는, 지배적 문화의 수학적 지식에 대한 접근 가능성에 있지도 않고 생산적인 사회 구성원으로 성장하기 위해 아이들이 익혀야 하는 수학적 기술들에 대한 접근 가능성에 있지도 않으며, 각 아동이 자신의 개별적인 본성이나 문화적 배경과 조화를 이루면서 자신만의 고유한 방식으로 발달하도록 도와주는 데에 있다.

다문화 수학에 대한 사회적 재구성 입장

다문화 수학 교육에 대한 네 번째 접근법은 사회적 재구성 이데올로기에서 찾을 수 있다. 이러한 접근법은 수학 교육이 지향해야 할 도덕적·정치적 차원이 존재함을 강조하는데, 그 구성원들이 문화적 배경·인종·경제적 지위·사회적 계층·성별로 인해 사람들을 차별하지 않는 사회에서 지적·정치적·사회적으로 성공할 수 있는 동등한 기회를 갖고 있는지에 대해 아이들이 사회를 분석하고 재구성할 수 있도록 하는 방향으로 수학적 기술·지식·사회적 가치를 제공하여야 한다.

이러한 접근법에서 근본적인 것은 수학을 사회적 맥락 속에 배치하려고 노력하고 일련의 사회적 가치를 수학교육에 통합하려고 노력하는 것이며, 아이들은 다음과 같은 것을 할 수 있어야 한다. (1) 현재 사회의 문제를 알 수 있다. (2) 그러한 문제가 존재하지 않는 보다 공정한 미래 사회를 계획할 수 있다. (3) 사회적 변화를 일으켜서 보다 공정한 사회를 만들기 위해 적극적으로 노력할 수 있다. 파셰(Fasheh, 1997)는 다음과 같이 설명한다.

> 자신의 문화가 특별하면서도 아름다운 특징을 가지고 있다는 점을 강조하기 위해 수학을 사용할 수 있다. 동시에 자신의 문화에서 단점을 알아채고 이를 극복하려고 노력하면서 수학을 사용할 수도 있다. …… 문화적 측면과 분리해서 수학을 가르치고, 순전히 추상적이고 상징적이며 의미 없는 방식으로 수학을 가르친다면, 그것은 쓸모가 없을 뿐만 아니라 학생, 사회, 수학 자체, 미래 세대에 해가 될 뿐이다. …… 수학을 가르치는 것은 …… '정치적' 활동이며, …… 문화적 관련성 및 개인적 경험을 통해 수학을 가르친다면 학생들은 현실, 문화, 사회 및 자기 자신에 대해 더 많이 알 수 있게 된다. 결국 수학은 학습자들이 …… 새로운 관점과 통합을 구축하는 데 도움을 줄 것이고 새로운 대안을 찾는 데 도움을 줄 것이며, 바라건대 기존의 (사회적) 구조와 관계들을 개혁하는 데 도움을 줄 수 있기를 기대한다.(pp. 284, 286-288)

수학을 사회적 맥락 속에 배치하는 형태는 여러 가지로 나타날 수 있다. 그들 고유의 수학 대신에 서양 수학을 선택하고 있는 민족이나 국가의 입장에서 본다면, 그들 자신의 고유한 문화에서 발생한 수학적 업적들을 아이들에게 가르치는 것도 가능하다. 또한 어떤 문화의 경제적·사회적·인종적·성적 불평등에 대해 통찰력을 제공해 줄 수 있는 여러 문제를 활용하여 아이들에게 서양의 통계학을 가르치는 것도 가능하다.

수학교육자들은 아동이 보다 공정한 미래 사회에 대해서 계획할 수 있도록 도움을 줄 필요가 있다고 강조하면서, 앤더슨(Anderson, 1997)은 다음과 같이 말한다.

> 가게에 취업시키기 위해 아이들을 훈련시키는 것보다 평등을 위해 학생들을 교육하는 데 진정으로 관심을 가지는 사람들은 유럽 중심의 교육 구조를 공격하고 비평하고 폐지해야 하며, 동시에 보다 전체적이고, 본성과 조화되고, 대중적이고 평등주의적인 형태의 학습을 위한 씨앗을 뿌려야 한다. …… 수학 분야에 …… 진정으로 평등주의라는 대안을 제공하는 것을 …… 더 이상 미룰 수 없다.(pp. 305-306)

파월과 프랑켄슈타인(1997b)은 사회적 재구성을 강조하고 있는데, 이러한 입장에서는 사회적 변화를 야기하는 방향으로 아이들과 교사가 능동적으로 활동하면서 수학을 가르쳐야 한다고 본다. 이러한 변화는 보다 공정하고, 공평하며 평등한 사회로 이끌 것이며, 그때 그들은 "민족지학적 수학의 교수 및 학습에 문화적 활동이 포함된다면, 경제적·정치적 활동을 하면서 평등한 사회를 만드는 데 필요한 어떤 역할을 할 수 있다"라고 기록할 것이다(pp. 325-326). 네이닉은 브라질 시골에서의 무토지 농민 운동[4]에 자신이 노력을 했던 것과 관련하여, 빌링스(Billings)는 미국의 도시 학생들과 함께 자신이 노력했던 것과 관련하여 자세히 설명하고 있다.

> 수학교육에서의 교육 실천은 근본적으로는 정치적인 문제이다. …… 이는 토지를 얻기 위한 투쟁의 맥락에서 학문적 수학 지식과 대중적 수학 지식 사이의 상관관계들을 다루고 있다.(Knijnik, 1997, p. 405)

> 다문화 교육에서는 근본적으로 다음과 같이 가정한다. 즉, 국가의 교육 체계는 현 상황을 유지하려고 하는데, 현 상황은 인종·계층·성별·능력에 따른 불평등이 만연해 있다는 것이다. …… 다문화 교육에서는 학생들이 사회적·정치적·문화적 행위자이고, 학교생활 전반에서 변화의 경험을 갖는다면 사회적 변화를 촉진시킬 수 있다고 가정한다. …… (그러한 활동은) 다양한 인종·사회적 계층·성별 집단의 학생들이 평등한 교육 기회를 경험하도록 보증할 것이다.(Ladson-Billings, 1995, p. 126)

이러한 관점에서 평등의 문제는 아이들이 수학적 기술이나 지식 그리고 사회적 가치를 습득하도록 도와주는 것과 관련된다. 문화적 배경·인종·경제적 지위·사회 계층·성별 때문에 사람들로부터 차별당하지 않는 사회에서, 그 구성원 모두는 성공하기 위한 동등한 기회를 갖게 되며, 그들은 수학적 기술이나 지식 그리고 사회적 가치를 습득함으로써 사회를 분석하고 재구성할 수 있게 될 것이다. 이것은 아동이 수학적 지식을 습득하도록 돕거나, 현재의 사회 구조의 생산적 구성원이 되도록 돕거나, 자신의 고유한 개인적·문화적 잠재성에 따라 발달하도록 돕는다는 목표와는 전혀 다른 것이다.

---

4) 무토지 농민운동(Landless People's Movement)은 1980년대에 브라질에서 시작되었다. 브라질에서는 인구의 3%가 경작 가능한 토지의 2/3를 차지하고 있는데, 대기업이나 해외다국적기업의 무제한적인 토지소유를 강력하게 규제해야 한다고 주장하면서 경작하지 않는 농촌의 토지가 사회적 기능을 하지 못하는 경우에 그것을 점거한 후 무토지 농민들에게 경작할 권리를 제공하기 위해 활동한다.

세 가지 고려 사항

많은 교육자들은 자신의 신념을 명확하게 하는 것이 어렵기 때문에, 처음에는 이러한 다문화적 입장에 대해 깨닫지 못할 수도 있다. 대부분의 교육자들은 한 가지 이데올로기적 입장에 일관되는 방식으로 교육 자료들을 가르치거나 만들어내는 것으로 보일 수 있지만, 이들의 언어는 종종 혼동과 모순으로 가득 차곤 한다. 예를 들어 (아동 학습의 측면에서) 개인적인 성장을 촉진시켜야 한다고 주장하는 교육자들은 종종 (학자의 학문적 측면에서) 다른 문화의 수학에 대한 정보만을 전달하는 교수 자료들을 만들어내곤 한다. 도도하게 말로 표현한 것이 구체적 행동들과 일치하지 않는 경우가 자주 있기 때문에, 수학교육자들이 가지고 있는 다문화적 의도를 이해하기 위해서는 그들이 진정으로 무엇을 성취하고자 노력하는지를 확인할 필요가 있다.

다문화 수학교육에 대한 문헌을 읽으면서, 처음에 나는 지금까지 존재했던 이데올로기들이 어떤 차이가 있는지를 알아채지 못했다. 이러한 차이를 깨닫게 되었을 때, 몇 가지 일들이 일어났다. 첫째, 교육자들의 아이디어들이 어떤 관점에서 제안되고 있는지를 이해하는 것이 가능해졌다. 그래서 현재 나의 이데올로기적 관점에서 해석하면서, 그들의 아이디어를 나에게 의미 있는 것으로 만드는 것이 가능해졌다. 둘째, 교육자들이 제안한 교육 실재의 목표들을 그들의 이데올로기적 관점의 맥락에서 이해하는 것이 가능해졌다. 그래서 나의 연구에서 그들의 교수 실제를 활용하고자 하였을 때, 언제, 어떻게 활용할지를 결정하는 것이 가능해졌다.

다문화 수학 분야를 연구하는 우리들은 각자가 어떤 이데올로기적 관점(혹은 몇 가지 이데올로기를 조합한 관점)에서 연구를 할 것인지를 결정해야 하는 어려운 과제에 직면하게 된다. 우리가 가지고 있는 교육적 신념의 본질이 무엇인지에 대해 교육자들은 일생에서 단 한 번의 작업만으로 판정할 수는 없다. 그러한 의미를 찾는 일은 연속적인 과정이다. 연구를 진행하면서, 교육자로서의 우리들은 현실적인 교실 수업, 학생들의 다양성, 우리에게 다른 교육 목표를 따르도록 요구하는 공적인 압박과 싸우게 되며, 약 4년에 한 번씩 우리의 이데올로기가 바뀐다는 것을 알게 되었다(Schiro, 1992). 10년 전 수학적 구두 스토리텔링에 관심을 갖게 된 이래, 나의 이데올로기적 관점은 여러 번 바뀌었다. 이 책에 제시된 아이디어들은 각 관점의 맥락으로부터 보면, 서로 약간 다른 방식으로, 의미가 있고 타당한 것이었다.

각기 다른 이데올로기 내에서 구두 스토리텔링의 적용 가능성

수학적 서사 구두 스토리텔링은 네 가지 이데올로기 각각의 맥락 내에서 사용될 수 있는 융통성 있는 교육 기법이다. 게다가, 이 책에서 제시한 다문화 수학에 관한 아이디어에는 각 이데올로기의 맥락 내에서 연구하는 교육자들의 신념에 기여할 수 있는 것들이 많이 있다.

학문적 이데올로기 입장을 갖고 있는 교육자들은 수학적 서사 구두 스토리텔링이 아이들에게 수학적 지식을 이해하도록 하는 데 도움을 주는 이상적인 도구라는 것을 알아야 한다. 수학적 서사 구두 스토리텔링은 '이집트 스토리'에서와 같이, 다양한 문화에서 나타난 수학사에 대한 사실들을 전달할 수 있다. 또한 '마법사 스토리'에서 설명한 것처럼, 학생들이 알고리즘을 이해하는 데 도움을 줄 수 있다. '이집트 스토리'에서 설명한 것처럼, 학생들이 수학적 문제해결을 학습하는 데 도움을 주기 위해 사용될 수 있다. 그리고 '이집트 스토리'에서 원의 넓이에 대한 고대인들의 증명법을 설명한 것처럼, 수학적 증명을 제시하는 한 가지 방법으로서 사용될 수도 있다.

사회적 효율성 이데올로기를 갖고 있는 교육자들은 수학적 구두 스토리텔링이 아이들에게 수학적 기술을 습득하도록 하는 데 도움을 주는 이상적인 도구라는 것을 알아야 한다. '마법사 스토리'는 여러 자릿수 덧셈에 대한 수학 기술을 어떻게 가르쳐야 하는지에 관한 실례를 제시한다. '이집트 스토리'에서 제시된 보아 뱀 게임은 학생들에게 기술 연습과 강화 기회를 제공하는 데 사용될 수 있는, 상당히 동기 부여가 되는 한 가지 활동 유형이다.

아동 학습 이데올로기를 선호하는 교육자들은 구두 스토리텔링이 구성주의 및 '발달에 적합한 실제'라는 자신들의 신념과 매우 조화를 이룬다는 것을 발견할 것이다. 수학적 서사 구두 스토리텔링은 '이집트 스토리'에서 설명한 바와 같이, 아이들이 자신만의 개인적인 의미를 구성하도록 장려하는 데 사용될 수 있는 교육 방법이고, (곱셈에 대한 현대적 방법을 안납에게 가르칠 것인지 그 여부를 결정하는 것처럼) 아이들에게 중요한 결정을 내리도록 설계될 수 있는 교육 방법이다.

'마법사 스토리'에서 설명한 바와 같이, 학습에 있어서 아동의 신체적·사회적·지적·정서적 측면을 모두 포함하고, 아이들의 판타지와 상상력을 키워주며, 아동의 발달 단계에 적합한 접근법 및 (십진 블록과 같은) 자료를 사용하는 교육 방법이다.

또한 사회적 재구성 이데올로기를 믿는 교육자들도 수학적 서사 구두 스토리텔링이 강력한 교육 도구임을 알아야 한다. 문제해결과 관련하여 제9장에서 고대 이집트인들의 곱셈법에 대해 논의했던 것은 앞에서 논의한 사회적 재구성 관점과 일치하며, 지식·평가·가치·행위의 단계가 '이집트 스토리'의 7일째에 어떻게 반영되었는지를 강조하고 있다. '마법사 스토리'에 대한 논의에서는 사회적 가치를 가르치기 위해서 그리고 우리의 현재 세계보다 더 나은 (아마도 더 정감 있고 더 매력적인) 세계의 모습을 그리기 위해서 교사가 사회적 집단을 어떻게 조직하는지를 보여준다. 구두 스토리텔링은 또한 사회적 불평등을 강조하는 데 사용될 수 있다. 고대 이집트와 현재 사이의 (혹은 두 문화 사이의) 삶의 불평등을 강조하기 위해서, '이집트 스토리'의 1일째에서 다루었던 세대 문제를 어떻게 재구성할 수 있는지를 상상해보자. 게다가 청자들은 스토리 내에서 능동적 참여자가 될 수 있기 때문에, 그들은 현재의 사회 문제에 능동적으로 대처하고 현재보다도 더 많은 사람들에게 더 많은 충족감을 주는 사회를 구축하는 데 도움을 주면서 새로운 행동들을 시도할 (또한 학습할) 수 있다.

결론

구두 스토리텔링은 교사들이 수학을 가르치는 데 있어서 자신에게 도움이 되도록 사용할 수 있는 강력한 교육 방법이다. 이 책에서 제시한 문화와 수학교육 사이의 관계에 대한 관점을 통해 교육자들은 아이들의 수학 학습에 대한 새롭고 더 심오한 통찰력을 얻게 된다.

그러나 틀림없이, 이 책에서 제공된 교육 방법이나 문화적 통찰력들은 수학 교수에만 국한된 것은 아니다. 서사적 구두 스토리텔링이라는 교육 방법은 수학에서 적절한 것만큼 과학, 사회학, 언어학의 내용 영역에서도 적절하다. 나는 이러한 영역의 교육에서 구두 스토리텔링을 성공적으로 사용한 교사들과 연구를 해왔다. 이 책에서 제시한 문화와 수학교육 사이의 관련성에 대한 관점은 수학 교수에만 국한된 것은 아니다. 이러한 관련성은 학교 교육과정의 다른 교과 내용 영역에도 적절하다.

수학교육에서 현재 사용되고 있는 대중적인 문제해결 모델의 한 가지 단계는 '반성하기'이다. 이 책에서는 이 단계를 '되돌아보기와 내다보기'라고 부르자고 제안했다. 이 책의 독자에게 다음과 같은 문제해결 과제를 제시한다. 이 책에서 제시한 아이디어들을 되돌아보고, 다른 교육 영역이나 교육을 제공하는 다른 조직에 이러한 아이디어들이 어떻게 적용될 수 있는지를 내다보라. 이 책에서 제시한 교육 방법에 대한 아이디어나 문화와 교육 사이의 관련성에 대한 아이디어를 학교 교육과정의 다른 영역이나 교육이 이루어지는 다른 조직들에 적용한다면, 지적인 통찰력과 흥미를 느낄 것이고, 학교 교실, 공동체 조직 및 가족 내에서 아동의 학습을 대단히 풍요롭게 하는 힘을 갖게 될 것이다.

참고문헌

Albert, L. (2000). Outside in, Inside out: Seventh-grade students' mathematical thought processes. *Educational Studies in Mathematics, 41,* 109-141.

Ambrose, R., Levi, L., & Fennema, E. (1997). The complexity of teaching for gender equity. In J. Trentacosta & M. J. Kenney (Eds.), *Multicultural and gender equity in the mathematics classroom.* Reston, VA: National Council of Teachers of Mathematics.

Anderson, S. E. (1997). Worldmath curriculum: Fighting Eurocentrism in mathematics. In A. B. Powell & M. Frankenstein (Eds.), *Ethnomathematics: Challenging eurocentrism in mathematics education* (pp. 305-306). Albany, NY: State University of New York Press.

Anno, M., & Anno, M. (1983). *Anno's mysterious multiplying jar.* New York: Philomel Books.

Ascher, M. (1991). *Ethnomathematics: A multicultural view of mathematical ideas.* Pacific Grove, CA: Brooks/Cole.

Atweh, B., Forgasz, H., & Nebres, B. (Eds.). (2001). *Sociocultural research on mathematics education.* Mahwah, NJ: Lawrence Earlbaum.

Baddeley, A. (1986). *Working memory.* Oxford, UK: Clarendon Press.

Baker, A., & Greene, E. (1987). *Storytelling: Art and technique.* New York: R.R. Bowker.

Baroody, A. J. (1993). *Problem solving, reasoning, and communicating.* New York: Macmillan.

Barrie, J. M. (1982). *Peter Pan.* New York: Bantam.

Beckmann, P. (1974). *A history of* π. New York: St. Martin's Press.

Bell, R. C. (1979). *The boardgame book.* Los Angeles: Knapp.

Bernal, M. (1992). Animadversions on the origins of western science. *Isis, 83*(4): 596-607.

Bert, C. R. G., & Bert, M. (1992). The Native American: An exceptionality in education and counseling. (ERIC Document Reproduction Service No. ED 351168).

Bettleheim, B. (1976). *The uses of enchantment: Meaning and importance of fairy tales.* New York: Knopf.

Bobbitt, F. (1913). Some general principles of management applied to the problems of city school systems. In *Twelfth yearbook of the National Society for the Study of Education. Part I.* Chicago: University of Chicago Press.

Bobbitt, F. (1918). *The curriculum.* Boston: Riverside Press.

Brown, S., & Walters, M. (1983). *The art of problem posing.* Hillsdale, NJ: Lawrence Earlbaum.

Bryant, S. C. (1905). *How to tell stories to children.* New York: Houghton.

Budge, E. A. W. (1894). *The mummy.* Cambridge, UK: Cambridge University Press.

Budge, E. A. W. (1934). *From fetish to god in ancient Egypt.* London: Oxford University Press.

Burns, M. (1992). *Math and literature (k-3).* Sausalito, CA: Math Solutions.

Burns, M. (1994). Arithmetic: The last holdout. *Phi Delta Kappan, 75,* 471-76.

Cambourne, B. (1988). *The whole story: Natural learning and the acquisition of literacy in the classroom.* New York: Scholastic.

Carraher, T. (1988). Street mathematics and school mathematics. *Proceedings of the 12th International Conference on Psychology of Mathematics Education,* Veszprem, Hungary, 1-23.

Carraher, T. N., Carraher, D. W., & Schliemann, A. D. (1985). Mathematics in the streets and in schools. *British Journal of Developmental Psychology, 3,* 21-29.
Carraher, T. N., Carraher, D. W., & Schliemann, A. D. (1987). Written and oral mathematics. *Journal of Research in Mathematics Education, 18*(2), 83-97.
Casey, M. B., Nuttall, R., Pezaris E., & Benbow, C. P. (1995). The influence of spatial ability on gender differences in mathematics college entrance test scores across diverse samples. *Developmental Psychology, 31,* 697-705.
Chace, A. B., Bull, L., Manning, H. P., & Archibald, R. C. (Trans.). (1927). *The Rhind mathematical papyrus.* Oberlin, Ohio: Mathematical Association of America.
Claxton, C. S. (1990). Learning styles, minority students, and effective education. *Journal of Developmental Education, 14,* 6-8, 35.
Coombs, B., Harcourt, L., Travis, J., & Wannamaker, N. (1987). *Explorations 2.* Reading, MA: Addison Wesley.
Counts, G. (1932). *Dare the school build a new social order?* New York: Arno Press.
Cox, B., & Ramirez, M., III. (1981). Cognitive styles: Implications for multiethnic education. In James Banks (Ed.), *Education in the '80s.* Washington, DC: National Education Association.
D'Ambrosio, U. (1985). Ethnomathematics and its place in the history and pedagogy of mathematics. *For the Learning of Mathematics, 5*(1), 44-48.
D'Ambrosio, U. (1997a). Diversity, equity, and peace: From dream to reality. In J. Trentacosta & M. J. Kenney (Eds.), *1997 yearbook: Multicultural and gender equity in the mathematics classroom.* Reston, VA: National Council of Teachers of Mathematics.
D'Ambrosio, U. (1997b). Ethnomathematics and its place in the history and pedagogy of mathematics. In A. B. Powell, & M. Frankenstein (Eds.), *Ethnomathematics: Challenging eurocentrism in mathematics education.* Albany, NY: State University of New York Press.
Davis, B. (1996). *Teaching mathematics.* New York: Garland.
Decker, W. (1992). *Sports and games of ancient Egypt.* New Haven, CT: Yale University Press.
Downing, D. (1989). *Algebra the easy way.* Hauppauge, NY: Barron's Educational Series.
Egan, K. (1986). *Teaching as story telling: An alternative approach to teaching and curriculum in the elementary school.* Chicago: University of Chicago Press.
Elementary Science Study. (1970). *The ESS reader.* Newton, MA: Education Development Center.
Epp, S. S. (1994). The role of proof in problem solving. In A. H Schoenfeld (Ed.), *Mathematical thinking and problem solving.* Hillsdale, NJ: Lawrence Earlbaum.
Ewen, I. (1996). Strategies for problem exploration. In A. S. Posamentier & W. Schulz (Eds.), *The art of problem solving* (pp. 1-82). Thousand Oaks, CA: Corwin.
Fasheh, M. (1982). Mathematics, culture, and authority. *For the Learning of Mathematics, 3*(2), 2-8.
Fasheh, M. (1997). Mathematics, culture, and authority. In A. B. Powell & M. Frankenstein (Eds.), *Ethnomathematics: Challenging eurocentrism in mathematics education* (pp. 281-288). Albany, NY: State University of New York Press.
Frankenstein, M. (1995). Equity in mathematics education: Class in the world outside the class. In W. G. Secada, E. Fennema, & L. B. Adajian (Eds.), *New directions for equity in mathematics education* (pp. 165-190). Cambridge, UK: Cambridge University Press.
Gagne, R. M. (1963). Learning and proficiency in mathematics. *The Mathematics Teacher, 56*(8).
Gagne, R. M. (1965). *The conditions of learning.* NY: Holt, Rinehart and Winston.
Gardner, H. (1993). *Frames of mind: the theory of multiple intelligences.* New York: Basic Books.
Gay, J., & Cole, M. (1967). *The new mathematics and an old culture.* New York: Holt, Rinehart and Winston.
Gerdes, P. (1997a). On culture, geometrical thinking and mathematics education. In A. B. Powell & M. Frankenstein (Eds.), *Ethnomathematics: Challenging eurocentrism in mathematics education.* Albany, NY: State University of New York Press.

Gerdes, P. (1997b). Survey of current work on ethnomathematics. In A. B. Powell & M. Frankenstein (Eds.), *Ethnomathematics: Challenging Eurocentrism in mathematics education.* Albany, NY: State University of New York Press, 1997.

Gillings, R. J. (1972). *Mathematics in the time of the pharaohs.* New York: Dover.

Gregoric, A. F. (1979). Learning/teaching styles: Their nature and effects. In J. W. Keefe (Ed.), *Student learning styles.* Reston, VA: National Association of Secondary School Principals.

Griffiths, R., & Clyne, M. (1991). *Books you can count on: Linking mathematics and literature.* Portsmouth, NH: Heinemann.

Guild, P. (1995). The culture/learning style connection. *Educational Leadership, 51*(8), 16-21.

Hadamard, J. (1945). *The psychology of invention in the mathematical field.* Princeton: Princeton University Press.

Hardy, B. (1977). Towards a poetics of fiction: An approach through narrative. In M. Meek, A. Warlow, & G. Barton (Eds.), *The cool web: The pattern of children's reading* (pp. 12-23). New York: Atheneum.

Harris, P. (1991). *Mathematics in a cultural context.* Geelong, Australia: Deakin University.

Hartman, H. J. (1996). Cooperative learning approaches to mathematical problem solving. In A. S. Posamentier & W. Schulz (Eds.), *The art of problem solving* (pp. 401-430). Thousand Oaks, CA: Corwin.

Heath, S. B. (1983). *Ways with words: Language, life, and work in communities and classrooms.* Cambridge, UK: Cambridge University Press.

Hilliard, A. G., III. (1989). Teachers and cultural styles in a pluralistic society. *NEA Today* 7(6), 65-69.

Hobson, E. W. (1913). *Squaring the circle.* Cambridge, UK: Cambridge University Press.

Homer. (1999). *Iliad.* (A. T. Murray, Trans.). Cambridge, MA: Harvard University Press.

Hoogeboom, S. & Goodnow, J. (1987). *The problem solver 3: Activities for learning problem-solving strategies.* Sunnyvale, CA: Creative.

Hutchins, P. (1986). *The doorbell rang.* New York: Mulberry Books.

Johnson, D., & Johnson, R. (1990). Using cooperative learning in mathematics. In N. Davidson (Ed.), *Cooperative learning in mathematics.* Tucson, AZ: Zephyr.

Johnson, D. W., Johnson, R. T., & Holubec, E. J. (1991). *Cooperation in the classroom.* Edina, MN: Interaction.

Kamii, C. (1987). *Double-column addition: A teacher uses Piaget's theory* [videotape]. Birmingham, AL: Promethean Films South.

Kamii, C., & Dominick, A. (1998). The harmful effects of algorithms in grades 1-4. In L. J. Morrow & M. J. Kenney (Eds.), *The teaching and learning of algorithms in school mathematics* (pp. 130-140). Reston, VA: National Council of Teachers of Mathematics.

Keynes, H. B. (1995). Can equity thrive in a culture of mathematical excellence? In W. G. Secada, E. Fennema, & L. B. Adajian (Eds.), *New directions for equity in mathematics education* (pp. 57-92). Cambridge, UK: Cambridge University Press.

Keyser, C. (1932). Mathematics as a culture clue. *Scripta Mathematics. 1*, 185-203.

Kleiman, G., & Bjork, E. (1991). *My travels with Gulliver.* Scotts Valley, CA: Wings for Learning.

Kliman, M. (1993). Integrating mathematics and literature in the elementary classroom. *Arithmetic Teacher, 40*(6), 318-321.

Kline, M. (1980). *Mathematics: The loss of certainty.* New York: Oxford University Press.

Knijnik, G. (1997). An ethnomathematical approach in mathematics education: A matter of political power. In A. B. Powell & M. Frankenstein (Eds.), *Ethnomathematics: Challenging Eurocentrism in mathematics education* (pp. 403-410). Albany, NY: State University of New York Press.

Krause, M. C. (2000). *Multicultural mathematics materials.* Reston, VA: National Council of Teachers of Mathematics.

Krulik, S. (Ed.). (1980). *Problem solving in school mathematics. 1980 Yearbook of the National Council of Teachers of Mathematics.* Reston, VA: National Council of Teachers of Mathematics.

Kuhn, T. S. (1962). *The structure of scientific revolutions.* Chicago: University of Chicago Press.

Ladson-Billings, G. (1995). Making mathematics meaningful in multicultural contexts. In W. G. Secada, E. Fennema, & L. B. Adajian (Eds.), *New directions for equity in mathematics education* (pp. 126-145). Cambridge, UK: Cambridge University Press.

Lane, H. L. (1976). *The wild boy of Aveyron.* Cambridge, MA: Harvard University Press.

Lawson, D. P. (1995). *Math in boxes, math in books, math in being: Applying a model of literacy learning to fourth grade mathematics instruction.* Unpublished doctoral dissertation, Boston College, Chestnut Hill, MA.

Leap, W. L. (1988). Assumptions and strategies guiding mathematics problem solving by Ute Indian students. In R. R. Cocking & J. P. Mestre (Eds.), *Linguistic and cultural influences on learning mathematics* (pp. 161-186). Hillsdale, NJ: Lawrence Erlbaum.

LeGuin, U. K. (1975). *A wizard of Earthsea.* New York: Bantam.

Love, B. (1978). *Play the game.* Los Angeles: Reed Books.

Love, B. (1979). *Great board games.* New York: Macmillan.

Lumpkin, B. (1997a). Africa in the mainstream of mathematics history. In A. B. Powell & M. Frankenstein (Eds.), *Ethnomathematics: Challenging eurocentrism in mathematics education.* Albany, NY: State University of New York Press.

Lumpkin, B. (1997b). *Algebra activities from many cultures.* Portland, ME: J. Weston Walch.

Luria, A. R. (1976). *Cognitive development: Its cultural and social foundations.* M. Cole (Ed.), M. Lopez-Morillas & L. Solotaroff (Trans.). Cambridge, MA: Harvard University Press.

Ma, L. (1999). *Knowing and teaching elementary mathematics.* Mahwah, NJ: Lawrence Earlbaum.

Madell, R. (1985). Children's natural processes. *Arithmetic Teacher, 32* (March 1985), 20-22.

McLuhan, M. & Fiore, Q. (1967). *The medium is the message.* New York, Random House.

Menten, T. (1978). *Ancient Egyptian cut and use stencils.* New York: Dover.

Merrill, J. (1972). *The toothpaste millionaire.* Boston: Houghton Mifflin Company.

Moody, V. R. (2001). The social constructs of the mathematical experiences of African-American students. In B. Atweh, H. Forgasz, & B. Nebres (Eds.), *Sociocultural research on mathematics education* (pp. 255-276). Mahwah, NJ: Lawrence Earlbaum.

More, A. J. (1990). Learning styles of Native Americans and Asians. (ERIC Document Reproduction Service No. ED 330535).

National Council of Teachers of Mathematics. (1989). *Curriculum and evaluation standards for school mathematics.* Reston, VA: National Council of Teachers of Mathematics.

National Council of Teachers of Mathematics. (2000). *Principles and standards for school mathematics.* Reston, VA: National Council of Teachers of Mathematics.

National Education Association. (1894). *Report of the Committee of Ten on secondary school studies.* New York: American.

National Research Council. (1989). *Everybody counts: A report to the nation on the future of mathematics education.* Washington, DC: National Academy Press.

Nelson, D., Joseph, G. G., & Williams, J. (1993). *Multicultural mathematics.* Oxford, UK: Oxford University Press.

Nunes, T., Schliemann, A. D., & Carraher, D. W. (1993). *Street mathematics and school mathematics.* Cambridge, UK: Cambridge University Press.

Olivastro, D. (1993). *Ancient puzzles.* New York: Bantam.

Ong, W. J. (1982). *Orality and literacy.* London: Methuen.

Parker, F. W. (1894). *Talks on pedagogics.* New York: E. L. Kellogg.

Pellowski, A. (1990). *The world of storytelling.* New York: H. W. Wilson.

Perez, B., & McCarty, T. L. (1998). *Sociocultural contexts of language and literacy.* Mahwah, NJ: Lawrence Earlbaum.

Pinxten, R. (1997). Applications in the teaching of mathematics and the sciences. In A. B. Powell & M. Frankenstein (Eds.), *Ethnomathematics: Challenging eurocentrism in mathematics education.* Albany, NY: State University of New York Press.

Pinxten, R., Dooren, I., & Harvey, F. (1983). *Anthropology of space: Exploration into the natural philosophy and semantics of the Navajo.* Philadelphia: University of Pennsylvania Press.
Piper, W. (1990). *The little engine that could.* New York: Putnam.
Poincaré, H. (1946). *The foundations of science.* (Vols. 1-3). (G. B. Halsted. Trans.) Lancaster, PA: Science Press (Original work published 1913).
Polya, G. (1957). *How to solve it.* Princeton, NJ: Princeton University Press.
Powell, A. (1986). Economizing learning: The teaching of numeration in Chinese. *For the Learning of Mathematics 6*(3), 20-23.
Powell, A. B. & Frankenstein, M. (1997a). Ethnomathematical praxis in the curriculum. In A. B. Powell & M. Frankenstein (Eds.), *Ethnomathematics: Challenging eurocentrism in mathematics education.* Albany, NY: State University of New York Press.
Powell, A. B., & Frankenstein, M. (1997b). Ethnomathematical research. In A. B. Powell & M. Frankenstein (Eds.), *Ethnomathematics: Challenging eurocentrism in mathematics education* (pp. 325-326). Albany, NY: State University of New York Press.
Powell, A. B., & Frankenstein, M. (Eds.). (1997c). *Ethnomathematics: Challenging eurocentrism in mathematics education.* Albany, NY: State University of New York Press.
Pressley, M., Wood, E., Woloshuyn, V., King, A., & Menke, D. (1992). Encouraging mindful use of prior knowledge: Attempting to construct explanatory answers facilitates learning. *Educational Psychologist, 27*(1), 91-109.
The Ramayana. (1927). (Valmiki Krishna Dharma, Trans.). Calcutta, India: Oriental.
Resnick, L. B. (1982). Syntax and semantics in learning to subtract. In T. P. Carpenter, J. M. Moser, & T. A. Romberg (Eds.), *Addition and subtraction: A cognitive perspective* (pp. 135-155). Hillsdale, NJ: Lawrence Erlbaum.
The Rhind mathematical papyrus. (1927). (A. B. Chace, L. Bull, H. P. Manning, & R. C. Archibald, Trans.). Oberlin, OH: Mathematical Association of America.
Root-Bernstein, R. & Root-Bernstein, M. (1999). *Sparks of genius.* Boston: Houghton Mifflin.
Satire of the trades. Translated and referenced in D. Olivastro (1993). *Ancient puzzles* (pp. 32-33). New York: Bantam.
Schiro, M. (1978). *Curriculum for better schools: The great ideological debate.* Englewood Cliffs, NJ: Educational Technology Press.
Schiro, M. (1992). Educators' perceptions of the changes in their curriculum belief systems over time. *Journal of Curriculum and Supervision 7*(3), 250-276.
Schiro, M. (1997). *Integrating children's literature and mathematics in the classroom.* New York: Teachers College Press.
Schiro, M., & Cotti, R. (1998). *Mega-fun math puzzles.* New York: Scholastic.
Schoenfeld, A. H. (1989). Teaching mathematical thinking and problem solving. In L. B. Resnick & B. L. Klopfer (Eds.), *Toward the thinking curriculum: Current cognitive research* (pp. 83-103). (1989 Yearbook of the American Society for Curriculum Development). Washington, DC: ASCD.
Schoenfeld, A. H. (1992). Learning to think mathematically: Problem solving, metacognition, and sense making in mathematics. In D. A. Grouws (Ed.), *Handbook of research on mathematics teaching and learning* (pp. 334-370). New York: Macmillan.
Schoenfeld, A. H. (1994). Reflections on doing and teaching mathematics. In A. H Schoenfeld (Ed.), *Mathematical thinking and problem solving.* Hillsdale, NJ: Lawrence Earlbaum.
Schwartz, D. M. (1985). *How much is a million?* New York: Scholastic.
Shade, B. J. (1989). The influence of perceptual development on cognitive style: Cross ethnic comparisons. *Early Child Development and Care 51,* 137-155.
Sherrill, C. (1994). *Journey to the other side.* Mountain View, CA: Creative.
Sibbertt, E. (1978). *Ancient Egyptian design coloring book.* New York: Dover.
Silver, E, A., Smith, M. S., & Nelson, B. S. (1995). The QUASAR project: Equity concerns meet mathematics education reform in the middle school. In W. G. Secada, E. Fennema, & L. B. Adajian

(Eds.), *New directions for equity in mathematics education* (pp. 9-56). Cambridge, UK: Cambridge University Press.
Smith, F. (1990). *To think.* New York: Teachers College Press.
Snyder, T. (1991). *The wonderful problems of Fizz & Martina.* Cambridge, MA: Tom Snyder.
Stead, M. (1986). *Egyptian life.* Cambridge, MA: Harvard University Press and the British Museum.
Stiff, L. V. (1990). African-American students and the promise of the curriculum and evaluation standards. In T. J. Cooney & C. R. Hirsch (Eds.), *Teaching and learning mathematics in the 1990s* (pp. 152-158). Reston, VA: National Council of Teachers of Mathematics.
Stiff, L. V., & Harvey, W. B. (1988). On the education of black children in mathematics. *Journal of Black Studies 19*(2), 190-203.
Stillman, G., & Balatti, J. (2001). Contribution of ethnomathematics to mainstream mathematics classroom practice. In B. Atweh, H. Forgasz, & B. Nebres (Eds.), *Sociocultural research on mathematics education.* Mahwah, NJ: Lawrence Erlbaum.
Tales of the magicians. (1990). In E. Wilson (Ed. and Trans.), *Egyptian literature* (pp. 159-169). London: Colonial Press, (Original work published 1901). Referenced in Anne Pellowski, *The World of Storytelling (*p. 4). New York: H. W. Wilson.
Teachings. (1986). Translated and referenced in M. Stead, *Egyptian life* (p. 21). Cambridge, MA: Harvard University Press and the British Museum.
Tolkien, J. R. R. (1981). *The lord of the rings.* New York: Ballantine.
Trentacosta, J., & Kenney. M. J. (Eds.). (1997). *Multicultural and gender equity in the mathematics classroom.* Reston, VA: National Council of Teachers of Mathematics.
Vasquez, J. A. (1991). Cognitive style and academic achievement. In J. Lynch, C. Modgil, & S. Modgil (Eds.), *Cultural diversity and the schools: consensus and controversy.* London: Falconer Press.
Vygotsky, L. S. (1978). *Mind in society: The development of higher psychological processes.* Cambridge, MA: Harvard University Press.
Waqainabete, R. (1996). *Fijian ethnomathematics.* Unpublished manuscript, James Cook University, Townsville, Queensland, Australia. Quoted by G. Stillman & J. Balatti in Contribution of ethnomathematics to mainstream mathematics classroom practice. In B. Atweh, H. Forgasz, & B. Nebres (Eds.), *Sociocultural research on mathematics education.* Mahwah, NJ: Lawrence Erlbaum, 2001.
Welchman-Tischler, R. (1992). *How to use children's literature to teach mathematics.* Reston, VA.: National Council of Teachers of Mathematics.
Wells, G. (1986). *The meaning makers.* Portsmouth, NH: Heinemann.
Whitin, D. J., & Wilde, S. (1992). *Read any good math lately?: Children's books for mathematical learning.* Portsmouth, NH: Heinemann.
Whitin, D. J., & Wilde, S. (1995). *It's the story that counts.* Portsmouth, NH: Heinemann.
Wilder, R. (1950). The cultural basis of mathematics. *Proceedings of the International Congress of Mathematicians, 1,* 258-271.
Wilder, R. (1968). *Evolution of mathematical concepts.* New York: John Wiley.
Wilder, R. (1981). *Mathematics as a cultural system.* Oxford, UK: Pergamon Press.
Wilson, E. (1986). *Ancient Egyptian designs.* New York: Dover.
Zaslavsky, C. (1996). *The multicultural mathematics classroom.* Portsmouth, NH: Heinemann.

구두 스토리텔링과 수학 교수법

– 교육적 · 다문화적 전망 –

지은이 마이클 스테판 시로
옮긴이 박문환 · 고정화 · 김진호 · 서동엽 · 손교용
펴낸이 조경희
펴낸곳 경문사
펴낸날 2016년 1월 10일 1판 1쇄
등 록 1979년 11월 9일 제313-1979-23호
주 소 121-818, 서울특별시 마포구 와우산로 174
전 화 (02)332-2004 팩스 (02)336-5193
이메일 kyungmoon@kyungmoon.com

값 22,000원

ISBN 978-89-6105-958-9